U0318009

高等学校信息工程类专业"十三五"规划教材

数字电视技术

（第三版）

赵坚勇　编著

西安电子科技大学出版社

内 容 简 介

本书是介绍数字电视技术的通用基础教材,全书注重基本概念的阐述,深入浅出地介绍了数字电视技术的基本原理、实用技术和具体产品。

本书共 10 章,内容包括数字电视概述、信源编码、多路复用、信道编码、调制技术、数字电视标准、数字电视的条件接收、多媒体技术和交互式电视、数字电视的接收和数字电视的显示等。每章后均配有思考题和习题。为了便于没有接触过电视知识的读者学习本书,本书特将模拟电视基础知识列于附录 A 中。附录 B 为缩略词与名词索引。

本书可作为高等学校电子类专业"数字电视"课程的教材,也可作为从事数字电视及通信、多媒体、电子工程类工作的工程技术人员的参考书。

图书在版编目(CIP)数据

数字电视技术/赵坚勇编著. —3 版. —西安:西安电子科技大学出版社,2016.1(2017.4 重印)
高等学校信息工程类专业"十三五"规划教材
ISBN 978 - 7 - 5606 - 3714 - 3

Ⅰ. ① 数…　Ⅱ. ① 赵…　Ⅲ. ① 数字电视-技术-高等学校-教材　Ⅳ. ① TN949.197

中国版本图书馆 CIP 数据核字(2015)第 319117 号

策　　划	马晓娟
责任编辑	雷鸿俊　马晓娟
出版发行	西安电子科技大学出版社(西安市太白南路 2 号)
电　　话	(029)88242885　88201467　　邮　编　710071
网　　址	www. xduph. com　　　电子邮箱　xdupfxb001@163. com
经　　销	新华书店
印刷单位	陕西天意印务有限责任公司
版　　次	2016 年 1 月第 3 版　2017 年 4 月第 8 次印刷
开　　本	787 毫米×1092 毫米　1/16　印　张　24
字　　数	566 千字
印　　数	25 001～28 000 册
定　　价	42.00 元

ISBN 978 - 7 - 5606 - 3714 - 3/TN

XDUP 4006003 - 8

序

第三次全国教育工作会议以来，我国高等教育得到空前规模的发展。经过高校布局和结构的调整，各个学校的新专业均有所增加，招生规模也迅速扩大。为了适应社会对"大专业、宽口径"人才的需求，各学校对专业进行了调整和合并，拓宽了专业面，相应的教学计划、大纲也都有了较大的变化。特别是进入 21 世纪以来，信息产业发展迅速，技术更新加快。面对这样的发展形势，原有的计算机、信息工程两个专业的传统教材已很难适应高等教育的需要，作为教学改革的重要组成部分，教材的更新和建设迫在眉睫。为此，西安电子科技大学出版社聘请南京邮电学院（现南京邮电大学）、西安邮电学院（现西安邮电大学）、重庆邮电学院（现重庆邮电大学）、吉林大学、杭州电子工业学院（现杭州电子科技大学）、桂林电子工业学院（现桂林电子科技大学）、北京信息工程学院（现北京信息科技大学）、深圳大学、解放军电子工程学院等 10 余所国内电子信息类专业知名院校长期在教学科研第一线工作的专家教授，组成了高等学校计算机、信息工程类专业系列教材编审专家委员会，并且面向全国进行系列教材编写招标。该委员会依据教育部有关文件及规定对这两大类专业的教学计划和课程大纲，对目前本科教育的发展变化和相应系列教材应具有的特色和定位以及如何适应各类院校的教学需求等进行了反复研究、充分讨论，并对投标教材进行了认真评审，筛选并确定了高等学校计算机、信息工程类专业系列教材的作者及审稿人。

审定并组织出版这套教材的基本指导思想是力求精品、力求创新、好中选优、以质取胜。教材内容要反映 21 世纪信息科学技术的发展，体现专业课内容更新快的要求；编写上要具有一定的弹性和可调性，以适合多数学校使用；体系上要有所创新，突出工程技术型人才培养的特点，面向国民经济对工程技术人才的需求，强调培养学生较系统地掌握本学科专业必需的基础知识和基本理论，有较强的本专业的基本技能、方法和相关知识，培养学生具有从事实际工程的研发能力。在作者的遴选上，强调作者应在教学、科研第一线长期工作，有较高的学术水平和丰富的教材编写经验；教材在体系和篇幅上符合各学校的教学计划要求。

相信这套精心策划、精心编审、精心出版的系列教材会成为精品教材，得到各院校的认可，对于新世纪高等学校教学改革和教材建设起到积极的推动作用。

系列教材编委会

高等学校计算机、信息工程类专业

规划教材编审专家委员会

第三版前言

近年来，数字电视技术及其应用有了很大的发展，《数字电视技术（第二版）》中的一些内容已经不适应目前的情况，需要及时删除、修正和补充。

第二版教材第 2 章信源编码的"活动图像压缩标准"一节中介绍了多种标准，显得零乱、冗长，主题不突出，现只介绍 MPEG - 2，而将其余标准以表格形式列出。

第二版教材第 6 章数字电视标准中关于手机数字电视介绍了三个标准，其中两个国外标准目前看来与我国标准的关系不大，故予以删除。

第三版教材在第 8 章多媒体技术和交互式电视中增加了 8.5 节即家庭网络，介绍家庭网络的定义、标准和应用；在第 9 章数字电视的接收中增加了 9.10 节即智能电视与智能机顶盒，介绍智能电视、智能机顶盒、OTT TV 和常用主芯片；新增了第 10 章数字电视的显示，介绍平板显示常用接口、液晶显示、OLED 显示和 3D 显示；附录 A.2.2 电视图像的基本参数中原来只介绍了 CCD 摄像机，现增加了 CMOS 摄像机。

第三版教材既增添了部分新内容，又删除了一些不太重要且比较难懂的旧内容，但是教材的基本体系未变，主要的内容未改，使用新教材不会给教学带来任何不便。其中加"＊"的部分为选学内容。

在本书的出版过程中，得到了西安电子科技大学出版社的大力支持与帮助，在此表示衷心的感谢。

由于编者水平有限，书中难免还存在一些不足之处，敬请读者批评指正。

编　者

2015 年 3 月

于桂林电子科技大学

第二版前言

自《数字电视技术》(第一版)出版至今已经五年了,这期间数字电视技术及其应用又有了很大的发展。《数字电视技术》(第一版)中有部分内容已经不适应目前的情况,需要及时修正。

关于地面广播电视标准的介绍,当时我国的地面广播电视标准尚未发布,第一版教材中介绍的是清华大学和上海交通大学的两个方案。鉴于我国的地面广播电视标准已于 2006 年 8 月正式发布,2007 年 8 月开始执行,故第二版教材中有关这方面的内容作了改动,地面广播电视标准涉及的 LDPC 编码的内容也作了增加。

第一版教材中关于电视接收机的内容略显薄弱,所以第二版教材在第 9 章加强了对数字电视接收机的阐述,对均衡、定时恢复、载波恢复等概念进行了较详细的介绍,在附录 A 中也增加了对模拟电视接收机新技术的阐述。

第二版教材中增加了对国际新标准 VC-1、DVB-C2、DVB-T2、DVB-H 和 Media FLO 的介绍。

我国近几年公布的新标准还有多声道数字音频标准 DRA、手机数字电视标准 CMMB、直播星标准 ABS-S 等,对此第二版教材中都作了介绍,并且介绍了接收芯片和接收机。

第二版教材增添了不少新的内容,但是教材的基本体系未变,主要的内容未改,使用新教材不会给教学带来任何不便。其中加"*"的部分为选学内容。

在《数字电视技术(第二版)》的出版过程中,得到了西安电子科技大学出版社的大力支持与帮助,在此表示衷心的感谢。

由于编者水平有限,书中难免还存在一些不足之处,敬请读者批评指正。

编 者

2010 年 12 月

于桂林电子科技大学

第一版前言

中国数字电视广播事业的进程正在加快：2005 年全国数字有线电视用户将达到 3000 万户；2008 年数字高清晰度电视将在国内主要城市普及和商用播出；2010 年计划全面实现数字电视广播；2015 年停止模拟电视广播。为适应这种形势，作者编写了这本通俗易学的数字电视技术教材。

本书的附录 A 浓缩了几乎全部模拟电视的基础知识，没有接触过电视知识的学生可以先学习附录 A，已经学过模拟电视的学生则可以直接学习本书。本书第 1 章是数字电视概述。第 2 章介绍信源编码，内容包括图像信号数字化和压缩的基本原理，静止图像压缩标准 JPEG 和 JPEG2000，活动图像压缩标准 H.261、H.263、MPEG-1、MPEG-2、MPEG-4 和 H.264，音频压缩的基本原理，音频压缩标准 MUSICAM 和 AC-3。第 3 章介绍多路复用，内容包括节目复用、节目特定信息 PSI、业务信息 SI、系统复用、数据增值业务、电子节目指南。第 4 章介绍信道编码，内容包括纠错编码的基础知识、能量扩散、RS 编码、交织、收缩卷积编码和 Turbo 码。第 5 章介绍调制技术，内容包括正交幅度调制（QAM）、四相相移键控（QPSK）、网格编码调制（TCM）、编码正交频分复用（COFDM）、残留边带（VSB）等调制技术。第 6 章介绍数字电视标准，内容包括欧洲的 DVB、美国的 ATSC、日本的 ISDB 三种数字电视标准的特点和我国的 ADBT 方案及 DMB-T 方案。第 7 章介绍数字电视的条件接收，内容包括同密和多密、条件接收系统的组成与原理等。第 8 章介绍多媒体技术和交互式电视，内容包括在 LAN 上组建视听系统的 H.323 系列建议，在 ISDN 上组建视听系统的 H.320 系列建议，在 PSTN 上进行视听通信的 H.324 系列建议，以及交互式电视的组成。第 9 章介绍数字电视的接收，内容包括数字卫星电视的接收、数字有线电视的接收、数字电视机顶盒和接收机测试。

本书每章后都配有思考题和习题，以方便读者掌握各章的学习要点。附录 B 为缩略词与名词索引。

本书用通俗的语言形象地介绍了数字电视中的各种基本概念及数字电视的各种应用，包括数码相机、VCD、DVD、可视电话、会议电视、远程医疗等，内容丰富，资料新颖。学习本书可使学生对数字电视有更深入和全面的认识。

本书的参考学时为 64 学时。本书可作为高等学校电子类专业"数字电视"课程的教材，也可作为成人教育和培训班的教材。

在本书的编写、审定和出版过程中，得到了西安电子科技大学出版社的大力支持与帮助。西安电子科技大学的周琼鉴教授认真审阅了本书，提出了很多宝贵的意见，在此深表谢意。

由于编者水平有限，书中难免存在一些不足之处，敬请读者批评指正。

编　者

2004 年 8 月

于桂林电子工业学院

目　　录

第1章 数字电视概述

1.1 基本定义

模拟电视最明显的缺点是，在传输过程中，图像质量的损伤是累积的，即信号的非线性累积使图像对比度产生越来越大的畸变，长距离传输后图像的信噪比下降，图像清晰度越来越低，相位失真的累积使图像产生彩色失真、镶边和重影。模拟电视容易产生亮、色信号串扰，行蠕动，半帧频闪烁等现象。模拟电视还有稳定度差、可靠性低、调整不便、集成与自动控制困难等缺点。

数字电视是从节目采集、编辑制作到信号的发送、传输和接收全部采用数字处理的全新电视系统，它利用了先进的数字图像压缩技术、数字信号纠错编码技术、高效的数字信号调制技术等。在处理、传输信号过程中引入的噪波，只要幅度不超过一定的门限，都可以被清除掉；即使有误码，也可利用纠错技术纠正过来。所以，数字电视接收的图像质量较高。数字电视采用压缩编码技术，在只能传送一套模拟电视节目的频带内可传送多套数字电视节目，使电视频道数迅速增多。数字电视便于开展多种数字信息服务，如数据广播、文字广播等。数字电视容易实现加密、加扰，便于开展各类收费业务。

1. 数字电视广播系统的构成

图 1-1 是数字电视广播系统方框图。该系统由信源编码、多路复用、信道编码、调制、信道和接收机等六部分组成。

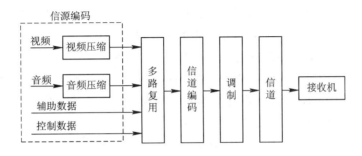

图 1-1 数字电视广播系统方框图

信源编码是对视频、音频、数据进行压缩编码的过程。大部分数字电视按照 MPEG-2

标准进行信源编码(详见 2.1.6 节)。辅助数据可以是独立的数据业务,也可以是和视频、音频有关的数据,如字幕等。信源编码是为了提高数字通信传输效率而采取的措施,它通过各种编码尽可能地去除信号中的冗余信息,以降低传输速率和减小传输频带宽度。

多路复用是将视频、音频和数据等各种媒体流按照一定的方法复用成一个节目的数据流,将多个节目的数据流再复用成单一的数据流的过程。相关内容详见第 3 章。

信道编码是指纠错编码(详见第 4 章)。信道编码是为提高数字通信传输的可靠性而采取的措施。为了能在接收端检测和纠正传输中出现的错误,信道编码在发送的信号中增加了一部分冗余码,因此增加了发送信号的冗余度,即通过牺牲信息传输的效率来换取可靠性的提高。为了达到数字通信系统的高效率和可靠性的最佳折中,信源编码和信道编码都是必不可少的处理步骤。

调制是指为了提高频谱利用率,把宽带的基带数字信号变换成窄带的高频载波信号的过程。应根据传输信道的特点采用效率较高的信号调制方式,常用的方式有 QAM、QPSK、TCM、COFDM 和 VSB。相关内容详见第 5 章。

信道有卫星广播信道、有线电视广播信道和地面无线广播信道等。卫星广播着重于解决大面积覆盖;有线电视广播着重于解决城镇等人口居住稠密地区"信息到户"的问题;地面无线广播由于其独有的简单接收和移动接收的能力,能够满足现代信息化社会"信息到人"的基本需求。

接收机的功能包括调谐、解调、信道解码、解复用、视/音频解压缩、显示格式转换等,详见第 9 章。

2. SDTV 和 HDTV

数字电视分为标准清晰度电视(Standard Definition Television,SDTV)和高清晰度电视(High Definition Television,HDTV)。

标准清晰度电视(SDTV)是指质量相当于模拟彩色电视系统(PAL、NTSC、SECAM)的数字电视系统,也称为常规电视系统。其定义是,ITU - R 601 标准的 4∶2∶2 的视频,经过某些数据压缩处理后所能达到的图像质量。其清晰度约为 500 电视线,视频数码率约为 5 Mb/s。

高清晰度电视(HDTV)是指水平清晰度和垂直清晰度大约为模拟彩色电视系统的两倍,宽高比为 16∶9 的数字电视系统。根据 ITU 的定义,一个具有正常视觉的观众在距离高清晰度电视机大约是显示屏高度 3 倍的地方所看到的图像质量应与观看原景象或表演时所得到的印象相同。其清晰度应在 800 电视线以上,视频数码率约为 20 Mb/s。

国际电联在 ITU - R BT. 1201 建议书中提出了超高清晰度成像(Hyperhigh Resolution Imaging,HRI)的若干标准,其基本要素是图像的最小分辨力为 1920×1080,传输速率为 60 帧/秒。HRI 分为 HRI0~HRI3 四个等级,其空间分辨力分别为 1920×1080、3840×2160、5760×3240、7680×4320,其量化比特数分别为 10、10、12、12,不压缩数据速率分别为 2.5 Gb/s、10 Gb/s、40 Gb/s、72 Gb/s,传输速率分别为 60~80 Mb/s、100~150 Mb/s、150~600 Mb/s、150~600 Mb/s。目前按此建议研制的超高清晰度图像可用于医疗、印刷、电影、电视和计算机图形等领域。

1.2　数字电视的优点

与模拟电视相比,数字电视的优点表现在以下几个方面。

1. 图像传输质量较高

模拟电视图像信号在传输过程中因受到传输信道的幅频特性、微分增益、微分相位特性和噪声干扰等的影响,造成图像的明显损伤,在多次转换传输过程中,损伤累积,导致图像质量不断下降。这些影响对于数字电视信号来说是不存在的。数字电视信号在传输过程中只要噪波幅度不超过额定值,通过整形就可将数字信号复原,即使噪波幅度超过额定值而造成误码,也可利用纠错编码技术,在接收端把误码纠正过来。所以,数字电视在传输中可以保持图像信号的信噪比基本不变,接收端的图像质量基本与发送端一致。在模拟电视中常有的模糊、重影、闪烁、雪花点、网状干扰、色调畸变等现象在数字电视中几乎没有。

2. 具有数字环绕立体声伴音

数字电视伴音采用 AC‑3 或 MUSICAM(详见 2.2.2 节)环绕立体声,包括左、右、中、左环绕、右环绕五个全频带声道和一个限制带宽的超低音声道,称之为 5.1 声道。它具有稳定的声场中心,可确保音响方向的稳定性和透明度。两个环绕声道能提供很大的最佳可听区,超低音声道的动态范围可达到 100 dB,使声音表现力更强。它同时还具有多语种功能,收看同一节目时可以选择不同语种的伴音。

3. 频谱资源利用率高

频谱资源是重要的国家资源。模拟电视的频谱资源有限,因一套模拟电视节目要占用 36 MHz 带宽的卫星转发器,占用 8 MHz 的地面电视广播和有线电视频带。而数字电视则采用压缩编码技术,在 36 MHz 的卫星转发器中可传送 10 套 SDTV 节目,显示清晰度约为 500 线,在一个 8 MHz 频道内可传送 8 套以上的 SDTV 节目;可实现数百个电视频道同时传送丰富多彩的电视节目,以满足不同行业、不同层次、不同爱好的观众的不同需要。

4. 多信息、多功能

在数字电视通信中允许不同媒体(文字、数据、声音、图像)、不同等级(HDTV、SDTV)、不同制式(不同宽高比、不同声道数)的信号在同一信道中传输,用同一台接收机接收。这样不仅使信息源更为丰富,还可以增加用户与各种信息源之间的交互性。用户可以自由点播节目,拨打可视电话,查询图文信息,实现电子商务、网上购物、网上教学、网上医疗、网上游戏等多种高速数据业务。(在 8 MHz 带宽内采用 64QAM 调制,可以达到 32～38 Mb/s 的数据传输速率。)

5. 设备可靠,维护简单

数字信号不受电源波动、器件非线性的影响,能保持稳定、可靠。采用大规模集成电路处理数字信号,可降低设备的功耗,减小体积,从而提高设备的可靠性。同时,数字化设备不需要调节,维护简单,使用方便。

6. 节省发送功率，覆盖范围广

数字电视发射设备对于相同覆盖服务区所需的平均功率，比模拟电视发射设备的峰值功率要低一个数量级。比如，模拟 MMDS（Multichannel Multipoint Distribution Service，多信道多点分配服务，或者是 Microwave Multichannel Distribution System，微波多路分配系统）的接收电平最低为 56 dB，而数字 MMDS 在 64QAM 调制下的接收电平仅为39 dB，所以数字电视发射设备的覆盖范围比相同功率模拟电视发射设备的覆盖范围要大几倍。

7. 易于实现条件接收

数字电视信号容易进行加密/加扰，有利于信息安全，同时便于实现付费电视、视频点播及交互式电视功能。

由上述优点可见，先进的数字电视系统必然会取代模拟电视系统。

思考题和习题

1-1　信源编码和信道编码是如何使数字电视传送达到高效率和高可靠性的？

1-2　标准清晰度电视和高清晰度电视有什么不同？

1-3　与模拟电视相比较，数字电视有哪些优点？

第 2 章 信 源 编 码

信源编码首先将输入的图像和伴音信号经 A/D 变换后变成适合数字系统处理和传输的数字信号(如果信源有数字信号输出则可省去变换),接着将数字信号按信息的统计特性进行变换,以减少信号的冗余度,提高信号传输的效率,即在保证传输质量的前提下,用尽可能少的数字信号来表示信息。信源编码是压缩信号带宽的编码,压缩后单位时间、单位频带内传输的信息量将增大。

2.1 视频压缩技术

2.1.1 视频信号压缩的可能性

视频数据中存在着大量的冗余,即图像的各像素数据之间存在着极强的相关性。利用这些相关性,一部分像素的数据可以由另一部分像素的数据推导出来,如此可使视频数据量极大地压缩,有利于传输和存储。视频数据主要存在以下形式的冗余。

1. 空间冗余

视频图像在水平方向的相邻像素之间、垂直方向的相邻像素之间的变化一般都很小,即存在极强的空间相关性。特别是同一景物各点的灰度和颜色之间往往存在着空间连贯性,从而产生了空间冗余,常称为帧内相关性。

2. 时间冗余

在相邻场或相邻帧的对应像素之间,亮度和色度信息存在着极强的相关性。当前帧图像往往具有与前、后两帧图像相同的背景和移动物体,只不过移动物体所在的空间位置略有不同,对大多数像素来说,亮度和色度信息是基本相同的,这称为帧间相关性或时间相关性。

3. 结构冗余

在有些图像的纹理区,图像的像素值存在着明显的分布模式,如方格状的地板图案等。已知分布模式,可以通过某一过程生成图像,此类冗余称为结构冗余。

4. 知识冗余

有些图像与某些知识有相当大的相关性。如人脸的图像有固定的结构,嘴的上方有鼻子,鼻子的上方有眼睛,鼻子位于脸部图像的中线上等。这类规律性的结构可由先验知识得到,此类冗余称为知识冗余。

5. 视觉冗余

人眼具有视觉非均匀特性，因此对视觉不敏感的信息可以适当地舍弃。在记录原始的图像数据时，通常假定视觉系统是线性的和均匀的，对视觉敏感和不敏感的部分同等对待，从而产生了比理想编码（即把视觉敏感和不敏感的部分区分开来编码）更多的数据，这就是视觉冗余。人眼对图像细节、幅度变化和图像的运动并非同时具有最高的分辨能力。

人眼视觉对图像的空间分解力和时间分解力的要求具有交换性，当对一方要求较高时，对另一方的要求就较低。根据这个特点，可以采用运动检测自适应技术，降低静止图像或慢运动图像的时间轴抽样频率，例如每两帧传送一帧；还可以降低快速运动图像的空间抽样频率。另外，人眼视觉对图像的空间、时间分解力的要求与对幅度分解力的要求也具有交换性，对图像的幅度差值存在一个随图像内容而变的可察觉门限，低于门限的幅度差值不被察觉。在图像的空间边缘（轮廓）或时间边缘（景物突变瞬间）附近，可察觉门限比远离边缘处增大 3～4 倍，这称为视觉掩盖效应。因此可以采用边缘检测自适应技术，对图像的平缓区或正交变换后代表图像低频成分的系数细量化，对图像轮廓附近或正交变换后代表图像高频成分的系数粗量化；当快速运动的景物使帧间预测编码码率高于正常值时进行粗量化，反之则进行细量化。在量化中，尽量使每种情况下所产生的幅度误差刚好处于可察觉门限之下，这样既能实现较高的数据压缩率而又使人眼对图像的感觉不变。

2.1.2 视频信号的数字化

模拟视频信号通过取样、量化后编码为二进制数字信号的过程称为模/数变换（A/D 变换）或 PCM（Pulse Coding Modulation，脉冲编码调制），所得到的信号也称为 PCM 信号，其过程可用图 2-1(a)表示。若取样频率等于 f_s，用 n 比特量化，则 PCM 信号的数码率为 nf_s(b/s)。PCM 编码既可以对彩色全电视信号直接进行，也可以对亮度信号和两个色差信号分别进行。前者称为全信号编码，后者称为分量编码。

PCM 信号经解码和插入滤波后恢复为模拟信号，如图 2-1(b)所示。解码是编码的逆过程，插入滤波是把解码后的信号用理想低通滤波恢复为平滑、连续的模拟信号。这两个步骤合称为数/模变换（D/A 变换）或 PCM 解码。

(a)

(b)

图 2-1 电视信号的数字化和复原

（a）A/D 变换；（b）D/A 变换

1. 奈奎斯特取样定理

理想取样时，只要取样频率大于或等于模拟信号中最高频率的两倍，就可以不失真地恢复模拟信号，这称为奈奎斯特取样定理。模拟信号中最高频率的两倍称为折叠频率。一般取样频率应为最高频率的 3～5 倍。

2. 亚奈奎斯特取样

按取样定理，若取样频率 f_s 小于模拟信号最高频率 f_{max} 的两倍，就会产生混叠失真，但若巧妙地选择取样频率，令取样后频谱中的混叠分量落在色度分量和亮度分量之间，就可用梳状滤波器去除混叠成分。

3. 均匀量化和非均匀量化

在输入信号的动态范围内，量化间距处处相等的量化称为均匀量化或线性量化。均匀量化时信噪比随输入信号动态幅度的增加而增加。采用均匀量化，在强信号时固然可把噪波淹没掉，但在弱信号时，噪波的干扰就十分显著。为改善弱信号时的信噪比，量化间距应随输入信号幅度而变化，大信号时进行粗量化，小信号时进行细量化，也就是采用非均匀量化，或称非线性量化。

非均匀量化有两种方法。一是把非线性处理放在编码器前和解码器后的模拟部分，编、解码仍采用均匀量化，在均匀量化编码器之前，对输入信号进行压缩，这样等效于对大信号进行粗量化，对小信号进行细量化；在均匀量化解码器之后，再进行扩张，以恢复原信号。另一种方法是直接采用非均匀量化器，输入信号大时进行粗量化（量化间距大），输入信号小时进行细量化（量化间距小）。也有采用若干个量化间距不等的均匀量化器，当输入信号超过某一电平时进入粗间距均匀量化器，低于某一电平时进入细间距量化器，这称为准瞬时压扩方式。

通常用 Q 表示量化，用 IQ 或 Q^{-1} 表示反量化。量化过程相当于由输入值找到它所在的区间号，反量化过程相当于由量化区间号得到对应的量化电平值。量化区间总数远远小于输入值的总数，所以量化能实现数据压缩。很明显，反量化后并不能保证得到原来的值，因此量化过程是一个不可逆过程，用量化的方法来进行压缩编码是一种非信息保持型编码。通常这两个过程均可用查表法实现，量化过程在编码端完成，而反量化过程则在解码端完成。

对量化区间标号（量化值）的编码可以采用等长编码方法，当量化分层总数为 K 时，经过量化压缩后的二进制数码率为 lb Kb/量化值。也可以采用可变字长编码如霍夫曼编码或算术编码来进一步提高编码效率。

4. ITU－R BT. 601 分量数字系统

数字视频信号是将模拟视频信号经过取样、量化和编码而形成的。模拟电视有 PAL、NTSC 等制式，必然会形成不同制式的数字视频信号，不便于国际数字视频信号的互通。1982 年 10 月，CCIR(Consultative Committee for International Radio，国际无线电咨询委员会)通过了第一个关于演播室彩色电视信号数字编码的建议，1993 年变更为 ITU－R (International Telecommunications Union－Radio communications Sector，国际电联无线电通信部门)BT. 601 分量数字系统建议。我国对应的国家标准为 GB/T14857—1993《演播室数字电视编码参数规范》。

BT. 601 建议采用对亮度信号和两个色差信号分别编码的分量编码方式，对不同制式的信号均采用相同的取样频率，对亮度信号 Y 采用的取样频率为 13.5 MHz。由于色度信号的带宽远比亮度信号的带宽窄，因此对色度信号 U 和 V 的取样频率为 6.75 MHz。每个数字有效行分别有 720 个亮度取样点和 360×2 个色差信号取样点。对每个分量的取样点都是均匀量化的，即对每个取样进行 8 b 精度的 PCM 编码。Y 信号的黑、白电平分别对应 16 级和 235 级；U 和 V 信号的最大正电平对应 240 级，零电平对应 128 级，最小负电平对应 16 级。这几个参数对 525 行、60 场/秒和 625 行 50 场/秒的制式都是相同的。有效取样点是指只有行、场扫描正程的样点有效，逆程的样点不在 PCM 编码的范围内。因为在数字化的视频信号中不再需要行、场同步信号和消隐信号，所以用定时基准码 SAV(Start of Active Video)代表有效视频开始，用定时基准码 EAV(End of Active Video)代表有效视频结束。定时基准码占用 4 个字节，前 3 个字节是 0FF0000H，第 4 个字节是奇偶标志、场正程、逆程标志和校验位。HDTV 中常采用 10 比特量化，定时基准码占用 4 个字，每个字 10 比特，第 1 个字全为"1"，后面 2 个字全为"0"，第 4 个字是奇偶标志、场正程、逆程标志和校验位。

对应于每个有效行的数据是 1728 个样值，其中有效图像样值为 1440 个，定时基准码为 8 个，行消隐期的 280 个样值传送辅助信息。场消隐期也传送辅助信息，辅助信息有时间码、宽高比、测试诊断信息、数字音频信息和图文电视。

色度信号的取样率是亮度信号的取样率的一半，常称作 4∶2∶2 格式，可以理解为每一行里的 Y、U、V 的样点数之比为 4∶2∶2。

2.1.3 熵编码

熵编码(Entropy Coding)是一类无损编码，因编码后的平均码长接近信源的熵而得名。熵编码多用可变字长编码(Variable Length Coding，VLC)实现。其基本原理是对信源中出现概率大的符号赋予短码，对出现概率小的符号赋予长码，从而在统计上获得较短的平均码长。所编的码应是即时可译码，且某一个码不会是另一个码的前缀，各个码之间无需附加信息便可自然分开。

1. 霍夫曼编码

霍夫曼(Huffman)编码是一种可变长编码，编码方法如图 2-2 所示。其具体步骤是：

(1) 将输入信号符号以出现概率由大至小为序排成一列。

(2) 将两处最小概率的符号相加合成为一个新概率，再按出现概率大小排序。

(3) 重复步骤(2)，直至最终只剩两个概率。

(4) 编码从最后一步出发逐步向前进行，概率大的符号赋予"0"码，另一个概率赋予"1"码，直至到达最初的概率排列为止。

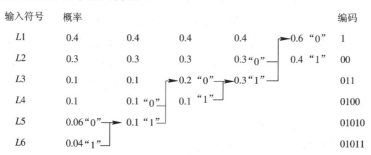

图 2-2 霍夫曼编码

上述 6 个符号用普通二进制编码，每个符号码长三位；用霍夫曼编码，平均码长为

$$0.4 \times 1 + 0.3 \times 2 + 0.1 \times 3 + 0.1 \times 4 + 0.06 \times 5 + 0.04 \times 5 = 2.2 \text{ 位}$$

2. 算术编码

霍夫曼编码的每个代码都要使用一个整数位，如果一个符号只需要用 2.5 位就能表示，在霍夫曼编码中却必须用 3 个符号表示，因此它的效率较低。与其相比，算术编码并不为每个符号产生一个单独的代码，而是使整条信息共用一个代码，增加到信息上的每个新符号都递增地修改输出代码。

假设信源由 4 个符号 $s1$、$s2$、$s3$ 和 $s4$ 组成，其概率模型如表 2-1 所示。把各符号出现的概率表示在如图 2-3 所示的单位概率区间之中，其中区间的宽度代表概率值的大小，各符号所对应的子区间的边界值实际上是从左到右各符号的累积概率。在算术编码中通常采用二进制的小数来表示概率，每个符号所对应的概率区间都是半开区间，如 $s1$ 对应 $[0, 0.001)$，$s2$ 对应 $[0.001, 0.011)$。算术编码所产生的码字实际上是一个二进制小数值的指针，该指针指向所编的符号对应的概率区间。

表 2-1 信源概率模型和算术编码过程

信 源					算术编码过程		
符号	概率	概率（二进制）	累积概率	区间范围	状态	C_i	A_i
$s1$	1/8	0.001	0	$[0, 0.001)$	初始值	$C_0 = 0$	$A_0 = 1$
$s2$	1/4	0.01	0.001	$[0.001, 0.011)$	编码 $s3$	$C_1 = 0.011$	$A_1 = 0.1$
$s3$	1/2	0.1	0.011	$[0.011, 0.111)$	编码 $s3$	$C_2 = 0.1001$	$A_2 = 0.01$
$s4$	1/8	0.001	0.111	$[0.111, 1)$	编码 $s2$	$C_3 = 0.100\ 11$	$A_3 = 0.0001$
					编码 $s4$	$C_4 = 0.101\ 001\ 1$	$A_4 = 0.000\ 000\ 1$

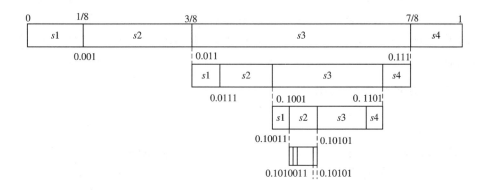

图 2-3 算术编码过程示意图

例 1 将符号序列 $s3s3s2s4$ 进行算术编码，序列的第一个符号为 $s3$，用指向图 2-3 中第 3 个子区间的指针来代表这个符号，由此得到码字 0.011。后续的编码将在前面编码指向的子区间内进行。将 $[0.011, 0.111]$ 区间再按符号的概率值划分成 4 份，对第 2 个符号 $s3$，指针指向 0.1001，码字串变为 0.1001。然后 $s3$ 所对应的子区间又被划分为 4 份，开始对第 3 个符号进行编码……

算术编码的基本法则如下：

(1) 初始状态：编码点(指针所指处)$C_0=0$，区间宽度 $A_0=1$。

(2) 新编码点：

$$C_i = C_{i-1} + A_{i-1} \times P_i \tag{2-1}$$

式中：C_{i-1}是原编码点，A_{i-1}是原区间宽度，P_i为所编符号对应的累积概率。

新区间宽度：

$$A_i = A_{i-1} \times p_i \tag{2-2}$$

式中：p_i为所编符号对应的概率。

根据上述法则，对序列 $s3s3s2s4$ 进行算术编码的过程如下：

第 1 个符号 $s3$：$C_1=C_0+A_0\times P_1=0+1\times 0.011=0.011$

$A_1=A_0\times p_1=1\times 0.1=0.1$

$[0.011,\ 0.111)$

第 2 个符号 $s3$：$C_2=C_1+A_1\times P_2=0.011+0.1\times 0.011=0.1001$

$A_2=A_1\times p_2=0.1\times 0.1=0.01$

$[0.1001,\ 0.1101)$

第 3 个符号 $s2$：$C_3=C_2+A_2\times P_3=0.1001+0.01\times 0.001=0.10011$

$A_3=A_2\times p_3=0.01\times 0.01=0.0001$

$[0.10011,\ 0.10101)$

第 4 个符号 $s4$：$C_4=C_3+A_3\times P_4=0.10011+0.0001\times 0.111=0.1010011$

$A_4=A_3\times p_4=0.0001\times 0.001=0.0000001$

$[0.1010011,\ 0.10101]$

3. 游程编码

游程编码(Run Length Coding，RLC)是一种十分简单的压缩方法，它将数据流中连续出现的字符用单一的记号来表示。游程编码的压缩率不高，但编码、解码的速度快，因而仍得到了广泛的应用，特别是在变换编码及进行 Z 字形(zig-zag)扫描后，再进行游程编码，会有很好的效果。

2.1.4 预测编码和变换编码

1. DPCM 原理

基于图像的统计特性进行数据压缩的基本方法就是预测编码。它利用图像信号的空间或时间相关性，用已传输的像素对当前的像素进行预测，然后对预测值与真实值的差——预测误差进行编码处理和传输。目前用得较多的是线性预测方法，其全称为差值脉冲编码调制(Differential Pulse Code Modulation，DPCM)。

利用帧内相关性(像素间、行间的相关)的 DPCM 被称为帧内预测编码。如果对亮度信号和两个色差信号分别进行 DPCM 编码，即对亮度信号采用较高的取样率和较多位数编码，对色差信号用较低的取样率和较少位数编码，那么构成时分复合信号后再进行 DPCM 编码，数码率可以更低。

利用帧间相关性(邻近帧的时间相关性)的 DPCM 被称为帧间预测编码，因帧间相关性大于帧内相关性，所以其编码效率更高。若把这两种 DPCM 组合起来，再配上变字长编码技术，就能获得较好的压缩效果。DPCM 是图像编码技术中研究得最早且应用最广的一种方法，它的一个重要特点是算法简单，易于硬件实现。图 2-4(a)是它的示意图。编码单元主要包括线性预测器和量化器两部分。编码器的输出不是图像像素的样值 $f(m, n)$，而是该样值与预测值 $g(m, n)$ 之间的差值，即预测误差 $e(m, n)$ 的量化值 $E(m, n)$。根据图像信号统计特性的分析，给出一组恰当的预测系数，使预测误差主要分布在"0"附近，再经非均匀量化，采用较少的量化分层，图像数据便得到了压缩，而量化噪声又不易被人眼所觉察，图像的主观质量并不明显下降。图 2-4(b)是 DPCM 解码器，其原理和编码器刚好相反。

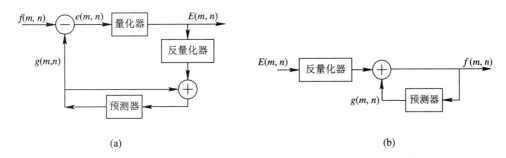

(a)　　　　　　　　　　　　　　　　(b)

图 2-4　DPCM 原理

(a) DPCM 编码器；(b) DPCM 解码器

DPCM 的编码性能主要取决于预测器的设计。设计预测器时要确定预测器的阶数 N 以及各预测系数。

图 2-5 是一个四阶预测器的示意图，其中图(a)表示预测器所用的输入像素和被预测像素之间的位置关系，图(b)表示预测器的结构。

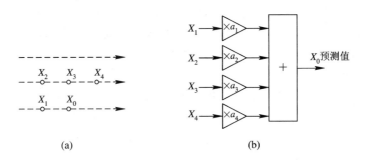

(a)　　　　　　　　　　　　　　　　(b)

图 2-5　四阶预测器

(a) 输入像素和被预测像素的位置关系；(b) 预测器的结构

2. 变换编码原理

图像变换编码是将空间域里描述的图像经过某种变换(如傅立叶变换、离散余弦变换、沃尔什变换等)，在变换域中进行描述，即将图像能量在空间域的分散分布变为在变换域的相对集中分布，便于用 Z 字形扫描、自适应量化、变长编码等进一步处理，完成对图像信息的有效压缩。

先从一个实例来看一个域的数据变换到另一个域后其分布是如何改变的。以 1×2 像素构成的子图像,即相邻两个像素组成的子图像为例,每个像素有 3 b 编码,取 0~7 共 8 个灰度级,两个像素有 64 种可能的灰度组合,由图 2-6(a) 中的 64 个坐标点表示。一般图像的相邻像素之间存在着很强的相关性,绝大多数的子图像中相邻像素灰度级相等或很接近,也就是说,在 $x_1 = x_2$ 直线附近出现的概率大,如图 2-6(a) 中的阴影区所示。

现在将坐标系逆时针旋转 45°,如图 2-6(b) 所示。在新的坐标系 y_1、y_2 中,概率大的子图像区位于 y_1 轴附近,表明变量 y_1、y_2 之间的联系比变量 x_1、x_2 之间的联系在统计上更加独立,方差也重新分布。在原来的坐标系中,子图像的两个像素具有较大的相关性,能量的分布比较分散,两者具有大致相同的方差。而在变换后的坐标系中,子图像的两个像素之间的相关性大大减弱,能量分布向 y_1 轴集中,y_1 的方差也远大于 y_2。这种变换后坐标轴上方差不均匀分布的情况正是正交变换编码能够实现图像数据压缩的理论根据。若按照人的视觉特性,只保留方差较大的那些变换系数分量,就可以获得更大的数据压缩比,这就是视觉心理编码的方法。

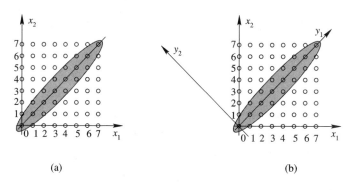

图 2-6 变换编码的物理意义

(a) 子图像在阴影区的概率较大;(b) 旋转变换后

把一个 $n \times n$ 像素的子图像看成 n^2 维坐标系中的一个坐标点。在 n^2 维坐标系中,每一个坐标点对应于 n^2 个像素。这个坐标点的数值是其对应的 n^2 个像素的灰度组合。图像在 n^2 维变换域中的相关性大大下降,因此用变换后的系数进行编码,比直接用图像数据编码会获得更大的数据压缩。

变换编码将被处理数据按照某种变换规则映射到另一个域中去处理,常采用二维正交变换的方式。若将整个图像作为一个二维矩阵,则变换编码的计算量太大,所以将一幅图像分成一个个小图像块,通常是 8×8 或 16×16 的小方块,每个图像块可以看成一个二维数据矩阵,变换编码以这些小图像块为单位,把统计上密切相关的像素构成的矩阵通过线性正交变换,变成统计上较为相互独立甚至完全独立的变换系数所构成的矩阵。信息论的研究表明,变换前后,图像的信息量并无损失,可以通过反变换得到原来的图像值。统计分析表明,正交变换后,数据的分布向新坐标系中的少数坐标集中,且集中于少数的直流或低频分量的坐标点。正交变换并不压缩数据量,但它去除了大部分相关性,数据分布相对集中,可以依据人的视觉特性对变换系数进行量化,允许引入一定量的误差,只要它们在重建图像中造成的图像失真不明显,或者能达到所要求的观赏质量就行。量化可以增加许多不用编码的 0 系数,然后再对量化后的系数实行变长编码。

3. 离散余弦变换（DCT）

在常用的正交变换中，离散余弦变换（Discrete Cosine Transform，DCT）的性能接近最佳，是一种准最佳变换。DCT 矩阵与图像内容无关，由于它构造成对称的数据序列，因而避免了子图像轮廓处的跳跃和不连续现象。DCT 也有快速算法 FDCT，在图像编码的应用中，大都采用二维 DCT。

8×8 DCT 和 8×8 DCT 反变换的数学表达式分别为

$$F(u, v) = \frac{1}{4} C(u) C(v) \sum_{x=0}^{7} \sum_{y=0}^{7} f(x, y) \cos \frac{(2x+1)u\pi}{16} \cos \frac{(2y+1)v\pi}{16} \quad (2-3)$$

$$f(x, y) = \frac{1}{4} C(u) C(v) \sum_{u=0}^{7} \sum_{v=0}^{7} F(u, v) \cos \frac{(2x+1)u\pi}{16} \cos \frac{(2y+1)v\pi}{16} \quad (2-4)$$

其中：当 $u=v=0$ 时，$C(u)=C(v)=\frac{1}{\sqrt{2}}$；当 $u=v=$ 其它值时，$C(u)=C(v)=1$。

8×8 DCT 的变换核函数为

$$\frac{1}{4} C(u) C(v) \cos \frac{(2x+1)u\pi}{16} \cos \frac{(2y+1)v\pi}{16}$$

按 u、v 分别展开后得到 8×8 个 8×8 点的像块组，称为基图像，如图 2-7 所示。$u=0$ 和 $v=0$ 对应左上方的像块，图像在 x 和 y 方向都没有变化；$u=7$ 和 $v=7$ 对应右下方的像块，图像在 x 和 y 方向上的变化频率是最高的。

可以把 DCT 过程看做是把一个图像块表示为基图像的线性组合，这些基图像是输入图像块的组成"频率"。DCT 输出的 64 个基图像的幅值称为 DCT 系数，是输入图像块的"频谱"。64 个变换系数中包括一个代表直流分量的"DC 系数"和 63 个代表交流分量的"AC 系数"。可以把 DCT 反变换看做是用 64 个 DCT 变换系数经逆变换运算，重建一个 64 点的图像块的过程。

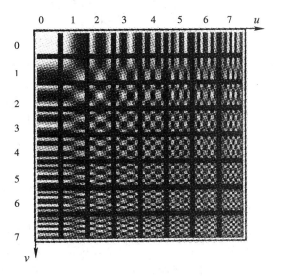

图 2-7 8×8 DCT 的基图像

对于一般图像，在二维 DCT 的变换域中，幅值较大的系数集中在低频区域。图 2-8 是一幅图像上的两个 8×8 像素矩阵及其二维 DCT 系数矩阵。图 2-8(a) 是背景区域的一小块图像，它的系数矩阵左上角的 50 为 DCT 系数的直流分量，它标志着该块图像的亮度平均值；其余系数皆为零，说明在变换域中系数的分布是相当集中的。图 2-8(b) 为细节较多的区域里的一小块图像，其系数的分布集中的程度要差一些。

对自然景物图像的统计表明，DCT 系数矩阵的能量集中在反映水平和垂直低频分量的左上角。量化以后，DCT 系数矩阵变得稀疏，位于矩阵右下角的高频分量系数大部分被量化为零。游程编码的思想是：用适当的扫描方式将已量化的二维 DCT 系数矩阵变换为

像素值	DCT系数	像素值	DCT系数
52 51 51 51 51 52 51 51	50 0 0 0 0 0 0 0	117 120 109 77 73 64 54 60	102 7 6 0 0 0 0 0
50 51 51 51 50 51 52 51	0 0 0 0 0 0 0 0	139 123 102 74 75 60 64 87	−15 11 4 0 −1 −2 0 0
50 50 50 50 51 52 52 52	0 0 0 0 0 0 0 0	109 100 93 85 70 68 97 103	6 −5 −3 −2 0 0 1 0
50 51 51 49 50 51 51 51	0 0 0 0 0 0 0 0	97 117 117 78 74 94 103 79	−6 8 2 2 3 0 0 0
50 51 51 50 50 49 50 49 50	0 0 0 0 0 0 0 0	164 149 88 87 99 91 74 68	4 2 −3 2 −3 −1 0 0
50 51 51 50 49 49 50 50	0 0 0 0 0 0 0 0	147 94 90 102 84 72 82 102	−2 −5 1 −3 −3 1 0 0
50 50 51 50 48 50 51 50	0 0 0 0 0 0 0 0	95 92 116 119 114 122 137 150	−1 0 0 0 2 1 0 0
50 50 50 49 50 50 50 49	0 0 0 0 0 0 0 0	111 112 140 150 157 163 161 157	1 0 0 1 0 −1 1 0

(a)　　　　　　　　　　　　　　　　　　(b)

图 2 - 8　图像块的 DCT 变换

（a）背景部分图像块的 DCT；（b）细节部分图像块的 DCT

一维序列，所用的扫描方式应使序列中连零的数目尽量多，或者说使序列中连零的游程尽量长。对游程的长度进行游程编码，以替代逐个地传送这些零值，就能进一步实现数据压缩。常用的 Z 字形扫描和交替扫描如图 2 - 9 所示。MPEG - 2 标准中规定可以选用交替扫描。

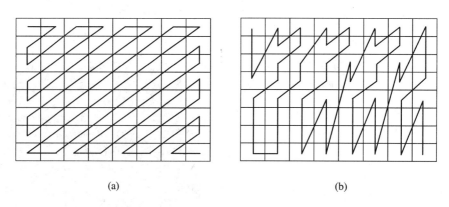

(a)　　　　　　　　　　　　　　　　　　(b)

图 2 - 9　游程编码

（a）Z 字形扫描；（b）交替扫描

游程编码的方法是将扫描得到的一维序列转化为一个由二元数组（run, level）组成的数组序列，其中 run 表示连零的长度，level 表示这串连零之后出现的一个非零值。当剩下的所有系数都为零时，用一个符号 EOB（End of Block，块结束）来代表。

4. 混合编码

混合编码是近年来广泛采用的方法，这种方法充分利用各种单一压缩方法的长处，以期在压缩比和效率之间取得最佳的平衡。如广泛流行的 JPEG 和 MPEG 压缩方法都是典型的混合编码方案。

2.1.5　静止图像压缩标准

静止图像是指内容不变的图像，可能是不活动场景图像或是活动场景图像某一瞬时的"冻结"图像。静止图像编码是指对单幅图像的编码。

静止图像用于传送文件、模型、图片和现场的实况监视图像。实况监视每隔一定时间间隔更换一幅新的图像，可以不连续地看到现场的情况，是一种准实时的监视。

对静止图像进行编码有以下要求：

（1）清晰度：静止图像中的细节容易被观察到，要求有更高的清晰度。

（2）逐渐浮现（Progressive Build-up）的显示方式：在传输频带较窄时为了减少等待时间，要求编码能提供逐渐浮现的显示方式，即先传模糊的整幅图像，再逐渐变清晰。

（3）抗干扰：一幅图像的传输时间较长，各种干扰噪声的显示时间也较长，影响观看，要求编码与调制方式都有较强的抗干扰能力。

图 2-10 是静止图像数字传输系统示意图。摄像机摄取的全电视信号，经数据采集卡捕获一帧图像，数字化后存放在帧存储器中（也可用数字摄像机直接得到数字图像）。编码器对存放在帧存储器中的数字图像进行压缩编码，因时间充裕可采用较复杂的算法提高压缩比，保持较高的清晰度。然后把编码经调制后送到信道中传输。接收的过程则相反，信号经解调、解码后送至帧存储器，然后以一定的方式读出，经 D/A 变换后在显示屏上显示或被拷贝下来。

图 2-10　静止图像数字传输系统

静止图像的主要编码方法是 DPCM 和变换编码。

JPEG 是 ISO（International Standardization Organization，国际标准化组织）/IEC（International Electrotechnical Committee，国际电工技术委员会）和 ITU-T（International Telecommunications Union，国际电信联盟）的联合图片专家小组（Joint Photographic Experts Group）的缩写。1991 年 3 月，JPEG 建议（ISO/IEC10918 号标准）《多灰度静止图像的数字压缩编码》（通常简称为 JPEG 标准）正式通过，这是一个适用于彩色和单色多灰度或连续色调静止数字图像的压缩标准，包括无损压缩及基于离散余弦变换和霍夫曼编码的有损压缩两个部分。

基本 JPEG 算法的操作可分成 6 个步骤，如图 2-11 所示。

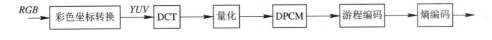

图 2-11　JPEG 算法步骤

（1）彩色坐标转换。彩色坐标转换是要去除数据冗余量，它不属于 JPEG 算法，因为 JPEG 是独立于彩色坐标的。压缩可采用不同坐标（如 RGB、YUV、YIQ 等）的图像数据。

（2）离散余弦变换（DCT）。JPEG 采用的是 8×8 子块的二维离散余弦变换算法。在编码器的输入端，把原始图像（U、V 的像素是 Y 的一半）顺序地分割成一系列 8×8 的子块。在 8×8 图像块中，像素值变化缓慢，具有较低的空间频率。进行二维 8×8 离散余弦变换可以将图像块的能量集中在极少数系数上。DCT 的（0，0）元素是块的平均值，其它元素表明在每个空间频率下的谱能为多少。一般地，离原点（0，0）越远，元素衰减得越快。

（3）量化。为了达到压缩数据的目的，对 DCT 系数需作量化处理。量化的作用是在保证一定质量的前提下，丢弃图像中对视觉效果影响不大的信息。量化是多对一映射，是造成 DCT 编码信息损失的根源。JPEG 标准中采用线性均匀量化器，量化过程为对 64 个

DCT 系数除以量化步长并四舍五入取整,量化步长由量化表决定。量化表元素因 DCT 系数的位置和彩色分量的不同而取不同值。量化表为 8×8 矩阵,与 DCT 变换系数一一对应。JPGE 标准根据人类视觉特性和压缩图像的特点给出了亮度量化表和色度量化表(见表 2-2 和表 2-3)。DCT 变换系数除以量化表中对应位置的量化步长并舍去小数部分后,多数变为零,从而达到了压缩的目的。从量化表中可以看出,左上角量化间隔小而右下角量化间隔大,这是因为图像的低频分量最重要,量化间隔小,量化误差也小,精度高;图像的高频分量只影响图像的细节,精度要求可以低一些,量化间隔可以大一些。

表 2-2 JPEG 亮度量化表

16	11	10	16	24	40	51	61
12	12	14	19	26	58	60	55
14	13	16	24	40	57	69	56
14	17	22	29	51	87	80	62
18	22	37	56	68	109	103	77
24	35	55	64	81	104	113	92
49	64	78	87	103	121	120	101
72	92	95	98	112	100	103	99

表 2-3 JPEG 色度量化表

17	18	24	47	99	99	99	99
18	21	26	66	99	99	99	99
24	26	56	99	99	99	99	99
47	66	99	99	99	99	99	99
99	99	99	99	99	99	99	99
99	99	99	99	99	99	99	99
99	99	99	99	99	99	99	99
99	99	99	99	99	99	99	99

(4) 差值脉冲编码调制(DPCM)。64 个变换数经量化后,DCT 的(0,0)元素是直流分量(DC 系数),即空间域中 64 个图像采样值的均值。相邻 8×8 子块之间的 DC 系数一般有很强的相关性,变化应该较缓慢。JPEG 标准对 DC 系数采用 DPCM 编码方法,即对相邻像素块之间的 DC 系数的差值进行编码,这样能将它们中的大多数数值减小。

(5) 交流分量游程编码。其余 63 个交流分量(AC 系数)采用游程编码。如果从左到右、从上到下地扫描块,则零元素不集中,因此采用从左上角开始沿对角线方向的 Z 字形扫描。量化后的 AC 系数通常会有许多零值。

(6) 熵编码。为了进一步压缩数据,需对 DC 和 AC 的码字再作统计特性的熵编码。JPEG 标准推荐采用霍夫曼编码,并给出差分编码和游程编码变换为霍夫曼编码的码表。

2.1.6 活动图像压缩标准 MPEG-2

活动图像压缩标准 MPEG-2 制定以前已经存在多种图像压缩标准,MPEG-2 是在这些标准的基础上制定的。表 2-4 是常用图像标准的名称、编号和主要应用。

MPEG-2 标准是 MPEG(Moving Pictures Experts Group,活动图像专家组,正式名称是 ISO/IEC JTC 1/SC29/WG 11)工作组制定的第二个国际标准,标准号是 ISO/IEC13818,名称是通用的运动图像及其伴音的编码。它主要包括系统、视频、音频、一致性、参考软件、数字存储媒体的命令与控制、高级音频编码、10 比特视频编码和实时接口 9 个部分。我国相应的国家标准是 GB/T 17975《信息技术 运动图像及其伴音信息的通用编码》。作为一个通用的编码标准,其应用范围很广,包括标准清晰度电视、高清晰度电视和 MPEG-1 的工作范围。MPEG-2 的解码器可以对 MPEG-1 码流进行解码。

表 2 - 4　常用图像标准的名称、编号和主要应用

标　准	编　号	全　称	应　用
JPEG	ISO/IEC10918	多灰度静止图像的数字压缩编码	图片压缩、数码相机
H.261	ITU－T 建议 H.261	p×64 kb/s 视听业务的视频编解码器	会议电视、可视电话
H.263	ITU－T 建议 H.263	低于 64 kb/s 的窄带通信信道的视频编码	可视电话
MPEG－1	ISO/IEC11172	具有 1.5 Mb/s 数据传输速率的数字存储媒体运动图像及其伴音的编码	VCD、电视监控
MPEG－2	ISO/IEC13818	通用的运动图像及其伴音的编码	DVD、SDTV、HDTV

1. 类和级

为了适应不同的数字电视体系，MPEG－2 有四种输入格式（用级（Levels）加以划分）和五种不同的处理方法（用类（Profiles，也译成档次）加以划分）。

(1) 低级（Low Level，LL）的图像输入格式，以亮度像素（Pixel，记为 pel）数目计算，为 $352 \times 240 \times 30$ pel/s 或 $352 \times 288 \times 25$ pel/s，最大输出数码率是 4 Mb/s。

(2) 主级（Main Level，ML）的图像输入格式完全符合 ITU－R601 标准，即 $720 \times 480 \times 30$ pel/s 或 $720 \times 576 \times 25$ pel/s，最大输出数码率为 15 Mb/s（高类主级是 20 Mb/s）。

(3) 高 1440 级（High－1440Level，H14L）的图像输入格式是 1440×1152 pel/s 的高清晰度格式，最大输出数码率为 60 Mb/s（高类为 80 Mb/s）。

(4) 高级（High Level，HL）的图像输入格式是 1920×1152 pel/s 的高清晰度格式，最大输出数码率为 80 Mb/s（高类为 100 Mb/s）。

在 MPEG－2 的五个类中，每升高一类将提供前一类未使用的附加的码率压缩工具，编码更为精细。类之间存在向后兼容性，若接收机能解码用高类工具编码的图像，也就能解码用较低类工具编码的图像。

(1) 简单类（Simple Profile，SP）是最低的类。

(2) 主类（Main Profile，MP）比简单类增加了双向预测压缩工具。主类没有可分级性，但质量要尽量好。

(3) 信噪比可分级类（SNR Scalable Profile，SNRP）。

(4) 空间可分级类（Spatially Scalable Profile，SSP）。

SNRP 和 SSP 两个类允许将编码的视频数据分为基本层以及一个以上的上层信号。基本层包含编码图像的基本数据，但相应的图像质量较低，上层信号用来改进信噪比或清晰度。

以上四个类是逐行顺序处理色差信号的（例如 4：2：0）。

(5) 高类（High Profile，HP）则支持逐行同时处理色差信号（例如 4：2：2），并且支持全部可分级性。MPEG－2 的类和级见表 2-5，表中 MPEG－2 格式用类和级的英文缩写词来表示。例如，MP@ML 指的是主类和主级，目前标准清晰度数字电视采用这种格式；MP@HL 指的是主类和高级，在高清晰度数字电视中采用这种格式。在表 2-5 中只列出了在 20 种可选组合中的 11 种获准通过的组合，这些格式称为 MPEG－2 适用点。以上这些标准的幅型比都是 4：3。

表 2 - 5　MPEG - 2 的类和级

级 ＼ 类	SP（帧类型 I、P 和 B 抽样 4：2：0）	MP（帧类型 I、P 和 B 抽样 4：2：0）	SNRP（帧类型 I、P 和 B 抽样 4：2：0）	SSP（帧类型 I、P 和 B 抽样 4：2：0）	HP（帧类型 I、P 和 B 抽样 4：2：0 或 4：2：2）
HL（1920×1152×25 或 1920×1080×30）		MP@HL 80Mb/s			HP@HL 100 Mb/s
H14L（1440×1152×25 或 1440×1080×30）		MP@H14L 60 Mb/s		SSP@H14L 60 Mb/s	HP@H14L 80 Mb/s
ML（720×576×25 或 720×480×30）	SP@ML 15 Mb/s	MP@ML 15 Mb/s	SNRP@ML 15 Mb/s		HP@ML 20 Mb/s
LL（352×288×25 或 352×240×30）		MP@LL 4 Mb/s	SNRP@LL 4 Mb/s		

2. 视频结构

MPEG 对视频数据规定了层次结构，共分为六层。最高层是视频序列（Video Sequence），其次是图像组（Group of Pictures）、图像（Picture）、像条（Slice）、宏块（Macroblock），最低层是像块（Block），如图 2 - 12 所示。

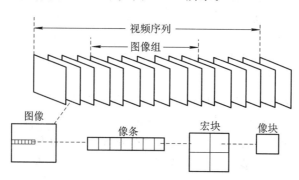

图 2 - 12　MPEG 视频结构

（1）视频序列。视频序列也称图像序列，它是随机选取节目的一个基本单元。从节目内容看，一个视频序列大致对应于一个镜头。切换一个镜头，即表示开始一个新的序列。

（2）图像组。图像组是将一个图像序列中连续的几个图像组成一个小组，简称 GOP。它是对编码后的视频码流进行编辑存取的基本单元。

（3）图像。图像是一个独立的显示单元，也是图像编码的基本单元，可分为 I、P 和 B

三种编码图像。

I 帧(Intra-coded picture，帧内编码图像帧)：不参考其它图像帧而只利用本帧的信息进行编码。

P 帧(Predictive-coded Picture，预测编码图像帧)：由一个过去的 I 帧或 P 帧采用有运动补偿的帧间预测进行更有效的编码，通常用于进一步预测之参考。

B 帧(Bidirectionally Predicted Picture，双向预测编码图像帧)：提供最高的压缩，它既需要过去的图像帧(I 帧或 P 帧)，也需要后来的图像帧(P 帧)进行有运动补偿的双向预测。

VCD 中常用的图像组结构是 B. B. I. B. B. P. B. B. P. B. B. P. B. B. I. B. B. P，$M=3$，$N=12$(M 为两个参考帧之间的 B 帧数目加 1，N 为一个图像组内的图像帧的总数目)。

B 帧有较高的压缩比，所以视频编码器总编码效率很高；I 帧和 P 帧的压缩比不高，但可保证较高的重建图像质量。

还有一种 D 帧(DC Coded Picture，直流编码帧)，其仅用于快进或退回显示低分辨率图像。实时地进行 MPEG-1 解码已有相当的难度，若希望以正常速度的 10 倍播放视频，则要求就更高了。而 D 帧是用来产生低分辨率图像的，每一 D 帧的入口正好是一块的平均值，没有更进一步的编码，这样可以容易地实时播放。这一措施很重要，使人们能以高速度扫描影片，以搜索特定场面。

(4) 像条。像条是发生误码且不可纠正时，数据重新获得同步，从而能正常解码的基本单元。像条由一系列连续的宏块组成。像条的第一和最后一个宏块应处在同一水平宏块排内。例如，对于分辨率为 720×576 的画面来说，一帧图像里有 36 个宏块排($16 \times 36 = 576$)，宏块排内可以有不同的像条划分方法。一个宏块排内像条数最多为 45 个(每个宏块($16 \times 45 = 720$)构成一个像条)，最少为 1 个(45 个宏块构成一个像条)。每个宏块排内像条数多，有利于误码后的重新正确解码，但却增加了码流中附加的信息，降低了编码效率。

在大多数情况下像条不必覆盖整幅图像，未包括在像条中的区域不作编码，这些区域内无信息进行编码(在特定的图像中)。当像条没有包括整幅图像时，如果该图像随后用于预测，则预测仅在像条所包括的区域上进行。

(5) 宏块。宏块是运动预测的基本单元。运动估计以宏块为单位，借此得到最佳匹配宏块的运动矢量。运动预测只对亮度阵列进行，对应的色差阵列其运动估计使用和亮度阵列相同的运动矢量。

一个宏块由一个 16×16 像素的亮度阵列和同区域内的 C_B、C_R 色差阵列共同组成。

(6) 块(像块)。块又称像块，是 DCT 变换的基本单元。一个宏块可以划分成若干个 8×8 像素的阵列，简称为块，它可以是亮度块或色差信号块。像块经过 DCT 变换后得到的 64 个 DCT 系数阵列可称为系数块。

一个 4：2：0 的宏块由 6 个块组成，其中有 4 个亮度块和两个色度块。

一个 4：2：2 的宏块由 8 个块组成，其中有 4 个亮度块、两个 C_B 块和两个 C_R 块。

一个 4：4：4 的宏块由 12 个块组成，其中有 4 个亮度块、4 个 C_B 块和 4 个 C_R 块。

3. 可变数码率

1) 固定数码率和可变数码率

视频编码可以采用固定数码率(Constant Bit-Rate，CBR)或可变数码率(Variable Bit-Rate，VBR)。

视频编码采用固定数码率就是保持每个图像组（GOP）都有相同的平均数码率。当输入的图像内容有可能使输出的平均数码率超出额定值时，不得不瞬时地牺牲图像局部的、瞬时的主观质量为代价（例如，增大量化器的步距，或者瞬时对图像的某些部分"跳过"（Skip）而暂不编码，只要一般观众不容易觉察或者没有太大的不满），以维持输出的视频数码率保持不变。另一方面，当图像内容不复杂时，又不得不大量地插入毫无意义的"填充码"（Stuffing Bits），来维持输出的视频数码率为预定的恒定值。固定数码率的视频编码算法简单易行，但编码效率不高。

可变数码率视频编码算法中不同图像组的平均数码率是可变的数值，它可以根据图像的内容而变动，保证解码后的重建图像的质量恒定（为没有大的起伏的某种预定值）。其主要优点是显著地减少了"填充码"，大大提高了传输（或存储媒体）的频谱（或存储容量）之利用率，具有巨大的经济效益。其代价是编码器的技术难度大，成本高；接收设备则增加了少量的费用。因此，这种技术特别适合广播应用。

2）编码

MPEG-2编码器框图如图2-13所示，两个双向选择开关由编码控制器CC控制，当它们同时接到上边时，编码器工作在帧内编码模式，输入信号直接进行DCT变换，经过量化处理后再进行变字长编码VLC，得到最后的编码输出。当双向开关同时接到下方时，编码器利用存储在帧存储器FM中的上一帧图像进行帧间预测，将输入信号与预测信号相减后，对预测误差进行DCT变换，经过量化处理后再进行变字长编码VLC，得到最后的编码输出。此时，编码器工作在帧间编码模式，是一个帧间预测与DCT组成的混合编码器。还有运动估计和补偿处理MEP，可改善帧间预测的效果。为了使解码器能正确地解码，编码器的工作状态必须即时通知解码端，为此每个编码模式和控制参数等辅助信息也要进行编码传输。

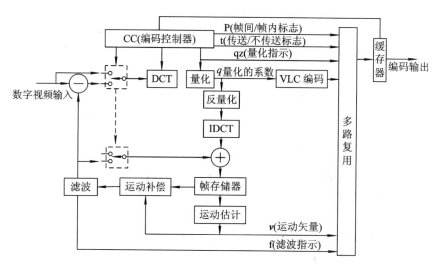

图2-13　MPEG-2编码器原理框图

MPEG-2采用帧间预测（DPCM）与帧内变换（2D-DCT）相结合的混合编码。若前后两帧很相似，则编码器进行帧间预测，然后对所得的帧间预测误差进行二维离散余弦变换（2D-DCT）；若前后两帧图像不相似，则对当前帧图像进行帧内DCT编码，即把该帧图像中每一个 8×8 块进行离散余弦变换(DCT),再对所得的 DCT 系数进行量化,然后把所得的量化值进行二维变长编码。

在对 B 帧编码时,要有两个帧存储器分别存储过去和将来的两个参考帧,以便进行双向运动补偿预测。编码器必须在图像质量、编码速率以及编码效率之间进行综合考虑,选择合适的编码工作模式和控制参数。

传输码流中编码图像的顺序称为编码顺序,在解码输出端重建图像的顺序称为显示顺序。引入 B 帧图像后,视频序列的编码顺序与显示顺序是不同的。若在编码器输入端或解码器输出端的显示顺序为

1	2	3	4	5	6	7	8	9	10	11	12	13
I	B	B	P	B	B	P	B	B	P	B	B	I

则在编码器的输出端、编码码流中和解码器输入端的编码顺序为

1	4	2	3	7	5	6	10	8	9	13	11	12
I	P	B	B	P	B	B	P	B	B	I	B	B

图像组中图像的数目虽然是没有限制的,但一般也不宜过多,隔一定时间就应在图像序列中传送一幅 I 帧图像。在某些情况下,例如接收机刚开机、切换频道或存在严重的信道误码时,作为参考图像的 I 帧图像可能丢失,图像组中的其它图像因无法进行解码而使接收处于混乱状态。适当选择图像组的长度可使这种“混乱”不被觉察。另外,图像组中的 I 帧图像是视频编辑的切入点,为了能在快进或快退状态后随机访问图像序列,也必须频繁地发送 I 帧图像。I 帧图像编码后的数码率比 P 帧图像和 B 帧图像高得多,为获得速率恒定的码流,需要缓冲存储器及复杂的控制方法。

3) 缓存器控制

按照 MPEG 标准编码,信源编码是可变长编码 VLC,不同类型的图像帧(I、P、B 帧)采用不同的压缩算法,复用后的传送比特流的数码率随时间变化。在恒定码率的信道中传输时,需要一个缓存器来平滑时变的数码率,以便和信道的码率相匹配。

视频缓冲校对器(Video Buffer Verifier,VBV)是设想的连接到编码器输出的缓存器。它的大小用 VBV-Buffer-size 标志。

如在某段时间内,比特流一直以高于信道码率的速率输入缓存器,缓存器中的数据量将持续增长,而缓存器本身的容量是有限的,如果没有一种机制来降低缓存器的输入码率,缓存器就会存满,结果产生“溢出”,常称为“上溢”,已存信息还未读出就会被覆盖,或者输入信息会丢失。与此相反,如在某段时间里,缓存器输入码流的速率小于输出速率,缓存器中数据量将逐渐减少,取出数据时缓存器内不包含完整的图像帧,导致“取空”,常称为“下溢”。

“溢出”或“取空”必然影响图像序列解码和显示的连续性,降低图像质量。必须有一种缓存器控制机制防止它们的发生。实际中通常采用的方法有根据缓存器数据量来调整编码的量化步长因子 q_p 的反馈控制法和跳帧处理方法。

4. 可分级性

同一类不同级的图像分辨率和数码率相差很大。为保持解码器的向下兼容性,MPEG－2 采用了信噪比可分级性和空间可分级性两种分级编码技术。信噪比分级的目的是实现不同质量的视频服务的兼容,信噪比可分级性表示可分级改变 DCT 系数的量化步长;空间分

级的目的是实现不同分辨率图像服务的兼容，空间可分级性利用对像素的抽取和插入来实现不同级别的转换。空间可分级性编码的输出由两层码流组成：一层是可以单独解码的基本层码流，它提供低分辨率的视频；另一层是要和基本层码流共同解码的增强层码流，它提供高分辨率的视频。图 2-16(a) 示出了一个两层的空间可分级编码器的方框图。对于基本层，首先将原视频进行空间下采样，然后进行 DCT 变换、量化和 VLC 编码。通过将每 2×2 个像素用它们的平均值替换，可以实现 $4 : 1$ 比率的空间下采样。用更复杂的预滤波器可以减少下采样图像的重叠效应，但要以增加复杂度为代价。对于增强层，要进行以下工作：

(1) 通过反量化和 IDCT 重建基本层图像。

(2) 对基本层图像进行空间上采样。每个像素复制 4 次可实现 $1 : 4$ 比率的空间上采样。

(3) 从原始图像中减去上采样的基本层图像。

(4) 对残差进行离散余弦变换，并用小于基本层的量化参数进行量化。

(5) 用 VLC 编码量化比特。

由于增强层使用了较小的量化参数，因此它可以达到比基本层更高的质量。

图 2-14(b) 示出了一个两层空间可分级解码器。对于基本层，解码器的工作与不分级的视频解码器完全一样。对于增强层，必须接收到两层，用 VLD 解码、进行反量化 IQ 和 IDCT 变换，然后上采样基本层图像，把上采样的基本层图像与增强层的细节相结合形成增强层解码视频。

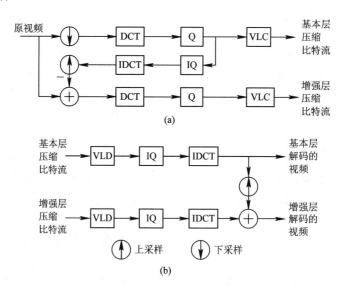

图 2-14　两层空间可分级编、解码器示意图
(a) 编码器；(b) 解码器

信噪比分级提供相同的图像分辨率但有不同的质量等级。例如，基本层码率为 3～4 Mb/s 时可提供相当于现有 NTSC/PAL/SECAM 制的图像质量。通过使用基本层和增强层两个比特流，增强解码器可以输出主观质量接近演播室的图像，其总码率为 7～12 Mb/s。SNR 分级方案也能够作为一种误码掩盖机制使用。例如，如果接收到误码率不一样的两层比特

流，若增强层被破坏，可以用保护得较好的基本层进行解码。

可分级性是 MPEG - 2 及其以上标准的显著特征之一。可分级性指的是接收机可视具体情况对编码数据流进行部分解码。分级编码的一个重要目标就是对具有不同带宽、显示能力和用户需求的接收机提供灵活的支持，从而使得在多媒体应用环境中可以 实现视频数据库浏览和多分辨率回放的功能。分级编码的另一个重要目标是对视频比特流提供分层的数据结构，也就是说，给数据内容分配优先级，对较重要的内容以高分辨率方式存储，在解码端就可以对具有高优先级的对象以可接受的高质量图像显示，低优先级的对象以较低的质量(较低的时间和空间分辨率)或常规质量的图像显示。这种方式可最有效地利用有限的信道资源。

MPEG - 2 单片编码芯片有 LSILogic 公司(2001 年收购 C - Cube 公司)的 CLM4400 和 IBM 公司的 IBM39eNV422/420 等。

5. MPEG - 2 视频解码器

图 2 - 15 是 MPEG - 2 视频解码器示意图，TS 流经过解复用输出视频基本流 ES 和运动矢量 MV。ES 经 IQ 反量化和 IDCT 变换后输出重建的宏块差值 ΔMB。

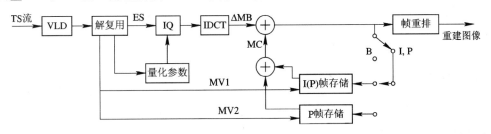

图 2 - 15　MPEG - 2 视频解码器示意图

解码框图中没有复杂的运动估计电路，它直接用 TS 流中传输来的运动矢量 MV 进行准确的运动补偿，从帧存储器中读出匹配宏块 MC，在加法器中与宏块差值 ΔMB 相加，还原出相应的 P、B 图像，重新排列成编码前原始的图像顺序。

解码所需的许多参数如运动预测值和量化参数等都在传输码流中以规定的句法元素格式提供给接收端使用。

6. 声像同步

图像数据冗余量大小不同，压缩比不同，延时也各不相同。声音和图像分别处理，也造成延时的不同。为了实现声、像同步，在信号码流中每经过一个规定的间隔加入一个时间标记，有了这个标记，就可以在接收端显示之前的解码过程中根据这个标记进行重新排序，重建在压缩编码之前图像的顺序以及声音与图像之间的时间关系，从而实现声像同步。

编码器的系统时钟(STC)由 27 MHz 的振荡信号产生，这个时间基准按规定的间隔在声频和视频 PES 流中加入一个时间标签(PTS)，同时也在 TS 流中加入节目时钟基准(Program Clock Reference，PCR)、显示时间印记(Presentation Time Stamp，PTS)和解码时间印记(Decode Time Stamp，DTS)。PCR 指示系统时钟值，出现间隔为 100 ms；PTS 指示音频和视频信号显示时间，时间间隔不超过 700 ms；DTS 指示视频流解码时间，它总是伴随着一个 PTS。DTS 指示 I 帧、P 帧解码后的图像存储在缓存中，PTS 指示解码的图像从缓存中取出来显示，所以 PTS 总是比相应的 DTS 大。

解码器中的 STC 是由解码器重新产生的，图 2-16 是解码器中恢复系统时钟的锁相环示意图。当一个新的节目开始时，解码器的 STC 被设置为 PCR 的当前值。PCR 被直接装入 STC 计数器，压控振荡器输出的 STC 频率也送入计数器，经过运算之后，产生的 STC 与 PCR 在比较器中进行比较，其差值数据通过低通滤波和放大，去控制压控振荡器，最终使解码器的 STC 频率锁定到与编码器的 STC 频率相一致。在解码器与编码器的两端 STC 锁定之后，比较器的输出保持一个恒定的常数，压控振荡器(VCO)的频率保持稳定。锁相环路中加入低通滤波器，可以消除数据码流瞬间抖动而产生的影响。

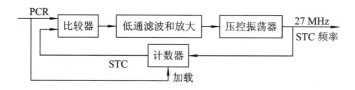

图 2-16　解码器中恢复系统时钟的锁相环示意图

解码器接收到 PTS 和 DTS 时，存入对应的堆栈；每幅图像解码前，用其对应的 DTS 与 STC 进行比较，当两者相等时，就开始解码；每幅图像播放前，用其对应的 PTS 与 STC 进行比较，当两者相等时，就开始播放。

2.1.7　先进音/视频编码 AVS

AVS(Audio Video coding Standard,中国数字音/视频编/解码国家标准)的正式名称是"信息技术 先进音视频编码"(GB/T20090.2)，是由我国的"数字音视频编解码技术标准工作组"制定的。AVS 1.0 包括：Part1 系统(广播)，Part2 视频(高、标清)，Part3 音频(双声道)，Part3 音频(5.1 声道)，Part4 一致性测试，Part5 参考软件，Part6 数字版权管理，Part7 移动视频，Part8 在 IP 网络中传输 AVS，Part9 AVS 文件格式。

1. AVS1—P2 视频编码标准

AVS 视频编码器方框图如图 2-17 所示，包括帧内预测、帧间预测、环路滤波、变换、量化和熵编码等技术模块。AVS1—P2 定义了一个档次，即基本档次。基本档次又分为四个级，分别对应高清晰度与标准清晰度的应用。

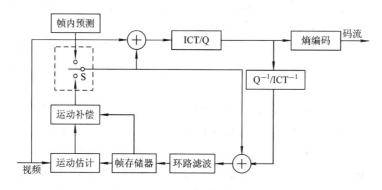

图 2-17　AVS 视频编码器方框图

1）带预缩放的整数变换

AVS1—P2 采用 8×8 二维整数余弦变换（Integer Cosine Transform，ICT），ICT 可用加法和移位直接实现。块尺寸固定为 8×8。由于采用 ICT，各变换基矢量的模大小不一，因此必须对变换系数进行不同程度的缩放，以达到归一化。为了减少乘法的次数，H.264 中将正向缩放和量化结合在一起操作，将反向缩放和反量化结合在一起操作。在 AVS 中，采用带预缩放的 8×8 整数余弦变换（Pre-scaled Integer Transform，PIT）技术，即正向缩放、量化、反向缩放结合在一起，而解码端只进行反量化，不再需要反缩放。由于 AVS1—P2 中采用总共 64 级近似 8 阶非完全周期性的量化，因此 PIT 的使用可以使编、解码端节省存储与运算开销，而性能上又不会受到影响。

2）帧内预测

AVS1—P2 采用基于 8×8 块的帧内预测。亮度和色度帧内预测分别有五种和四种模式，相邻已解码块在环路滤波前的重建像素值用来给当前块作参考。与 H.264 的 4×4 块的帧内预测相比，大的预测块将增加待预测样本和参考样本间的距离，从而减弱相关性，降低预测精确度。因此，在 AVS1—P2 的 DC 模式中先用 3 抽头低通滤波器（1，2，1）对参考样本进行滤波。另外，在 AVS1—P2 的 DC 模式中，每个像素值由水平和垂直位置的相应参考像素值来预测，所以每个像素的预测值都可能不同。这种 DC 预测较之 H.264 中的 DC 预测更精确，这对于较大的 8×8 块尺寸来讲更有意义。

3）帧间预测

AVS1—P2 支持 P 帧和 B 帧两种帧间预测图像，P 帧至多采用两个前向参考帧，B 帧采用前、后各一个参考帧。帧间预测中每个宏块的划分有 16×16、16×8、8×16 和 8×8 共四种类型。

P 帧有 P_Skip（16×16）、P_16×16、P_16×8、P_8×16 和 P_8×8 共五种预测模式。对于后四种预测模式的 P 帧，每个宏块由两个候选参考帧中的一个来预测，候选参考帧为最近解码的 I 或 P 帧。对于后四种预测模式的 P 场，每个宏块由最近解码的四个场来预测。

B 帧的双向预测有对称模式和直接模式两种模式。在对称模式中，每个宏块只需传送一个前向运动矢量，后向运动矢量由前向运动矢量通过一定的对称规则来获得，从而节省后向运动矢量的编码开销。在直接模式中，前向和后向运动矢量都是由后向参考图像中的相应位置块的运动矢量获得的，无需传输运动矢量，因此也节省了运动矢量的编码开销。这两种双向预测模式充分利用了连续图像的运动连续性。

4）亚像素插值

AVS1—P2 帧间预测与补偿中，亮度和色度的运动矢量精度分别为 1/4 和 1/8 像素，因此需要相应的亚像素插值。

亮度亚像素插值分成 1/2 和 1/4 像素插值两步。1/2 像素插值采用 4 抽头滤波器 $H1(-1/8, 5/8, 5/8, -1/8)$。1/4 像素插值分两种情况，8 个一维 1/4 像素位置采用 4 抽头滤波器 $H2(1/16, 7/16, 7/16, 1/16)$，另外 4 个二维 1/4 像素位置采用双线性滤波器 $H3(1/2, 1/2)$。

5）环路滤波

基于块的视频编码有一个显著特性就是重建图像存在方块效应，特别是在低码率的情况下。采用环路滤波去除方块效应，可以改善重建图像的主观质量，同时可提高压缩编码效率。

AVS1—P2 采用自适应环路滤波，即根据块边界两侧的块类型先确定块边界强度 (Boundary Strength，BS)值，然后对不同的 BS 值采取不同的滤波策略。帧内块滤波最强，非连续运动补偿的帧间块滤波较弱，而连续性较好的块之间不滤波。由于 AVS1—P2 变换和最小预测块大小都是 8×8，因此环路滤波的块大小也是 8×8。

环路滤波对亮度块和色度块的边界进行滤波(图像和宏块条边界不滤波)。滤波时首先对块的水平边界进行滤波，然后再对块的垂直边界进行滤波。滤波强度由宏块编码模式、量化参数、运动矢量等决定。滤波时使用边界左右各三个像素(共六个像素)。

6)熵编码

AVS1—P2 采用基于上下文的 2D VLC 来编码 8×8 块变换系数。基于上下文的意思是用已编码的系数来确定 VLC 码表的切换。对不同类型的变换块分别用不同的 VLC 表编码，例如有帧内块的码表、帧间块的码表等。AVS1—P2 充分利用上下文信息，编码方法总共用到 19 张 2D—VLC 表，需要约 1 KB 的存储空间。

2. AVS1—P7 移动视频编码标准

AVS1—P7 也是基于预测、变换和熵编码的混合编码系统，框架与 AVS1—P2 相同。AVS1—P7 的主要目标是以较低的运算和存储代价实现在移动设备上的视频应用。

AVS1—P7 的宏块条是由以扫描顺序连续的若干宏块组成的，而并不要求是完整的宏块行，这样便于视频流的打包传输。图像类型只有 I、P 两种。目前，AVS1—P7 已定义了 1 个档次(即基本档次)和 9 个级别。

在低分辨率情况下，变换和预测补偿的单元越小性能越好。因此，AVS1—P7 采用 4×4 的块作为变换、预测补偿的基本单位，4×4 变换仍然采用 PIT 以降低实现复杂度。

亮度帧内预测有九种基于 4×4 的模式，色度有三种基于 4×4 的模式。

为了降低复杂度，在 AVS1—P7 中新引入的工具主要有 I 帧中的直接帧内预测模式 (Direct Intra-Prediction，DIP)、像素扩展方法以及简化的色度帧内预测。在 I 帧中，对纹理一致性较好的区域采用 DIP 模式，即宏块中所有 16 个 4×4 块都按最可能模式编码。

像素扩展是参考像素的产生方法。

色度帧内预测只采用三种模式，即 DC 模式、垂直模式和水平模式。U 和 V 分量总共 8 个 4×4 块均采用相同的帧内预测模式。

AVS1—P7 中帧间预测帧只有 P 帧类型，没有 B 帧，最大参考帧数为 2 帧。P 帧分为两类，分别为可做参考的 P 帧和不可做参考的 P 帧。这样既简化了操作，又保证了码流的可伸缩性。

帧间运动补偿的块大小可以为 16×16、16×8、8×16、8×8、8×4、4×8、4×4。帧间运动补偿的精度最高为 1/4 像素。1/2 像素插值的水平和垂直方向分别采用 8 抽头和 4 抽头滤波器。1/4 像素插值均采用 2 抽头滤波器。

为了便于实现，AVS1—P7 中将运动矢量范围限制在图像边界外 16 个像素以内。竖直方向运动矢量分量的取值范围对公共中间格式(CIF)是[−32，31.75]。

可采用一种特别简化的环路滤波方法。首先，滤波的强度是在宏块级而非块级确定，即由当前宏块的类型和当前宏块的 QP(Quantization Parameter，量化参数)值确定此宏块的滤波强度，从而大大减少了判断的次数。此外，滤波过程仅涉及边界两边各两个像素点，且滤波最多仅修改边界两边各两个像素点，这样同一方向每条块边界的滤波不相关，适合于实施并行处理。

AVS1—P7 变换系数也采用基于上下文的 2D—VLC 编码。精心设计的 2D—VLC 码表和码表的切换方法更适应于 4×4 变换块的(Level，Run)分布。

此外，AVS1—P7 中还包含虚拟参考解码器、网络适配层以及补充增强信息等工具，从而有较好的网络友好性和一定的抗误码能力。

AVS 相比其它标准有如下优点：

(1) 性能高，编码效率与 H. 264 相当，两倍于 MPEG - 2，但算法复杂度明显低于 H. 264。

(2) 拥有主要知识产权，专利授权模式简单，费用低。

(3) H. 264 只是一个视频编码标准，而 AVS 则是一套包含系统、视频、音频、媒体版权管理在内的完整标准体系，能够为音视频产业提供完整的信源编码技术方案。

* 2. 1. 8　MPEG - 4 和 ITU - T H. 264

1. MPEG - 4

MPEG - 4 是适应多媒体应用的音频、视频对象编码标准，国际标准号是 ISO/IEC14496，包括版本 1 和版本 2。版本 1 由系统、视觉信息、音频、一致性、参考软件、多媒体传送集成框架和工具(视频)优化软件 7 个部分组成，于 1998 年 10 月通过，其中前 6 个与 MPEG - 2 的相应部分相对应。版本 2 是 MPEG - 4 的扩展部分。

MPEG - 4 规定了各种音频、视频对象的编码，除了包括自然的音频、视频对象外，还包括图像、文字、2D 和 3D 图形以及合成话音和音乐等。MPEG - 4 通过描述场景结构信息，即各种对象的空间位置和时间关系等，来建立一个多媒体场景，并将它与编码的对象一起传输。由于对各个对象进行独立的编码，因此 MPEG - 4 可以达到很高的压缩效率，同时也为在接收端根据需要对内容进行操作提供了可能，适应了多媒体应用中的人机交互的要求。

MPEG - 4 的视频编码分为合成视频编码和自然视频编码。

1) 合成视频编码

计算机图形和以往的压缩编码都属于合成视频信息。MPEG - 4 把人工合成信息数据算作一种新的数据类型，支持对人工合成 VO(Video Object)数据与自然 VO 数据的混合编码，即合成与自然混合编码(SNHC)。SNHC 提供了对人工合成信息的具体描述，定义了有关图形文本的多种表达方式。例如，2D 网格对象、3D 人脸和身体对象、3D 网格对象等都是描述合成信息的。SNHC 文本表达方式设计了合成图形对象的描述框架、通用的数据流结构和灵活的接口。SNHC 支持媒体间更灵活的混合方式，能减少混合媒体的存储空间和带宽，并为此提供了一种基于合成的自然视频编码——纹理网格编码。它的核心是基于网格的纹理映射，将要表达的图像区域划分成合成网格，采用映射的方法将实际拍摄的自然纹理图像直接贴到该网格区域上。

2) 自然视频编码

MPEG - 4 自然视频码流的层次化数据结构分为如下五层：

（1）视频序列（Video Sequence，VS）。VS 对应于场景的电视图像信号。VS 层由 VS_0、VS_1、…、VS_n 组成，是整个场景在各段时间的图像。VS 由一个或多个 VO 构成。

（2）视频对象（Video Object，VO）。VO 对应于场景中的人、物体或背景，它可以是任意形状。VO 层由 VO_0、VO_1、…、VO_n 组成，是从 VS 中提取的不同视频对象。

（3）视频对象层（Video Object Layer，VOL）。VOL 指 VO 码流中包括的纹理、形状和运动信息层。VOL 用于实现分级编码。VOL 由 VOL_0、VOL_1、…、VOL_n 组成，是 VO 的不同分辨率层（一个基本层和多个增强层）。

（4）视频对象平面组（Group of VOP，GOV）。GOV 层是可选的，它由多个 VOP 组成。GOV 提供了比特流中独立编码 VOP 的起始点，以便于实现比特流的随机存取。

（5）视频对象平面（Video Object Plane，VOP）。VOP 层由 VOP_0、VOP_1、…、VOP_n 组成，是 VO 在不同分辨率层的时间采样。VOP 可以独立地进行编码（I - VOP），也可以运用运动补偿进行编码（P - VOP 和 B - VOP）。VOP 可以是任意形状的。

MPEG - 4 基于对象概念的视频编/解码器原理框图如图 2 - 18 所示。首先，对自然视频流进行 VOP 分割，由编码控制器为不同 VO 的形状、运动、纹理信息分配码率，并由 VO 编码器对各个 VO 分别进行独立编码，然后将编码的基本码流复用成一个输出码流。编码控制和复用 MUX（Multiplex，多路复用）部分可以加入用户的交互控制或智能算法控制。接收端经解复用 DEMUX（Demultiplex，多路信号分离）将各个 VO 分别解码，然后将解码后的 VO 合成场景输出。解复用和 VO 合成时同样可以加入用户交互控制。视频对象（VO）编码器包括三个部分：形状编码部分、运动补偿部分以及纹理编码部分。

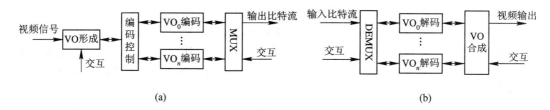

图 2 - 18　MPEG - 4 视频编/解码器
（a）编码器结构；（b）解码器结构

在电视安全监控中对图像进行数字录像时，常采用 MPEG - 4 标准进行压缩，因为电视监控图像背景是固定不变的，且人物较少，活动缓慢，所以基于对象编码能得到较高的数据压缩率。

2．ITU - T H. 264

ITU - T 的 H. 264 标准（ITU - T Rec. H. 264/ISO/IEC 11496 - 10 AVC）由 ISO/IEC 下属的运动图像专家组 MPEG 和 ITU 下属的视频编码专家组（Video Coding Experts Group，VCEG）共同成立的联合视频小组（Joint Video Team，JVT）负责完成。由于 H. 264 采用了许多不同于以往标准中使用的先进技术，因此相对于以往的标准，在相同的数码率下用 H. 264 标准编码能够获得更高的图像质量。

1）按功能进行分层

H. 264 将整个编码结构分成网络抽象层（Network Abstraction Layer，NAL）和视频编码层（Video Coding Layer，VCL）。视频编码层进行视频压缩、解压缩操作。而网络抽象层专门为视频编码信息提供文件头信息，安排格式，以利于网络传输和介质存储，具有更强的网络友好性和错误隐藏能力。

2）树状结构运动补偿

H.264 为亮度分量提供 16×16、16×8、8×16 和 8×8 四种宏块划分方式，还能将 8×8 宏块进一步划分成 8×4、4×8 和 4×4 三种子宏块。每个分块都有各自的运动向量。基于上述划分的运动补偿被称作树状结构运动补偿。

3）1/4 像素运动矢量估计

为了得到更接近原始图像的重建图像，H.264 将运动矢量的精度提高到 1/4 像素。1/4 像素采样值的获得分为两步：第一步是用多个整数点像素采样值经过 FIR 滤波器输出得到部分 1/2 像素精度插值，再用已得到的 1/2 像素值继续通过相同的 FIR 滤波器得到余下的 1/2 像素值；第二步是用 1/2 像素值进行双向线性插值，得到 1/4 像素值。

4）整数变换

为做进一步的压缩处理，从运动估计和补偿出来的结果将被从空间域转化为频率域。这在以前的编码标准中大多都采用了 8×8 的离散余弦变换，而在 H.264 中则采用了 4×4 的整数变换。其变换公式为 $\boldsymbol{Y} = \boldsymbol{H} \boldsymbol{X} \boldsymbol{H}^{\mathrm{T}}$，其中 $\boldsymbol{X}$ 为要被变换的 4×4 像素块，而

$$
\boldsymbol{H} = \begin{bmatrix} 1 & 1 & 1 & 1 \\ 2 & 1 & -1 & -2 \\ 1 & -1 & -1 & 1 \\ 1 & -2 & 2 & -1 \end{bmatrix}
$$

这种整数变换其实是 DCT 的一种近似，但它将 DCT 中的浮点运算改为整数运算，可减少系统的运算量。同时，它用减小量化精度的方法降低数据量，用对更小的数据块（4×4）进行处理来减小失真，从而进一步提高了图像质量和编码效率。

5）块间滤波器

视频信息编码重建以后，块间亮度落差会变大，图像出现马赛克现象，影响人的视觉感受。H.264 通过在块间使用滤波器来平滑块间的亮度落差，使重建后的图像更加贴近原始图像。H.264 的滤波器同时又是可选择的，对于原本就存在较大变化的边缘部分可以不采用滤波器，以保证原始信息不受破坏。

6）熵编码

H.264 使用了两种熵编码方法，即基于上下文的自适应变长编码（Context-based Adaptive Variable Length Coding，CAVLC）与通用的变字长编码（Universal Variable Length Coding，UVLC）相结合的编码和基于上下文的自适应二进制算术编码（Context-based Adaptive Binary Arithmetic Coding，CABAC）。采用 CAVLC 和 CABAC 可以根据上下文的内容，自适应地调整符号概率分布，保证在当前编码过程中用较短的码字表示概率较大的符号。

7）切换帧

H.264 通过使用切换帧实现不同传输速率、不同图像质量间的切换，能最大限度地利用现有资源减少因缺少参考帧而引起的解码错误。要达到切换的目的，就必须实现视频流的过渡，切换帧 SP 的思想是在两股视频流的基础上再引入一股视频流，这股视频流中的帧能够从源视频流的帧预测得到，同时能够预测目标视频流中的帧。

先对切换目标 B2 进行变换和量化，然后对经过运动补偿的被切换帧 A1 进行变换和量化。在变换域中形成参考值与真实值的差，对其进行变长编码即可得到切换帧 SPAB2。

在预测视频流 B 的帧 B2 的过程中，只需将对切换帧进行变长解码后得到的差值加到视频流 A 的帧 A1 的变换量化结果上，再经过逆量化、逆变换就得到了切换目标帧的预测帧 B2。

H.264 采用上述先进技术后具有更低的传输码率和更高的图像质量，可以预见，H.264 在许多应用场合将取代 MPEG-2 和 MPEG-4。

*2.1.9　VC-1 标准

微软公司于 2003 年 9 月向美国电影与电视工程师协会(Society of Motion Picture and Television Engineers，SMPTE)提交了其专有的 WMV9(Windows Media Video 9)视频编码算法，希望成为视频编解码器的行业标准。2006 年 4 月，SMPTE 正式颁布了基于 WMV9 的 VC-1(Video Codec One)标准。目前 VC-1 已经被不少公司采用，同时 VC-1 有可能成为下一代 DVD 的编码标准。

VC-1 采用了基于方块的运动补偿预测与 DCT 编码相结合的混合编码框架。标准规定 8×8 块为空间、时间运动补偿和变换处理的基本单元。宏块的预测分为帧间和帧内预测两种。定义了 I 帧、P 帧及 B 帧三种图像类型，B 帧不能用作后续帧的参考帧，而且 I、P 及 B 帧均可采用逐行或隔行扫描方式。图 2-19 是 VC-1 视频编码器的方框图。VC-1 帧内预测是在 DCT 域中进行的，熵编码采用的是自适应变长编码。

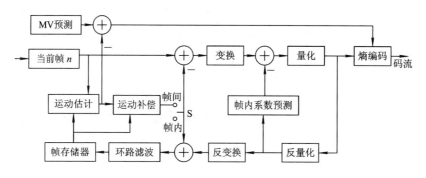

图 2-19　VC-1 视频编码器方框图

1. 多种运动补偿方式

运动补偿精度的高低会影响编码器的性能。一般来说，运动补偿的精度依赖于亚像素分辨率、预测区域及内插滤波器三个因素。VC-1 允许的最大运动矢量精度为 1/4 像素；缺省状态下，VC-1 只对 16×16 块进行运动估计，最小块变换单元为 8×8 块。规定了两组滤波器进行运动补偿，一种为 4 抽头的近似双立方(Bicubic)内插滤波器，另一种为 2 抽头的双线性内插滤波器。将上述 3 个因素综合起来考虑，VC-1 的运动补偿方式可在下列四种中选用：

(1) 16×16、8×8 两种块，1/4 像素精度，近似双立方内插滤波器。

(2) 16×16 块，1/4 像素精度，近似双立方内插滤波器。

(3) 16×16 块，1/2 像素精度，近似双立方内插滤波器。

(4) 16×16 块，1/2 像素精度，双线性内插滤波器。

VC-1 规定在高码率情况下，运动补偿方式往往选择列表的前几项，反之使用后几项。亚像素内插滤波的实现是通过二维分离进行的，先进行垂直方向的近似运算和钳位处理，然后再对中间值进行水平方向处理。

2. 自适应块变换

VC-1 规定了 8×8 块作为变换基本块，但 8×8 块可进一步划分为 8×4、4×8、4×4 子块进行变换。对于 I 帧和帧内预测块通常采用 8×8 变换方式。采用自适应块变换技术，VC-1 不仅能有效地提高编码的率失真性能，而且通过对某些细微纹理信息的保留，仍可以显著地提高重建图像的主观质量。

3. 16 位精度变换

VC-1 规定逆变换采用 16 位定点算术运算。与采用 32 位浮点或定点整数运算的逆变换相比，16 位定点运算通过将 32 位运算或 SIMD(Single Instruction Multiple Data，单指令多数据)操作并行化，可大大降低运算复杂度。同时，由于 16 位定点运算近似 DCT 变换，可以有效地保留帧内或帧间预测误差数据的特性。

4. 量化

VC-1 同时允许使用有"死区"的均匀量化器和常规均匀量化器，在大步长情况下(低码率时)，采用有"死区"的均匀量化器；在小步长情况下(高码率时)，采用均匀量化器。除此之外，图像中的噪声以及码率控制参数调整也是选择量化器应考虑的因素。这种灵活的量化器选择措施，使得 VC-1 无论在高码率下还是在低码率下均能保持良好的率失真性能。而如何正确选择量化器模式是实现 VC-1 高效率的关键。

5. 环路滤波

由于采用了运动补偿技术，经反变换和反量化后的边缘失真不仅影响到当前帧的重建质量(表现为平坦区域的块失真)，而且还会沿运动估计而扩散到后续帧。为减轻这种失真影响，VC-1 采用了环内去方块滤波技术，在当前重建帧进入帧缓冲区前对其进行滤波处理。为避免造成误匹配引入失真，在编码器和解码器中采用的滤波器应相同。对于 P 帧，当两相邻块具有相同运动矢量或两个块的残差为零时，两者的边缘不需进行滤波处理。这防止了块边缘的过平滑处理，同时也节省了编码处理时间。

6. 重叠变换

重叠变换是一种降低帧内编码的宏块边缘失真的技术，它能较好地避免环路滤波的缺陷。VC-1 在空间域中引入了重叠变换，并进行前置和后置处理以增强重叠变换的有效性。后置处理是在解码环节中对反变换重建进行线性平滑滤波处理，而前置处理是后置处理的逆过程。但在空间域中采用重叠变换，同时会引起动态范围的扩展以及高精度算术运算和相应邻近处的质量下降等问题。VC-1 为此规定了一些综合的措施：

(1) 重叠变换只用于某些高级应用量化中，如在低码率时某些块失真较明显的情况。

(2) 前置和后置处理不要求做到精确的互补。

(3) 中间数据的动态范围应限制在 9 bit 内，以防止上溢或下溢。

7. 其它技术

针对低码率应用，例如以小于 100 kb/s 编码 CIF 格式图像，VC-1 特地规定了以多分辨率方式编码，即通过在水平或垂直以及两者同步向下抽样来编码图像，达到降低编码码率的目的。在解码端显示图像前，需对编码端抽样的图像帧做相应的上采样处理。但是这种采样转换方式仅限于空间域，VC-1 不允许在时间域中采用相应的处理。

此外，VC-1 还运用了亮度衰落补偿技术。由于运动补偿所基于的二维运动模型前提为恒定亮度假设，当实际视频发生亮度变化时，采用衰落补偿技术可提高运动估计的准确性，改善编码性能。衰落补偿过程为：首先，通过计算原始参考帧与当前编码帧的差值，与门限值进行判断来检测是否有亮度衰落发生；然后计算出亮度衰落参数，并量化处理，编解码器通过量化后的衰落参数将原参考帧变换为新的参考帧，用于运动补偿。因此，当发生亮度和非亮度变化时，VC-1 采用衰落补偿技术可为各个块找到更优的预测值，利于进行帧间编码，并相应提高了编码器的整体性能。

2.2 音频压缩技术

2.2.1 音频信号压缩的可能性

人耳可以听到频率在 20 Hz～20 kHz 之间的声波。这种声波被称为音频信号，主要分为三种：① 语音，频率在 200 Hz～3.4 kHz 之间；② 音乐声，频率在 20 Hz～20 kHz 之间；③ 效果声，如自然现象产生的刮风、下雨、打雷等声音，或人工产生的爆破声、拟音等，对语音和音乐起补充作用。

根据统计分析，音频信号中存在着多种时域冗余和频域冗余，可以将其进行压缩。根据人耳的听觉特性，也能对其进行压缩。

1. 时域冗余

音频信号的时域冗余主要表现为以下几点：

（1）幅度分布的非均匀性。音频信号中，小幅度值比大幅度值出现的概率要大。语音中的间歇、停顿会出现大量的低电平值。

（2）数值间的相关性。语音相邻数据之间存在很大的相关性，当取样频率为 8 kHz 时，相邻数据间的相关系数大于 0.85，甚至在相距 10 个数据时还可有 0.3 左右的相关系数；如果取样频率提高，数据间的相关性将更强。利用差分编码技术，可以有效地进行数据压缩。

（3）周期之间的相关性。一种声音在某一瞬间只含少数频率成分，在周期之间，存在着一定的相关性。

（4）基音之间的相关性。语音分为浊音（Voiced Sound）和清音（Unvoiced Sound）两种基音。浊音是由声带振动产生的，每一次振动使一股空气从肺部流进声道，发出元音和一些辅音的后面部分。各股空气之间的间隔称为音调间隔或基音周期。清音分成摩擦音和破裂音，由空气通过声道的狭窄部分产生摩擦音；声道在瞬间闭合，然后在气流的压迫下迅速地放开将产生破裂音。

浊音不仅显示出周期之间的冗余度，还存在对应于音调间隔的长期重复波形。对浊音最有效的编码方法是对一个音调间隔波形编码，并以其作为其它音段的模板。男、女声的音调间隔分别为 5～20 ms 和 2.5～10 ms，而典型的浊音约持续 100 ms，其中有 20～40 个音调间隔。音调间隔编码能大大降低数码率。

（5）长时自相关函数。上述数值、周期间的相关性，都是在 20 ms 时间间隔内进行统计的短时自相关。如果在几十秒的时间间隔内进行统计，便得到长时自相关函数。当取样频率为 8 kHz 时，相邻数据间的平均相关系数高达 0.9。

（6）静止系数。在讲话的时候，会出现字、词、句之间的停顿。分析表明，语音间隙静止系数为 0.6。

2. 频域冗余

音频信号的频域冗余主要表现在两方面：

（1）长时功率谱密度的非均匀性。在相当长的时间内进行统计平均，得到长时功率谱密度函数，呈现明显的非平坦性，意味着没有充分利用给定的频段，存在固有频率冗余度。

（2）语音特有的短时功率谱密度在某些频率上出现峰值，而在另一些频率上出现谷值。峰值频率是能量较大的频率，称为振峰频率，它们决定了不同的语音特征。与视频信号类似，整个短时功率谱以基音频率为周期，形成了高次谐波结构，与视频信号的差异在于直流分量较小。

3. 听觉冗余

音频信号最终是给人耳听的，可以利用人耳的听觉特性——人耳的掩蔽效应对音频信号进行压缩。

一个较强声音的存在掩蔽了另一个较弱声音的存在，这就是人耳的掩蔽效应。图 2-20 为掩蔽效应的原理图。图中，a、b、c 为同时存在的 3 个频率相近的声音，a 声音最强，虚线以下表示的是由于 a 的存在而使人耳听不到的区域，因此这条虚线叫做 a 声音的掩蔽曲线，也称为同听阈曲线。图中的 c 声音在虚线以下，所以听不到。把每个频率的这种掩蔽特性相叠加，就可以求出整个频带的掩蔽曲线。

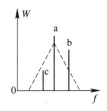

图 2-20　掩蔽效应

当两人在马路边谈话时，一辆汽车从他们身旁疾驰而过，此时双方均听不到对方在说些什么，原因是相互间的谈话声音被汽车的噪声所淹没，大的声音信号掩蔽掉了小的声音信号。

人耳的掩蔽效应是一个较为复杂的心理学和生理声学现象，主要表现为频域掩蔽效应和时间掩蔽效应。

1）频域掩蔽效应（Frequency Domain Masking Effect）

人对各种频率可听见的最小声级叫做绝对可听域，也称为静听阈。在 20 Hz～20 kHz 的可听范围内，人耳对频率为 3～4 kHz 附近的声音信号最敏感，对太低和太高频率的声音感觉都很迟钝。

如果有多个频率成分的复杂信号存在，那么绝对可听域曲线取决于各掩蔽音的强度、频率和它们之间的距离。图 2-21(a)是存在多个声音，只能听到掩蔽曲线以上的情况。图 2-21(b)是人耳对各种频率的绝对可听域曲线。将图 2-21(a)和图 2-21(b)结合就成为图

2-21(c)。低于图 2-21(c)中曲线的频率成分人就听不见了，当然更不必传送了。

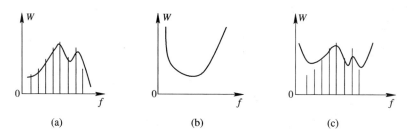

图 2-21 全频带掩蔽效应

(a) 多频率掩蔽曲线；(b) 绝对可听域曲线；(c) 全频带掩蔽效应

2) 时间掩蔽效应（Temporal Masking Effect）

时间掩蔽效应分为前掩蔽、同期掩蔽和后掩蔽。在时域内，听到强音之前的短暂时间内已经存在的弱音被掩蔽而听不到，这种现象称为前掩蔽。强音和弱音同时存在时，弱音被强音掩蔽，这种现象称为同期掩蔽。强音消失后，经过较长的持续时间，才能重新听到弱音信号，这种现象称为后掩蔽。三种时域掩蔽效应的时间关系如图 2-22 所示。

由图 2-22 可以看到，在前掩蔽期间人耳的听域具有上升的趋势，且持续时间较短，大约为 10 ms。在后掩蔽期间，人耳的听域具有下降的趋势，且持续时间较长，一般在100～200 ms 之间，这是由于人耳收集声强的时间大约为 200 ms。在编码时，可将时间上彼此相继的一些数据值归并成块，以降低数码率。人耳还对 2 kHz 以上的高频率声音信号缺少方向性，即不能判断频率接近的高频声音信号的方向，利用这个特性，可把多个声道信号的高频部分压缩编码到一个公共声道中。

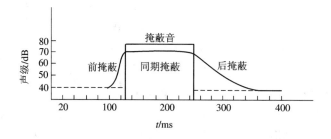

图 2-22 时间掩蔽效应

2.2.2 MUSICAM

1. 概述

MPEG-1 Audio 是一个或两个声道的高质量音频数据的压缩编码技术，由 Layer Ⅰ、Layer Ⅱ 和 Layer Ⅲ 三个层次构成。MPEG 专家组在制定标准时确定采用 MUSICAM（Masking Pattern Adapted Universal Subband Integrated Coding And Multiplexing，掩蔽型通用子带综合编码与复用）和 ASPEC（Adaptive Spectral Perceptual Entroy Coding，自适应频谱感知熵编码）两种方案。

Layer Ⅰ 为简化的 MUSICAM，每声道 192 kb/s，每帧 384 个样本，32 个等宽子带，固定分割数据块。子带编码用 DCT（离散余弦变换）和 FFT（快速傅立叶变换）计算子带信号量化比特数。Layer Ⅰ采用基于频域掩蔽效应的心理声学模型，使量化噪声低于掩蔽阈值。量化采用带死区的线性量化器。Layer Ⅰ主要用于数字盒式磁带(DCC)消费类应用。

Layer Ⅱ等同 MUSICAM，每声道 128 kb/s，每帧 1152 个样本，32 个子带，属不同分帧方式。它采用共用频域和时域掩蔽效应的心理声学模型，并对高、中、低频段的比特分配进行限制，对比特分配、比例因子、取样进行附加编码，实现低速率和高保真音质。Layer Ⅱ在消费和专业音频中有着无数的应用，如数字音频广播(DAB)、数字电视、CD - ROM、CD - Ⅰ和 VCD 等，中央电视台的 SDTV 节目就采用 MPEG - 1 Layer Ⅱ音频编码(常被简称为 MUSICAM)标准播出。

Layer Ⅲ是结合 ASPEC 算法和 MUSICAM 算法，并对 Layer Ⅰ、Layer Ⅱ向下兼容的一种算法，每声道 64 kb/s。它用混合滤波器组提高频率分辨率，按信号分辨率分成 6×32 或 18×32 个子带，克服平均分 32 个子带的 Layer Ⅰ、Layer Ⅱ在中、低频段分辨率偏低的缺点。它采用心理声学模型 2，增设不均匀量化器，对量化值进行熵编码，编码效率高，且可保持高保真的音质，但编码器和译码器都比较复杂。Layer Ⅲ常用于 ISDN(综合业务数字网)音频编码，是现在最流行的音乐编码格式，俗称 MP3。

2. MUSICAM 编码器

MUSICAM 编码器原理方框图如图 2 - 23 所示。

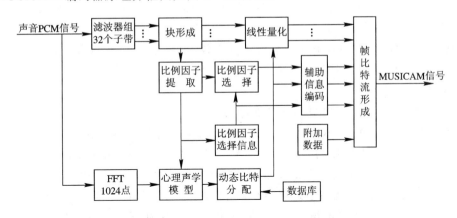

图 2 - 23　MUSICAM 编码器原理方框图

编码器的输入信号是每声道为 768 kb/s 的数字化声音信号(PCM 信号)，输出是经过压缩编码的数字音频信号，称为 MUSICAM 信号，其总的数码率根据不同需要可在 32~384 kb/s 范围内变动。

1) 滤波器组

滤波器组由具有特殊相位关系和相等带宽(750 Hz)的多相滤波器构成，其作用是将时域中的宽带 PCM 信号变为 32 个 750 Hz 窄带的子频带。滤波器组中各个滤波器都是由一个基本滤波器演变而来的。最低频率的子带滤波器为低通滤波器，其它子带滤波器是带通滤波器。对 PCM 信号进行 32 个子带分割，就是对 PCM 信号进行 32 倍的取样过程，每个子频带取样窗口即为 $\Delta t = 1/750$ Hz $= 1.3$ ms，这么高的时间分辨率，为信号在时域的分析和处理提供了条件。子频带滤波器具有以下特点：

(1) 串行 PCM 数据流变成 32 个子频带的并行数据流后，总数码率没有变化。每个子频带内的取样频率降为串行时的 $1/N$，即 $48 \text{ kHz}/32 = 1.5 \text{ kHz}$，每个子频带的数码率也降为串行时的 $1/N$，即 $768 \text{ (kb/s)}/32 = 24 \text{ (kb/s)}$，因此，子带分割降低了编码的复杂性。

（2）提高了单位子频带内的信噪比。子频带内的编码噪声，在解码后只局限在相应的子频带内，不会扩散到其它子带内，即使有的子带内信号较弱，也不会被其它子带的编码噪声所掩盖。

2）快速傅立叶变换（FFT）

输入的 PCM 信号同时还送入 FFT 单元。FFT 的变换长度 $N = 1024$，经 FFT 的输出值送入心理声学模型进行进一步处理。在取样频率 $f_s = 48 \text{ kHz}$ 时，通过 FFT 得到的频率分辨率为 $f_s/1024 = 46.875 \text{ Hz}$。

输入的 PCM 信号通过多相滤波器组滤波后具有较高的时间分辨率，高的时间分辨率可以保证在有短暂冲击声音信号的情况下，编码的声音信号仍有足够高的质量。输入的 PCM 信号通过 FFT 后具有较高的频率分辨率，高的频率分辨率可以实现尽可能低的数据率。

3）心理声学模型

心理声学模型是模拟人耳听觉掩蔽特性的一个数学模型，它根据 FFT 的输出值，计算信号掩蔽比（Signal to Mask Ratio，SMR），计算步骤是：① 每个频带最大声级的确定；② 静听阈的确定；③ 信号中的单调成分（类似正弦波）和非单调成分（类似噪声）的确定；④ 从掩蔽音中选取一部分，得到相关掩蔽音；⑤ 计算相关掩蔽音各自的同听阈；⑥ 由各同听阈确定总同听阈，并进而确定总掩蔽阈；⑦ 各子频带最小掩蔽阈的确定；⑧ 计算各子频带被称为"块"的每 12 个连续取样值的最大声级与最小总同听阈之差（均以分贝表示），即得到 SMR。

4）比例因子、比例因子选择信息及其编码

比例因子（Scalefactor，SCF）是一个无量纲的系数。每个子频带中连续的 12 个数据值组成一个块，在 $f_s = 48 \text{ kHz}$ 时，这个块相当于 $12 \times 32/48 \times 10^3 = 8 \text{ ms}$。这样，在每一子频带中，以 8 ms 为一个时间段，对 12 个数据值的块一起计算，求出其中幅度最大的值。在一个子频带中彼此相继的比例因子差别很小，可以用 12 个取样值中的最大值作为块的动态特征值，然后从规范表中找出与块动态特征值相对应的比例因子，对数据值块幅度进行标定和表示，这就是子带取样值比例因子的提取。MUSICAM 的音频帧长度（24 ms）相应于 36 个连续子频带取样值，每个子频带每帧应该传送 3 个比例因子。

为了降低用于传送比例因子的数据率，还需采取附加的编码措施。由于声音频谱能量在较高频率时会出现明显的衰减，比例因子从低频子频带到高频子频带出现连续下降，因此将一帧 24 ms 之内的 3 个连续的比例因子按照不同的组合共同地编码和传送，信号变化小时，只传送其中一个或两个较大的比例因子，信号变化大时，3 个比例因子都传送。可用比例因子选择信息（Scalefactor Selection Information，SCFSI）来描述被传送比例因子的数量和位置的信息。SCFSI 仅有 2 b，可编码为 00、01、10 和 11，分别代表传送 3 个比例因子的四种方法。不需传送比例因子的子频带，也不需要传送 SCFSI。采用 SCFSI 后，用于传送比例因子所需的数据率平均可压缩约 1/3。

5）动态比特分配及其编码

比特分配器根据来自滤波器组的输出数据值和来自心理声学模型的信号掩蔽比由掩蔽

噪声比 MNR 来决定比特数。MNR＝SNR－SMR(dB)，式中，信号掩蔽比 SMR 由子频带中信号的动态范围决定，并由听觉心理模型实时计算输出。如果 SMR 值高，说明子带内可掩蔽的噪声幅度大，这样量化信噪比 SNR 可降低，分配的量化比特数也可减少。反之，SMR 值低，允许的噪声幅度要小，则量化信噪比就需要提高，量化比特数分配就要多些。由于音频信号是不断变化的，因此得到的是一个动态比特率，这就是动态比特分配。动态比特分配的原则是：在满足最佳的听音效果的前提下，掩蔽噪声比应该达到最小。

6）子频带数据值的量化编码

子频带数据值的量化编码首先是进行归一化处理，即对每个子频带 12 个连续的数据值分别除以比例因子，得到用 x 表示的值，然后按以下步骤进行量化：① 计算 $Ax+B$(A、B 为量化系数)；② 取 n 个最高有效位，n 为分配给各子频带的比特数；③ 反转 n 个最高有效位，即码位倒置。

7）音频比特流的格式化

MUSICAM 编码器中的帧形成器将比特分配、比例因子选择信息、比例因子、量化的子频带数据值、帧头信息、用于差错检测的码字(CRC)、与节目有关的附加数据(PAD)等组合在一起，格式化为头部、比特分配、比例因子选择、比例因子、音频数据、附属数据的帧格式，每个音频帧对于 48 kHz 取样频率而言，相当于 1152 个 PCM 音频取样，持续期为 24 ms。

3. MUSICAM 解码器

图 2-24 为 MUSICAM 解码器的原理方框图。

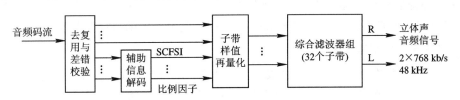

图 2-24　MUSICAM 解码器的原理方框图

解码器首先从输入的音频比特流中提取各个组成部分，接着应用比特分配对各子频带的数据值进行解码，并借助比例因子将其扩展为原始的 PCM 格式。综合滤波器组将各子频带信号组合在一起，重建带宽最大值为 24 kHz 的完整的宽带音频信号。

通过对 MUSICAM 编码器和解码器的分析，可以归纳出 MUSICAM 音频编码有以下特点：

（1）利用声音信号的统计规律和人的听觉心理模型，在降低数据处理复杂性和技术实现难度的基础上，有效地降低了数据传输率，在保证高音质的前提下实现了压缩编码，且最终达到了优质的听音效果。

（2）MUSICAM 独有的特点是用查表方式实现了声音特征的提取、量化、编码以及传输格式的形成和编码，有利于信号处理和压缩编码；同时对接收机中的解码器来说，只需存储相应的数据表，用查表方法即可恢复信号数据，而无需复杂的计算过程。这样，接收机的解码器就可以做得非常简单，有利于推广和普及。

（3）MUSICAM 中，每个子频带的比特分配数据表可以利用软件提供，如果改变每个子频带的比特分配表，就可以控制和调整 MUSICAM 处理数据的数码率，实现对不同的音质要求进行不同的数码率压缩处理。因此，MUSICAM 具有灵活的数据处理和应用能力。

2.2.3 AC-3

美国高级电视制式委员会（ATSC）规定，电视伴音压缩标准是杜比实验室开发的 AC-3 系统。该系统的音响效果为高保真立体环绕声。市场流行的称为"家庭影院"的音响系统多数采用此标准。

杜比 AC-3 规定的取样频率为 48 kHz，它锁定于 27 MHz 的系统时钟。每个音频节目最多可有 6 个音频信道。这 6 个信道是：中心（Center）、左（Left）、右（Right）、左环绕（Left Surround）、右环绕（Right Surround）和低频增强（Low Frequency Enhancement，LFE）。

LFE 信道的带宽限于 20～120 Hz，主信道的带宽为 20 kHz。美国的 HDTV 标准中，AC-3 可以对 1～5.1 信道的音频源进行编码。所谓 0.1 信道，是指用来传送 LFE 的信道，其动态范围可达到 100 dB。

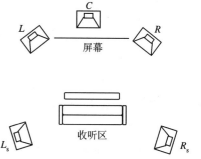

关于立体声的形式，ITU-R、SMPTE、EBU 的专家组建议用一个中心信道 C 和两个环绕声信道 L_s、R_s，加上基本的左和右立体声信道 L 和 R 作为基准的声音格式。这叫"3/2 立体声"（3 向前/2 环绕信道），共需 5 个信道，如图 2-25

图 2-25　五声道立体声扬声器的安排

所示。在用作图像的伴音时，3 个向前的信道可保证足够稳定的方向性和清晰度。

1. AC-3 编码原理概述

AC-3 编码系统的音频节目有两类：主要业务（Main Service）和辅助业务（Associated Service）。主要业务包含除了对话以外所有音频节目的内容。辅助业务是要和主要业务一起使用的对话和解说词等。

根据不同用途，经 AC-3 压缩以后的数码率有以下四种：

（1）主要音频业务（Main Audio Service）≤384 kb/s。

（2）单信道辅助业务（Single Channel Associated Service）≤128 kb/s。

（3）双信道辅助业务（Two Channel Associated Service）≤192 kb/s。

（4）主要业务和辅助业务同时解码的组合数码率≤572 kb/s。

这些数码率均远远低于 PCM 数字音频编码系统的数码率，但由于采用了全音域杜比噪声衰减系统，音质并没有什么差别。杜比噪声衰减系统是这样设计的：当没有音频信号时，降低或消除噪声，在其它时间用较强的音频信号掩蔽噪声。在应用人的听觉掩蔽效应时，AC-3 根据人的听觉频率选择性把每个声道的音频频谱也分割成不同带宽的子频带，结果使噪声处在距音频信号频率分量很近的频率上，就很容易被音频信号所遮盖。当没有音频信号掩蔽时，杜比就集中力量降低或消除编码的噪声。

除了降低噪声以保证音质外，杜比 AC-3 系统为降低数码率，对各频带采用不同的取样率，根据频谱或节目的动态特性来分配各频带的比特数。AC-3 通过一个共享比特池（类似于缓冲存储器）来决定不同声道的比特数分配，含频率多的声道分配比特数多，频率稀疏的声道分配比特数少，这样可以用一个声道的强信号遮盖其它声道的噪声。在每一声道中，必须保证每一频带所分配的比特数都足够多，以全部掩蔽声道内噪声。这一功能通过听觉掩蔽模型使编码器改变它的频率选择性(以便动态地划分窄频带)来实现。可见杜比 AC-3 的高级掩蔽模型和共享比特池是实现高效编码的关键因素。

AC-3 将多声道作为一个整体进行编码，比单声道编码效率高；同时，它对各个声道和每个声音内的各频带信号用不同的取样率进行量化，对噪声进行衰减或掩蔽，结果使系统的数码率降低而音质损害很小。AC-3 至少可以处理 20 b 动态范围的数字音频信号，频率范围为 20 Hz～20 kHz(0.5 dB)。3 Hz 和 20.3 kHz 处为 -3 dB。重低音声道频率范围为 20～120 Hz(0.5 dB)，AC-3 还支持 32 kHz、44.1 kHz、48 kHz 的取样频率。AC-3 的数字音频数据经加误码纠错后数码率仅为 384 kb/s，因此 ITU-R 在 1992 年正式接受了 AC-3 的 5.1 声道格式。

需要指出的是：AC-3 和 MPEG/Audio 是不同的编码格式，故不能实现对 MPEG/Audio 的后向兼容，不过它们的其它功能大体相同。如就同步来说，因为 AC-3 含有 MPEG 系统的时间标志(Time Stamp)，故可与 MPEG 视频同步。而在数码率压缩性能方面，两者难以直接比较，这是因为压缩性能取决于编码器的能力和输入信号。

2. AC-3 系统的方框图

AC-3 编码器接收声音 PCM 数据，最后产生压缩数据流。AC-3 算法通过对声音信号频域表示的粗略量化，可以达到很高的编码增益，其编码过程如图 2-26(a)所示。第一步把时间域内的 PCM 数据值变换为频域内成块的一系列变换系数。每个块有 512 个数据值，其中 256 个数据值在连续的两块中是重叠的，重叠的块被一个时间窗相乘，以提高频率选择性，然后被变换到频域内。由于前后两块重叠，每一个输入数据值出现在连续两个变换块内，因此，变换后的变换系数可以去掉一半而变成每个块包含 256 个变换系数，每

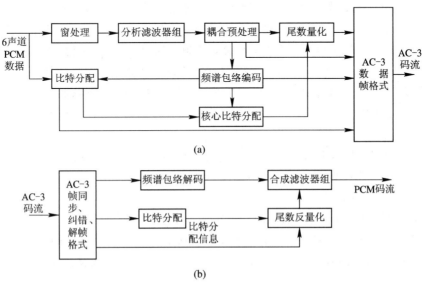

图 2-26 AC-3 编、解码器原理方框图
(a) 编码器；(b) 解码器

个变换系数以二进制指数形式表示，即一个二进制指数和一个尾数。指数集反映了信号的频谱包络，对其进行编码后，可以粗略地代表信号的频谱。同时，用此频谱包络决定分配给每个尾数多少比特数。如果最终信道传输码率很低，而导致 AC-3 编码器溢出，此时要采用高频系数耦合技术，以进一步减少数码率。最后把 6 块(1536 个声音数据值)频谱包络、粗量化的尾数以及相应的参数组成 AC-3 数据帧格式，连续的帧组成码流传输出去。

AC-3 解码器基本上是编码的反过程，图 2-26(b)是其原理方框图。AC-3 解码器首先必须与编码数据流同步，经误码纠错后再从码流中分离出各种类型的数据，如控制参数、系数配置参数、编码后的频谱包络和量化后的尾数等。然后根据声音的频谱包络产生比特分配信息，对尾数部分进行反量化，恢复变换系数的指标和尾数，再经过合成滤波器组由频域表示变换到时域表示，最后输出重建的 PCM 数据值信号。

*2.2.4 其它音频压缩标准

1. G.711~G.729 语音压缩标准

语音的数字编码发展较早，应用也比较成熟。随着技术的发展，ITU-TS 制定了一系列标准，与语音通信相关的有 G.711、G.721、G.722、G.728、G.729、G.723.1 等。其中，G.711 是最为人熟知的 PCM 标准，数码率为 64 kb/s。语音信号的 PCM 数据流除了作为数字电话应用外，还常常被作为其它语音处理的原始数据。符合该标准的芯片也很便宜。G.721 标准采用 ADPCM(自适应差值 PCM)算法，将输入的 64 kb/s 数码率降低到 32 kb/s 输出，语音质量高于电话质量，达到了调幅广播质量。

G.722 标准采用子带编码(2 个)和 ADPCM 相结合的编码方法，音频带宽拓展到 5~7 kHz，能将 PCM 的 224 kb/s(16 kHz 取样，14 比特量化)数码率压缩到 64 kb/s，语音质量达到了广播质量。

子带编码使用滤波器组，将宽带的声音信号分割为许多子频带，对各子频带的音频分别进行降低数码率的编码。由每个子频带中的掩蔽曲线来确定各子频带数据值的量化。

人耳对低频率音频信号的分辨能力较高，子频带的理想分割是随着频率的升高子频带的带宽也增加，但这样做会增加信号处理的复杂程度，因此通常各子频带宽度是相等的。在保持相同的声音质量的前提下，子频带数量越多，所需的数码率越低，传输中出现比特差错时的影响也被限制在很窄的子频带内，干扰作用大大减弱；在宽带系统中，比特差错的影响会延伸至整个音频范围。

低数码率的编码技术多数是基于线性预测(LP)模型参数的编码。G.728 标准是基于短延时码的激励线性预测(LD-CELP)编码算法，码率为 16 kb/s，语音质量与 G.721 标准相当。G.729 标准的 CS-ACELP(Conjugate Structure Algebraic Code Excited Linear Prediction，共轭结构代数码激励线性预测)算法，数码率降低到 8 kb/s，而 G.729 语音质量仍与 G.721 标准的质量相当，适用于个人移动通信等。更低数码率的 G.723.1 标准是 5.3 kb/s 与 6.3 kb/s 的双速率语音编码标准，为低码率实时多媒体通信所应用。已报道有更低数码率的 600 b/s 语音编码算法。

2. MP3

图 2-27 是 MPEG-1 Audio Layer Ⅲ编码器方框图，包括时频映射、心理声学模型、

量化编码和比特流形成四大部分。

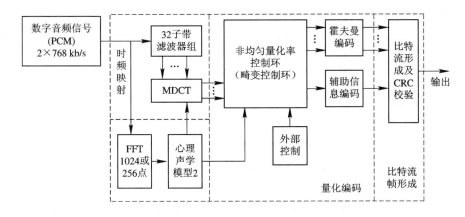

图 2 - 27　MPEG - 1 Audio Layer Ⅲ编码器方框图

Layer Ⅲ 算法是由高质量音频自适应频域感知熵编码算法(Adaptive Spectral Perceptual Entropy Coding of High Quality Music Signals，ASPEC)发展而来的精细编码方法。它基于与 Layer Ⅰ 和 Layer Ⅱ 同样的滤波器，通过对滤波器输出进行修正离散余弦变换(Modified Discrete Cosine Transform，MDCT)来补偿滤波器组的某些缺陷。

MDCT 是一种利用时域重叠对消(Time Domain Aliasing Cancellation，TDAC)技术来降低边界效应的线性正交变换，它是离散余弦变换(DCT)的一种修正型。DCT 是一种正交变换，与离散傅立叶变换相比，它处理实信号时变换结果仍是实信号，避免了复数运算。DCT 是分块进行的，而且对每一块系数的编码也是独立进行的，所以相邻各块的量化误差也是不相同的。由于 DCT 存在固有的不连续性，这些分组边界处就有可能产生很大的噪声。MDCT 减少了各分块间的边界效应，但没有降低编码效率。

除了 MDCT 处理以外，Layer Ⅲ在 Layer Ⅰ 和 Layer Ⅱ 基础上的增强功能还有以下几点：

(1) 非归一化量化，通过控制环，对非均匀量化率进行迭代分配，以保持相对恒定的信噪比。

(2) 采用不定长熵编码。对量化后的各子带信号进行霍夫曼编码，可以获得更好的数据压缩比。Layer Ⅲ规定了两种 DCT 块长度：18 个数据值的长块和 6 个数据值的短块。在相邻的变换窗之间有 50% 的重叠，窗的大小分别为 36 和 12。长块长度可提供更大的频率分辨率，可用于具有稳定特性的音频信号；而短块长度可对瞬态信号提供更好的时间分辨率。霍夫曼编码对 576 个量化的 DCT 系数(32 子带×18DCT 系数/子带)按预先设定的顺序进行排序。由于大的数据倾向于在低频出现，长的零游程和接近零的数值则倾向于在高频出现，故编码器将排序后的系数分为三个不同的区域，并根据由各区域统计特性进行调整的霍夫曼码表进行编码。

(3) 使用了比特缓冲区。由于各帧的信息量存在差别，按 1152 个数据值每帧的信息密度处理音频数据时，表示这些数据值的编码数据并不一定形成固定长度的帧，通过比特缓冲区可以保持编码量，提高帧的质量。所以 Layer Ⅲ编码能更好地适应编码比特随时间变化的情况。

3. MPEG‒2 Audio

MPEG‒2 标准的第 3 部分(ISO/IEC13818‒3)为数字音频编码标准。MPEG‒2 音频编码标准是在 MPEG‒1 音频编码的基础上发展起来的多声道编码系统,除兼容 MPEG‒1 标准第 3 部分(ISO/IEC 11172‒3)的双声道模式外,还支持 5.1 多声道编码模式。这种 5.1 多声道编码也称 3/2 立体声,由前中央 C、前左 L、前右 R、环绕左 L_s 和环绕右 R_s 构成,".1"是指低频增强(LFE)声道,其频率范围是 20~120 Hz。图 2‒28 是 MPEG‒2 多声道音频编解码系统的工作原理示意图,图中 $x=y=0.71$。图中所示各声道信号的线性组合方式,使得 MPEG‒2 的 L_0 和 R_0 信号即为兼容 MPEG‒1 的左右声道信号,而且其中含有来自中置 C 和左右环绕 L_s、R_s 声道的声音成分。

MPEG‒2 较 MPEG‒1 音频编码增加了 16 kHz、22.05 kHz 和 24 kHz 取样频率,称为低取样频率算法。其输出码率范围由 32~384 kb/s 扩展到 8~640 kb/s;不仅支持双声道,而且支持 5.1 声道和 7.1 声道环绕声。7.1 声道环绕声是在 5.1 声道的基础上,又增加了左中置和右中置声道,不过在家庭环境中很少用到。

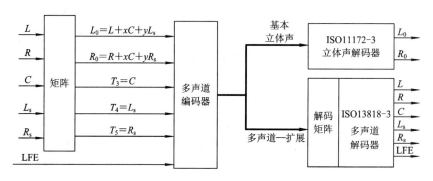

图 2‒28　MPEG‒2 多声道音频编解码系统工作原理示意图

1997 年 4 月批准的 ISO/IEC 13818‒7 高级音频编码部分(Advanced Audio Coding, AAC)(即 MPEG‒2 AAC)发展了 ISO/IEC 13818‒3 音频编码。其 64 kb/s 声道的质量明显优于相同码率的 MPEG‒1 LayerⅢ 和 Dolby AC‒3。MPEG‒2 AAC 与 MPEG‒1 音频(ISO/IEC 11172‒3)不兼容。ISO/IEC 13818‒7 已纳入 MPEG‒4 的第 3 部分(ISO/IEC14496‒3),并对其进行了扩展,成为 MPEG‒4 AAC 标准的一部分。MPEG‒4 AAC 解码器可解码 MPEG‒2 AAC 码流,MPEG‒2 AAC 解码器能解不含扩展的 MPEG‒4 AAC。MPEG‒2 AAC 主要用于 DAB(数字声广播)、Internet Audio、多媒体通信等,日本数字电视广播系统的音频信号编码也采用了 MPEG‒2 AAC 标准。

MPEG‒2 AAC 支持 8~96 kHz 的取样频率,音源可以是单声道、立体声和多声道,支持多达 48 个多语言声道(Multilingual Channel)和 16 个数据流。MPEG‒2 AAC 在压缩比约 11:1,每个声道数据率约(44.1×16)/11=64 kb/s,5 个声道总数据率为 320 kb/s 的情况下,很难区分还原后的声音与原始声音的差别。与 MPEG‒1 LayerⅡ相比,MPEG‒2 AAC 的压缩率提高了一倍,而质量更高;与 MPEG‒1 Layer Ⅲ 相比,质量相同条件下 MPEG‒2 AAC 的数据率下降为 70%。

图 2‒29 是 MPEG‒2 AAC 编码器方框图。图中的增益控制模块用于取样率可分级

档次，它把输入信号分成 4 个等带宽子带，解码器也设增益控制模块，通过忽略高子带信号而得到低取样率输出信号。

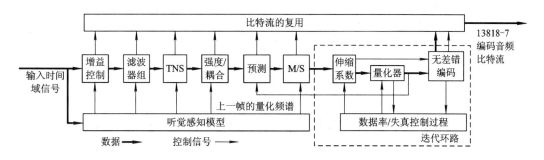

图 2 - 29　MPEG - 2 AAC 编码器方框图

如图 2 - 29 所示，编码器可引入一系列工具。滤波器组通过加窗处理改善频率选择性。TNS（Time-domain Noise Shaping，时域噪声整形）调节瞬时和冲击信号的量化误差功率谱，以适应信号功率谱。强度/耦合传输强度立体声模式的左声道信号，而右声道数据为"强度立体声位置"信息，解码时用其乘左声道值得右声道值，以去除空间冗余信息的传输。M/S（中间/两侧）在立体声模式下传输左右声道的和、差，以去除空间冗余信息。预测是对每帧数据进行帧间预测，以提高平稳信号的编码效率。无差错（Noiseless）编码将每帧谱线分区，分别由霍夫曼码本编码，可加快解码速度。伸缩系数是将频谱分成若干伸缩带，各有对应的伸缩系数，伸缩系数先差分编码，再用霍夫曼码本 1 进行熵编码，其中第一个系数（全局增益）直接进行 8 bit PCM 编码。量化器使用非均匀量化器，按听觉模型，通过控制量化噪声电平大小及其分布来控制编码比特的总量，这是压缩数据量的核心。

MPEG - 2 AAC 定义了三种类（档次）：主类、低复杂度类和取样率可分级类。

（1）主类（Main Profile）：除增益控制模块外，包括图 2 - 29 中的所有模块，在三种类中声音质量最好。主类 AAC 解码器可解码低复杂度类编码的声音流，但对存储量和处理能力要求比低复杂度类高。

（2）低复杂度类（Low Complexity Profile，LC）：不采用图 2 - 29 中的预测处理模块，TNS（时域噪声整形）阶数也较低。LC 类的声音质量比主类低，但对存储量和处理能力的要求较少。

（3）取样率可分级类（Scalable Sampling Rate Profile，SSR）：含图 2 - 29 中的增益控制模块，但不用预测模块，支持不同取样率，复杂度更低。

如上所述，MPEG - 2 AAC 编码处理是在频域进行的，压缩数据量主要依据心理声学模型去除听觉冗余度，借助熵编码去除编码数据流统计冗余度，一系列编码工具的引入则得以更好地利用声音信号特性，以此提高编码效率，改善编码质量，或扩大编码码流的适用范围。

MPEG - 2 AAC 解码是编码的逆过程，图 2 - 30 是 MPEG - 2 AAC 解码器方框图。解码器首先过滤比特流中的音频频谱数据，解码已量化的数据和其它重建信息，恢复量化的频谱，再经比特流中有效的工具进行一次或多次修改，最后把频域数据转换为时域数据。

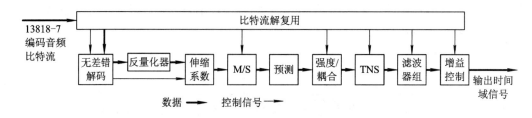

图 2 - 30　MPEG - 2 AAC 解码器方框图

*2.2.5　多声道数字音频编解码技术规范 DRA

2007 年 1 月 4 日，信息产业部颁布了我国电子行业标准《多声道数字音频编解码技术规范》(SJ/T 11368—2006)，该标准又称 DRA(Dynamic Resolution Adaptation，动态分辨率自适应)数字音频编解码技术。DRA 技术用很低的编解码复杂度实现了国际先进水平的压缩效率。DRA 编解码技术采用了自适应时频分块(Adaptive Time Frequency Tiling，ATFT)、游程长度编码(Run Length Coding)、码书(所有可能码字的集合)选择等技术。图 2 - 31 是 DRA 编码器主要组成部分示意图，图中实线代表音频数据，虚线代表控制/辅助信息。虚线框为可选的功能模块。

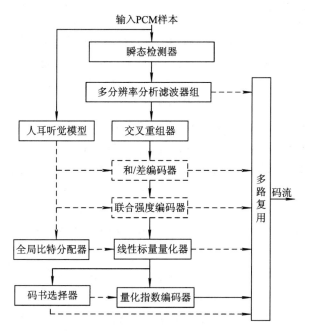

图 2 - 31　DRA 编码器主要组成部分示意图

瞬态检测器检测当前音频信号数据帧的动态特征，为后续的多分辨率分析滤波组选择长或短 MDCT 块及 MDCT 的长或短窗口函数提供依据。稳态帧选择长 MDCT 块，检测到瞬态帧则选择短 MDCT 块。1 个长和短 MDCT 块分别含 1024 个和 128 个新的 PCM 音频样本。长和短窗口函数分别指长度为 2048 个和 256 个样本的 MDCT 的窗口函数。检测到瞬态帧时，该模块还要判断瞬态发生位置，确定瞬态段长度，从而确定量化单元，进行子带样本的交叉重组及其它编码处理。

　　为了使两种长度的 MDCT 块间能相互轮换，采用的数种窗口函数均为正弦函数，在瞬态发生位置用暂窗口函数来进一步提高 MDCT 的时间分辨率。暂窗口函数总长 256 个样本，但却只用其中 160 个样本的 MDCT 的窗口函数。规范文本中给出了这些窗口函数。

　　图 2-31 中的多分辨率分析滤波器组把各声道音频信号 PCM 样本分解成子带信号，其分辨率由瞬态检测结果确定。

　　当音频数据帧存在瞬态时（短 MDCT 块），交叉重组器交叉重组子带样本，以期减少传送它们所需的总比特数。

　　人耳听觉模型即听觉心理声学模型。它反映听觉系统的阈值特性和掩蔽效应，是赖以压缩数字音频信号数据量的依据。依据这种模型，可将听觉对声音的分辨机能近似为一组子带滤波器所起的作用，它们的带宽随频率上升近似成指数关系，与滤波器组相联系的一个子带称为一个临界频带。规范允许使用包括 MPEG 心理声学模型在内的不同模型，但模型需为各量化单元提供掩蔽阈值。量化单元是一组子带样本，它们处于临界频带在频域和瞬态段在时域联合界定的一个矩形内。

　　和差编码器为可选功能块。和差编码基于量化单元进行，传送左右声道对子带样本的和与差，去除空间冗余信息。

$$和 = \frac{左 + 右}{2}$$

$$差 = \frac{左 - 右}{2}$$

　　联合强度编码器也是可选功能块。听觉特性表明，声音中的低频成分对定位声像空间位置的作用远不如高频成分，而高频成分对定位声像位置的作用又主要取决于左右声道高频成分的相对强度。据此，将反映左右声道高频成分强度之比的比例因子编码并传送给接收端，即可高效实现声像的空间定位。规范中量化联合强度编码的比例因子与量化步长用同一个量化步长表。

　　全局比特分配器用来把 1 个音频数据帧可用的比特数统筹分配给各量化单元，通过调整各量化单元的量化步长，使它们产生的量化噪声均低于按人耳听觉模型设定的各自的掩蔽阈值。一个量化单元内的所有子带样本为同一量化步长。

　　线性标量量化器依据全局比特分配器提供的量化步长来量化各量化单元内的子带样本，并生成量化指数。

　　码书选择器基于量化指数的局部统计特征对量化指数分组，并把最佳的码书从码书库中选出来分配给各组量化指数。

　　量化指数编码器用码书选择器选定的码书及其应用范围对量化指数进行霍夫曼编码。

　　多路复用器把所有量化指数的霍夫曼码和辅助数据打包成一个完整的比特流。辅助数据虽不是音频信号，但又与其有关，例如时间码等。

　　图 2-32 是 DRA 解码器主要组成部分示意图，图中实线代表音频数据，虚线代表控制/辅助信息。虚线框为可选的功能模块。

　　解码为编码的逆过程。图 2-32 中的多路解复用器从比特流中解出包括霍夫曼码在内的码字。这些码字是编码器产生的音频数据最小语义单元。码书选择器从比特流中解出用于解码量化指数的各霍夫曼码书及其应用范围。量化指数解码器从比特流中解出量化指数。因量化单元个数不在比特流中传送，需由量化单元个数重建器由码书应用范围重建各瞬态段的量化单元个数。反量化器从码流中解出各量化单元的量化步长，并由量化步长和量化指数重建子带样本：

$$子带样本 = 量化步长 \times 量化指数$$

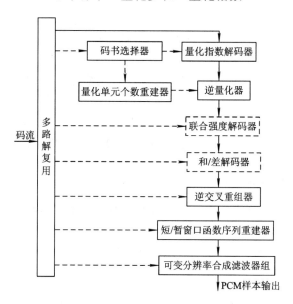

图 2-32　DRA 解码器主要组成部分示意图

图 2-32 中可选的联合强度解码器用联合强度比例因子，由源声道的子带样本来重建联合声道的子带样本：

$$联合声道样本 = 比例因子 \times 源声道样本$$

可选的和差解码器由和差声道的子带样本重建左右声道的子带样本：

$$左 = 和 + 差$$
$$右 = 和 - 差$$

逆交叉重组器还原编码端对瞬态帧子带样本进行的交叉重组。短/暂窗口函数序列重建器对瞬态帧根据瞬态位置和完美重建 MDCT 块的条件重建所需的短/暂窗口函数序列。可变分辨率合成滤波器组由子带样本重建 PCM 音频样本。

CMMB(China Mobile Multimedia Broadcasting，中国移动多媒体广播)支持 DRA。

2.3　压缩技术的应用

JPEG 标准的典型应用是数码相机，MPEG 标准的典型应用是 VCD 和 DVD，MPEG 标准最广泛的应用是数字电视中的音、视频压缩编码。

2.3.1　数码相机

数码相机是光学技术、微电子技术与数字信号处理技术相结合的产物。其基本原理是利用普通照相机的光学系统，把被摄图像投射到图像传感器上，传感器把光信号转化成电信号，再经过模/数(A/D)转换、数字图像处理和压缩，最终以数字形式存储到磁盘、可移动快闪存储卡等数字存储器中。图 2 - 33 是数码相机结构示意图。

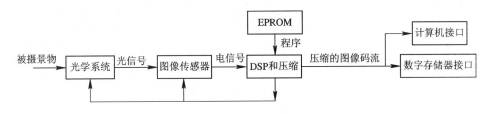

图 2 - 33　数字照相机结构示意图

1. 数码相机的优点

(1) 可瞬时显示摄影效果。数码相机的液晶显示屏在拍摄照片后立即显示拍摄的效果，对不满意的图像可以立即删去重拍。

(2) 具有更宽的曝光控制范围。数码相机成像器件的光电灵敏度很高，在低照度条件下也能够较好地曝光。用 MOS 开关方式控制光电器件的感光时间，控制最小时间可达微秒级。在环境照度很高时，数码相机可以得到合适曝光的图像。

(3) 可进行图像处理。数码相机的数字图像可直接输入计算机，用数码相机制造厂提供的处理软件进行特技处理，也可用 Photoshop 之类的通用软件处理。对于在摄影过程中出现的诸如色温、清晰度、像差、曝光量等技术缺陷，可以通过后处理得到一定程度的修正，能大大提高所摄图像的质量。特别是对于光学像差的畸变，数字图像已经有了很好的补偿修正手段。也可以对图像进行任意的修改、编辑、合成、分解和景物置换等处理。

(4) 图像通信便捷。数码相机以数字信号的形式记录影像，以计算机图像文件格式保存图像，因此可以利用最先进的通信手段快速传输。可以通过 E-mail 或网页的形式在 Internet 上传输，也可以通过卫星地面工作站进行超远距离的图像传输。

(5) 可准确复制和长期保存。由数码相机得到的数字影像在复制过程中不存在任何信号损失。以计算机文件形式保存的数字图像可以永久保存在硬盘或光盘中。

(6) 设备简单，处理速度快。数码成像系统只需要数码相机和通用计算机及其输出设备即可完成整个图像制作过程，设备简单，处理速度快。

2. 数码相机的技术指标

1) 成像器件的像素数

成像器件的像素数对数码相机的图像质量起决定性的作用。目前，一般数码相机像素数在 1500 万以上。数码相机的成像器件像素数在很大程度上决定了相机图像的最高分辨率。分辨率用于评价数码图像的质量。数码相机摄取数码照片的分辨率是可选择的。数码相机的像素指标只有一个，而所拍摄的数字图像的分辨率指标却可以有许多个，分辨率越高的照片要求有越大的存储空间来存储数据。

2) A/D 转换精度

评价数码照片的图像质量除了分辨率外，还有照片色彩的编码位数。编码位数决定了在 A/D 转换过程中的精确程度。一般来说，36(3×12)位的色彩已经相当丰富了，适应绝大部分的拍摄要求。

3）光电传感器

电荷耦合器件(CCD)传感器和互补金属氧化物半导体(CMOS)传感器是两类主要的图像传感器。而 CMOS 数码相机在产品价格、耗电量等方面又有独特的优势。CMOS 器件的最大优点是可以将信号放大、模/数转换、数字图像处理等电路集成到一块芯片上，形成片上成像系统(Camera on Chip)，这对数码相机的小型化、微型化具有重要的意义。

CMOS 成像器件通过开关电路进行像素信号传输，使用者可以控制开关电路有选择地获取图像信息，形成智能像素器件(Active Pixel Sensor)，该器件对于工业自动化控制、机器人视觉等领域中的成像系统具有重要的价值。

4）DSP 能力

DSP 能力较强的相机能够较高水平地完成诸如黑色补偿、光照度补偿、缺陷像素修补、滤色器补偿插值、γ校正、白平衡、假彩色抑制等操作，补偿了许多由于硬件所造成的图像缺陷，图像质量达到了较为完善的程度。越是高档的数码相机，DSP 的处理能力越强。一些数码相机还能显示选单，可以设定一些 DSP 图像处理中的参数，获得某些特殊效果。

DSP 能从图像中提取曝光量信息和对焦信息，控制镜头和快门，使相机处于最佳工作状态。DSP 还能完成图像压缩的任务，好的图像压缩算法可以在压缩图像存储量的同时很好地保持图像细节的信息，解压缩后显示的图像与原图像比较看不出任何区别。高的压缩比可以节省数码相机的存储空间，在有限的空间中存储更多高质量的图片。快的压缩速度可以在相机完成一次曝光以后迅速回到待机状态，提高相机的连拍速度。

5）取景器

LCD(Liquid Crystal Display，液晶显示)取景是指利用液晶显示屏显示 DSP 预处理后的图像。LCD 取景所见即所得，取景视场精度高。但 LCD 取景显示的像素要远远低于 CCD/CMOS 得到的像素。大部分数码相机都带有一个 LCD 取景器，与平视取景器互为补充。

6）图像存储卡

只要有备用的存储卡，数码相机就可以像换胶卷一样换存储卡。常用的存储卡有以下几种：

（1）CF 卡(Compact Flash 卡)。该卡由 SanDisk 公司在 1994 年推出，柯达、佳能、尼康、卡西欧、奥林巴斯和富士等多种数码相机均采用此卡。I 型尺寸为 42.8 mm×36.4 mm×3.3 mm，Ⅱ 型尺寸为 42.8 mm×36.4 mm×5 mm。内置 ATA/IDE 控制器，为 50 针接口，有即插即用功能，兼容性较好。

（2）SM 卡(SmartMedia 卡，聪明卡；Solid State Floppy Disk Card，固态软盘卡)。该卡大小为 45 mm×37 mm×0.76 mm，卡内无控制器，要求数码相机内有控制器对其进行控制，故兼容性较差，在部分便携型数码相机中采用此卡。

（3）MMC 卡(MultiMedia Card)。该卡由西门子公司和 SanDisk 公司于 1997 年推出，它的封装技术较为先进，体积为 32 mm×24 mm×1.4 mm，采用 7 针串行接口，兼容性较好。日本松下公司的数码相机和数码摄像机首先采用此卡。

（4）SD 卡(Secure Digital Memory Card，安全数码记忆卡)。该卡由日本松下公司、SanDisk 公司和东芝公司等于 1999 年 8 月推出，体积为 32 mm×24 mm×2.1 mm，版权保护级别非常高，为 9 针串行接口，兼容性较好，最大容量为 2 GB。

MicroSD 卡最初叫 TransFlash 卡，简称 TF 卡，该卡是由 SanDisk 公司在 2004 年最

先确定的标准，直到 2005 年才正式加入 SD 规范，并更名为 MicroSD 卡，体积为 11 mm×15 mm×1 mm，可经 SD 卡转换器后，当 SD 卡使用。

SDHC(High Capacity SD Memory Card)卡的容量为 2~32 GB，与 SD 卡的物理尺寸一样，最大的区别就是 SDHC 卡采用的是 FAT32 文件系统，SD 卡使用的是 FAT16 文件系统，SD 卡最大只能达到 2 GB 的容量。

SDXC(SD extended Capacity)最大容量为 2 TB，支持 300 MB/s 的传输速度，不支持普通的 SD 和 SDHC 卡槽。

(5) 记忆棒(MemoryStick)。该卡是索尼公司独立开发的，它的体积为 50 mm×21.5 mm×2.8 mm 或 20 mm×31 mm×1.6 mm，有 128 MB、256 MB 和 512 MB 等多种容量，最大容量为 8 GB 具有写保护功能，读/写速度快，插拔性能好，工作电压低。记忆棒还被广泛地应用在索尼公司的其它产品中，如笔记本电脑、数码摄像机和台式机等。MS Pro 是索尼公司开发的新型产品，其标准速度是 150 MB/s，最大容量为 32 GB，可满足连续即时录制高清晰度、大容量动态影像的需求。

(6) XD 卡(XD - Picture Card)。该卡是由日本富士公司和奥林巴斯公司共同开发的新一代存储卡，体积为 25 mm×22 mm×1.7 mm，容量为 8 GB。采用 CF 卡的数码相机通过一个适配器就能够使用 XD 卡，但售价较高。

3. 数字图像处理(DSP)

DSP 是数码相机的主要部件，数码相机的所有功能都是由 DSP 来实现的。DSP 控制着 CCD、A/D 转换器件、LCD 和控制面板。

DSP 主要有以下功能：

(1) 暗电流补偿。补偿的方法是在器件完全遮光的条件下先测出各个像素的暗电流值，再从拍摄后图像的像素值中减去相应的暗电流值。

(2) 镜头光照度补偿。由于镜头的渐晕效应，即使拍摄目标是一个受均匀光照的物面，成像器件受到的照度仍是不均匀的，器件边缘所受的光照度较小。对于同一镜头，照度差是有固定规律的，通过 DSP 数字补偿，可使成像器件得到均匀的照度。

(3) 缺陷像素修补。成像器件的几千万个像素中总有一定数量的疵点，在完全遮光条件下数码相机读取像素灰度值时，一些"亮点"就是疵点位置。通常用插值的方法来实现缺陷像素的修补，用周围像素的灰度值推算出缺陷像素的灰度值。

(4) 彩色校正。彩色校正就是通过调整三基色光的增益，使成像器件的光谱特性与显示或打印设备的光谱特性一致，使显示或打印图像的色彩更加完美。通常通过一个变换矩阵来改变红、绿、蓝三基色光的增益，同时保证白平衡。

(5) 自动聚焦和自动曝光。聚焦图像比未聚焦图像的轮廓更加分明，纹理细节更加清晰。聚焦图像的高频分量更大一些。用数字高通滤波获取不同焦距时的输入图像的高频分量并进行比较，高频分量的最大值对应着最佳聚焦。为了简化计算，只对图像的一部分进行滤波处理就能达到同样的效果。

自动曝光以图像平均亮度为参考，调节光圈和改变图像传感器的曝光参数。为了防止亮的背景引起主要物体曝光不足，暗的背景又使主要物体曝光过度，根据主要物体一般位于照片中央这一特点，将摄取的图像分成中央和周边两部分，分别计算其亮度，并加权不同的经验值。

（6）γ校正。数字图像的显示和打印设备的像素的灰度值与所显示图像中对应的亮度成非线性关系。通过γ校正，显示或打印的图像能够正确反映被摄景物的灰度值。

（7）滤色器补偿插值。物像经镜头聚焦再经滤色器到达图像光电传感器后，光电器件的每个像素只得到了一种基色的信息，即 R、G、B(或 Cy、Mg、Ye、G)中的一种颜色。因此像素的其它颜色就必须用其周围像素的颜色信息插值得到。

（8）轮廓增强。滤色器起了低通滤波的作用，图像的轮廓变得平滑。DSP 可增强图像的轮廓，而又不能使图像的噪声被放大。方法是：先找到灰度变化大的轮廓像素，计算轮廓像素与前一像素的 Y 分量差值，将 Y 分量差值放大并叠加到原像素 Y 值上；噪声造成的假轮廓像素少、灰度变化小，要将差值低于设定阈值的假轮廓信号去掉以保证处理后图像的真实性。

（9）图像压缩。数码相机的存储空间有限，故获取的数字图像必须经过压缩。相片一般采用 JPEG 标准，视频一般采用 MPEG 和 H. 264 压缩。

4. 模式控制

数码相机一般提供照相(Camera)、显示(Display)和计算机(Computer)三种模式。在照相模式时，系统实现拍摄、处理图像信息的功能；在显示模式时，可以观察已拍摄的照片，有编辑功能的可修改照片；在计算机模式时，可将数码相机的图像信息传送到计算机中。

照相模式要实现曝光控制、自动对焦控制、闪光控制、数字图像的获取以及 DSP 处理等操作，有一套完善的控制流程。数码相机在接通电源后首先对闪光灯系统的主电容进行充电。相机的各种拍摄方式、测光方式、对焦方式、分辨率、白平衡等参数都可以在选单设置中进行修改。在待机状态时，光电传感器不断地输出图像，图像经 DSP 预处理后，作为曝光和对焦的依据，对镜头进行曝光和对焦的粗调。同时，DSP 在预处理后将低分辨率的画面实时地输出到 LCD 显示屏上，供摄影者取景。

处于待机状态的数码相机接到拍摄命令后，进入拍摄状态，相机迅速对曝光和聚焦进行细调，并锁定相应的参数；若景物照度不够，则打开防红眼灯照明；在快门动作的瞬间进行闪光。当相机处于自拍状态时，快门动作启动自拍延时，通常为 8～12 s，在延时阶段有 LED 闪烁指示和蜂鸣声指示。在完成一次曝光后，DSP 进一步处理所获得的数字图像，压缩图像信息，将刚拍摄的图像显示在 LCD 上，由摄影者来决定取舍。当摄影者确认之后，将图像存储在相机的存储体中，相机又回到待机状态。

2.3.2　VCD 和 DVD

VCD 是由 CD 发展而来的。

1. CD

CD 是指 Compact Disc Digital Audio，即数字激光唱机。用激光束读取 CD 唱片上的数字化音频信号并经数/模转换后，将模拟音频信号输出。

录有数字化音频信号的 CD 唱片又称为光碟、激光唱片或镭射唱片。CD 唱片由透明的多元碳酸树脂(PPM)保护层、铝反射层、信迹刻槽和聚碳酸脂衬底组成。CD 唱片的外径为 120 mm，厚度为 1.2 mm，重量为 14～18 g。唱片分为导入区、导出区和声音数据记录区。声音数据以坑、岛形式记录在由内向外的螺旋信迹上。螺旋信迹约有 20 625 圈，总长度约有 5300 m。激光束从凹坑反射的光的强度比从岛反射的光的强度弱。激光束扫过凹坑的前沿或后沿时，反射激光束强度会发生变化。定义凹坑的前沿和后沿代表 1 码，坑和岛的平坦部分代表 0 码。坑、岛的长度越大，则 0 码的个数越多。

录制 CD 唱片(光刻)时，模拟声音信号先经过 0～20 kHz 低通滤波，再经 A/D 转换成 PCM 数字信号，采样频率为 44.1 kHz。每次采样对左右声道各采一个样，进行 16 b 量化，每 6 个采样周期为一帧，每帧有 $6 \times 2 \times 16 = 192$ b。为便于处理，将 192 b 分为 24 字，每字 8 b。为提高解码的可靠性，需对多帧音频数字信号进行 CIRC(Cross Interleave Reed - Solomon Code，交叉交织里德—所罗门码)编码和 EFM(Eight to Fourteen Modulation, 8 - 14 比特变换调制)编码后再驱动光刻机，刻录 CD 唱片。

交织和里德—所罗门编码(RS 编码)的介绍详见第 4 章信道编码。交叉交织里德—所罗门码是交织和 RS 编码的组合，其方框图如图 2 - 34 所示。输入信息每 8 位一组，每 24 组经 RS 编码后加上 4 组奇偶校验组，这 28 组 RS 码在交织电路中分散突发错误，在第 2 级 RS 编码时再一次加上 4 组奇偶校验组，能检错 8 组并纠错 4 组，可以有效纠正因为介质损坏、光头污染或定时抖动等造成的突发差错，保证获得优质音响。

图 2 - 34   CIRC 编码方框图

EFM 编码就是用 14 b 来表示 8 b 数据。14 b 有 $2^{14} = 16\ 384$ 种码型，在这些码型中能找到两个"1"码之间至少有两个"0"码且最多不超过 10 个"0"码的 256 种码型。EFM 编码就是用这 256 个码型代替原来 8 b 的 PCM 码，限制连"0"码和连"1"码的出现个数，保证从光盘读出的数据流中能正确提取位同步等时钟信息。在两个 14 b 数据相连接时，中间增加 3 b 结合码，也是为了在任何时刻的数据流中满足两个"1"码之间至少有两个"0"码且至多不超过 10 个"0"码的条件。这样，整个 EFM 数据流的直流成分和低频成分减少，从而能保证伺服系统稳定地工作。

2. VCD

VCD(Video CD)是能放电视的 CD 机，又称数字视音光盘。VCD 采用 MPEG - 1 标准，存储了经压缩编码的彩色电视信号。VCD 光盘上的数字信号经 MPEG - 1 标准解压缩后，可重放清晰、无噪波干扰的彩色电视图像和达到 CD 质量的数字伴音。VCD 重放图像质量可达到 VHS 录像机质量水平(NTSC 制 $352 \times 240 \times 30$ 帧/秒和 PAL 制 $352 \times 288 \times 25$ 帧/秒的电视图像分解力)。VCD 光盘直径为 12 cm，重放时间为 74 min。VCD 光盘可在 CD 生产流水线上批量生产，生产成本低。1996 年以后，我国 VCD 产业迅速发展，年产量大于 1000 万台。

Philips、Sony、JVC 等公司在 1993 年共同制定了 VCD1.1 标准，又称 White Book。1994 年 7 月又对 VCD1.1 标准作了改进，增加了重放控制、多画面、交互式等功能，成为 VCD 2.0 标准。

3. DVD

DVD(Digital Video Disc，数字电视光盘)能存储和重放广播级质量的电视图像和伴音。实际上 DVD 不仅能用来存放电视节目，还可以存放数据信息，所以 DVD 又称为数字多能光盘(Digital Versatile Disc)。

DVD 光盘采用了许多新技术使其存储容量大大提高。DVD 光盘的直径和 CD、VCD 的一样，为 12 cm，厚度为 1.2 mm，但 DVD 光盘的存储容量高达 4.7～17 GB。

CD、VCD 光盘使用单面单层记录信息，通常采用波长为 780 nm 的红色激光。DVD 光盘采用单面双层记录信息。单面双层光盘的表层称为第 0 层，下层称为第 1 层。第 0 层是半透射层，它能让较长波长(650～780 nm)的激光透过，并读取第 1 层上的坑、岛信息。当第 1 层面上的信息读完时，接着由较短波长(635 nm)的激光束聚焦于第 0 层表面，读取第 0 层面上的信息。因为 635 nm 的激光束是透不过第 0 层半透射层的，所以它不能读取下面第 1 层面上的信息。

DVD 采用 MPEG - 2 Video 标准，NTSC 制电视图像分解力为 720×480、30 帧/秒，PAL 制电视图像分解力为 720×576、25 帧/秒，压缩编码后的数据传输速率可变(1～10 Mb/s)，平均数据传输速率为 4.69 Mb/s。DVD 兼容 VCD 的 MPGE - 1 标准，VCD 的电视图像分解力只有 MPEG - 2 的一半，VCD 只有 1.5 Mb/s 的固定数据传送速率。DVD 图像信噪比达到 115 dB，采用较宽色度带宽，消除了彩色位移和图像抖动，具有真正的彩色广播电视质量。

DVD 的音响标准采用 MPEG - 2 Audio 环绕立体声，或者采用杜比 AC - 3 5.1 环绕立体声，也有采用线性预测编码 LPCM 立体声的，音频信噪比达 90 dB。

为防止用录像机从 DVD 复制节目，在 NTSC/PAL 编码部分设置了 APS(Analog Protection System)模拟防拷贝技术。有一种具有地域代码的 DVD 光盘，只能在具有相同地区代码的 DVD 播放机上播放节目，例如地域管理 6 号是指中国地区。

2.3.3　数字电视中的压缩编码

我国目前正在运行的中央和各省卫视 SDTV 节目基本上都采用 MPEG - 1 Audio Layer Ⅱ 音频编码标准编码音频流，每声道 128 kb/s，立体声一共 256 kb/s。采用 MPEG - 2 主类主级(MP@ML)编码视频流，采用 3.2 Mb/s 固定码率，其质量可满足 ITU 质量要求。

我国目前试播的 HDTV 卫视节目采用 DolbyAC - 3 音频编码标准编码音频流。采用 MPEG - 2 主类高级(MP@HL)编码标准编码视频流。

我国手机电视采用中国移动多媒体广播(CMMB)标准，音频编码支持 DRA(SJ/T11368 多声道数字音频编解码技术规范)和 MPEG - 4 Audio AAC/HE - AAC(ISO/IEC14496 - 3)。视频编码支持 AVS(GB/T20090.2 信息技术 先进音视频编码 第 2 部分视频 2.0 级)和 H.264(ISO/IEC14496 - 10)基本(Baseline)类 1/1b/1.1/1.2/1.3 级。

思考题和习题

2-1　什么是分量编码？BT.601 建议为何采用分量编码？

2-2　信源符号 $s1$、$s2$、$s3$、$s4$、$s5$ 的出现概率分别为 1/3、1/4、1/5、1/6、1/20，对其进行霍夫曼编码。

2 - 3 信源符号 $s1$、$s2$、$s3$、$s4$、$s5$ 的出现概率分别为 $1/3$、$1/4$、$1/5$、$1/6$、$1/20$，对符号序列 $s1s3s5s3$ 进行算术编码。

2 - 4 游程编码是如何实现数据压缩的？

2 - 5 什么是空间分辨率和时间分辨率的交换？

2 - 6 缓存器控制机制采用了哪些方法？

2 - 7 MPEG - 4 适用于什么环境？

2 - 8 H.264 标准中使用了哪些先进技术？

2 - 9 什么是频谱掩蔽效应和时间掩蔽效应？

2 - 10 MUSICAM 编码器有哪些特点？

2 - 11 AC - 3 编码器有哪些特点？

2 - 12 什么是交叉交织里德—所罗门码？

2 - 13 什么是 EFM 编码？

2 - 14 DVD 光盘是怎样进行单面双层记录信息的？

第3章　多路复用

多路复用分为节目复用和系统复用两种。前者是将一路数字电视节目的视频、音频和数据等各种媒体流按照一定的方法时分复用成一个单一的数据流。后者是将各路数字电视节目的数据流进行再复用，实现节目间的动态带宽分配，并提供各种增值业务。

3.1　节　目　复　用

3.1.1　PES 包

MPEG-2 的结构可分为压缩层和系统层。一路节目的视频、音频及其它辅助数据经过数字化后，通过压缩层完成信源压缩编码，分别形成视频的基本流（Elementary Stream，ES）、音频的基本流和其它辅助数据的基本流。紧接着，系统层将不同的基本流分别加包头打包（分组）为 PES（Packetized ES，打包基本流）包。PES 又称为分组基本码流。

PES 包的结构如图 3-1 所示。包的头部由多个部分组成。其中，起始码前缀（Packet Start Code Prefix）由 23 个"0"后跟 1 个"1"组成。包识别（Steam ID）表示这个包的码流是视频、音频或数据的序号。PES 长度（PES Packet Length）表示这个字段后面有多少字节。

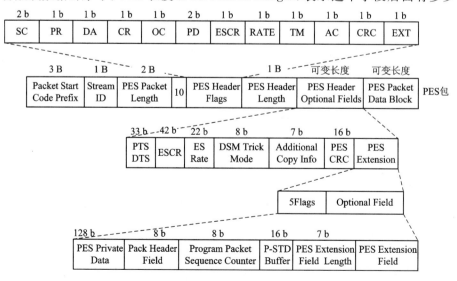

图 3-1　PES 包的结构

PES 头部标志(PES Header Flags)共 14 b,其中:SC 为加扰指示;PR 为优先级指示;DA 表示相配合的数据;CR 是有无版权指示;OC 表示原版或拷贝;PD 表示有无 PTS (Presentation Time Stamp,显示时间印记或时间表示印记)或 DTS(Decode Time Stamp,解码时间印记);ESCR 表示 PES 包头部是否有时间基准信息;RATE 表示 PES 包头部是否有基本流速率信息;TM 表示是否有 8 b 的字段说明数字存储媒体(DSM)的模式;AC 表示未定义;CRC 表示是否有 CRC 字段;EXT 表示是否有扩展标志。接下来是 PES 头部长度(PES Header Length)、PES 头部可选区域(PES Header Optional Fields)和 PES 包数据块(PES Packet Data Block)。

3.1.2 TS 包

为了进行多路数字节目流的复用和有效传输,又将 PES 包作为负载分别插入传送流 (Transport Stream,TS)包中。TS 包固定为 188 B,其包头由固定的 4 B 和可选的可变长的调整字段组成,如图 3-2 所示。

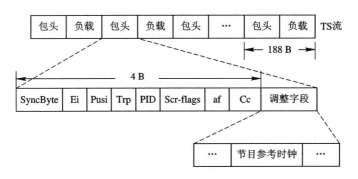

图 3-2 TS 包的结构

TS 包包头共 4 B,包头后面就是需要传送的有用信息(负载),包括音频、视频或数据信息,其长度通常为 184 B。有时在有用信息前插入一个调整字段(也称为适应头、自适应域),用于补充长度不完整的 TS 包,或放置节目参考时钟(Program Clock Reference,PCR)。PCR 非常重要,它以固定频率插入包头,表示编码端的时钟,并反映了编码输出码率。解码端根据 PCR 来调整解码系统时钟,以保证对节目的正确解码。

TS 包包头中:SyncByte 为同步字节 8 b;Ei 为误码指示,1 b;Pusi 为有效负荷单元起始指示,1 b;Trp 为传输优先级,1 b;PID(Packet Identifier)为包标识,用来标识包的类型(如视频、音频、节目特定信息(Program Specific Information,PSI)等),共 13 b;Scr-flags 是加扰标识,2 b;af 为适配区域标识,2 b;Cc 为连续计数器,4 b。

各种 PES 包(视频 PES 包、音频 PES 包和其它辅助数据的 PES 包)按一定的比率复用后可形成一路节目的 TS 流,如图 3-3 所示。

针对不同的应用环境(信道和存储介质),ISO/IEC 13818-1 规定了两种系统编码方法:节目流(Program Stream,PS)和传送流(Transport Stream,TS)。PS 是针对那些不容易发生错误的环境(如光盘存储系统上的多媒体应用)而设计的系统编码方法,特别适合于软件处理的环境。TS 是针对那些很容易发生错误(表现为位值错误或组丢失)的环境(如长距离网络或无线广播系统上的应用)而设计的系统编码方法。

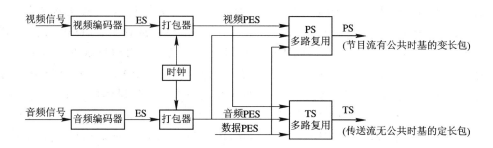

图 3-3 MPEG-2 中视频流和音频流的多路复用

3.1.3 节目特定信息

为了能对一路节目的 TS 流中所含的各种信息进行标识(如区分音、视频包),MPEG-2 规定在复合的时候需要插入节目特定信息(PSI)。

1. 几种节目特定信息

(1)节目关联表(Program Association Table,PAT):给出了每一个节目对应的节目映射表(PMT)的 PID,还给出了网络信息表(NIT)的 PID,本身的 PID 为 0x0000。

(2)条件接收表(Conditional Access Table,CAT):给出了条件接收系统的有关信息,PID 为 0x0001。

(3)节目映射表(Program Map Table,PMT):给出了一个节目内各种媒体流的 PID 及该节目参考时钟(PCR)。

(4)网络信息表(Network Information Table,NIT):给出了物理传输网络的有关信息。它有 Actual 和 Other 之分,表示当前值和其它值。

(5)传送流描述表(Transport Stream Description Table,TSDT):PID 为 0x0002。

PSI 以段(Section)为单位进行组织,段可以作为负载插入 TS 包中,然后以一定的比率插入一路节目的 TS 流中,形成完整的一路节目的 TS 流。

2. PSI 和 TS 流的关系

图 3-4 表示了 4 个 PSI 和 TS 流之间的基本关系。每个 TS 流必须有一个完整有效的节目关联表(PAT),节目关联表中给出了节目号(Program Number)和此节目的节目映射表(PMT)位置(PMT_PID)之间的对应关系。在映射为一个 TS 包之前,PAT 可能被分为 255 个分段,每个分段包含有整个 PAT 的一部分。这种分法在出错时可使数据丢失最少,也就是包丢失或位错误可定位于更小的 PAT 分段,这样就允许其它分段被接收和正确解码。节目 0 规定用于网络 PID。节目关联表在传送过程中不加密。

节目映射表(PMT)完整地描述了一路节目是由哪些 PES 组成的,它们的 PID 分别是什么等。单路节目的 TS 流是由具有相同时基(PCR)的多种媒体 PES 流复用构成的,典型的构成包括一路视频 PES、多路音频 PES(多声道、普通话、粤语、英语等)以及一路或多路辅助数据。各路 PES 被分配了唯一的 PID,MPEG-2 要求至少有节目号、PCR_PID、原始流类型和原始流 PID。带有节目映射表的 TS 包不加密。

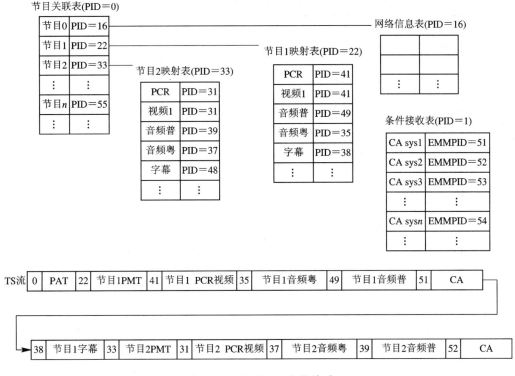

图 3-4 PSI 和 TS 流的关系

条件接收表(CAT)给出一个或多个 CA 之间的关系,并带有 EMM 流和所有特殊的参数。

网络信息表(NIT)内容为专用,MPEG-2 标准没有规定,通常包含用户选择的服务和传送流标识符、通道频率及调制特性等。

3. PAT 的结构

整个 PAT 被分割为一个或多个分段,每个分段具有如图 3-5 所示的结构。分段的整体字头为 8 B 长,由表格标识符、分段长度、传送流标识符、版本号、当前下次指示器、分段号和最后分段号组成。其可变字长的节目表清单由 N 个 4 B 长的节目项组成,每个节目项由 16 b 的节目号和 13 b PMT 表的 PID 值组成。最后是 4 B 长的 CRC 校验。

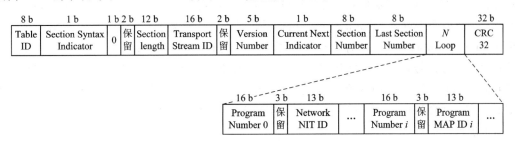

图 3-5 PAT 的结构

表 3-1 是用 C 语言描述的 PAT 分段语法结构,同时也表明了数据的位数和类型,它比图 3-5 的描述更精确,是国际标准中常用的描述方法。

表 3 - 1　PAT 分段语法结构

语　　法	位　数	类型
Program﹣association﹣section（）｛		
Table﹣id	8	uimsbf
Section﹣syntax﹣indicator	1	bslbf
"0"	1	bslbf
reserved	2	bslbf
Section﹣length	12	uimsbf
Transport﹣Stream﹣id	16	uimsbf
reserved	2	bslbf
Version﹣number	5	uimsbf
Current﹣next﹣indicator	1	bslbf
Section﹣number	8	uimsbf
Last﹣section﹣number	8	uimsbf
For（I=0；I＜N；I++）｛		
Program﹣number	16	uimsbf
reserved	3	bslbf
if（Program﹣number=='0'）｛		
Network﹣id	13	uimsbf
｝		
else｛		
Program﹣map﹣PID	13	uimsbf
｝		
｝		
CRC﹣32	32	rpchof
｝		

表 3 - 1 中的 Table﹣id 标识一个 TS 流中 PSI 分段的内容是 PAT、CAT 或 PMT。对于 PAT，置为 0x00。对于 PAT，Section﹣syntax﹣indicator 置为 1。Section﹣length 指示分段的字节数，从 Section﹣length 开始，到 CRC 结束。Transport﹣Stream﹣id 指出在网络中与其它复用流的区别标志，其值由用户定义。Version﹣number 指出所有 PAT 的版本号。一旦 PAT 有变化，则版本号加 1，当增加到 31 时，版本号循环回到 0。Current﹣next﹣indicator 置为 1 时，表示传送的 PAT 当前可以使用；置为 0 时，表示该传送的表不能使用，下一个表变为有效。Section﹣number 给出了该分段的数目。当 PAT 中的第一个分段的 Section﹣number 为 0x00 时，PAT 中的每一个分段将加 1。Last﹣section﹣number 指出了最后一个分段号，是在整个 PAT 中的最大分段数目。Program﹣number 指出了节目号，如果是 0x0000，那么后面的 PID 是网络 PID，其它值由用户定义。Network﹣id 指出含有 NIT 的 TS 包的 PID 值。Program﹣map﹣PID 指定 PMT 表的 PID 值。CRC﹣32 是用来校验数据正确性的循环冗余校验码。

表 3 - 1 中右边一列指示本项的数据类型，其中：uimsbf 表示无符号整数，高位在前（unsigned integer，most significant bit first）；bslbf 表示比特串，左位在前（bit string，left bit first）；rpchof 表示多项式除法的余数，高阶在前（remainder polynomial coefficients，highest order first）。

MPEG－2 标准对 PMT、CAT、NIT 也有类似的描述表，在此不一一列举了。

3.1.4　业务信息

DVB 还在 TS 流中定义了许多辅助信息，称为业务信息(Service Information，SI)，以便于选择节目，了解与节目相关的一些信息，提供节目之间的相互关系以及携带特定的数据。DVB 在 MPEG－2 的节目特定信息(PSI)的基础上，补充规定了一系列 SI 表格，并规定了一些表格的 PID 值。这些 SI 表格包括：

(1) 业务描述表(Service Description Table，SDT)：包含描述系统中业务的数据，例如业务名称、业务提供者等。业务是节目的集合。

(2) 业务群关联表(Bouquet Association Table，BAT)：提供了与业务群(业务的集合)相关的信息，给出了业务群的名称以及每个业务群中的业务列表，是 IRD(Integrated Receiver Decoder，综合接收解码器)向观众显示一些可获得的业务的一个途径。

(3) 事件信息表(Event Information Table，EIT)：包含了与事件或节目相关的数据，例如事件名称、开始时间、持续时间等，分为 present/following 和 schedule，分别包含当前事件和下一个事件的信息以及在一个较长时间段内所安排的所有事件的信息。节目是事件的集合。

(4) 运行状态表(Running Status Table，RST)：给出了事件的状态(运行/未运行)。

(5) 时间日期表(Time and Date Table，TDT)：给出了当前时间和日期的信息，该信息是频繁更新的。

(6) 时间偏移表(Time Offset Table，TOT)：给出了与当前时间、日期和本地时间的偏移相关的信息，该信息是频繁更新的。

(7) 填充表(Stuffing Table，ST)，用于当一个表段被覆盖时，将剩余表段设为无效。

(8) 选择信息表(Selection Information Table，SIT)：仅用于码流片段中，包含描述该码流片段的业务信息的概要数据。

(9) 间断信息表(Discontinuity Information Table，DIT)：仅用于码流片段中，它将插入到码流片段业务信息间断的地方。

DVB 的标准包括：DVB－SI《DVB 系统业务信息(SI)规范》，编号为 ETS300 468；《业务信息(SI)实现和使用指导》，编号为 ETR211；《DVB 系统业务信息(SI)码的配置》，编号为 ETR162。我国相应的标准是《数字电视广播业务信息规范》(GY/Z174—2001)。标准中对各种 SI 都作了详细的类似于表 3－1 的规范描述。

包标识(PID)特别重要，它是识别码流信息性质的关键，是节目信息的标识，不同的电视节目和业务信息(SI)对应有不同的 PID。

对于接收机中的解码器来说，为了找到它所要接收的电视节目，首先应通过 PID 找到 PSI 和 SI 所对应的不同内容。表 3－2 是业务信息中的 PID 分配表。借助 PID，用户可以将自己感兴趣的 TS 包从 TS 流中挑选出来，对不感兴趣的 TS 包可置之不理。这种机制保证了数字电视系统的可扩展性，或者说是后向兼容性。因为在引入新业务时，只需赋予该业务一个新的 PID 即可。未经授权的接收机不能识别该 PID，经授权的接收机则可将该 PID"过滤"出来，并进行相应的处理。因此，数字电视系统中引入新业务非常方便，这对数字电视的发展具有深远的影响。

表 3 - 2　业务信息中的 PID 分配

PID 值	用　途	PID 值	用　途
0x0000	PAT	0x0014	TDT，TOT，ST
0x0001	CAT	0x0015	网络同步
0x0002	TSDT	0x0016～0x001B	预留使用
0x0003～0x000F	预留	0x001C	带内信令
0x0010	NIT，ST	0x001D	测量
0x0011	SDT，BAT，ST	0x001E	DIT
0x0012	EIT，ST	0x001F	SIT
0x0013	RST，ST	0x0FFF	空包

3.1.5　描述符

DVB 在 EN300 468 业务信息标准中定义了各种描述符（Descriptor），给出了描述符标签值（Descriptor_tag）和描述符在 SI 表中最有可能出现的位置，但并不表示在其它表中限制使用该描述符。

这些描述符提供有关流内容、节目内容、FEC 方案、调制方式、传送方式、链接类型、时区、语种等大量信息，这些信息对系统运行、参数设定、确定接收机的工作状态起了决定性的作用。表 3 - 3 是描述符的可能位置表。

表 3 - 3　描述符的可能位置表

描　述　符	标签值	可能位置
network_name_descriptor（网络名称描述符）	0x40	NIT
service_list_descriptor（业务列表描述符）	0x41	NIT，BAT
stuffing_descriptor（填充描述符）	0x42	NIT，BAT，SDT，EIT，SIT
satellite_delivery_system descriptor（卫星传送系统描述符）	0x43	NIT
cable_delivery_system_descriptor（有线传送系统描述符）	0x44	NIT
VBI_data_descriptor（场消隐期数据描述符）	0x45	PMT
VBI_teletext_descriptor（场消隐期图文电视描述符）	0x46	PMT
bouquet_name_descriptor（业务群名称描述符）	0x47	BAT，SDT，SIT
service_descriptor（业务描述符）	0x48	SDT，SIT
country_availability descriptor（国家/地区业务准用描述符）	0x49	BAT，SDT，SIT
linkage_descriptor（链接描述符）	0x4A	NIT，BAT，SDT，EIT，SIT
NVOD_reference descriptor（准视频点播参考描述符）	0x4B	SDT，SIT
time_shifted_service_descriptor（时移业务描述符）	0x4C	SDT，SIT
short_event_descriptor（短事件描述符）	0x4D	EIT，SIT
extended_event_descriptor（扩展事件描述符）	0x4E	EIT，SIT
time_shifted_event_descriptor（时移事件描述符）	0x4F	EIT，SIT
component_descriptor（组件描述符）	0x50	EIT，SIT

续表

描　述　符	标签值	可能位置
mosaic－descriptor（马赛克描述符）	0x51	SDT，PMT，SIT
stream－identifier－descriptor（流标识描述符）	0x52	PMT
CA－identifier－descriptor（条件接收标识描述符）	0x53	BAT，SDT，EIT，SIT
content－descriptor（内容描述符）	0x54	EIT，SIT
parental－rating－descriptor（家长分级描述符）	0x55	EIT，SIT
teletext－descriptor（图文电视描述符）	0x56	PMT
telephone－descriptor（电话描述符）	0x57	SDT，EIT，SIT
local－time－offset－descriptor（本地时间偏移描述符）	0x58	TOT
subtitling－descriptor（字幕描述符）	0x59	PMT
terrestrial－delivery－system－descriptor（地面传送系统描述符）	0x5A	NIT
multilingual－network－name－descriptor（多语种网络名称描述符）	0x5B	NIT
multilingual－bouquet－name－descriptor（多语种业务群名称描述符）	0x5C	BAT
multilingual－service－name－descriptor（多语种业务名称描述符）	0x5D	SDT
multilingual－component－descriptor（多语种组件描述符）	0x5E	EIT
private－data－specifier－descriptor（专用数据说明描述符）	0x5F	NIT，BAT，SDT，EIT，PMT，SIT
service－move－descriptor（业务转移描述符）	0x60	PMT
short－smoothing－buffer－descriptor（短平滑缓冲区描述符）	0x61	SIT
frequency－list－descriptor（频率列表描述符）	0x62	NIT
partial－transport－stream－descriptor（传送流片段描述符）	0x63	SIT
data－broadcast－descriptor（数据广播描述符）	0x64	SDT，EIT，SIT
CA－system－descriptor（条件接收系统描述符）	0x65	PMT
data－broadcast－id－descriptor（数据广播标识描述符）	0x66	PMT
transport－stream－descriptor（传送流描述符）	0x67	
DSNG－descriptor（数字卫星新闻采集描述符）	0x68	
PDC－descriptor（节目传送控制描述符）	0x69	EIT
AC－3－descriptor（AC－3 描述符）	0x6A	PMT
ancillary－data－descriptor（附属数据描述符）	0x6B	PMT
cell－list－descriptor（单元列表描述符）	0x6C	NIT
cell－frequency－link－descriptor（单元频率链接描述符）	0x6D	NIT
announcement－support－descriptor（公告支持描述符）	0x6E	NIT
预留使用	0x6F～0x7F	
用户定义	0x80～0xFE	
禁止	0xFF	

在各种 SI 表的语法结构中出现的 descriptor( )，表示会存在指定标签值的描述符。EN300 468 业务信息标准中定义了各种描述符，这里以有线传送系统描述符为例进行说明。表 3-4 是有线传送系统描述符的语法结构。其中：descriptor_tag 是描述符的标签值；descriptor_length 给出描述符的字节数；frequency 以 8 个 4 位 BCD 码给出频率值，小数点位于第 4 个 BCD 码之后，单位为 MHz，如 0312.0000 MHz；reserved_future_use 是保留将来使用的位；FEC_outer 表示前向纠错外码方案，0000 表示未定义，0001 表示无 FEC 外码，0010 表示是 RS(204，188)码，0011～1111 作为预留使用；modulation 指出有线电视传送系统的调制方式，0x00 表示未定义，0x01～0x05 分别表示 16QAM、32QAM、64QAM、128QAM、256QAM，0x06～0xFF 作为预留使用；symbol_rate 以 7 个 4 位 BCD 码表示符号率的值，小数点位于第 3 个 BCD 码之后，单位为 Msymbol/s(兆符号/秒)，如 0.4500 Msymbol/s；FEC_inner 指出前向纠错内码方案，0000 表示未定义，0001～0101 分别表示卷积码率 1/2、卷积码率 2/3、卷积码率 3/4、卷积码率 5/6、卷积码率 7/8，0110～1110 作为预留使用，1111 表示无卷积编码。

表 3-4 有线传送系统描述符的语法结构

语　法	位数	类　型
cable_delivery_system_descriptor(){		
descriptor_tag	8	uimsbf
descriptor_length	8	uimsbf
frequency	32	bslbf
reserved_future_use	12	bslbf
FEC_outer	4	bslbf
modulation	8	bslbf
symbol_rate	28	bslbf
FEC_inner	4	bslbf
}		

3.1.6　节目复用器的构成

将一路数字电视节目的视频 PES 包、音频 PES 包和其它辅助数据(包括一些增值业务)的 PES 包按一定的比率复用成一路节目的 TS(或 PS)流称为节目复用。

图 3-6 是节目复用器的硬件构成方框图。图中，FIFO(First In First Out)是先进先出移位寄存器。复用器启动后，首先向前面的视频、音频编码器发出系统编码开始信号，同时发送 27 MHz 的系统时钟，作为 PES 打包时 PTS 与 DTS 的时间标记的计数时钟。前级编码后的视频、音频和辅助数据经过串/并转换后分别在各自的 FIFO 中缓存，各个 FIFO 设有独立的双向计数器，指示各个 FIFO 中存储数据的字节数。由于视频 PES 数据流的输入速率是可变的，音频、辅助数据的速率则是恒定的，若采用其它固定比例的复用策略，就无法保证 TS 流中各种类型包的均匀性，因此数字信号处理器(DSP)采用轮询技术控制 TS 流中各种包的交织。DSP 按视频、音频、辅助数据 1 和辅助数据 2 的次序对视频 FIFO、

音频 FIFO、辅助数据 X1 FIFO、辅助数据 X2 FIFO 进行轮询,即读取各 FIFO 的双向计数器的计数值,若大于预先确定的门限数值,则从相应的 FIFO 中读取 184 B,送入公共 FIFO。对于两路辅助数据,在写入 TS 包头后,直接将 184 B 送入传输缓存器。为了 TS 包与 PES 包的字头对齐,在对视频、音频 184 B 的读取过程中,需同时检测是否有 PES 包起始码 0x000001(视频 PES 起始码后面的 Steam ID 为 0xE0,音频 PES 起始码后面的 Steam ID 为 0xC1)。若没有,则由 DSP 向传输缓存器写入相应的 TS 包头(4 B,无调整字段),再将公共 FIFO 中的 184 B 送入传输缓存器。若遇到 PES 起始码,则立即停止从视频或音频 FIFO 中读取数据,而去读取公共 FIFO 中的 N B 数据。由于在这 N B 数据中包含 4 B PES 字头,因此 TS 包的调整字段中要插入 $184-(N-4)$ 个填充字节(即 0xFF),有效数据负荷为 $N-4$。第二个 TS 包是一个新的 PES 数据包的开始,公共 FIFO 中还保留 4 B PES 字头,所以还需从前面的 FIFO 读入 $(184-4)$ B 的视频或音频数据。在向传输缓存器写入 TS 字头后,再将公共 FIFO 中的数据送入传输缓存器。这样,就可将 TS 包的字头与 PES 包的字头对齐。

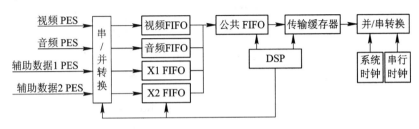

图 3 - 6　节目复用器的硬件构成方框图

在视频编码器中要求任意两个 PCR 之间的时间间隔为 40 ms,节目映射表(PMT)之间的时间间隔同样为 40 ms。由于复用器的输出速率是恒定的,因此单位时间内的总 TS 包数也是恒定的。要使 PCR 之间的时间间隔保持恒定,在 DSP 程序中设计了一个计数器,计数器的预置数值设定为"每秒总的 TS 包数目/25",复用器每产生一个 TS 包,计数器减 1,当计数器减到零时将时间间隔标志位置位。DSP 在每次轮询打包 TS 数据之前,先检测时间间隔标志位,若标志位已经置位,则在下一个视频 TS 包中插入 PCR 时间标记,当然这里只是在 TS 包头中将 6 B 的 PCR 位置预留出来,没有真正插入 PCR 时间标记。在随后的两个 TS 包中放入节目关联表(PAT)和 PMT 表,并将计数器和时间间隔标志位复位。如果下一个复用的 TS 包为视频数据并且恰好需要插入 PCR 时间标记,则 DSP 从视频 FIFO 中读入的数据是 176 B 而不是 184 B,这是因为调整字段已占用了 8 B(插入 PCR 时间标记,除了 PCR 是 6 B,还要增加调整字段长度 1 B、指示和标志 1 B,故调整字段一共 8 B)。如果该 TS 包为含有 PES 字头的视频 TS 包,则读入的数据为 172 B。

MPEG - 2 系统规范要求 PCR 时间必须是 PCR 域最后一字节离开复用器的时间。在并/串转换时,还要完成 PCR 时间标记的插入。PCR 信息只包含在特定的视频 TS 包中,DSP 在写入该 TS 字头时在调整字段中已预留了 6 B 的 PCR 位置,在并/串转换时则进行字头检测,在满足 PCR 插入条件且在检测到 TS 包的同步字节以及调整字段标志位后,在相应时刻将 PCR 锁存。

3.2 系 统 复 用

在实际的通信系统中，一路常规的模拟电视信道中可传送多路数字电视节目，在调制之前要将多路节目（可能具有不同的时基）的 TS 流进行再复用（Remultiplex），实现节目间的动态带宽分配，提供各种增值业务，以适合传输的需要。这种多路节目的复用常称为系统复用或传送复用。图 3-7 是节目复用和系统复用示意图。系统复用时，最主要的工作是进行 PSI 重构和 PCR 修正。

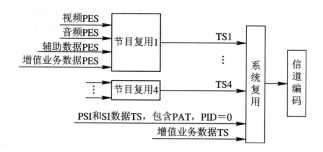

图 3-7 节目复用和系统复用示意图

3.2.1 PSI 的重构

编码器输出的 TS 流为单节目 TS 流（SPTS）；而卫星接收机解调输出的 TS 流则为多节目 TS 流（MPTS）。在再复用的过程中，通常需要从多个多节目 TS 流中各抽出一路或多路节目参与复用，复用生成的 TS 流仍然应当符合 MPEG-2 标准的系统层定义。整个再复用的过程实际上是一个节目特定信息分析、解复用、节目特定信息重组、复用的过程。同时，为了适应传输码率的需要，再复用过程中还应包含码率调整、PCR 调整等过程。

PSI 被分成节目关联表、节目映射表、网络信息表及条件接收表等，这些表中包含了进行多路解调和显示程序的必要和足够的信息。每个表可以被分成一段或多段置于 TS 流中。

系统层解复用时首先要获取节目关联表（PAT），节目关联表的 PID 值为 0x0000，找到 PID＝0 的 TS 包就能找到 PAT，PAT 中包含了该 TS 流中所有节目的一个清单。通过 PAT，就可获取该 TS 流中所包含的每个节目映射表（PMT）。

在每个节目的 PMT 中，含有该节目的各个 TS 包的信息，包括 PID、TS 包类型以及该节目含有效 PCR 字段 TS 包的 PID 值。经过 PAT 及 PMT 的设置，就可完整描述 TS 流中各路节目以及每路节目中各 TS 包之间的关系。

条件接收表（CAT）只有当 TS 流中有一个或几个 TS 包被加扰时才出现。

每路 TS 流都有一个 PAT 和多个 PMT，但是最后合成的 TS 流中只有一个 PAT 和与之相对应的多个 PMT；而且在不同的 TS 流中可能定义了相同的 PID，例如，TS1 的视频 TS 包的 PID 有可能与 TS2 的音频 TS 包的 PID 相同。所以，在对各路 TS 流进行复用时，首先必须提取出各节目中 TS 包的 PID，常称为 TS 包过滤；然后重新标识 PID，再对所有 TS 流中的 PAT 和 PMT 进行分析、整理，生成总的 PAT 和 PMT，作为合成 TS 流的 PSI；最后将 TS 包交织后输出。

3.2.2 PCR 修正

PCR 是编码端系统时钟的采样值，一般情况下，一路节目只有一个 PCR 时间基点与之关联。在 PSI 的 PMT 中，指出了每路节目中带有 PCR 字段的 TS 包的 PID 值，该 PID 值也称为 PCR PID。时间标签一般以 90 kHz 为单位，但 PCR 可以达到 27 MHz。PCR 时序信息是将系统时钟频率 27 MHz 的 1/300(27 MHz/300＝90 kHz)编成 33 位码并加上 9 位(2^8＜300＜2^9)余数。PCR 字段被编码在 TS 包的调整字段中，其中以系统时钟频率 27 MHz 的 1/300(90 kHz)为单位的称为 PCR_base(见公式(3-1))，另一个以系统时钟频率 27 MHz 为单位的称为 PCR_ext(见公式(3-2))。

MPEG-2 标准中用 TS 系统目标解码器(T-STD)这个概念来定义字节到达、解码事件以及它们发生的时间。数据从 TS 流进入 T-STD 的速率是一个分段常数，第 i 个字节在时间 $t(i)$ 进入，这个字节进入 T-STD 的时间可以通过对输入流的 PCR 的字段解码而恢复，编码在 PCR(i)(公式(3-3))中的数据代表了 $t(i)$，i 指包含 PCR_base 字段的最后一位的字节。

$$\text{PCR\_base}(i) = \{[系统时钟频率 \times t(i)]\text{DIV}300\}\%2^{33} \qquad (3-1)$$

$$\text{PCR\_ext}(i) = \{[系统时钟频率 \times t(i)]\text{DIV}1\}\%300 \qquad (3-2)$$

$$\text{PCR}(i) = \text{PCR\_base}(i) \times 300 + \text{PER\_ext}(i) \qquad (3-3)$$

式中：DIV 代表除；%代表模除；$a\%b$ 代表 b 除 a 后的余数。因此，PCR 指示 PCR_base 的最后一个字节预定到达目标解码器的时间。通过 PCR 值不但可以获得正确的解码时间，还可以计算传送速率等与时间有关的指示。

PCR 的正确传送直接关系到解码端系统时钟的恢复，进而影响音/视频的同步回放。对于多路 TS 流的 PCR 修正，由于每路 TS 流都有各自的时钟，因此对每路时钟都要进行 PCR 修正，以消除抖动。根据 PCR 修正原理，由于从数据进入复用器至离开之间存在不确定的处理延迟(特别是对于多路节目的不同速率交织，更加剧了这种不确定性)，因此，比较简单的通用做法是：在原有 PCR 值基础上加上该字段在复用器中的等待延迟 Δt 即可。

但此时还存在一个必须考虑的问题，即时钟起始时间尚未统一。若如上面所述，每个 PCR 在原有基础上再加上其延迟 Δt，则在解码端恢复的系统时钟值实际上未考虑这段延迟，如果把所有延迟后的 PCR 减去 Δt_{const}，即可达到恢复相同时间起点的目的。其中，Δt_{const} 是任选的一个 Δt，在选择点处修正值为 0。这是因为只要有一个 PCR 考虑到这段延迟，不进行修正，其余的 PCR 均在此基础上进行相对不定延迟的修正，就使得复用时不修正的 PTS 和 DTS 相对于 PCR 来说恢复了统一的时间起点。最后得到每个 PCR 的修正值为

$$\text{PCR}' = \text{PCR} + \Delta t - \Delta t_{\text{const}} \qquad (3-4)$$

$$\Delta t = T_{\text{sys-out}} - T_{\text{sys-in}} \qquad (3-5)$$

式中：$T_{\text{sys-out}}$ 是数据离开系统复用器的时间；$T_{\text{sys-in}}$ 是数据到达系统复用器的时间；Δt_{const} 是任选的一路节目的 Δt。详见参考文献[30]。

3.3 数据增值业务

在信息化的世界，人们不满足于只收看电视节目，希望通过电视机能获得更多的信息，比如浏览因特网网页，查看股市信息，随时了解天气情况等。把这些信息与数字电视节目一起在数字电视传输网（卫星、有线、地面广播）上传输，就是数字电视数据增值业务。

3.3.1 数据增值业务的加入方式

从上节介绍的节目复用和系统复用的过程来看，如果想在数字电视中开展增值业务，有两种加入方式。

一种方式是从节目复用中加入，即在一路正常的电视信号中，在节目复用时加入一些数据，与音频、视频 PES 一起形成 TS 流，在电视系统中传输。接收端再把附加的数据从电视数据中分离出来。这种方式的特点是方便简单，不需要专门的信道，只要在收、发端的复用和解复用中作相应的改动就行。它的缺点是数据量不能太大，否则会影响数字电视节目的传输。此方法适合于数据量相对较少，实时性要求也不高的场合，如天气预报广播、商品信息广告、股市行情等。

另一种方式就是从系统复用中加入。当数据量比较大时，如进行远程教学、图文新闻广播、数据广播等时，可以开辟一个专门的 TS 流，它与其它数字电视节目的 TS 流无关。

3.3.2 MPEG-2 对数据增值业务的支持

在 MPEG-2 标准的系统层，除了规定音/视频数据的传输外，还充分考虑了非音/视频数据的传输，为在数字电视中实现数据增值业务提供了方便。

（1）在 MPEG-2 的 TS 流中，所有数据都被打成固定长度的包，并且规定 13 位长的 PID 以区别携带不同数据的 TS 包。支持数据增值业务的第一种方式就是为数据分配专用的 PID，把要广播的数据直接放在 TS 包的净荷（信息负载）里。MPEG-2 的各种 PSI 表的广播就是通过这种方式来实现的。

（2）在 MPEG-2 的 PMT 中规定了 8 位的 stream_type 域，stream_type 指出了基本流的类型。同时在 PES 包的结构中，规定了 8 位的 stream_id 域，描述的也是基本流的类型。在 stream_type 和 stream_id 的分配表中可以看到，除了为用户保留的区域以外，还直接为数据广播分配了一些值，例如 stream_type 等于 8、10～13 表示基本流携带的是 DSM-CC 规定的数据等。这就使得把要广播的数据组织成基本流成为可能。

（3）MPEG-2 中的节目特定信息（PSI）表是按段（Section）传输的，在段的语法结构中，第一个域是 8 位的 table_id，它最多可以区别 256 个表。

3.3.3 DVB 对数据增值业务的支持

DVB 在 MPEG-2 标准的基础上定义了一系列将数据封装到 MPEG-2 的 TS 流中的方法，这些方法可以认为是对 MPEG-2 标准的一种扩充。如多协议封装方式用于两个有不同协议网络的连接，提供对多个接收机进行地址编码的能力和对任意大小包的分段与还原能力；数据循环方式(Data Carousel Method)用于任意结构文件的有效下载等。

DVB 为数据广播定义了如下七种数据广播方式：

(1) 数据管道(Data Piping)。

(2) 异步数据流(Asynchronous Data Stream)。

(3) 同步数据流(Synchronous Data Stream)。

(4) 被同步数据流(Synchronized Data Stream)。

(5) 多协议封装(Multiprotocol Encapsulation)。

(6) 数据循环(Data Carousel)。

(7) 对象循环(Object Carousel)。

3.3.4 电子节目指南

电子节目指南(Electronic Program Guide，EPG)给用户提供了一种可以快速访问节目的方式，它界面友好，容易使用。EPG 提供分类功能，可帮助用户浏览和选择各种类型的节目。

1. EPG 需要的信息在 SI 中

创建所需的数据是在 DVB - SI(DVB 系统业务信息规范 ETS300 468)中定义的，但是 DVB 没有规定 EPG 系统的实现。业务信息(SI)的各种表提供相应的业务信息，如 SDT 可以提供特定业务的描述信息，NIT 可以提供服务传输的原始网络和当前传输网络的一些物理参数等信息。业务信息表被分成一个或多个段在 MPEG - 2 中的 TS 流中传输，在段中包含很多描述符，大部分的业务信息都是在描述符中传输的。EPG 应包含节目单和当前节目播放两项基本功能，还可以包含节目附加信息、节目分类、节目预订、家长分级控制等高级功能。上述功能所需要的全部信息都必须通过 SI 来获取。对于个性化 EPG 所需的额外信息，可根据具体情况通过专用数据传送。

2. EPG 系统的构成

接收机中的 EPG 系统进行 SI 数据的接收和解析，形成 SI 数据库，显示 EPG 界面。从接收的 TS 流中解析出 SI 数据，并在机内 RAM 中建立 SI 数据库，用户通过 EPG 界面与 SI 数据库进行交互。为了方便用户的随机接入，SI 数据是重复发送的，因此接收机不停地接收、解析来自发送端的 SI 数据。当发送端的 SI 数据改变时，SI 数据库会进行更新。

EPG 系统主要有以下几个关键技术：SI 数据的接收和解析、SI 数据库的建立、EPG 界面的显示等。其中，SI 数据的接收和解析一般是用硬件实现的，SI 数据库的建立和 EPG 界面的显示一般用软件实现。SI 数据必须按照一定的数据结构进行存储，这样才能方便、快捷地对其进行检索和提取数据。EPG 界面显示程序运行于接收机的实时操作系统中，需要对用户的交互进行实时的动作。SI 数据库建立的好坏对其性能有重要的影响。电视节目和 EPG 应用同时启动时，用户看到的可能是节目画面和 EPG 界面的叠加，用户所看到的电视画面从前到后可以分为三层，依次为图形层、视频层和背景层。这里的图形层就是 OSD(On Screen Display)层，OSD 界面显示技术指在图像画面上叠加文字显示，为用户提供更多的附加信息；视频层为当前正在收看的电视节目(解码出来的活动图像)；背景层是没有播放电视节目和启动 EPG 选单时的屏幕图像。

思考题和习题

3-1　节目复用和系统复用有什么区别？

3-2　简述 PES 包的结构，并说明 PES 包的长度。

3-3　简述 TS 包的结构，并说明 TS 包的长度。

3-4　包标识域(PID 码)起什么作用？

3-5　PSI 主要有哪四种？

3-6　SI 有哪九种？

3-7　系统复用最主要的工作是什么？

3-8　在数字电视中开展增值业务时，加入方式有几种？

3-9　DVB 为数据广播定义了哪七种数据广播方式？

3-10　EPG 系统有什么用处？EPG 系统的关键技术是什么？

第4章 信道编码

信道编码是指纠错编码，是为提高数字通信传输的可靠性而采取的措施。为了能在接收端检测和纠正传输中出现的错误，在发送的信号中增加了一部分冗余码，这些冗余比特与信息比特之间存在着特定的相关性。个别信息比特在传输过程中遭受损伤，可以利用相关性从其它未受损的冗余比特中推测出受损比特的原貌，保证信息的可靠性。信道编码增加了发送信号的冗余度，它通过牺牲信息传输的效率来换取可靠性的提高。数字通信系统为了达到高效率和可靠性的最佳折中，信源编码和信道编码都是必不可少的处理步骤。

4.1 概　　述

4.1.1　信道编码基础

1. 随机差错和突发差错

信道中的噪声分为加性噪声和乘性噪声。加性噪声叠加在有用信号上，它与信号的有无及大小无关，即使信号为零，它也存在。这类噪声有无线电、工频、雷电、火花、电脉冲干扰等。乘性噪声是对有用信号进行调幅，信号为零时，噪声干扰影响也就不存在了。这类噪声有线性失真、交调干扰、码间干扰以及信号的多径时变干扰等。由于噪声不确定，因此只能用随机信号或随机过程的理论来研究它们的统计特性。不同类型的信道加不同类型的噪声构成了不同类型的信道模型。就噪声引发差错的统计规律而言，可分为随机差错信道和突发差错信道两类。

1）随机差错信道

信道中，码元出现差错与其前、后码元是否出现差错无关，每个码元独立地按一定的概率产生差错。从统计规律看，可以认为这种随机差错是由加性高斯白噪声（Additive White Gaussian Noise，AWGN）引起的，主要的描述参数是误码率 p_e。

2）突发差错信道

信道中差错成片出现时，一片差错称为一个突发差错。突发差错总是以差错码元开头，以差错码元结尾，头尾之间并不是每个码元都错，而是码元差错概率大到超过了某个标准值。通信系统中的突发差错是由突发噪声（比如雷电、强脉冲、时变信道的衰落等）引起的。存储系统中，磁带、磁盘物理介质的缺陷或读写头的接触不良等造成的差错均为突发差错。

实际信道中往往既存在随机差错又存在突发差错。

2. 分组码和卷积码

在分组码中，编码后的码元序列每 n 位为一组，其中 k 位是信息码元，r 位是附加的监督码元，$r=n-k$，通常记为 (n,k)。分组码的监督码元只与本码组的信息码元有关。卷积码的监督码元不仅与本码组的信息码元有关，还与前面几个码组有约束关系。

3. 线性码和非线性码

若信息码元与监督码元之间的关系是线性的，即满足一组线性方程，则称为线性码；反之，两者若不满足线性关系，则称为非线性码。

4. 系统码和非系统码

在编码后的码组中，信息码元和监督码元通常都有确定的位置，一般信息码元集中在码组的前 k 位，而监督码元位于后 $r=n-k$ 位。如果编码后信息码元保持原样不变，则称为系统码；反之称为非系统码。

5. 码长和码重

码组或码字中编码的总位数称为码组的长度，简称码长；码组中非零码元的数目称为码组的重量，简称码重。例如"11010"的码长为 5，码重为 3。

6. 码距和最小汉明距离

两个等长码组中对应码位上具有不同码元的位数称为汉明（Hamming）距离，简称码距。例如，"11010"和"01101"有 4 个码位上的码元不同，它们之间的汉明距离是 4。在由多个等长码组构成的码组集合中，定义任意两个码组之间距离的最小值为最小码距或最小汉明距离，通常记作 $d_{\min}$，它是衡量一种编码方案纠错和检错能力的重要依据。以 3 位二进制码组为例，在由 8 种可能组合构成的码组集合中，两码组间的最小距离是 1，例如"000"和"001"之间，因此 $d_{\min}=1$；如果只取"000"和"111"为准用码组，则这种编码方式的最小码距 $d_{\min}=3$。

对于分组码，最小码距 $d_{\min}$ 与码的纠错和检错能力之间具有如下关系：在一个码组集合中，如果码组间的最小码距满足 $d_{\min} \geqslant e+1$，则该码集中的码组可以检测 e 位错码；如果满足 $d_{\min} \geqslant 2t+1$，则可以纠正 t 位错码；如果满足 $d_{\min} \geqslant t+e+1$，则可以纠正 t 位错码，同时具有检测 e 位错码的能力。

7. 线性分组码

线性分组码是指信息码元和监督码元之间的关系可以用一组线性方程来表示的分组码。其主要性质有：

（1）封闭性，即任意两个准用码组之和（逐位模 2 加）仍为一个准用码组。

（2）两个码组之间的距离必定是另一码组的重量，因此码的最小距离等于非零码的最小重量。

（3）线性码中的单位元素是 $A=0$，即全零码组，因此全零码组一定是线性码中的一个元素。

（4）线性码中一个元素的逆元素就是该元素本身，因为 A 与它本身异或结果为 0。

ITU-R 656 建议中对图像信号的定时基准码的第 4 字节中用 F、V 和 H 三个码确定奇偶场、场正程和行正程。由于定时基准码第 4 字节对数字电视信号非常重要，必须确保可靠地传输和接收，因此采用了(8,4)扩展汉明码，如表 4-1 所示，D_7 恒为 1，$D_6 D_5 D_4$ 对应于 F、V 和 H 三个信息码，$P_3 P_2 P_1 P_0$ 为监督码元。$F=0$ 对应于奇场，$F=1$ 对应于偶场；$V=0$ 对应于场正程期，$V=1$ 对应于场消隐期；$H=0$ 对应于行正程起始时刻，$H=1$ 对应于行正程结束时刻。P_3、P_2 和 P_1 的监督方程组如下：

$$P_3 = D_5 \oplus D_4; \quad P_2 = D_6 \oplus D_4; \quad P_1 = D_6 \oplus D_5$$

添加的监督码元 P_0 使每个码组(表 4-1 中的状态 1～8)构成奇校验。若不考虑 D_7，除状态 1 全零外其余状态的码重 $W=4$，根据线性分组码性质(2)，$d_{min}=4$。这样的码组可以同时检知 2 位误码，纠正 1 位误码；加上 D_7，仍旧能够检知 2 位误码，纠正 1 位误码。

表 4-1　定时基准码的第 4 字节状态表

位	D_7	D_6	D_5	D_4	D_3	D_2	D_1	D_0
参数	1	F	V	H	P_3	P_2	P_1	P_0
1	1	0	0	0	0	0	0	0
2	1	0	0	1	1	1	0	1
3	1	0	1	0	1	0	1	1
4	1	0	1	1	0	1	1	0
5	1	1	0	0	0	1	1	1
6	1	1	0	1	1	0	1	0
7	1	1	1	0	1	1	0	0
8	1	1	1	1	0	0	0	1

8. 硬判决与软判决译码

在数字信号的解调与译码过程中，根据对接收信号处理方式的不同，分为硬判决译码和软判决译码。硬判决译码利用码的代数结构进行译码，解调器与译码器是独立的，比较简单，易于工程实现。软判决译码充分利用了解调器输出波形信息，比硬判决译码具有更大的编码增益。在加性高斯白噪声(AWGN)信道中，它比硬判决译码要多 2 dB 的软判决增益，而在衰落信道中，软判决增益超过 5 dB。

对二进制来说，解调器输出供给硬判决译码器用的码元仅限定于两个值 0 和 1。损失了波形信号中所包含的有关信道干扰的统计特性信息，译码器不能充分利用解调器匹配滤波器的输出，从而影响了译码器的错误概率。

译码器为了充分利用接收信号波形中的信息，使译码器能以更大的正确概率来判决码字，需要把解调器输出的抽样电压进行量化。这时供给译码器的值就不止两个，而有 Q 个(通常 $Q=2^m$)，然后译码器利用 Q 进制序列译码。这时的译码信道叫做二进制输入 Q 进制输出离散信道。如果信道中的噪声仅为高斯白噪声，则称为离散无记忆信道(DMC)。译

码器利用 Q 进制序列或者模拟序列进行译码，使其性能达到或者接近最佳译码的算法称为软判决译码。

4.1.2 循环码

1. 定义

循环码是一种系统码，通常前 k 位为信息码元，后 r 位为监督码元。它除了具有线性分组码的一般性质以外，还具有循环性，也就是说当循环码中的任一码组循环移动一位以后，所得码组仍为该循环码的一个准用码组。

2. 多项式表示

数码用多项式来表示是一种比较直观的方法，如 5 位二进制数字序列 11010 可表示为
$$1\times 2^4 + 1\times 2^3 + 0\times 2^2 + 1\times 2^1 + 0\times 2^0 = 11010$$

通常在编码中，以 x 表示系数只取 0、1 的多项式的基，则上述 5 位二进制序列可表示为
$$1\times x^4 + 1\times x^3 + 0\times x^2 + 1\times x^1 + 0\times x^0 = x^4 + x^3 + x$$

这种以多项式的系数表示二进制序列的方法给编码处理带来了方便，一个 (n,k) 循环码的 k 位信息码可以用 x 的 $k-1$ 次多项式来表示，即
$$A(x) = a_{k-1}x^{k-1} + a_{k-2}x^{k-2} + \cdots + a_2 x^2 + a_1 x + a_0 \qquad (4-1)$$
式中，$a_{n-1}\sim a_0$ 为多项式的 0、1 系数值；x 表示多项式的基，x 的次数 $n-1\sim 0$ 表示了该位在码中的位置。

3. 编码

循环码的编码规则是：把 k 位信息码左移 r 位后被规定的多项式除，将所得余数作校验位加到信息码后面。规定的多项式称为生成多项式，用 $G(x)$ 表示。

要将 $A(x)$ 左移 r 位，只要将 $A(x)$ 乘上 x^r，得到 $x^r A(x)$。用生成多项式 $G(x)$ 除 $x^r A(x)$，便可得到余数 $R(x)$，即
$$x^r A(x) = G(x)\times Q(x) + R(x) \qquad (4-2)$$
两边加上 $R(x)$，得
$$x^r A(x) + R(x) = G(x)\times Q(x) + R(x) + R(x)$$
因为 $R(x)+R(x)=0$，所以有
$$x^r A(x) + R(x) = G(x)\times Q(x) \qquad (4-3)$$
上式表明，$x^r A(x) + R(x)$ 可被生成多项式 $G(x)$ 除尽。

用这种编码方法能产生出有检错能力的循环码 (n,k)。在发送端发出信号 $U(x) = x^r A(x) + R(x)$，如果传送未发生错误，则收到的信号必能被 $G(x)$ 除尽，否则表明有错。

4.1.3 BCH 码

BCH 码是根据码的 3 个发明人 Bose、Chaudhuri 和 Hocquenghem 命名的。BCH 码解决了生成多项式与最小码距之间的关系问题。根据所要求的纠错能力，可以很容易地构造出 BCH 码。它们的译码也比较简单，因此是线性分组码中应用最为普遍的一类码。

BCH 码分为本原 BCH 码和非本原 BCH 码。

本原 BCH 码的码长 $n=2^m-1$，m 为任意正整数。本原 BCH 码的生成多项式 $G(x)$ 含有最高次数为 m 次的本原多项式。最高次数为 m 的本原多项式必须是一个能除尽 $x^{2^{m-1}}-1$ 的既约因式，但除不尽 $x^r-1(r<2^m-1)$。例如当 $m=3$ 时，$2^m-1=8-1=7$，此时最高次数为 3 次的本原多项式有两个，即 x^3+x^2+1 和 x^3+x+1，它们都除得尽 x^7-1，但除不尽 x^6-1、x^5-1、…。

非本原 BCH 码的码长 n 是 2^m-1 的一个因子，即码长 n 一定除得尽 2^m-1。且非本原 BCH 码的生成多项式中不含本原多项式。

BCH 码的码长 n 与监督位、纠错能力之间的关系如下：对任一正整数 m 和 $t(t<m/2)$，必存在一个码长 $n=2^m-1$，监督位不多于 mt 位，能纠正所有小于或等于 t 位随机错误的二进制本原 BCH 码。

4.1.4　级联编码

1. 级联码

信道中由噪声引起的误码一般分为两类，一类是由随机噪声引起的随机性误码，一类是由冲击噪声引起的突发性误码。在实际通信信道中出现的误码是混合型误码，是随机性误码和突发性误码的混合。纠正这类混合误码，要设计既能纠随机性误码又能纠突发性误码的码。交错码、乘积码、级联码均属于这类纠错码。而性能最好、最有效、最常采用的是级联码。

级联码是一种由短码构造长码的特殊的、有效的方法。通常由一个二进制的 (n_1,k_1) 码 c_1（为内编码）和另一个非二进制的 (n_2,k_2) 码 c_2（为外编码）就能组成一个简单的级联码。DVB-S 中外编码 c_2 采用 RS 码，内编码 c_1 采用分组码或卷积码。图 4-1 是级联码编、解码方框图。

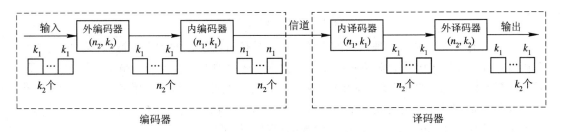

图 4-1　级联码编、解码方框图

在编码时，首先将 $k_1 \times k_2$ 个二进制信息元（码元）划分为 k_2 个码字，每个码字有 k_1 个码元，把码字看成是多进制码中的一个符号。k_2 个码字编码成 (n_2,k_2) RS 码（详见 4.3 节）的外码 c_2，它有 k_2 个信息符号和 n_2-k_2 个监督符号。每一个码字内的 k_1 个码元按照二进制分组码或卷积码编成 (n_1,k_1) 的内码 c_1，它有 k_1 个信息码元和 n_1-k_1 个监督码元。这样构成总共有 $n_1 \times n_2$ 个码元的编码 $(n_1 \times n_2,\ k_1 \times k_2)$。若内码与外码的最小距离分别为 d_1 和 d_2，则它们级联后的级联码最小距离至少为 $d_1 \times d_2$。级联码编、译码也可分为两步进行，其设备仅是 c_1 与 c_2 的直接组合，显然它比直接采用一个长码构成时设备要简单得多。

以 RS 码为外码、卷积码为内码的级联编码对随机性误码和突发性误码有很强的纠错能力，接收端经纠错译码后一般可达到 $10^{-10} \sim 10^{-11}$ 比特误码率。

2. 乘积码

假设信息比特先经 (n, k) 分组编码，然后做一次"行"进"列"出的交织后再送入信道。这里，$n-k$ 校验比特增加了冗余度，交织器起噪声均化作用，它对突发差错的随机化非常有效。如果做进一步研究，可发现"行"进"列"出交织器将"行"的顺序转变成了"列"的顺序。但在上述情况下，原先"行"的顺序是 (n, k) 分组码的码字，改为"列"的顺序后就不是码字了，这种未经编码的列序显然对差错控制不利。若将码块的行和列都加以编码，则行和列都有了冗余度，纠错能力一定会提高，正是这样一条思路导致了乘积码的产生。

图 4-2 所示是典型的乘积码码阵图。其中，水平方向的行编码采用了系统的 (n_x, k_x, d_x) 线性分组码 Cx，垂直方向的列编码采用了系统的 (n_y, k_y, d_y) 线性分组码 Cy。根据信息的性质，整个码阵可分割成 4 块：信息块、行校验块、列校验块、校验之校验块。

$m_{1,1}$	$m_{1,2}$	$\cdots$	$m_{1,kx}$	$Cx_{1,kx+1}$	$Cx_{1,kx+2}$	$\cdots$	$Cx_{1,nx}$
$m_{2,1}$	$m_{2,2}$	$\cdots$	$m_{2,kx}$	$Cx_{2,kx+1}$	$Cx_{2,kx+2}$	$\cdots$	$Cx_{2,nx}$
$\vdots$	$\vdots$	$\vdots$	$\vdots$	$\vdots$	$\vdots$	$\vdots$	$\vdots$
$m_{ky,1}$	$m_{ky,2}$	$\cdots$	$m_{ky,kx}$	$Cx_{ky,kx+1}$	$Cx_{ky,kx+2}$	$\cdots$	$Cx_{ky,nx}$
$Cy_{ky+1,1}$	$Cy_{ky+1,2}$	$\cdots$	$Cy_{ky+1,kx}$	$P_{ky+1,kx+1}$	$P_{ky+1,kx+2}$	$\cdots$	$P_{ky+1,nx}$
$Cy_{ky+2,1}$	$Cy_{ky+2,2}$	$\cdots$	$Cy_{ky+2,kx}$	$P_{ky+2,kx+1}$	$P_{ky+2,kx+2}$	$\cdots$	$P_{ky+2,nx}$
$\vdots$	$\vdots$	$\vdots$	$\vdots$	$\vdots$	$\vdots$	$\vdots$	$\vdots$
$Cy_{ny,1}$	$Cy_{ny,2}$	$\cdots$	$Cy_{ny,kx}$	$P_{ny,kx+1}$	$P_{ny,kx+2}$	$\cdots$	$P_{ny,nx}$

图 4-2 乘积码码阵图

乘积码有两种传输和处理数据的方法，一种是按行（或列）的次序逐行（或逐列）自左至右传送，另一种是按码阵的对角线次序传送数据。这两种方法所得的码是不一样的。但是，对于按行或按列传输的乘积码，只要行、列采用同样的线性码来编码，那么无论是先对 k_y 个行编码再对 n_x 列编码，还是先对 k_x 个列编码再对 n_y 行编码，右下角 $(n_x - k_x) \times (n_y - k_y)$ 的校验之校验（checks on checks）位所得的数据都是一样的。

乘积码可以看成是一个中间插入了行列交织器的级联码，是级联码的子类。作为例子，与图 4-2 所示乘积码码阵图等效的级联码如图 4-3 所示。

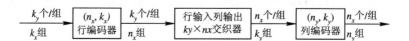

图 4-3 与乘积码等效的级联码

4.1.5　前向纠错

信道编码常用的差错控制方式有前向纠错（Forward Error Correction，FEC）、检错重发（Automatic Repeat Request，ARQ）、反馈校验（IRQ）和混合纠错（Hybrid Error Correction，HEC）。

数字电视中的差错控制采用前向纠错方式，在这种方式中，接收端能够根据接收到的码元自动检出错误和纠正错误。纠错编码的基本思想是在所要传输的信息序列上附加一些码元，附加的码元与信息码元之间以某种确定的规则相关联。接收端按照这种规则对接收的码元进行检验，一旦发现码元之间的确定关系受到破坏，便可通过恢复原有确定关系的方法来纠正误码。DVB-S 的前向纠错包括四个部分，即能量扩散（Energy Dispersal）、RS 编码、交织（Interleaving）和卷积编码（Convolutional Coding）。

4.2　能　量　扩　散

4.2.1　能量扩散的作用

能量扩散也称为随机化、加扰或扰码。

在数字电视广播过程中会出现码流中断或码流格式不符合 MPEG-2 的 TS 流结构的情况，导致调制器发射未经调制的载波信号；当数字基带信号是周期不长的周期信号时，已调波的频谱将集中在局部并含有相当多的高电平离散谱。结果对处于同一频段的其它业务的干扰超过了规定值。

另外，信源码流中可能会出现长串的连"0"或连"1"，这将给接收端恢复位定时信息造成一定困难。

为消除上述两种情况，可将基带信号在随机化电路中进行能量扩散，信号扩散后具有伪随机性质，其已调波的频谱将分散开来，从而降低对其它系统的干扰；同时，连"0"码或连"1"码的长度缩短，便于接收端提取比特定时信息。

4.2.2　能量扩散的实现

实现能量扩散功能的是随机化电路，也称为伪随机码发生器或 M 序列发生器，由带有若干反馈线的 m 级移位寄存器组成。

M 序列有下列基本特性：

（1）由 m 级移位寄存器产生的 M 序列，其周期为 2^m-1。

（2）除全 0 状态外，m 级移位寄存器可能出现的各种不同状态都在 M 序列的一个周期内出现一次；M 序列中"0"、"1"码的出现概率基本相同，在一个周期内，"1"码只比"0"码多一个。

（3）若将连续出现的"0"或"1"称为游程，则 M 序列一个周期中共有 2^{m-1} 个游程，其中长度为 1 的游程占 1/2，长度为 2 的游程占 1/4，长度为 3 的游程占 1/8，……还有一个长度为 m 的连"1"码游程和一个长度为 $m-1$ 的连"0"码游程。

DVB 规定的伪随机码生成多项式为

$$G(x) = 1 + x^{14} + x^{15} \tag{4-4}$$

由它生成的伪随机二进制序列(PseudoRandom Binary Sequence，PRBS)与输入 TS 流进行模 2 加，TS 流数据就随机化了。来自 MPEG-2 传送复用器的 TS 流包长固定为 188 B，最前面的同步字节是"01000111(47H)"。TS 流在如图 4-4 所示的随机化电路中进行能量扩散。接收端的去随机化电路将 PRBS 与接收到的已随机化数据进行模 2 加，便可以恢复随机化以前的数据。所以随机化电路和去随机化电路是完全一样的。

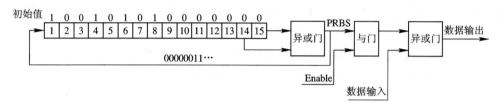

图 4-4　DVB 随机化和去随机化电路

为了同步发送端的随机化电路与接收端的去随机化电路，在 DVB 中，每 8 个 TS 数据包将移位寄存器初始化一次，初始值设置为 100101010000000。为了标志这个初始化时刻，每 8 个 TS 包的第一个 TS 数据包的同步字节进行比特翻转，从 47H 翻转到 B8H。在其它 7 个数据包的同步字节期间，PRBS 继续产生，但"使能"信号无效，使输出关断，同步字节保持 47H 不变。因此，PRBS 周期为 $8 \times 188 - 1 = 1503$ B。PRBS 序列周期的第 1 个比特加到了翻转同步字节 B8H 后的第 1 个比特。当调制器的输入码流断路或者码流格式不符合 MPEG-2 传送流结构时，随机化电路应继续工作，以避免调制器发射未经调制的载波信号。

发送端在进行能量扩散后，再进行 RS 编码。

4.3　RS 编 码

4.3.1　RS 码基础

1. 定义

RS 码是里德—所罗门(Reed-Solomon)码的简称，是一类纠错能力很强的多进制 BCH 码。BCH 码的码元都是取 0 或 1 的二进制码，如果 BCH 码的每一码元是 2^m 进制中的一个 m 重元素，就称为多进制 BCH 码或 RS 码。

在 (n, k)RS 码中，输入信号每 $k \cdot m$ 比特为一码字，每个码元由 m 比特组成，因此一个码字共包括 k 个码元。一个能纠正 t 个码元错误的 RS 码的主要参数如下：

(1) 字长 $n = 2^m - 1$ 码元或 $m(2^m - 1)$ 比特。

(2) 监督码元数 $n - k = 2t$ 码元或 $m \cdot 2t$ 比特。

(3) 最小码距 $d_{\min} = 2t + 1$ 码元或 $m \cdot (2t + 1)$ 比特。

2. 伽罗华域

伽罗华域(Galois Field)是由 2^m 个符号及相应的加法和乘法运算所组成的域，记为

GF(2^m)。例如，两个符号"0"和"1"，与模 2 加法和乘法一起，组成二元域 GF(2)。

要定义 GF(2^m)中的所有元素，可从两个符号（"0和"1"）及一个 m 次多项式 $P(x)$开始。现在引入一个新符号 α，并设 $P(\alpha)=0$。如果适当选择 $P(x)$，可使 α 的从 0 至 2^m-2 次幂各不相同，且 $\alpha^{2^m-1}=1$。这样，0，1，α，α^2，…，α^{2^m-2} 就构成了 GF(2^m)中的全部元素，而且每一元素还可以用其它元素之和表示。例如，在 $m=4$ 及 $P(x)=x^4+x+1$ 时，$P(\alpha)=\alpha^4+\alpha+1=0$，即 $\alpha^4=\alpha+1$，则 α 的各次幂分别为

$$\alpha, \alpha^2, \alpha^3, \alpha^4=\alpha+1$$
$$\alpha^5=\alpha(\alpha+1)=\alpha^2+\alpha$$
$$\alpha^6=\alpha(\alpha^2+\alpha)=\alpha^3+\alpha^2$$
$$\alpha^7=\alpha(\alpha^3+\alpha^2)=\alpha^4+\alpha^3=\alpha^3+\alpha+1$$
$$\alpha^8=\alpha(\alpha^3+\alpha+1)=\alpha^4+\alpha^2+\alpha=\alpha^2+\alpha+\alpha+1=\alpha^2+1$$
$$\alpha^9=\alpha(\alpha^2+1)=\alpha^3+\alpha$$
$$\alpha^{10}=\alpha(\alpha^3+\alpha)=\alpha^4+\alpha^2=\alpha^2+\alpha+1$$
$$\alpha^{11}=\alpha(\alpha^2+\alpha+1)=\alpha^3+\alpha$$
$$\alpha^{12}=\alpha(\alpha^3+\alpha^2+\alpha)=\alpha^4+\alpha^3+\alpha^2=\alpha^3+\alpha^2+\alpha+1$$
$$\alpha^{13}=\alpha(\alpha^3+\alpha^2+\alpha+1)=\alpha^4+\alpha^3+\alpha^2+\alpha=\alpha^3+\alpha^2+1$$
$$\alpha^{14}=\alpha(\alpha^3+\alpha^2+1)=\alpha^3+1$$
$$\alpha^{15}=\alpha(\alpha^3+1)=\alpha+\alpha+1=1$$

一般来说，如果 GF(2^m)中一个元素的幂可以生成 GF(2^m)的全部非零元素，我们就把该元素称为本原元素。在本例中，除了 α 外，可以验证 α^4 也是 GF(2^m)的本原元素。

3. 由纠错能力确定 RS 码

对于一个长度为 2^m-1 的 RS 码组，其中每个码元都可以看成是伽罗华域 GF(2^m)中的一个元素。最小码距为 $d_{\min}$ 的 RS 码生成的多项式具有如下形式：

$$g(x) = (x+\alpha)(x+\alpha^2)\cdots(x+\alpha^{d_{\min}-1}) \tag{4-5}$$

其中，α 就是 GF(2^m)的本原元素。例如，要构造一个能纠正 3 个错误码元，码长 $n=15$，$m=4$ 的 RS 码，则可以求出该码的最小码距为 7 个码元，监督码元数为 6，因此是一个 (15,9)RS 码，其生成多项式为

$$g(x) = (x+\alpha)(x+\alpha^2)(x+\alpha^3)(x+\alpha^4)(x+\alpha^5)(x+\alpha^6)$$
$$= x^6+\alpha^{10}x^5+\alpha^{14}x^4+\alpha^4x^3+\alpha^6x^2+\alpha^9x+\alpha^6$$

从二进制码的角度来看，这是一个 (60,36) 码。

RS 码能够纠正 t 个 m 位二进制错误码组。至于一个 m 位二进制码组中到底有 1 位错误，还是 m 位全错了，并不会影响到它的纠错能力。从这一点来说，RS 码特别适合于纠正突发错误，如果与交织技术相结合，它纠正突发错误的能力则会更强。因此 RS 码广泛应用于既存在随机错误又存在突发错误的信道上。

4.3.2　数字电视中的 RS 码

在数字电视中，一个符号是一个 8 b 的字节，因此总共有 $2^8=256$ 种符号，这 256 种符号组成伽罗华域 GF(2^8)。用 8 次本原多项式 $P(x)=x^8+x^4+x^3+x^2+1$ 来定义 GF(2^8)，

$GF(2^8)$的非 0 元素可用 $P(x)$一个根 α 的幂 α^0、α、α^2、$\cdots$、α^{254} 表示。

定义在伽罗华域 $GF(2^8)$ 上的 RS 码是码长 $n=2^8-1=255$ 的本原 BCH 码。作为 BCH 码，它是一种具有生成多项式的循环码。对于能纠正 $t=8$ 个字节错误的 RS(255，239)码，码间的最小距离为 $2t+1=17$，其生成多项式 $g(x)$ 为

$$g(x) = (x+\alpha)(x+\alpha^2)\cdots(x+\alpha^{16}) \tag{4-6}$$

对于每一个 RS 码 $c=(c_{254}, c_{253}, \cdots, c_1, c_0)$，可用如下码字多项式表示：

$$c(x) = c_{254}x^{254} + c_{253}x^{253} + \cdots + c_1x + c_0 \tag{4-7}$$

每一个码字多项式 $c(x)$ 都是 $g(x)$ 的倍式，即

$$c(x) = m(x) \cdot g(x) \tag{4-8}$$

其中，$m(x)$ 是最高为 238 次的多项式。要生成 RS(255，239)，由式(4-3)可得

$$x^{16}m(x) + r(x) = g(x) \times q(x) \tag{4-9}$$

式中：$q(x)$ 是用 $g(x)$ 除 $x^{16}m(x)$ 所得的商式；$r(x)$ 是余式，其次数不大于 15。上式的左边是 $g(x)$ 的倍式，可以作为码字多项式：

$$c(x) = x^{16}m(x) + r(x) \tag{4-10}$$

若将 $m(x)$ 作为由 239 个信息字节组成的信息多项式，将 $r(x)$ 作为由 16 个校验字节组成的校验多项式，则由式(4-10)可见，信息字节和校验字节在 RS(255，239)码中前后分开，不相混淆，形成系统 RS 码。RS 编码就是要用多项式除法找到用 $g(x)$ 除 $x^{16}m(x)$ 所得的余式 $r(x)$，从而确定校验字节。对于截短的 RS(204，188)码，由于附加的 51 个 0 字节位于 $m(x)$ 的高位，在做除法时可不予考虑，就用 188 个信息字节组成信息多项式作为 $m(x)$ 即可。RS(204，188)编码电路如图 4-5 所示。

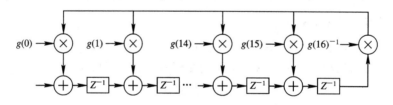

图 4-5 RS(204，188)编码电路

生成多项式 $g(x)$ 作为除式，其系数由式(4-6)计算出来并存放在数组 $g(i)$($i=0$，1，$\cdots$，16)中。被除式是信息多项式 $x^{16}m(x)$，其系数存放在数组 in(i)($i=16$，17，$\cdots$，203 时为信息字节；$i=0$，1，$\cdots$，15 时为 0)中。该电路的工作过程如下：

(1) 开始运算时，16 级移位寄存器(图中用 Z^{-1} 表示)全部清 0。第一个移位节拍后，被除多项式的最高次项 X^{203} 的系数 in(203)首先进入移位寄存器的最左一级。经过 16 次移位后 in(203)进入到移位寄存器的最右一级，此时自右至左移位寄存器中的内容为 in(203)，in(202)，$\cdots$，in(188)。

(2) in(203)输出与 $g(16)^{-1}$ 相乘得 temp，第 17 次移位后，temp 反馈到后面各级移位寄存器中，使各级移位寄存器的内容为原内容加上 temp·$g(i)$($i=0$，1，$\cdots$，15)。此时移位寄存器中自左至右的内容为 in(187)＋temp·$g(0)$，in(188)＋temp·$g(1)$，$\cdots$，in(202)＋temp·$g(15)$。

(3) 依此类推，经过 204 次移位后，完成整个除法运算，移位寄存器中的内容就是余

式 $r(x)$ 的系数。得到了余式 $r(x)$ 的系数后，也就得到了校验字节 c_{15}，$\cdots$，c_0。将这些校验字节加在信息字节之后，就得到了 204 B 的码字，从而完成了编码。

上述加法和乘法运算是在伽罗华域 $GF(2^8)$ 上进行的，已经随机化的数据的每个字节映射成伽罗华域 $GF(2^8)$ 中的一个元素，256 个元素中除 0 和 1 之外都是由本原多项式 $P(x)=\alpha^8+\alpha^4+\alpha^3+\alpha^2+1$ 推算出来的。$GF(2^8)$ 中 $\alpha=02H$，表 4-2 列举出了 14 个元素与 1 字节二进制数之间的映射关系和推导过程。用类似的方法可以得出 8 位二进制数的字节表示和 $GF(2^8)$ 元素的幂次对照表，见表 4-3。

表 4-2　$GF(2^8)$ 中元素和二进制字节之间的映射关系和推导过程

$GF(2^8)$	α 的多项式表示	$D_7\,D_6\,D_5\,D_4\,D_3\,D_2\,D_1\,D_0$	推 导 过 程
0	0	0 0 0 0 0 0 0 0	
α^0	α^0	0 0 0 0 0 0 0 1	
α^1	α^1	0 0 0 0 0 0 1 0	
α^2	α^2	0 0 0 0 0 1 0 0	
α^3	α^3	0 0 0 0 1 0 0 0	
α^4	α^4	0 0 0 1 0 0 0 0	
α^5	α^5	0 0 1 0 0 0 0 0	
α^6	α^6	0 1 0 0 0 0 0 0	
α^7	α^7	1 0 0 0 0 0 0 0	
α^8	$\alpha^4+\alpha^3+\alpha^2+1$	0 0 0 1 1 1 0 1	$P(x)=\alpha^8+\alpha^4+\alpha^3+\alpha^2+1$
α^9	$\alpha^5+\alpha^4+\alpha^3+\alpha$	0 0 1 1 1 0 1 0	$\alpha^8\cdot\alpha=(\alpha^4+\alpha^3+\alpha^2+1)\alpha=\alpha^5+\alpha^4+\alpha^3+\alpha$
α^{10}	$\alpha^6+\alpha^5+\alpha^4+\alpha^2$	0 1 1 1 0 1 0 0	$\alpha^9\cdot\alpha=(\alpha^5+\alpha^4+\alpha^3+\alpha)\alpha=\alpha^6+\alpha^5+\alpha^4+\alpha^2$
α^{11}	$\alpha^7+\alpha^6+\alpha^5+\alpha^3$	1 1 1 0 1 0 0 0	$\alpha^{10}\cdot\alpha=(\alpha^6+\alpha^5+\alpha^4+\alpha^2)\alpha=\alpha^7+\alpha^6+\alpha^5+\alpha^3$
α^{12}	$\alpha^7+\alpha^6+\alpha^3+\alpha^2+1$	1 1 0 0 1 1 0 1	$\begin{aligned}\alpha^{11}\cdot\alpha&=(\alpha^7+\alpha^6+\alpha^5+\alpha^3)\alpha\\&=\alpha^8+\alpha^7+\alpha^6+\alpha^4\\&=(\alpha^4+\alpha^3+\alpha^2+1)+\alpha^7+\alpha^6+\alpha^4\\&=\alpha^7+\alpha^6+\alpha^3+\alpha^2+1\end{aligned}$
α^{13}	$\alpha^7+\alpha^2+\alpha+1$	1 0 0 0 0 1 1 1	$\begin{aligned}\alpha^{12}\cdot\alpha&=(\alpha^7+\alpha^6+\alpha^3+\alpha^2+1)\alpha\\&=\alpha^8+\alpha^7+\alpha^4+\alpha^3+\alpha\\&=\alpha^4+\alpha^3+\alpha^2+1+\alpha^7+\alpha^4+\alpha^3+\alpha\\&=\alpha^7+\alpha^2+\alpha+1\end{aligned}$

表 4-3 8 位二进制数的字节表示和 GF(2^8)元素的幂次对照表

字节	幂次	字节	幂次	字节	幂次	字节	幂次	字节	幂次	字节	幂次	字节	幂次	字节	幂次
00H		10H	4	20H	5	30H	29	40H	6	50H	54	60H	30	70H	202
01H	0	11H	100	21H	138	31H	181	41H	191	51H	208	61H	66	71H	94
02H	1	12H	224	22H	101	32H	194	42H	139	52H	148	62H	182	72H	155
03H	25	13H	14	23H	47	33H	125	43H	98	53H	206	63H	163	73H	159
04H	2	14H	52	24H	225	34H	106	44H	102	54H	143	64H	195	74H	10
05H	50	15H	141	25H	36	35H	39	45H	221	55H	150	65H	72	75H	21
06H	26	16H	239	26H	15	36H	249	46H	48	56H	219	66H	126	76H	121
07H	198	17H	129	27H	33	37H	185	47H	253	57H	189	67H	110	77H	43
08H	3	18H	28	28H	53	38H	201	48H	26	58H	241	68H	107	78H	78
09H	223	19H	193	29H	147	39H	154	49H	152	59H	210	69H	58	79H	212
0AH	51	1AH	105	2AH	142	3AH	9	4AH	37	5AH	19	6AH	40	7AH	229
0BH	238	1BH	248	2BH	218	3BH	120	4BH	179	5BH	92	6BH	84	7BH	172
0CH	27	1CH	200	2CH	240	3CH	77	4CH	16	5CH	131	6CH	250	7CH	115
0DH	104	1DH	8	2DH	18	3DH	228	4DH	145	5DH	56	6DH	133	7DH	243
0EH	199	1EH	76	2EH	130	3EH	114	4EH	34	5EH	70	6EH	186	7EH	167
0FH	75	1FH	113	2FH	69	3FH	166	4FH	136	5FH	64	6FH	61	7FH	87
80H	7	90H	227	A0H	55	B0H	244	C0H	31	D0H	108	E0H	203	F0H	79
81H	112	91H	165	A1H	63	B1H	86	C1H	45	D1H	161	E1H	89	F1H	174
82H	192	92H	153	A2H	209	B2H	211	C2H	67	D2H	59	E2H	95	F2H	213
83H	247	93H	119	A3H	91	B3H	171	C3H	216	D3H	82	E3H	176	F3H	233
84H	140	94H	38	A4H	149	B4H	20	C4H	183	D4H	41	E4H	156	F4H	230
85H	128	95H	184	A5H	188	B5H	42	C5H	123	D5H	157	E5H	169	F5H	231
86H	99	96H	180	A6H	207	B6H	93	C6H	164	D6H	85	E6H	160	F6H	173
87H	13	97H	124	A7H	205	B7H	158	C7H	118	D7H	170	E7H	81	F7H	232
88H	103	98H	17	A8H	144	B8H	132	C8H	196	D8H	251	E8H	11	F8H	116
89H	74	99H	68	A9H	135	B9H	60	C9H	23	D9H	96	E9H	245	F9H	214
8AH	222	9AH	146	AAH	151	BAH	57	CAH	73	DAH	134	EAH	22	FAH	244
8BH	237	9BH	217	ABH	178	BBH	83	CBH	196	DBH	177	EBH	235	FBH	234
8CH	49	9CH	35	ACH	220	BCH	71	CCH	127	DCH	187	ECH	122	FCH	168
8DH	197	9DH	32	ADH	252	BDH	109	CDH	12	DDH	204	EDH	117	FDH	80
8EH	254	9EH	137	AEH	190	BEH	65	CEH	111	DEH	62	EEH	44	FEH	88
8FH	24	9FH	46	AFH	97	BFH	162	CFH	246	DFH	90	EFH	215	FFH	175

伽罗华域 GF(2^8)中的加法运算 $\alpha^0 + \alpha^7 + \alpha^7 + \alpha^6 + \alpha^6 + \alpha^3 = \alpha^0 + \alpha^3 = 0000\ 0001 + 0000\ 1000 = 0000\ 1001 = \alpha^{223}$。

伽罗华域 GF(2^8)中的乘法运算 $\alpha^2 \cdot \alpha^3 = \alpha^5$，元素相乘时，只需将指数相加再对 255 取模即可。例如 $\alpha^{253} \cdot \alpha^6 = \alpha^{259} = \alpha^4$。

具体实现时，可以按照表 4-3 用 ROM 事先建立一个"字节表示"与"幂次表示"的关系表，用查表法将 8 位二进制数转换为伽罗华域 GF(2^8)中元素的幂次，再按照上述加法、乘法运算规则运算，最后把所得结果再查表，将 GF(2^8)中元素转换为字节表示。当然用对偶基比特并行硬件乘法器实现更好，详见参考文献 26。

4.4　交　　织

纠错编码的一种重要方法是噪声均化，噪声均化的基本思想是：设法将危害较大的、较为集中的噪声干扰分摊开来，使不可恢复的信息损伤最小。这是因为噪声干扰的危害大小不仅与噪声总量有关，而且与其分布有关。举例来说，分组码能纠一个差错，假设噪声在两个码字上产生了两个差错，那么差错的不同分布将产生不同的后果。如果两个差错集中在前一个码字上，该码字将出错。如果在前一个码字出现了一个差错，后一个码字也出现了一个差错，则每个码字中差错比特的个数都没有超出其纠错能力范围，这两个码字将全部正确解码。由此可见：集中的噪声干扰(称为突发差错)的危害甚于分散的噪声干扰(称为随机差错)。噪声均化正是将差错均匀分摊给各码字，达到提高总体差错控制能力的目的。

为了增强 RS 码纠正突发错误的能力，常常使用交织(Interleaving)技术，交织的作用是减小信道中错误的相关性，把长突发错误离散成为短突发错误或随机错误。交织深度越大，则离散程度越高。

4.4.1　分组交织

交织也称交错，是对付突发差错的有效措施。突发噪声使信道中传送的码流产生集中的、不可纠正的差错。如果先对编码器的输出码流做顺序上的变换，然后作为信道上的符号流，则信道噪声造成的符号流中的突发差错有可能被均匀化，转换为码流中随机的、可纠正的差错。

交织分为分组交织和卷积交织。分组交织比较简单，对一个 (n,k) 分组码进行深度为 m 的分组交织时，把 m 个码组按先行后列排列成一个 $m \times n$ 的码阵。码元 a_{ij} 的下标 i 为行号，下标 j 为列号，排列成 a_{11}、a_{12}、$\cdots$、a_{1n}、a_{21}、a_{22}、$\cdots$、a_{2n}、a_{m1}、a_{m2}、$\cdots$、a_{mn} 形式。规定以先列后行的次序和自左至右的顺序传输，即以 a_{11}、a_{21}、$\cdots$、a_{m1}、a_{12}、a_{22}、$\cdots$、a_{m2}、$\cdots$、a_{1n}、a_{2n}、$\cdots$、a_{mn} 的顺序传输。接收端的去交织则执行相反的操作，把收到的码元仍排列成 a_{11}、a_{12}、$\cdots$、a_{1n}、a_{21}、a_{22}、$\cdots$、a_{2n}、a_{m1}、a_{m2}、$\cdots$、a_{mn} 形式，以行为单位，按 (n,k) 码的方式进行译码。

经过交织以后，每个 (n,k) 码组的相邻码元之间相隔 $m-1$ 个码元。因此，当接收端收到交织的码元后，若仍恢复成原来的码阵形式，就把信道中的突发错误分散到了 m 个 (n,k) 码中。如果一个 (n,k) 码可以纠正 t 个错误(随机或突发)，则交织深度为 m 时形成的 $m \times n$ 码阵就能纠正长度不大于 mt 的单个突发错误。显然，交织方法是一种时间扩散技术，它把信道错误的相关性减小，当 m 足够大时就把突发错误离散成随机错误。

4.4.2　卷积交织

卷积交织比上述分组交织要复杂。DVB 采用的是卷积交织，DVB 的交织器和去交织器如图 4-6 所示。交织器由 $I=12$ 个分支组成，在第 $j(j=0,1,\cdots,I-1)$ 分支上设有容量为 jM 个字节的先进先出(FIFO)移位寄存器，图中的 $M=17$，交织器的输入与输出开关同步工作，以 1 B/位置的速度进行从分支 0 到分支 $I-1$ 的周期性切换。接收端在去交织时，应使各个字节的延时相同，因此采用与交织器结构类似但分支排列次序相反的去交织器。为了使交织与去交织开关同步工作，在交织器中要使数据帧的同步字节总是由分支 0 发送出去，这由下述关系可以得到保证：

$$N = IM = 12 \times 17 = 204 \tag{4-11}$$

即 17 个切换周期正好是纠错编码包的长度，所以交织后同步字节的位置不变。去交织器的同步可以通过从分支 0 识别出同步字节来完成。

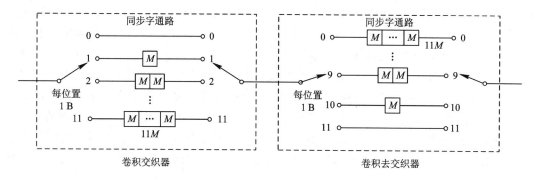

图 4-6　DVB 的卷积交织器和卷积去交织器

卷积交织器用参数 (N, I) 来描述，图 4-6 所示的是 $(204, 12)$ 交织器。很容易证明，在交织器输出的任何长度为 N 的数据串中，不包含交织前序列中距离小于 I 的任何两个数据。I 称为交织深度。对于 $(204, 188)$ RS 码，能纠正连续 8 B 的错误，与交织深度 $I=12$ 相结合，可具有最多纠正 $12 \times 8 = 96$ B 长的突发错误的能力。I 越大，纠错能力越强，但交织器与去交织器的总存储容量 S 和数据延时 D 与 I 有关：

$$S = D = I(I-1)M \tag{4-12}$$

在 DVB 中，交织位于 RS 编码与卷积编码之间，这是因为卷积码的维特比译码会出现差错扩散，引起突发差错。

4.5　卷　积　编　码

分组码在编、译码时要把整个码组存储起来，处理时会产生较长的延时。卷积码的码长 n 和信息码元个数 k 通常较小，故延时小，特别适合于以串行形式传输信息的场合。卷积码（Convolutional Coding）在任何一个码组中的监督码元不仅与本组的 k 个信息码元有关，而且与前面 $N-1$ 段的信息码元有关。卷积码在 N 段内的若干码字之间加进了相关性，译码时不是根据单个码字而是一串码字来做判决。如果采用适当的编、译码方法，就能够使噪声分摊到码字序列而不是一个码字上，达到噪声均化的目的。随着 N 的增加，卷积码的纠错能力增强，误码率则呈指数下降。

4.5.1　编码器

卷积码编码器由移位寄存器和加法器组成。输入移位寄存器有 N 段，每段有 k 级，共 Nk 位寄存器，负责存储每段的 k 个信息码元；各信息码元通过 n 个模 2 加法器相加，产生

每个输出码组的 n 个码元，并寄存在一个 n 级的移位寄存器中移位输出。编码过程是输入信息序列与由移位寄存器和模 2 加法器之间连接所决定的另一个序列的卷积，因此称为卷积码。通常 N 称为卷积码的约束长度(Constraint Length)。卷积码用 (n, k, N) 表示，其中 n 为码长，k 为码组中信息码元的个数，编码器每输入 k 比特，输出 n 比特，编码率为 $R=k/n$。

约束长度不以码元数为单位而以分组为单位，这是因为编码和译码时分组数一定而相关码元数不同，编码时相关码元数是 Nk，译码时相关码元数是 Nn。显然以分组为单位来定义约束长度更方便。

图 4-7(a)为 $(2, 1, 3)$ 卷积编码器的结构。图中没有画出延时为零的第一级移位寄存器，并用转换开关代替了输出移位寄存器。它的编码方法是：输入序列依次送入一个两级移位寄存器，编码器每输入一位信息 b_i，输出端的开关就在 c_1、c_2 之间切换一次，输出 $c_{1, i}$ 和 $c_{2, i}$，其中

$$c_{1, i} = b_i + b_{i-1} + b_{i-2} \qquad (4-13)$$

即 c_1 的生成多项式 $g_1(x)$ 为

$$g_1(x) = x^2 + x^1 + 1$$
$$c_{2, i} = b_i + b_{i-2} \qquad (4-14)$$

即 c_2 的生成多项式 $g_2(x)$ 为

$$g_2(x) = x^2 + 1$$

设寄存器 M_1、M_2 的起始状态为全零，则编码器的输入、输出时序关系见图 4-7(b)。

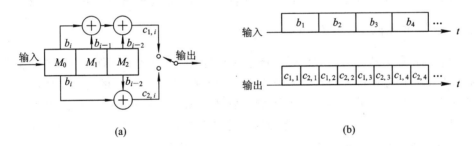

(a)   (b)

图 4-7 $(2, 1, 3)$ 卷积编码器

(a) 编码器结构；(b) 输入、输出时序关系

卷积码常常采用树状图、网格图和状态图进行研究。$(2, 1, 3)$ 卷积码编码电路的树状图如图 4-8 所示。这里用 a、b、c 和 d 表示寄存器 M_2、M_1 的四种可能状态：00、01、10 和 11，它们作为树状图中每条支路的节点。以全零状态 a 为起点，当第 1 位信息 $b_1=0$ 时，输出码元 $c_1 c_2 = 00$，寄存器保持状态 a 不变，对应图中从起点出发的上支路；当 $b_1=1$ 时，输出码元 $c_1 c_2 = 11$，寄存器则转移到状态 b，对应图中的下支路；然后再分别以这两条支路的终节点 a 和 b 作为处理下一位输入信息 b_2 的起点，从而得到 4 条支路。依此类推，可以得到整个树状图。显然，对于第 i 位输入信息，图中将会出现 2^i 条支路。但从第 4 位信息开始，树状图的上半部和下半部完全相同，这意味着此时的输出码元已和第 1 位信息无关，由此可以看出把卷积码的约束长度定义为 N 的意义。图中还用虚线标出了输入信息序列为"1101"时的支路运动轨迹和状态变化路径，从中可以读出对应输出码元序列为"11010100"。

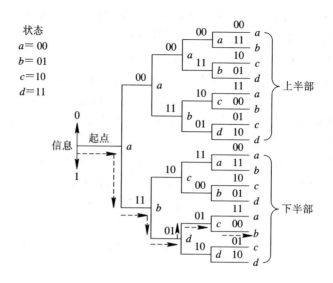

图 4 - 8 (2，1，3)卷积码树状图

注意在有些资料中把 $N-1$ 称为卷积码的约束长度，卷积码则记为 $(n，k，N-1)$，即本节介绍的 $(2，1，3)$ 卷积码被称为 $(2，1，2)$ 卷积码，数字电视中常用的 $(2，1，7)$ 收缩卷积码被称为 $(2，1，6)$ 收缩卷积码。本书为了与国家标准 GB/T17700—1999 卫星数字电视广播信道编码和调制中收缩卷积码 $(2，1，7)$ 的表示一致，把卷积码的约束长度定义为 N。

4.5.2 维特比译码

卷积码的译码方法分为代数译码和概率译码两大类。前者的硬件实现简单，但性能较差。后者利用了信道的统计特性，译码性能好，但硬件复杂，常用的有维特比（Viterbi）译码。维特比译码比较接收序列与所有可能的发送序列，选择与接收序列汉明距离最小的发送序列作为译码输出。通常把可能的发送序列与接收序列之间的汉明距离称为量度。如果发送序列长度为 L，就会有 2^L 种可能序列，需要计算 2^L 次量度并对其进行比较，从中选取量度最小的一个序列作为输出。因此，译码过程的计算量将随着 L 的增加呈指数增长。

维特比译码使用网格图描述卷积码，每个可能的发送序列都与网格图中的一条路径相对应。如果发现某些路径不可能具有最小量度，就放弃这些路径，在剩下的幸存路径中选择。对于 $(n，k，N)$ 卷积码，网格图中共有 $2^{k(N-1)}$ 种状态，每个节点（状态）有 2^k 条支路引入，也有 2^k 条支路引出。以全零状态为起点，由前 $N-1$ 条支路构成的 $2^{k(N-1)}$ 条路径互不相交。从第 N 条支路开始，每条路径都将有 2^k 条支路延伸到下一级节点，而每个节点也将汇聚来自上一级不同节点的 2^k 条支路。维特比译码算法的基本步骤为：对于网格图第 i 级的每个节点，计算到达该节点的所有路径的量度，即在前面 $i-1$ 级路径量度的基础上累加第 i 条支路的量度，从中选择量度最小的幸存路径。

DVB-S 采用 $(2，1，7)$ 卷积码，$(2，1，7)$ 码有 $2^6=64$ 种状态，即 $S_0 \sim S_{63}$，状态号为 $M_6 \times 2^5 + M_5 \times 2^4 + M_4 \times 2^3 + M_3 \times 2^2 + M_2 \times 2^1 + M_1 \times 2^0$，状态转移如表 4-4 所示。

表 4-4　(2, 1, 7)卷积码编码状态转移表

S_{i-1} 状态	0 输入时的输出	0 输入时下一状态 S_i	1 输入时的输出	1 输入时下一状态 S_{i+1}
S_0	00	S_0	11	S_1
S_1	10	S_2	01	S_3
...	...	...	...	...
S_{62}	10	S_{60}	01	S_{61}
S_{63}	00	S_{62}	11	S_{63}

4.5.3　收缩卷积码

维特比译码器的复杂性随 $2^{k(N-1)}$ 指数增长，为降低译码器的复杂性，常采用 $(2, 1, N)$ 卷积码，其编码比率(也称为编码率、码率)为 $1/2$。在数字图像通信这种传输速率较高的场合，又希望编码比率比较高，有效的解决办法就是引入收缩卷积码。

收缩卷积码(Punctured Convolutional Codes)也译为删余卷积码，通过周期性地删除低效率卷积编码器，如 $(2, 1, N)$ 编码器输出序列中某些符号来实现高效率编码。在接收端译码时，再用特定的码元在这些位置进行填充，然后送给 $(2, 1, N)$ 码的维特比译码器译码。收缩卷积码的性能可以做到与最好码的性能非常接近。

DVB-S 采用基于 $(2, 1, 7)$ 的收缩卷积码，如图 4-9 所示。编码比率可以是 $1/2$、$2/3$、$3/4$、$5/6$、$7/8$，收缩卷积码的码表如表 4-5 所示。

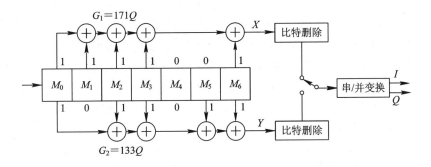

图 4-9　$(2, 1, 7)$ 收缩卷积码的产生

表 4-5　(2, 1, 7)收缩卷积码的码表

原　码			编　码　比　率								
			1/2		2/3		3/4		5/6		7/8	
N	$G_1(X)$	$G_2(Y)$	P	D_{free}	P	D_{free}	P	D_{free}	P	D_{free}	P	D_{free}
7	171OCT	133OCT	$X{:}1$ $Y{:}1$ $I=X_1$ $Q=Y_1$	10	$X{:}10$ $Y{:}11$ $I=X_1Y_2Y_3$ $Q=Y_1X_3Y_4$	6	$X{:}101$ $Y{:}110$ $I=X_1Y_2$ $Q=Y_1X_3$	5	$X{:}10101$ $Y{:}11010$ $I=X_1Y_2Y_4$ $Q=Y_1X_3X_5$	4	$X{:}1000101$ $Y{:}1111010$ $I=X_1Y_2Y_4Y_6$ $Q=Y_1Y_3X_5X_7$	3

表 4-6 中 1 为传输位，0 为不传输位，X、Y 代表 $(2, 1, 7)$ 卷积编码器的并行输出序列，分别由生成多项式 G_1、G_2 产生，$G_1 = 171Q = 1111001B$，$G_2 = 133Q = 1011011B$，D_{free}

是卷积码的自由距离。以编码率 $R=3/4$ 为例,它是分别将 X、Y 按每 3 比特分为一组,按照删除矩阵 $\boldsymbol{P}$ 进行比特删除的,即 x 序列每组的 3 个比特中,第 1 比特、第 3 比特传输,第 2 比特被删除;y 序列每组的 3 个比特中,第 1 比特、第 2 比特传输,第 3 比特被删除。这样得到的串行输出为 X_1、Y_1、Y_2、X_3、$\cdots$。然后再进行串/并变换,得到 $I=X_1$、$Y_2\cdots$,$Q=Y_1$、$X_3\cdots$。

*4.6 Turbo 码

信道编码是提高传输系统性能的关键。在地面广播中,信号因多径和电磁干扰而产生高的比特误码率,为了提高系统的可靠性,常采用由 RS 编码、卷积交织、卷积编码组成的级联编码,也常采用以迭代解码算法为基础的 Turbo 编码。在 DVB - RCT(地面数字电视系统回传信道)标准中允许交替使用级联编码和 Turbo 编码。

Turbo 码有很强的抗衰落和抗干扰能力,特别适合各种恶劣环境下的通信,但是延时较长、运算量较大的缺点限制了它的应用。

4.6.1 串行与并行级联分组码

交织器与级联码结合可构成码字非常长的编码。在串行级联分组码 SCBC(Serially Concatenated Block Code)中,交织器插在两个编码器之间,如图 4 - 10 所示。前后两个码都是二进制线性系统码,外码是 (p,k) 码而内码是 (n,p) 码。块交织的长度选为 $N=mp$,这里 m 对应于外码码字的数目。编码和交织的具体过程如下:mk 位信息比特经外编码器变为 $N=mp$ 位编码比特,这些编码比特进入交织器,按交织器的置换算法以不同的顺序读出。交织器输出 mp 编码比特,然后分隔成长度为 p 的分组送入内编码器,这样,mk 位信息比特被 SCBC 编成了 mn 的码块。最终的编码率是 $R=k/n$,它是内、外编码器编码率的乘积。然而,串行级联分组码 SCBC 的分块长度是 mn 比特,它比不使用交织器的一般级联码的分块长度要大得多。

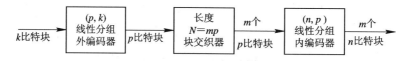

图 4 - 10 串行级联分组码编码方框图

用类似办法可构成并行级联分组码(Parallelly Concatenated Block Code,PCBC)。图 4 - 11 是这种编码器的基本结构框图,它由两个二进制编码器组成,两编码器可以相同也可以不同。这两个编码器是二进制、线性、系统的,分别用 (n_1,k)、(n_2,k) 来表示。块交织器的长度 $N=mk$,由于信息比特仅传送一次,因此 PCBC 总的分组长度是 n_1+n_2-k,编码率是 $R=k/(n_1+n_2-k)$。

解码采用软输入软输出(SISO)的最大后验概率(Maximum Aposterriori Probability,MAP)算法迭代执行。带交织器的级联码与 MAP 迭代译码相结合,可使在中等误码率(如 $10^{-5}\sim10^{-4}$)时的编码性能非常接近香农限。

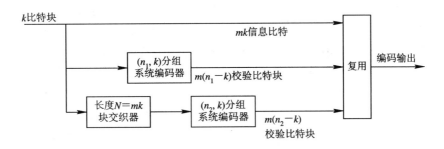

图 4-11　并行级联分组码编码方框图

4.6.2　串行与并行级联卷积码

并行与串行的级联分组码采用交织器来构成特长码。用卷积码也能构成带交织的级联码。

1. Turbo 码

带交织的并行级联卷积码（Parallelly Concatenated Convolutional Codes，PCCC）也叫 Turbo 码，Turbo 编码器的基本结构如图 4-12 所示，它由两个并联的递归系统卷积码（Recursive Systematic Convolutional，RSC）编码器组成，并在第二个编码器前面串接了一个交织器。Turbo 编码器的编码率是 $R=1/3$。通过对编码器输出的冗余校验比特的删余压缩（Puncturing）处理，可以获得较高的编码率，比如 1/2 或 2/3。

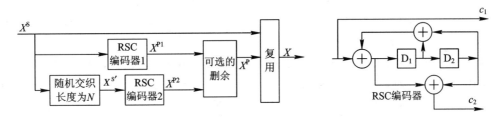

图 4-12　Turbo 编码器的基本结构

输入信息序列 $X^S=(x_1，x_2，\cdots，x_N)$ 经过交织器形成信息序列 $X^{S'}$，X^S 和 $X^{S'}$ 分别送到两个 RSC 编码器产生校验序列 X^{P1} 和 X^{P2}，删余器周期性地从 X^{P1}、X^{P2} 中删除一些校验位形成校验序列 X^P。未编码信息序列 X^S 和校验序列 X^P 复合形成 Turbo 码序列 $X=(X^S，X^P)$。

Turbo 码编码器中的两个 RSC 编码器的结构和普通系统卷积码的不同，它采用递归型结构，其生成多项式为 $G(D)=[1，(1+D^2)/(1+D+D^2)]$，结构如图 4-12 所示。

交织器采用随机交织的方法，将长度为 N 的信息序列 X^S 中各个比特位置进行交换，实现随机编码，可以使两个 RSC 编码器的输入不相关，确保在译码过程中有效使用迭代译码。交织长度 N 越长，获得的编码增益越高，但译码延迟就越长。删余处理虽然可调整编码率，但会降低系统性能。

2. Turbo 码的迭代译码

Turbo 码优异的性能在很大程度上是在充分利用软判决信息和迭代译码的条件下得到

的。Turbo 码译码器的基本结构如图 4 – 13 所示，它由两个串行级联的软输入软输出（SISO）译码器 DEC1 和 DEC2、两个随机交织器以及一个随机解交织器组成，其中交织器和编码器中所用的交织器相同。接收端的解调器产生软判决序列 $Y = (Y^S, Y^{P1}, Y^{P2})$；译码器 DEC1 对 Y^S 和 Y^{P1} 进行译码，产生关于信息序列 X^S 的每个比特的似然信息，并将其中的"外信息"（两解码器之间交换的软输出信息，Extrinsic Information）交织后作为译码器 DEC2 的先验信息（Priori Information）L_2^e；译码器 DEC2 对经过交织的 Y^S 和 Y^{P2} 进行译码，产生交织后的信息序列每个比特的似然信息，然后将其中的"外信息"经过解交织后作为 DEC1 的先验信息 L_1^e，并进行下一次迭代；经过多次迭代，外信息趋于稳定，$L(x_k)$ 为逼近最大似然译码所需的似然比，对 $L(x_k)$ 进行硬判决可得到信息序列 X^S 的最佳估值序列 $\overline{X^S}$。

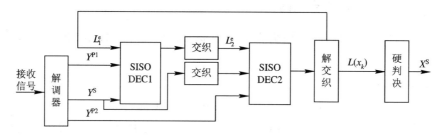

图 4 – 13　Turbo 码迭代解码器的基本结构

影响 Turbo 码性能的一个重要因素是交织长度，有时也称为交织增益。使用足够大的交织器并采用 MAP 迭代译码，Turbo 码的性能可以非常接近香农限。例如，码率 1/2、块长 $N = 2^{16}$、每比特译码迭代 18 次的 Turbo 码，在差错概率 10^{-5} 时所需的 SNR 可达 0.6 dB。

带有大交织器的 Turbo 译码的主要缺点是迭代译码算法固有的译码时延和复杂计算。

构成带交织的级联卷积码的第二种方法是串行级联卷积码 SCCC（Serially Concatenated Convolutional Codes）。在误码率低于 10^{-2} 时，SCCC 显示了比 PCCC 更好的性能。

4.7　LDPC 码

LDPC（Low Density Parity Check，低密度奇偶校验）码也称 Gallager 码，是一类可以用非常稀疏的校验矩阵（Parity Check 矩阵）或二分图（Bi-Partite Graph，Tanner 图）定义的线性分组纠错码。

LDPC 码的特点是：性能优于 Turbo 码，具有较大灵活性和较低的差错平底特性（Error Floors）；描述简单，对严格的理论分析具有可验证性；译码复杂度低于 Turbo 码，且可实现完全的并行操作，硬件复杂度低，因而适合硬件实现；吞吐量大，极具高速译码潜力。

1. LDPC 码的编码

LDPC 码是一种线性纠错码，线性纠错码采用一个生成矩阵 G，将要发送的信息 $s = s_1$, s_2, $\cdots s_m$ 转换成被传输的序列 $t = t_1, t_2, \cdots t_n (n > m)$。与生成矩阵 G 相对应的是一个校验

矩阵 $\boldsymbol{H}$，$\boldsymbol{H}$ 满足 $\boldsymbol{H}t=0$。LDPC 码的校验矩阵 $\boldsymbol{H}$ 是一个几乎全部由 0 组成的矩阵。

LDPC 码的编码任务是构造校验矩阵。校验矩阵每列"1"的个数称为列重，每行"1"的个数称为行重。如果矩阵的列重和行重都是固定的数，则称为规则(Regular)码，否则是非规则(Iregular)码。

二分图与校验矩阵一一对应，可以形象地刻画 LDPC 码的编译码特性。二分图是一种双向图，只有两类节点：一类节点是位节点(Bit Node，变量节点、左节点)，对应校验矩阵的列，同时对应码字中的位；另一类节点是校验节点(Check Node，函数节点、右节点)，对应校验矩阵的行。如果校验矩阵的第 i 行第 j 列元素为 1，则二分图的第 j 个位节点与第 i 个校验节点有一条线相连，节点的连线的总数称为节点的度(Degree)，从某个节点出发又回到此节点为一周期(Cycle)，所经过的连线的个数称为周长(Girth)。校验矩阵的行重和列重与节点的度一致，度的分布完全决定了校验矩阵。图 4-14 给出了一个二分图的例子。

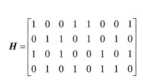
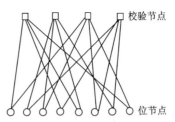

$$\boldsymbol{H} = \begin{bmatrix} 1 & 0 & 0 & 1 & 1 & 0 & 0 & 1 \\ 0 & 1 & 1 & 0 & 1 & 0 & 1 & 0 \\ 1 & 0 & 1 & 0 & 0 & 1 & 0 & 1 \\ 0 & 1 & 0 & 1 & 0 & 1 & 1 & 0 \end{bmatrix}$$

图 4-14　一种 LDPC 码的校验矩阵和二分图

2. BP 迭代译码

LDPC 的解码通常使用 BP(Belief-Propagation)算法，也称 SPA(Sum-Product Algorithm，和积算法)，就是通过在变量节点和校验节点间重复交换软信息来实现解码。第一步更新所有的变量节点，第二步更新所有校验节点。每一步的节点更新过程都是独立的，因此可以实现并行解码。解码(节点信息交换)过程在对数域中(LLR)实现可以大大简化计算过程。度数为 i 的变量节点对信息 k 的更新如下：

$$\lambda_k = \lambda_{\text{ch}} + \sum_{l=0,\,l\neq k}^{i-1} \lambda_l$$

式中：λ_{ch} 是变量节点的信道信息；λ_l 是节点的似然信息。

校验节点的更新如下：

$$\tanh\frac{\lambda_k}{2} = \prod_{l=0,\,l\neq k}^{i-1} \tanh\frac{\lambda_l}{2}$$

常用的 LDPC 译码算法还有最小和算法(Min Sum Algorithm)以及基于最小和算法的改进算法。详见参考文献 34。

思考题和习题

4-1　最小码距 d_{min} 与码的纠错和检错能力之间具有什么样的关系？

4-2　前向纠错包括哪四个部分？

4-3　级联码用来纠正哪一类误码？一般是对哪些码进行级联？是如何编码的？

4-4 什么是扰码？有什么作用？

4-5 交织的作用是什么？常用的有哪两种方法？

4-6 要构造 $m=8$，$t=16$ 的 RS 码，应取信息符号 k 为多少？监督符号 r 为多少？编码率是多少？

4-7 RS(207，187)码能纠正多少字节的连续误码？

4-8 写出 RS(207，187)码的生成多项式 $g(x)$。

4-9 按照(2，1，3)卷积码网格图将输入信号序列 101101 编码。

4-10 按照 DVB-S 的编码率为 7/8 的(2，1，7)删余卷积码将输入信号序列 1011010 编码。

第 5 章　调 制 技 术

数字调制中，由时间上离散和幅度上离散的数字信号改变载波信号的某个参量，载波信号作相应的离散变化，被认为是受到键控的，所以数字调制信号也称为键控信号，高频载波可受到幅移键控（Amplitude Shift Keying，ASK）、频移键控（Frequency Shift Keying，FSK）或相移键控（Phase Shift Keying，PSK）。这三种调制方式对应于模拟调制中的调幅、调频和调相。

数字调制中，典型的调制信号是二进制的数字值。高频载波的调制效率可以用每赫兹（Hz）已调波带宽内可传输的数码率（b/s）来标记，故单位为 b/(s·Hz)。

为了提高载波的调制效率，常采用多进制信号进行高频调制，这样可使已调波带宽内包含更高的数码率。多进制调制中，每 k 个比特构成一个符号，在得到一个个 $2^k = m$ 进制的符号后，逐个符号地对高频载波作多进制的 ASK、FSK 或 PSK 调制。符号率的单位为符号/秒（Symbol/s），也称为波特（baud），这时已调波的高频调制效率用 baud/Hz 表示。

5.1　QAM

1. 正交幅度调制

正交幅度调制（Quadrature Amplitude Modulation，QAM）也称为正交幅移键控。这种键控由两路数字基带信号对正交的两个载波调制合成而得到。为了避免符号上的混淆，一般用 m - QAM 代表 m 电平正交调幅，用 MQAM 代表 M 状态正交调幅。通常有 2 电平正交幅移键控（2 - QAM 或 4QAM）、4 电平正交幅移键控（4 - QAM 或 16QAM）、8 电平正交幅移键控（8 - QAM 或 64QAM）等。电平数 m 和信号状态 M 之间的关系是 $M = m^2$。

图 5 - 1 是 MQAM 正交振幅调制方框图。调制信号 S 由分裂器（串/并变换）分成 I、Q两路信号，再经 2 - m 电平变换器从 2 电平信号变成 m 电平信号 $X(t)$、$Y(t)$，用 $X(t)$、$Y(t)$ 对正交的两个载波 $\cos\omega_c t$ 和 $\sin\omega_c t$ 进行调幅，再相加得到已调信号 MQAM。

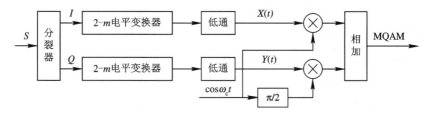

图 5 - 1　MQAM 正交振幅调制方框图

在图 5-1 中，上支路用的载波相位为 0，下支路用的载波相位是 π/2。因此，上支路称为同相信道，下支路称为正交信道。

图 5-1 中的 2-m 电平变换有一定的逻辑关系，这种变换逻辑称为电平逻辑。常用的电平逻辑有自然码和格雷码两种。对于 16QAM 是 2-4 电平变换，输入信号 I 的码组为 a1、a2，输入信号 Q 的码组为 b1、b2。a1、b1 表示同相信道与正交信道四电平基带信号的极性，a2、b2 表示两个信道的四电平信号的电平值。它们的定义见表 5-1。从表 5-1 中可以看出：当极性码 a1 或 b1 为 1 时，表示信号的极性为正（+3 V 和 +1 V）；当 a1 或 b1 为 0 时，表示信号的极性为负（-3 V 和 -1 V）。电平码 a2、b2 的定义对于自然码和格雷码是不相同的。在自然码逻辑中，a2 或 b2 为 1，表示信号在正值域或负值域内是高电平，即 +3 V 和 -1 V；a2 或 b2 为 0，表示信号在正值域或负值域内是低电平，即 +1 V 和 -3 V。而在格雷码逻辑中，a2 或 b2 为 1，表示信号电平的绝对值为低电平，即 +1 V 和 -1 V；a2 或 b2 为 0，表示信号电平的绝对值为高电平，即 +3 V 和 -3 V。

表 5-1　2-4 电平变换的关系

自 然 码			格 雷 码		
a1、b1	a2、b2	信号极性与电平	a1、b1	a2、b2	信号极性与电平
1	1	+3 V	1	0	+3 V
1	0	+1 V	1	1	+1 V
0	1	-1 V	0	1	-1 V
0	0	-3 V	0	0	-3 V

2. QAM 解调

正交幅移键控信号的解调采用正交相干解调器，如图 5-2 所示。MQAM 信号经相干解调后，在输出端分别得到两个 m 电平信号 $X(t)$ 和 $Y(t)$，再对 m 电平信号进行判决，恢复二进制信号 I、Q，最后将 I、Q 信号合成为 $S(t)$。

在 DVB-C 中采用 QAM 调制方式。

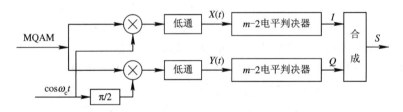

图 5-2　MQAM 正交振幅解调方框图

3. MQAM 信号的带宽效率

理想的低通滤波情况下，MQAM 信号的已调波带宽效率都是 $\eta = \mathrm{lb}\,M(\mathrm{b/(s \cdot Hz)})$。例如，16QAM 的高频调制效率 $\eta = 4\ \mathrm{b/(s \cdot Hz)}$。实际基带低通滤波器的截止边沿是按照升余弦滚降特性下降的，滚降系数 α 为 0~1（0 为锐截止的理想低通特性），此时的高频调制效率应修正为 $\eta = \mathrm{lb}\,M/(1+\alpha)(\mathrm{b/(s \cdot Hz)})$。

5.2 QPSK

1. 四相相移键控

在四相相移键控(Quaternary Phase Shift Keying，QPSK)中，数字序列相继两个码元的 4 种组合对应 4 个不同相位的正弦载波，即 00、01、10、11 分别对应 $A_0 \cos\left(\omega_c t + \dfrac{\pi}{4}\right)$、$A_0 \cos\left(\omega_c t - \dfrac{\pi}{4}\right)$、$A_0 \cos\left(\omega_c t + \dfrac{3\pi}{4}\right)$、$A_0 \cos\left(\omega_c t - \dfrac{3\pi}{4}\right)$，其中 $0 \leqslant t < 2T$，T 为比特周期。图 5 - 3(a)是 QPSK 相位矢量图，图中 I 表示同相信号，Q 表示正交信号。图 5 - 3(b)是 QPSK 星座图，星座图中不画矢量箭头而只画出矢量的端点。星座图中星座间的距离越大，信号的抗干扰能力就越强，接收端判决再生时就越不容易出现误码。星座间的最小距离表示调制方式的欧几里德距离。欧几里德距离 d 可表示为信号平均功率 S 的函数。QPSK 信号的欧几里德距离与平均功率的关系为 $d = \sqrt{2S}$。

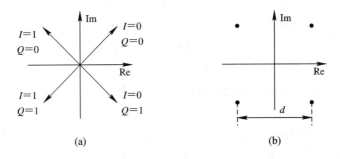

图 5 - 3　QPSK 的矢量图和星座图
(a) 矢量图；(b) 星座图

图 5 - 4 是 QPSK 调制器的原理框图，码率为 R 的数字序列 $S(t)$ 经分裂器分裂为码率为 $R/2$ 的 I、Q 信号，再由 I、Q 信号生成幅度为 $-A \sim A$ 的双极性不归零序列 $\mathrm{Re}(t)$、$\mathrm{Im}(t)$，$\mathrm{Re}(t)$ 和 $\mathrm{Im}(t)$ 分别对相互正交的两个载波 $\cos\omega_c t$ 和 $\cos\left(\omega_c t + \dfrac{\pi}{2}\right) = -\sin\omega_c t$ 进行 ASK(幅度键控)调制，然后相加得到已调信号 $S_{\mathrm{QPSK}}(t)$，即

$$S_{\mathrm{QPSK}}(t) = \mathrm{Re}(t)\,\cos\omega_c t - \mathrm{Im}(t)\,\sin\omega_c t \tag{5-1}$$

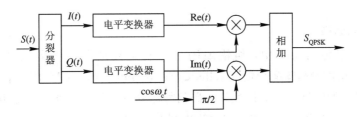

图 5 - 4　QPSK 调制器的原理框图

图 5 - 5 示出了 QPSK 调制信号 $S_{\mathrm{QPSK}}(t)$ 的波形。在 DVB - S 中采用 QPSK 调制。

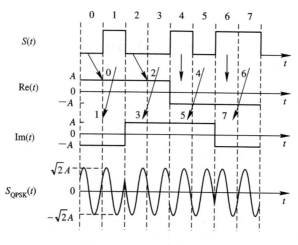

图 5 - 5　QPSK 调制器波形图

2. 两个 QPSK 信号组成 16QAM 信号

16QAM 信号可以由两个幅度相差一倍的 QPSK 信号组合而成，如图 5 - 6 所示。从图 5 - 7 可见，由于两个 QPSK 信号的幅度不同，因此对于每一个 QPSK 信号来讲，4 种不同的相位可以传输 4 个双比特码元。当它们组合以后，就得到了 16 个或相位或幅度不同的信号状态，每个信号状态可以传输 4 个二进制信息，这就组成了 16QAM。按照矢量叠加还可以推导出 64QAM、128QAM、256QAM 的合成方式。

MPSK 信号与 MQAM 信号的已调波带宽效率相同。

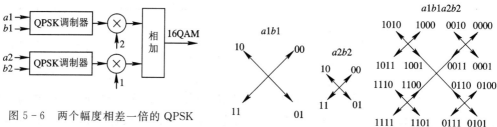

图 5 - 6　两个幅度相差一倍的 QPSK
信号组合成 16QAM 信号

图 5 - 7　两个 QPSK 组合成 16QAM 信号的矢量图

5.3　TCM

1. 网格编码调制

在传统的数字传输系统中，纠错编码与调制是分别设计并实现的。昂格尔博克 (Ungerboeck)提出的网格编码调制(Trellis Code Modulation，TCM)将两者作为一个整体来考虑，编码器和调制器综合后产生的编码信号序列具有最大的欧氏自由距离。在不增加系统带宽的前提下，这种方案可获得 3～6 dB 的性能增益。

网格编码调制的基本原理是通过一种"集合划分映射"的方法，将编码器对信息比特的编码转化为对信号点的编码，在信道中传输的信号点序列遵从网格图中某一条特定的路径。这类信号有两个基本特征：

（1）星座图中所用的信号点数大于未编码时同种调制所需的点数（通常扩大 1 倍），这些附加的信号点为纠错编码提供冗余度。

（2）采用卷积码在时间上相邻的信号点之间引入某种相关性，因而只有某些特定的信号点序列可能出现，这些序列可以模型化为网格结构，因此称为网格编码调制。

图 5-8 是通用 TCM 编码调制器结构示意图。TCM 编码调制器由卷积编码器、信号子集选择器和信号点选择器组成。在每个调制信号周期中，有 b 比特信息输入。其中：k 比特送到卷积编码器，卷积编码器输出的 $k+r$ 比特中的 r 比特是由编码器引入的冗余度，通常 $r=1$，这 $k+r$ 比特用于选择 2^{b+r} 点星座的 2^{k+r} 个子集之一；剩余 $b-k$ 比特直接送到信号选择器，在指定的子集中唯一确定一个星座点。

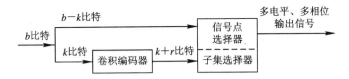

图 5-8 通用 TCM 编码调制器结构示意图

TCM 码形成信号星座到 2^{k+r} 个子集的一种分割，分割采用最小距离最大化的原则，即分割后子集内信号点之间的最小欧氏距离最大。每经过一次分割，子集数加倍，每个子集内的信号点数减半，最小欧氏距离随之增大。设经过 i 级分割之后子集内的最小欧氏距离为 d_i，则有 $d_0 < d_1 < d_2 < \cdots$。可以用二叉树来表示集分割，定义最后一次分割得到的子集数为分割的级数，显然，图 5-8 的 TCM 编码调制器使用的分割级数应该是 2^{k+r}。

2. 信号星座的集分割

图 5-9 是 8PSK 信号星座的集分割示意图，分割级数为 8，假设分割前最小欧氏距离

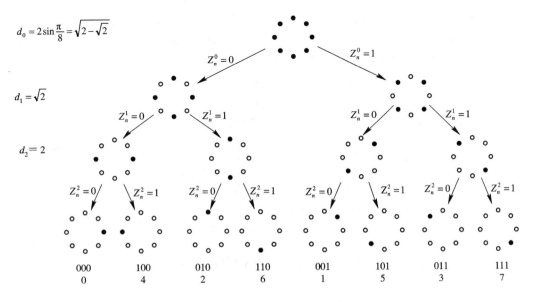

图 5-9 8PSK 信号星座的集分割示意图

$d_0 = 2 \sin \dfrac{\pi}{8} = \sqrt{2 - \sqrt{2}}$ ，第一次分割后子集内的最小欧氏距离增大为 $d_1 = \sqrt{2}$ ，第二次分割后子集内的最小欧氏距离增大为 $d_2 = 2$ 。在集分割树中，令第 i 级分割产生的两个子集所对应的编码比特分别为 $Z_n^{i-1} = 0$ 或 1。当分割级数为 2^{k+1} 时，2^{k+1} 个子集分别对应于码组 $Z_n^k, \cdots, Z_n^1, Z_n^0$ 的不同组合。

图 5−10 是 16QAM 信号星座的集分割示意图，分割级数为 8，假设分割前最小欧氏距离 $d_0 = 1$，1、2、3 次分割后子集内的最小欧氏距离分别为 $d_1 = \sqrt{2}$、$d_2 = 2$、$d_3 = 2\sqrt{2}$。

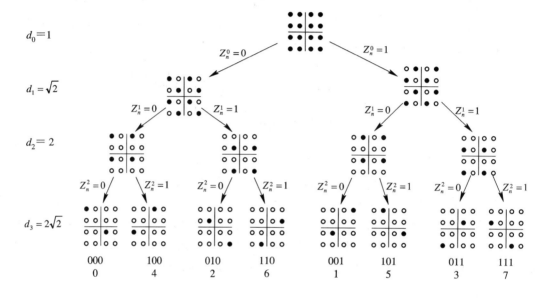

图 5−10 16QAM 信号星座的集分割示意图

卷积编码器的作用是限制可用的信号点序列集合，使发送信号序列之间的最小欧氏距离高于未编码系统相邻信号点的距离。编码器引入的是信号冗余而不是比特冗余，信号星座的点数增加为原来的 2^r 倍，符号速率没有变，不会导致传输带宽增加。基本编码增益是衡量 TCM 码性能的重要参数，它定义为

$$\gamma_f = \frac{d_{\text{free}}^2}{d_{\text{ref}}^2} \tag{5-2}$$

其中，d_{free} 为 TCM 码的合法信号序列之间的最小欧氏距离，也称自由欧氏距离；d_{ref} 为未编码时信号星座的最小欧氏距离。卷积码的状态数增加时，TCM 码的自由欧氏距离会增大，当状态数为 4、8、16、32、64、128 时，基本编码增益分别为 3、3.6、4.1、4.6、4.8、5。当状态数增加到 32 后，性能的改善不大而系统的复杂度剧增，故常用 TCM 码的状态数都在 32 以下。TCM 码的解调与译码采用维特比算法。

5.4　OFDM 与 COFDM

在无线传输系统，特别是电视地面广播系统中，由于城市建筑群或其它复杂的地理环

境，发送的信号经过反射、散射等传播路径后，到达接收端的信号往往是多个幅度和相位各不相同的信号的叠加，形成多径干扰。多径反射的延迟时间为几百纳秒到几微秒。多径干扰会引起信号的频率选择性衰减，导致信号畸变。数字视频信号的数码率 R_b 是很高的，大约是几兆比特/秒到几十兆比特/秒，因而比特周期（或符号周期）很短，约为 $10^{-1} \sim 10^{-2}$ μs 量级。调制在高频载波上进行地面开路发送时，高速数据易受到多径干扰等影响而发生严重的码间干扰（或符号间干扰），造成接收中的误码率较高。对于移动接收，情况会更严重。

解决的办法是扩大符号周期，使其大大超过多径反射的延时时间，于是多径反射波滞后于直达波的时间将只占据符号周期的很小一部分时间，码间干扰变得微不足道，因而不会产生误码。

因此要将数码率 R_b 降低几千倍，利用串/并变换器将串行数据流变换成几千路并行比特流，每路比特流的码率是原码率 R_b 的几千分之一，符号周期相应地扩大几千倍。接着将这几千路符号对频带内的几千个子载波分别进行 PSK 或 QAM 调制，再把几千路已调波混合起来，形成频带内的一路综合已调波。这种调制方式是多载波调制。因为子载波已调信号是以频分多路形式合成在一起的，所以属于频分复用调制。

正交频分复用（Orthogonal Frequency Division Multiplexing，OFDM）利用数据并行传输和频谱重叠的频分复用（FDM）技术来抗脉冲干扰和多径衰减，同时实现了频带的充分利用。OFDM 最初用于军事领域，经过 30 多年的研究和发展，OFDM 已经在高速数字通信中得到广泛应用。由于 DSP 与大规模集成电路技术的发展，克服 OFDM 的最初障碍（例如需要大量的复数运算以及高速的存储器）现在已不成问题；利用快速傅立叶变换算法可以代替大量正弦振荡器来对数据进行并行调制和相干解调。

5.4.1 OFDM 的基本原理

在传统的串行数据系统中，符号是串行传输的，并且每个数据符号的频谱允许占用整个有效带宽。在并行传输系统中，任何瞬间都传送多个数据，单个数据只占用可用频带的一小部分。并行传输将频率选择性衰减扩展到多个符号上，可以有效地将由于衰减和脉冲干扰引起的突发错误随机化，用许多符号受到的较小干扰代替少数相邻符号受到的严重干扰。这样，即使不进行前向纠错，也能将绝大部分接收信号准确恢复。并行传输将整个信道分成了许多个较窄的子信道，每个子信道的频率响应比较平坦，系统的均衡比较简单。

1. $2k$ 模式和 $8k$ 模式

对于 8 MHz 带宽的电视频道，均匀安排以 $N=2^r$ 个子载波，r 值可取 11 或 13，即 N 为 2048 或 8192，可简称为 $2k$（载波）模式和 $8k$（载波）模式。理论上，相邻载波间隔 Δf 分别为 3906 Hz 或 976.5 Hz。

按照一般的表示法，各个载波频率可表示为 f_0，f_1，f_2，…，f_j，…，f_{N-1}，其中，$f_j = f_0 + j\Delta f$，Δf 为相邻载波的载频间隔值。用角频率表示时则为 ω_0，ω_1，…，ω_j，…，ω_{N-1}，其中，$\omega_j = \omega_0 + j\Delta\omega$。

2. OFDM 调制和解调

当对各个载波采用 PSK 或 QAM 调制方式时，每个 ω_j 给出的 $\sin\omega_j t$ 和 $\cos\omega_j t$ 两个正交载波可供一对 I_j 和 Q_j 信号进行调制，而 I_j 和 Q_j 基带信号可以分别由 1、2 或 3 b(对应于 4PSK、16QAM 和 64QAM)组成。图 5-11 是 OFDM 调制器的原理方框图。图中输入数据流经串/并和 D/A 变换后，I_j 和 Q_j 的数值分别为 ±1、±3 或 ±5，调制正交载波并经相加后复用成最终的 OFDM 信号输出。

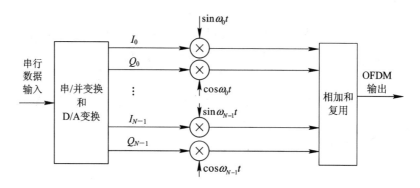

图 5-11   OFDM 调制器的原理方框图

OFDM 解调是调制的逆过程，图 5-12 是 OFDM 解调器的原理方框图。图中，由接收端产生出的各个 $\sin\omega_j t$ 和 $\cos\omega_j t$ 与接收到的 OFDM 信号相乘，只有相同频率和相同相位的 OFDM 信号分量才会给出其相应的 I_j 和 Q_j 信号(即同步检波)，再经阈值判决、A/D 变换和并/串变换后，便可恢复得到原来的基带信号数据流。

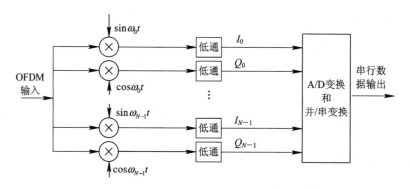

图 5-12   OFDM 解调器的原理方框图

由于载波之间的间隔为 $\Delta\omega$ 或 $j\Delta\omega$，因此只当两个同频率、同相位的正弦或余弦信号相乘并在 $\Delta\omega$ 的一个周期 T 内积分时，积分值才不等于 0，其它各路信号相乘后的积分值均等于 0。这就是正弦和余弦信号的正交性。因此，图 5-11 中所示的 N 路调制波信号之间是互相正交的，即任两路信号相乘并在时间长度 T 内的积分值都为 0。据此特性，图 5-12 中就可以通过同步检波分别地解调出各路基带信号 I_j 和 Q_j。所以，将这种调制称为正交频分复用。

3. 移动接收采用 2k 模式

在高速运动汽车内进行移动接收时，OFDM 调制对于由多普勒效应引起的载波频移问题也能适应。当汽车运动方向与电波到来方向相同或相反时，形成的最大多普勒频移 f_{DM} 为

$$f_{DM} = \pm V_{max} \cdot \frac{f_C}{C} \tag{5-3}$$

式中，V_{max} 为最大车速，f_C 为射频载波频率，C 为光速。例如，若 $V_{max} = 240$ km/h，$f_C = 500$ MHz，则 $f_{DM} = 110$ Hz。

如果在 8 MHz 射频信号带宽内安置 2k 个载波，则相应的载频间隔 Δf 约为 4 kHz。这时，最大多普勒频移 f_{DM} 与 Δf 之比约为 2.75%。理论和实验证明，这样的相对频移不会破坏多载波系统载波间的正交性，接收机能正确解调高速移动中接收到的信号。已经证明，移动接收时要确保载波的正交性，f_{DM} 与 Δf 的比值不能超出 6.25%。

如果采用 8k 模式而 Δf 约为 1 kHz 时，f_{DM} 必须小于 62.5 Hz，这时车速 V_{max} 限制为 135 km/h。若容许车速为 240 km/h 时，电视频道应为 VHF 波段的第 12 频道。

由此可见，从适应于高速移动接收看，OFDM 应采用 2k 模式。

4. 单频网采用 8k 模式

单频网(Single Frequency Network，SFN)是指若干个发射台同时在同一个频段上发射同样的无线信号，以实现对一定服务区域的可靠覆盖。模拟电视广播中采用多频网(MFN)方式，相邻发射台需要使用不同的频率播放节目以避免相互干扰，在一定距离以外才能进行频率重用，一路信号需要占用几倍的带宽，消耗了大量的频谱资源。电视信号数字化、多载波数字调制和数字信号处理技术，使单频网的应用成为可能。

采用 OFDM 后，每路载波的调制符号数据率大为降低，符号周期显著增大，多径信号的延时时间(几十微秒以内)相对于符号周期只占很小的比例，接收时能将多径信号能量与主信号能量相加起来利用，在地面上组成如图 5-13 所示的单频网 SFN，在第一发射机天线覆盖区域的邻近边缘地带，由第二、第三……发射机用同一载波进行接力广播以扩大覆盖区。如此推广开去，可做到用同一频率在很大区域甚至整个国家内广播同一数字电视节目。

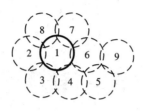

图 5-13　COFDM 组成单频网示意图

构成 SFN 时，常规地进行接力传输的发射机间的距离小于 75 km。电波传输 75 km 延时 250 μs，保护间隔 T_g 至少应为 250 μs。如果 T_g 与有用信号时间 T_s 之比 $T_g/T_s = 1/4$，则 T_s 应为 1 ms，相应的 Δf 应为 1 kHz。8 MHz 带宽内应有 8k 个载波，应为 8k 模式。若

采用 $2k$ 模式，$\Delta f \approx 4$ kHz，$T_s = 250$ μs，也采用 $T_g/T_s = 1/4$，则 $T_g = 62.5$ μs，SFN 内发射台间的距离只能是 19 km。可见，$8k$ 模式比 $2k$ 模式更适合于单频网。

5. 用 FFT 实现 OFDM 调制

OFDM 系统中的载波数量是几千个，在实际应用中不可能像传统的 FDM 系统那样使用 N 个振荡器和锁相环(Phase Lock Loop，PLL)阵列进行相干解调。S. B. Weinstein 提出了一种用 DFT 实现 OFDM 的方法。其核心思想是将在通频带内实现的频分复用信号 $x(t)$ 转化为在基带实现，先得到 $x(t)$ 的等效基带信号 $s(t)$，再乘以一个载波 f_c 将 $s(t)$ 搬移到所需的频带上。在基带实现的优点是可以借助集成电路工艺直接对数字信号进行处理，实现 OFDM 的同时避免了生成 N 个载波由于频率偏移而产生的载波间干扰。

如果采用快速傅立叶变换(FFT)实现离散傅立叶变换(DFT)和离散傅立叶反变换(IDFT)，OFDM 系统的实现就变得简单和经济了。图 5-14 示出了用 IFFT 实现的 OFDM 系统发送端方框图。图中输入数据首先进行 1 路至 N 路的串/并变换，然后将 N 路、每路 x 比特($x=2、4、6$)低数码率的并行数据流通过数据映射使 x 比特组织成数值为 ± 1($x=2$ 时)、± 1 和 3($x=4$ 时)或是 ± 1、± 3 和 ± 5($x=6$ 时)的 I、Q 信号。每组映射为星座图中的一个复数，N 路复数在 IFFT 处理单元进行快速傅立叶反变换，取实部后由并行数据再变换回串行数据，并插入保护间隙 T_g。然后信号经 D/A 变换、低通滤波后形成 OFDM 调制信号。频率变换器的作用是将信号频谱搬移到规定的电视频道上。

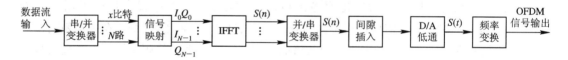

图 5-14　用 IFFT 实现的 OFDM 发送端方框图

6. OFDM 频谱

图 5-15 为单个 OFDM 子信道的频谱，图 5-16 显示了 OFDM 的整个频谱。通过采用适当的频率间隔，可以得到平坦的信号频谱，从而能够保证各载波间的正交性。

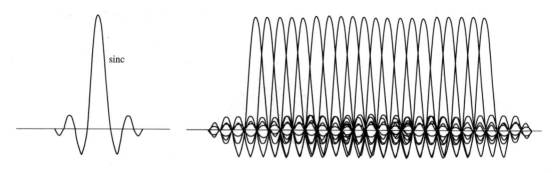

图 5-15　单个 OFDM 子
　　　　　信道的频谱

图 5-16　OFDM 的整个频谱

由于 OFDM 信号的频谱不是严格限带的($\mathrm{sinc}(f)$ 函数)，因此多径传输引起的线性失真使得每个子信道的能量扩散到相邻信道，从而产生符号间干扰。解决的方法是延长符号的持续时间或增加载波数量,使失真变得不是那么明显。然而由于载波容量、多普勒效应以及 DFT 大小的限制,这种方法中只能在一定程度上解决符号间干扰问题。另一种防止符号间干扰的方法是周期性地加入保护间隔,在每个 OFDM 符号前面加入信号本身周期性的扩展。符号总的持续时间 $T=t_s+t_g$,t_g 是保护间隔,t_s 是有用信号的持续时间。当保护间隔大于信道脉冲响应或多径延迟时,就可以消除符号间干扰。由于加入保护间隔会导致数据流量增加,因此通常 t_g 小于 $t_s/4$。

5.4.2　COFDM

1. TCM 编码、交织和 OFDM

COFDM 实际上是将编码和 OFDM(Coded OFDM)结合起来的一种传输方案。利用时间和频率分集,OFDM 提供了一种在频率选择性衰减信道中传输数据的方案。但是,它本身并不能够抑制衰减。由于在频域中所处位置的不同,不同子信道受到的衰减也不同。这就要求采用信道编码进一步保护传输数据。在所有信道编码方案中,网格编码调制(TCM)结合频率和时间交织被认为是频率选择性衰减信道中最有效的方法。

TCM 将编码和调制结合在一起,在不影响信号带宽的条件下实现了较高的编码增益。在 TCM 编码器中,根据子集分割原理,每个 n 比特的符号被映射成 $n+1$ 比特。这种处理会增加星座图的尺寸,并且使网格编码的冗余度有所增加。

OFDM 的一个优点是通过并行和多载波传输数据,能够将宽带的频率选择性衰减转化为窄带非选择性频率衰减。采用特定设计 TCM 码的 COFDM 是针对非选择性频率衰减的,这是将 COFDM 应用于地面广播的一个重要原因。但是,搜索最佳 TCM 码的工作仍在进行当中。

2. COFDM 的性能

对于加性白高斯噪声信道,COFDM 和单载波调制的性能相当。然而 HDTV 的广播信道中包含了多种干扰,到达接收端的信号会受到随机噪声、脉冲噪声、多径失真、衰减和其它干扰。数字传输比相应的模拟传输有更好的抗随机噪声和抗干扰性能。数字电视地面广播主要应解决的是多径干扰和衰减。

1) 消除多径干扰和衰减

计算机仿真和现场实验表明:在设计适当的保护间隔、交织和信道编码后,COFDM 有能力消除较强的多径干扰,使多径传输时的 BER 降低。除了信道衰减外,由于发射塔晃动、飞机震动甚至树木晃动的影响,时变信号会产生动态鬼影,导致传输过程中产生误码。通过使用并行传输结构和网格编码,COFDM 系统在衰减和时变信道环境中具有一定的优势。

2) 相位噪声和抖动

COFDM 系统采用多载波进行传输,各个载波之间的间隔很小,容易受到载波频率差错的影响,较小的频率偏移就会破坏子信道间的正交性。系统性能会随着频率偏移和子载波数量的增多而明显恶化。发端上行转换器、收端下行转换器和调谐器都会影响相位噪声和抖动。一种解决的方法是采用导频来跟踪解调的相位噪声。这种方法是以牺牲数据流量的净负荷为代价的。

3) 载波恢复和均衡

在恶劣的信道条件中,载噪比非常低,具有较强的干扰和衰减,COFDM 系统必须具有较强的载波恢复能力。采用导频和参考符号是恢复载波和子信道均衡的有效方法。导频可能是正弦波或已知的二进制序列。参考符号为伪随机序列。

5.5 VSB

所谓残留边带(Vestigial Side-Band，VSB)调制，就是用调幅信号抑制载波，并且两个边带信号中一个边带几乎完全通过而另一个边带只有少量残留部分通过。为保证所传输的信息不失真，要求残留边带分量等于传输边带中失去的那一部分。这就要求残留边带滤波器在载频处具有互补滚降特性(奇对称)，这样有用边带分量在载频附近的损失能被残留边带分量补偿。

基带信号经平衡调幅器产生双边带平衡调幅波形，再通过一个合适的残留边带滤波器得到残留边带调制信号。

图 5-17 是 VSB 调制和解调的波形图。若发送码元的基带信号频谱波形如图 5-17(a)所示，则经平衡调幅后双边带频谱如图 5-17(b)所示。残留边带滤波器的幅频特性如图 5-17(c)所示，此滤波器让大部分上边带(或下边带)通过，同时也让小部分下边带(或上边带)通过，它的过渡特性就以 f_c 为中心，呈奇对称形状。于是系统的传输特性如图 5-17(c)所示，称为残留边带传输。在接收端，用相乘解调器恢复基带信号，上边带经过解调得到的基带频谱如图 5-17(d)所示，它在低频部分有一个缺口；下边带(残留边带)经解调也得到一个低频频带，如图 5-17(e)所示。由于传输特性的对称性，这两个频带叠加起来正好恢复为原来的基带频谱，如图 5-17(f)所示。

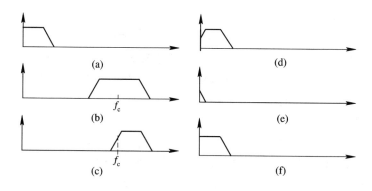

图 5-17　残留边带调制、解调波形图
(a)基带频谱；(b)平衡调幅波频谱；(c)残留边带滤波特性和系统传输特性；
(d)上边带解调后频谱；(e)下边带解调后频谱；(f)合成基带信号频谱

残留边带调制不像双边带调制那样占用太宽的传输频带，又能克服单边带调制因抑制零频和低频分量造成的基带波形失真和码间干扰。残留边带调制占用的频带比单边带略宽，但比双边带调制窄得多，它允许基带信号频谱中包含直流成分，对频谱的低频端也不需加任何限制，而且残留边带滤波器容易制作。残留边带调制接收设备简单，对相干载波的相位误差所造成的影响比单边带调制要小。残留边带调制与单边带调制一样，在接收端都需要恢复载波，通常采用发送导频法，在抑制载波频率处加一个同相位小幅度导频信号，导频信号功率应低于数字信号平均功率。接收端可用滤波器或锁相环把导频选出来。

用数字信号进行 VSB 调制时，调制信号为多电平的离散值，m 电平 VSB 调制的符号用 m-VSB 表示。如 8 电平 VSB 表示为 8-VSB，它反映 $k=\mathrm{lb}\ m=3$ b 信息；16 电平 VSB 表示为 16-VSB，它反映 $k=\mathrm{lb}\ m=4$ b 信息。

一个 16-VSB 的数字调制电路如图 5-18 所示。串/并转换将串行比特流转换成 4 路并行比特流，经 D/A 变换后形成 16 电平的信号（±1、±3、±5、±7、±9、±11、±13、±15），加上导频信号后再对中频载波 f_{IF} 实施抑制载波的平衡调幅，得到上、下两个边带信号，由 VSB 滤波器滤除绝大部分下边带，让余下的残留下边带和绝大部分上边带通过，再由一个线性相位、平坦幅度响应的 SAW 滤波器完成邻近频道抑制，经上变频器变换到射频。

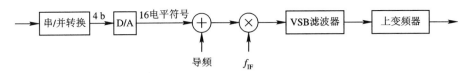

图 5-18　16-VSB 调制器

m-VSB 已调波的传输带宽就等于基带信号的带宽 B。由于基带码率为 R_{b}/k 时，在理想低通情况下基带信号的带宽为

$$B = \frac{R_{\mathrm{b}}}{2k}\quad \mathrm{Hz} \tag{5-4}$$

因而单边带的高频调制效率为

$$\eta = \frac{R_{\mathrm{b}}}{B} = 2k = 2\ \mathrm{lb}\ m\quad \mathrm{b/(s\cdot Hz)} \tag{5-5}$$

当考虑到低通滤波具有滚降系数 α 时，实际的高频带宽应为 $B(1+\alpha)$，所以实际的高频调制效率为

$$\eta = \frac{2\ \mathrm{lb}\ m}{1+\alpha}\quad \mathrm{b/(s\cdot Hz)} \tag{5-6}$$

在 ATSC 标准地面电视广播系统中，采用网格编码（Trellis Code）8-VSB 调制方式；在有线电视广播中，采用 16-VSB 调制方式。m 越大，高频调制效率 η 越高。但是，当高频信号的平均功率相同时，m 增大后星座图（沿调制轴的一维星座图）上星座点之间的距离 $d_{m\text{-VSB}}$ 相应地减小，抗干扰能力随之降低。有线信道是质量较好的传输媒体，外来干扰小，容许使用 m 值较大的 m-VSB 调制方式，详见 6.1 节内容。

思考题和习题

5-1　正交幅度调制的电平数 m 和信号状态数 M 是什么关系？它们是怎样表示的？

5-2　QPSK 调制电路框图是怎样的？

5-3　两个什么样的 QPSK 信号可以组成 16QAM 信号？

5-4　网格编码调制的基本原理是什么？

5-5　正交频分复用是怎样消除多径效应引起的码间干扰的?

5-6　保护间隔是怎样消除多径效应引起的码(符号)间干扰的?

5-7　为什么高速移动接收时 OFDM 应采用 $2k$ 模式?

5-8　为什么构成 SFN 时 OFDM 应采用 $8k$ 模式?

5-9　VSB 调制是怎样保证所传输的信息不失真的?

5-10　为什么有线电视广播可以采用 m 值较大的 m-VSB 调制方式?

第 6 章　数字电视标准

目前数字电视广播有三个相对成熟的标准制式：欧洲的 DVB(Digital Video Broadcasting)、美国的 ATSC(Advanced Television Systems Committee)和日本的 ISDB(Integrated Services Digital Broadcasting)。

欧洲的 DVB 制式应用最广泛、最灵活。DVB 制式主要包括数字卫星电视(DVB-S)、数字有线电视(DVB-C)和数字地面广播电视(DVB-T)三个标准。这三个标准的信源编码方式都是 MPEG-2 的复用数据包，规定视频采用 MPEG-2 编码，音频采用 MPEG-1 Audio 层Ⅱ(MUSICAM)编码标准。DVB 标准对于不同的传输媒体，采用了不同的调制方式：DVB-S 采用 QPSK(四相相移键控)调制方式，DVB-C 采用 QAM(正交幅度调制)方式，DVB-T 采用 COFDM(多载波频分复用)技术，COFDM 在抑制多径传输干扰方面有着显著的优越性。在传输比特率方面，DVB 允许比特率可变，对 DVB-T 而言，在 6 MHz 的频带内传输比特率为 3.7~23.8 Mb/s，在 8 MHz 的频带内传输比特率为 4.9~31.7 Mb/s。DVB-C 和 DVB-S 已被世界各国采用。

ATSC 标准视频压缩采用 MPEG-2 标准，音频压缩采用 ATSC 标准 A/52(即杜比公司的 AC-3)，节目复用遵循 MPEG-2 标准，可完成各种码流的组合和调整。在地面电视广播系统中，采用网格编码(Trellis Code)8 电平残留边带(8-VSB)调制方式，在 6 MHz 的频带内可传送一路 HDTV 节目，传输比特率为 19.39 Mb/s；在有线电视网中，采用 16-VSB 调制方式，在 6 MHz 的频带内可传送两路 HDTV 节目，传输比特率为 38.78 Mb/s。

6.1　ATSC 标准

6.1.1　ATSC 系统

1. 系统组成

ATSC 标准采用了 ITU-R Tech Group 11/3(数字电视地面广播模式)，由信源编码与压缩、业务复用与传送、RF/发送三个子系统组成，如图 6-1 所示。信源编码与压缩用来得到视频、音频和辅助数据流。辅助数据(Ancillary Data)是指控制数据、条件接收控制数据和与视频、音频节目有关的数据。业务复用与传送把视频、音频和辅助数据流打包成统一格式的数据包并合成一个数据流。RF/发送也称为信道编码和调制。信道编码的目的是从受到传输损失的信号中恢复出原信号，在地面传输中采用 8-VSB 调制，在有线电视中采用 16-VSB 调制。

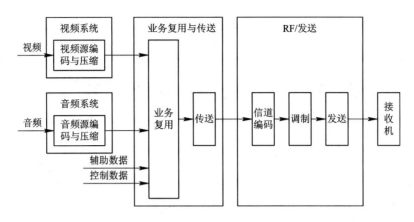

图 6-1　ITU-R 数字电视地面广播模式

2. 基准频率

图 6-2 是编码设备方框图，图中有两套频率，信源编码部分和信道编码部分采用不同的基础频率。在信源编码部分中，以 27 MHz 时钟为基础（$f_{27\,MHz}$），用来产生 42 b 的节目时钟参考。根据 MPEG-2 规定，这 42 b 分成 33 b 的 program-clock-reference-base（节目时钟参考基础）和 9 b 的 program-clock-reference-extension（节目时钟参考扩展）两部分，用于视频和音频编码中产生时间表示印记（Presentation Time Stamp，PTS）和解码时间印记（Decode Time Stamp，DTS）。图 6-2 中，f_a 和 f_v 分别是音频和视频时钟，必须锁定在 27 MHz 的频率上。信道编码部分传送比特流频率 f_{tp} 和 VSB 符号频率 f_{sym} 必须锁定，并有如下的关系：

$$f_{tp} = 2 \times \frac{188}{208} \times \frac{312}{313} \times f_{sym} \qquad (6-1)$$

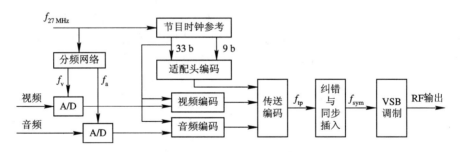

图 6-2　编码设备方框图

6.1.2　信道编码

从传送编码输入的 TS 流信息码率是 19.28 Mb/s，每个数据包（TS 包）为 188 B，其中包括一个同步字节和 187 B 数据，码率是 19.39 Mb/s（19.28×188/187），先进行数据随机化，其生成多项式为

$$G(x) = x^{16} + x^{13} + x^{12} + x^{11} + x^7 + x^6 + x^3 + x + 1 \qquad (6-2)$$

初始值为 0F180H。图 6-3 是 ATSC 随机化和去随机化电路。随机化是将 8 个输出端 $D_0 \sim D_7$ 与输入数据字节逐位进行异或运算。同步字节不进行随机化和前向纠错，在复用时转成段同步信号。

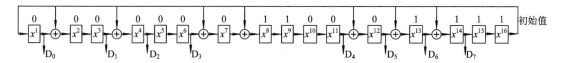

图 6-3　ATSC 随机化和去随机化电路

接着进行外编码，采用 RS(207，187)编码器，其域生成多项式为

$$P(x) = x^8 + x^4 + x^3 + x^2 + 1 \tag{6-3}$$

附加 20 B 纠错码后，每个数据包变为 208 B。

卷积交织是 $N=208$、$M=4$、$I=52$ 的卷积交织器，如图 6-4 所示。

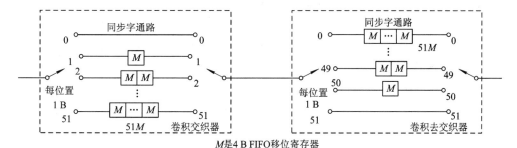

M 是 4 B FIFO 移位寄存器

图 6-4　ATSC 的卷积交织器和去交织器

交织后，再经如图 6-5 所示的网格编码器进行编码，图中预编码器的作用是减少与模拟电视之间的同频干扰，2 位符号经格栅编码器后成为 3 位，用来选择 8-VSB 的电平，信息速率不变而载波幅度分级数加倍。8-VSB 的分集方法如图 6-6 所示。

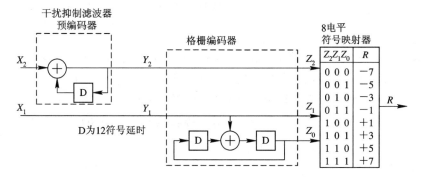

图 6-5　ATSC 的网格编码器

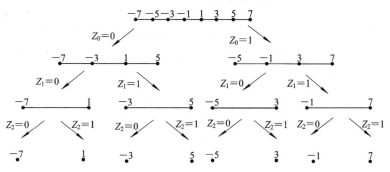

图 6-6　8-VSB 的分集方法

6.1.3 VSB 调制

图 6 - 7 是 VSB 信道编码与调制方框图,网格栅编码后信号输出到复用器,与数据段同步和数据场同步复用。复用的输出数据插入适当的导频(Pilot Frequency),经过均衡滤波器后和调制载频相乘,再经 VSB 滤波器输出一种单载波幅度调制的、抑制载波的残留边带信号。

图 6 - 7　VSB 信道编码与调制方框图

1. VSB 数据结构

VSB 数据结构如图 6 - 8 所示。

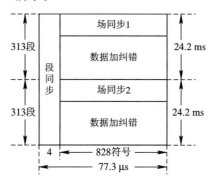

图 6 - 8　VSB 数据结构

数据帧(Data Frame)分成两个数据场(Data Field),每场又有 313 个数据段(Data Segments)。每场第一个数据段是数据场同步(Data Field Sync),如图 6 - 9 所示。其中:PN511 为 511 位的 PN 码,它是固定的 ±5 的 2 电平伪随机序列,生成多项式是 $x^9+x^7+x^6+x^4+x^3+x+1$,初始值是 010000000,是向接收机提供均衡用的训练序列;后面紧跟的三组 63 个符号的伪随机序列称为 PN63,生成多项式是 x^6+x+1,初始值是 100111,是向接收机提供重影补偿用的测试序列,也可以用作均衡。在场同步 2 中,3 个 PN63 的中间那个是其"反码"。因为场周期是 24.2 ms,只依靠这些训练序列来完成自适应过程的均衡器,跟踪信道动态的能力受到限制。ATSC 系统地面广播中采用精心设计的自适应判决反馈均衡器来消除多径衰落引起的回波干扰,判决反馈均衡器中 FIR 滤波器长度为 64 级,IIR 滤波器长度为 256 级,利用训练序列来加速收敛。当信道损伤比训练序列的发送快得多时,可以采用盲均衡技术。

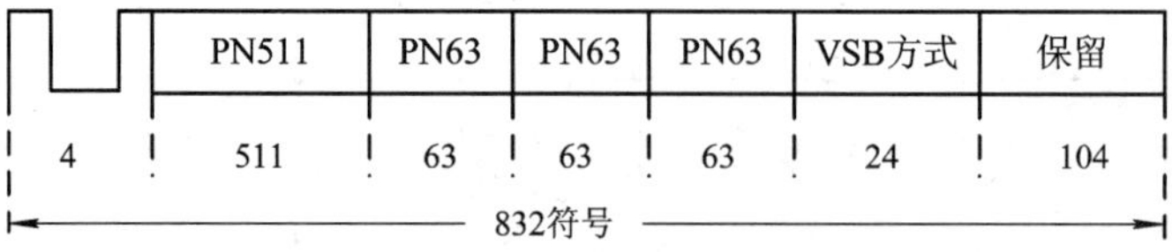

4	PN511	PN63	PN63	PN63	VSB方式	保留
	511	63	63	63	24	104

832符号

图 6 - 9　VSB 数据场同步

场同步外的其余 312 个数据段每段携带了相当于 TS 包 187 B 的信息和附加 FEC 编码数据。交织使每段数据来自不同的 TS 包。每段共 832 个符号：前 4 个符号传送数据段同步(Data Segment Sync)，它是由 2 电平"1001"码组成的；其余的 828 个符号相应于传送包 187 B 的信息加上 20 B 的 FEC 数据。采用 2/3 格形编码，2 b 将变成 3 b，8 - VSB 调制恰好可以表示 3 b 信息，相当于 2 b 转换为一个 8 - VSB 符号(8 种电位：± 7，± 5，± 3，± 1 V)，或 1 B 转换为 4 个 8 - VSB 符号，因此同步字节占 4 个符号位，187 个数据字节加 20 B 纠错数据共 207 B 数据占 828 个符号位。

2. VSB 频谱

VSB 在 6 MHz 带宽内的频谱安排如图 6 - 10 所示，在两侧各安排了形状为均方根升余弦响应的过渡段各 310 kHz，3 dB 带宽为 $6 - 0.62 = 5.38$ MHz，可以支持的符号率为 $S_r = 2 \times 5.38 = 10.76$ MS/s。这样，段速率为 $f_{seg} = S_r/832 = 12.93$ kseg/s，帧速率为 $f_{frame} = f_{seg}/626 = 20.65$ frame/s。

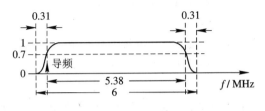

图 6 - 10　VSB 频谱图

在 VSB 频谱中，在抑制载波频率上加有一个同相位的小幅度导频(Pilot)信号。VSB 利用导频来恢复载波，降低了接收机载波恢复电路的复杂度，提高了载波恢复精度。

6.1.4　18 种扫描格式

ATSC 标准规定了 18 种扫描格式，如表 6 - 1 所示。

表 6 - 1　ATSC 标准的 18 种扫描格式

质量标准	显示格式	宽高比	帧/场频
HDTV	1920×1080	16：9	60 Hz/i、30 Hz/p、24 Hz/p
HDTV	1280×720	16：9	60 Hz/p、30 Hz/p、24 Hz/p
SDTV	704×480	16：9	60 Hz/i、60 Hz/p、30 Hz/p、24 Hz/p
SDTV	704×480	4：3	60 Hz/i、60 Hz/p、30 Hz/p、24 Hz/p
SDTV	640×480	4：3	60 Hz/i、60 Hz/p、30 Hz/p、24 Hz/p

6.2　DVB 标准

DVB 是以欧洲为主，世界上有 200 多个组织参加开发的项目。它以发展标准电视

SDTV 为主,是一套完整的数字电视解决方案,得到了广泛的应用。DVB 系统的主要标准有:

(1) DVB-S:用于 11/12 GHz 频段的数字卫星系统,适用于多种转发器带宽与功率,传输层的数码率最大为 38.1 Mb/s。DVB-S2 是对 DVB-S 的改进。

(2) DVB-C:用于 8 MHz 数字有线电视系统,与 DVB-S 兼容,传输层的数码率最大为 38.1 Mb/s。DVB-C2 是对 DVB-C 的改进。

(3) DVB-T:用于 6 MHz、7 MHz、8 MHz 地面数字电视系统,传输层的数码率最大为 24 Mb/s。DVB-T2 是对 DVB-T 的改进。

(4) DVB-CS:用于数字卫星共用天线电视系统(SMATV),由 DVB-C 和 DVB-S 改变得出。

(5) DVB-SI:服务信息系统。

(6) DVB-TXT:固定格式图文广播传送规范。

(7) DVB-CI:用于条件接收及其它应用的 DVB 公共接口。

(8) DVB-DATA:用于数据广播的技术规范。

(9) DVB-RCC/RCT/NIP:用于交互电视回传信道。

(10) DVB-H(Handheld,早期为 DVB-X):是 DVB 组织为通过地面数字广播网络向便携或手持终端提供多媒体业务所制定的传输标准。

(11) DVB-DSNG:用于卫星新闻采集和节目传送业务。

DVB 还有多种网络接口标准。

DVB 基带处理部分主要包括视频信号、音频信号的压缩处理方法以及数码流的组成等。DVB 直接采用了 MPEG-2 标准中的系统、视频、音频部分,用于形成 DVB 的基本流(ES)和传送流(TS)。MPEG-2 为覆盖很大的应用范围,规定了不同应用可以采用相应的参数集和参数取值范围,为此在 DVB 中有专门的标准介绍使用 MPEG-2 的指南,定义了 MPEG-2 可以使用的语法子集和参数等。DVB 还在 TS 流中定义了许多辅助信息,称为服务信息(SI),以便于选择节目,了解与节目相关的一些信息,提供节目之间的相互关系以及携带特定的数据。DVB 在 MPEG-2 的节目特定信息(PSI)基础上,补充规定了一系列 SI 表格,并规定了一些表格的 PID 值。详见第 3 章。

6.2.1　DVB-S 的信道编码与调制

DVB-S 是 1994 年 12 月由 ETSI(European Telecommunications Standards Institute,欧洲电信标准学会)制定的,标准编号为 ETS 300 421。ITU(国际电信联盟)的相应标准号是 ITU-R B0.1211。我国相应的国家标准号是 GB/T 17700—1999。我国国家标准与上述两个国际标准的差异是:① 我国将使用范围扩展到了 C 波段(4/6 GHz)固定卫星业务中的相应业务;② 增加了在特定的条件下系统可使用 BPSK 调制方式。DVB-S 系统定义了从 MPEG-2 复用器输出到卫星传输通道的特性,总体上分成信道编码和高频调制两大部分。DVB-S 系统功能方框图如图 6-11 所示,左边部分为 MPEG-2 信源编码和复用,右边部分为卫星信道适配器,即信道编码和高频调制部分。

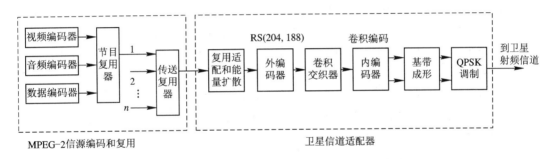

图 6-11　DVB-S 系统功能方框图

1. 复用适配和能量扩散

MPEG-2 传送复用器输出的 TS 流是固定长度(188 B)的数据包,其中第一个字节是同步字节 Sync(47H),如图 6-12(a)所示。在 DVB-S 中,将 8 个 TS 包组成一个包组,每个包组中第一个 TS 包的同步字节取 47H 的反码 B8H,其余 7 个同步字节仍为 47H。在数据随机化时,以包组作为 PRBS 加扰的循环周期。

PRBS 发生器如图 4-4 所示,PRBS 生成多项式为式(4-4)。

在每个包组的 $\overline{\text{Sync}1}$ 期间,PRBS 发生器实现初始化,初始化值为 100101010000000 B,经过 1503 B 后又重新初始化。每个包组内其余 7 个 Sync 期间 PRBS 发生器继续工作,但使能信号无效,与门输出为 0,这些同步字节不被加扰。

当无输入比特流或者比特流不符合 TS 流格式时,扰码处理仍然进行,以避免调制器发射未经调制的单载波信号。

2. 外码编码、交织和成帧

外码编码是 RS 编码。已随机化的(用 R 表示)传送包如图 6-12(b)所示,用截短的 RS(204,188,$t=8$)生成一个误码保护数据包,如图 6-12(c)所示,是在每 188 B 后加入 16 B 的 RS 码。数据包同步字节,不论是未取反的 47H 还是取反后的 B8H 都要进行 RS 编码处理。

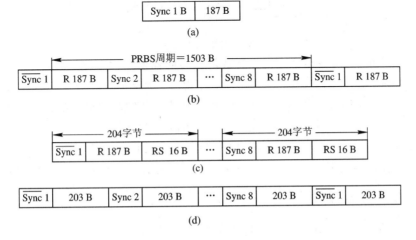

图 6-12　帧结构

(a) MPEG-2 传送复用包;(b) 随机化后的传送包:同步字节和随机化序列 R;

(c) RS(204,188,8)误码保护数据包;(d) 交织帧 $N=IM=12×17=204$

RS(204，188，$t=8$)是由原始的 RS(255，239，$t=8$)截短得到的，其生成多项式 $g(x)=(x+\alpha)(x+\alpha^2)\cdots(x+\alpha^{16})(\alpha=02H)$，域生成多项式 $P(x)=x^8+x^4+x^3+x^2+1$。编码时在数据包 204 B 前添加 51 个全"0"字节，产生 RS 码后丢弃前面 51 个空字节，形成截短的 RS(204，188)码。

为提供抗突发干扰的能力，对 RS 编码后的每个误码保护数据包进行深度 $I=12$ 的卷积交织处理，生成一个交织帧，如图 6-12(d)所示。交织器如图 4-6 所示。由于同步字节通过交织器 0 支路，因此交织后位置不变。

3. 内编码、基带成形和调制

图 6-13 是 DVB-S 的内编码和调制方框图。DVB-S 的内编码采用(2，1，7)的收缩卷积码(详见 4.5.3 节中介绍的收缩卷积码)。进行调制之前，I 支路、Q 支路信号要进行基带成形(Baseband Shaping)。为了避免相邻传输信号之间的串扰，多进制符号需要有合适的信号波形。数字信号处理时的波形是方波，但在传输时这种方波并不合适。根据奈奎斯特第一准则，实际通信系统中一般均使接收波形为升余弦滚降信号(Roll off Raised Cosine，RRC)。这一过程由发送端的基带成形滤波器和接收端的匹配滤波器(Matched Filter)两个环节共同实现，因此每个环节均为平方根升余弦(Square Root Raised Cosine，SRRC)滚降滤波，两个环节合成就实现了一个升余弦滚降滤波。实现平方根升余弦滚降信号的过程称为波形成形，由于生成的是基带信号，因此这一过程又称为基带成形滤波。接收端的匹配滤波是针对发送端的成形滤波而言，与成形滤波相匹配实现了数字通信系统的最佳接收。这里基带成形滤波器为升余弦平方根滤波器，滤波器具有以理想截止频率 ω_C 为中心、奇对称升余弦滚降边沿的低通特性，滚降系数 $\alpha=0\sim1$。$\alpha=0$，通频带为 ω_C；$\alpha=1$，通频带为 $2\omega_C$。α 越大，通频带越宽，码间干扰越小。卫星信道干扰较多，取滚降系数 α 为 0.35。DVB-S 采用常规的格雷码编码的 QPSK 调制，采用不进行差分编码的绝对映射。信号空间的位映射图如图 5-3 所示。

图 6-13　DVB-S 的内编码和调制方框图

卫星信号的频带宽(>24 MHz)，卫星转发器的辐射功率不高(十几瓦至一百多瓦)，卫星信道路径远，易于受雨衰影响，传输质量不够高。为保证可靠接收，DVB-S 采用了调制效率较低、抗干扰能力强的 QPSK 调制。根据具体的转发器功率、覆盖要求和信道质量，可以利用不同的内码编码率来适应特定的需要。例如，为确保良好的传输和接收，编码率可以是 1/2 或 2/3；而若希望可用比特率高，则编码率可以是 3/4 或更大。总之，DVB-S 系统的参数选择在内码编码率上有较大的灵活性，以适用于不同的卫星系统和业务要求。

6.2.2　DVB-S2 标准简介

21 世纪巨大的市场需求促使传输能力更强的新标准出现。DVB 组织于 2004 年 6 月发布了 DVB-S2 标准草案(EN302 307)。DVB-S2 支持更广泛的应用业务，如广播服务(Broadcast Service，BS)、交互式服务(Interactive Service，IS)、数字卫星新闻采集(Digital Satellite News Gathering，DSNG)和其它专业服务(Professional Service，PS)等，且与

DVB－S 兼容。DVB－S2 与 DVB－S 相比,在技术上有许多改进。

1. 输入码流适配器

DVB－S 只能处理 MPEG－2 传送流,DVB－S2 设有灵活的输入码流适配器,在不显著增加复杂性的情况下能处理其它数据格式,如打包的或连续的单节目或多节目流。当有多个输入流时,可以把这些输入流合并为一个输入流信号并切割为 FEC 码段和数据场。DVB－S2 中的数据处理可能会产生不同的传输延迟。适配器保证被打包的输入流有恒定的比特率和恒定的端到端传输延迟。

2. FEC 系统

采用外码为 BCH 码、内码为 LDPC 码的 FEC 系统,级联码输出的长度是固定的,可以是 64800 b 的长帧或 16200 b 的短帧,长帧能提高载噪比,但会增加等待时间。对延迟要求不高的应用来说,长帧是最好的解决办法;而对交互应用来说,如果需要把短信息包立即发送出去,短帧效率就高多了。

信道编码的解码算法是决定编码性能和应用前景的一个重要因素。LDPC 码由于其奇偶校验矩阵的稀疏性,使它存在高效的译码算法,其译码复杂度与码长成线性关系,克服了分组码在长码长时所面临的巨大译码计算复杂度问题,使长编码分组的应用成为可能。而且由于校验矩阵的稀疏特性,在长的编码分组时,相距很远的信息比特参与统一校验,这使得连续的突发差错对译码的影响不大,编码本身就具有抗突发差错的特性,不需要交织器的引入,进而消除了因交织器的存在而可能带来的时延。

3. 编码率

DVB－S2 有 1/4、1/3、2/5、1/2、3/5、2/3、3/4、4/5、5/6、8/9、9/10 共 11 种格式编码率供选择,在信号电平低于噪声电平的恶劣条件下,推荐使用 QPSK,采用 1/4、1/3 和 2/5 的编码率。8PSK 调制与 1/2、2/3 和 4/5 的编码率相结合有很大优势。

4. 调制

DVB－S2 有 QPSK、8PSK、16APSK(Amplitude Phase Shift Keying,振幅相移键控)、32APSK 共四种调制方案供选择,构成比 DVB－S 更好的编码调制方案。在转发器带宽和发射机 EIRP(Effective Isotropic Radiated Power,等效全向辐射功率)相同的情况下,通过改变调制类型与编码率,传送容量可增加 30%。QPSK 和 8PSK 一般用于广播应用,16APSK 用于一些特定的广播应用和使用多波束卫星的交互应用,可以提供较高的频谱效率。32APSK 模式主要面向专业应用。对于一般的广播电视业务,QPSK 和 8PSK 为标准配置,16APSK 和 32APSK 为可选配置。对于交互式服务、数字新闻采集和其它专业服务,这四种方式都为标准配置。基带成形滤波有 0.35、0.25、0.20 共 3 种滚降系数供选择,以满足不同业务的需要。

5. 可变编码调制技术

应用可变编码调制(Variable Coding and Modulation,VCM)技术,对不同业务(如 SDTV、HDTV、音频和多媒体)可以使用不同的调制方式与编码速率,也就是可以在同一个载波上对每个数据流施加不同的调制方式和纠错级别,因而传输效率得以大大提高。VCM 最强的优势在于不同的服务不需要相同的保护条件的情形,提供不同的服务给处于不同的平均接收条件的不同的远端站。应用 VCM，就需针对每个服务端站不同的 Es/No 而在 QPSK 4/5 与 16APSK 2/3 之间选择相应的编码与调制。

6. 自适应编码调制

在交互和点对点应用的情况下，VCM 和回传信道结合，实现自适应编码调制（Adaptive Coding and Modulation，ACM），这是通过卫星或地面回传信道把每个接收终端的信道条件通知卫星上行站，实现自适应编码和调制。ACM 系统允许卫星容量增加到 100% ～ 200%。与 DVB－S 的恒定编码调制（Constant Coding and Modulation，CCM）相比，ACM 系统业务的可用度得到了扩展。

针对每个接收数据帧信道的实测情况，ACM 可动态调整每个数据帧的编码速率与调制方式，这种编码调制方式可以达到帧级（Frame-by-Frame）。也就是说，在传输序列里，每个单帧的编码速率和调制方式都可以不同。这种方式的灵活性表现在不同的接收环境（晴天、阴天和雷雨天气）可提供不同的编码速率和调制方式，以让接收终端接收到该环境下最理想、最可靠的信号，这对移动接收显得尤为可贵。当然，这也增加了每个终端的复杂度，它要充分利用可能的回传通道实时反馈当前接收环境状况参数；同时由于帧与帧的码率和调制方式有不同的可能，DVB－S2 提供了快速帧同步和高效载波恢复技术来实现终端平稳接收。发送端根据回传信道随时报告各接收站的收信状况采用 ACM，针对每个接收站不同的 Es/No 而选择相应的编码与调制，这些调制的范围在 8PSK 3/4 与 16APSK 5/6 之间。

7. 导频

DVB－S2 提供可选的导频，帮助接收机载波恢复。

我国处于卫星广播发展的初期，现有的卫星接收终端数量不多，应该尽早向 DVB－S2 新标准过渡，直接采用新技术，实现卫星广播的跨越式发展。

6.2.3 DVB－C 的信道编码与调制

DVB－C 标准规定了有线数字电视广播系统中传送数字电视的帧结构、信道编码和调制方式。DVB－C 的欧洲标准是由 ETSI（欧洲电信标准学会）于 1994 年 12 月制定的，标准编号为 ETS 300 429。ITU（国际电信联盟）的相应标准为 ITU－T J.83 建议书。我国制定的相应标准为《有线数字电视广播信道编码和调制规范》，编号为 GY/T 170—2001。

DVB－C 信道编码层尽量与 DVB－S 的编码相协调，这样卫星传送的多节目数字电视便于进入 DVB－C 馈送网络向用户分配。有线数字电视广播系统的特点包括：① 传输信道的带宽窄（8 MHz）；② 信号电平高，接收端最小输入信号的峰峰电压值在 100 mV 以上；③ 传输信道质量好，光缆和电缆内的信号不易受到外来干扰。因此，DVB－C 系统对 FEC 处理的要求可降低，其高频调制效率（b/(s·Hz)）可提高。

DVB－C 有线前端与接收的原理框图如图 6-14 所示。

图中发送端的前 4 个方框与 DVB－S 是一样的，但在卷积交织器后没有级联的卷积编码，即只有外编码而无内编码，因为有线信道质量较好，FEC 不必做得复杂。为提高调制效率，采用的 MQAM 容许在 16QAM、32QAM、64QAM、128QAM 和 256QAM 中选择，通常为 64QAM。高质量的光缆、电缆下可以采用 128QAM 甚至 256QAM。为实现 QAM

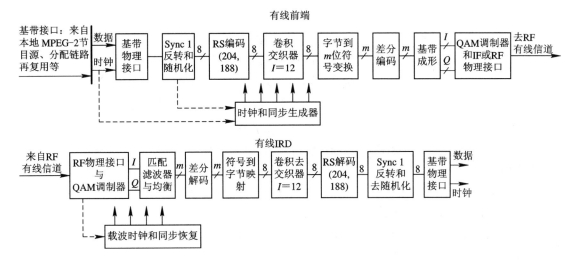

图 6-14　DVB-C 有线前端与接收的原理框图

调制，需将交织器的串行字节输出变换成适当的 m 位符号，这就是字节到符号的映射。

1. 字节到符号的映射

不同 M 值的 QAM 调制，映射成的符号数不相同，在任何情况下，符号 Z 的 MSB 应取字节 V 的 MSB，该符号的下一个有效位应取字节的下一个有效位。2^mQAM 调制的情况下，将 k 字节映射到 n 个符号，$8k=nm$。图 6-15 是 64QAM 情况下字节到符号变换的示意图，这时 $m=6$，$k=3$，$n=4$。

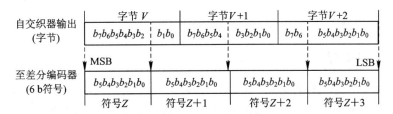

图 6-15　64QAM 时字节到 m 比特符号变换示意图

64QAM 调制时，每个符号为 6 b，分成两路，每路 3 B。I 轴和 Q 轴各自为 3 B，构成 ± 1、± 3、± 5、± 7 的 8 电平，符号映射时将 3 B 变换成 4 符号。图中，b_0 为每个字节或每个符号的最低有效位(LSB)，符号 Z 在符号 $Z+1$ 之前传输。

2. 调制

DVB-C 采用 QAM 调制方式。若多元调制为 2^mQAM，则需把 k 字节映射成 n 个符号，即 $8k=n\times m$，映射后的符号的最高两比特要进行差分编码(Differential Code)。图 6-16 是字节到 m 比特符号变换、两位 MSB 差分编码示意图，编码后形成 I_K 和 Q_K 分量。差分由下面的布尔表达式给出：

$$I_K = \overline{A_K \oplus B_K} \cdot (A_K \oplus I_{K-1}) + (A_K \oplus B_K)(A_K \oplus Q_{K-1}) \tag{6-4}$$

$$Q_K = \overline{A_K \oplus B_K} \cdot (B_K \oplus Q_{K-1}) + (A_K \oplus B_K)(B_K \oplus I_{K-1}) \tag{6-5}$$

接着进入具有均方根升余弦滚降特性(滚降系数 $\alpha=0.15$)的滤波器进行基带整形，然

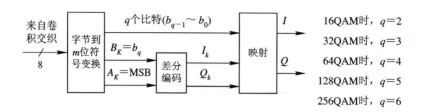

图 6-16 字节到 m 比特符号变换、两位 MSB 差分编码

后与其它符号位一起进入 QAM 调制器完成信号调制。因此，DVB-C 的调制实际上是采用格雷码在星座图上的差分编码映射，随着 I_K 和 Q_K 分量从星座图第 1 象限的 00 依次变换到第 2 象限的 10、第 3 象限的 11、第 4 象限的 01，符号的较低位 q 比特决定的星座点从第 1 象限旋转 $\pi/2$ 到第 2 象限、从第 2 象限旋转 $\pi/2$ 到第 3 象限、从第 3 象限旋转 $\pi/2$ 到第 4 象限，完成整个星座的映射。图 6-17 是 16QAM 星座图。

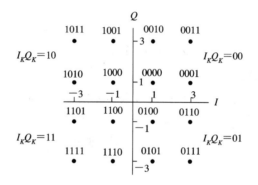

图 6-17 16QAM 星座图

6.2.4 DVB-C2 标准简介

第二代有线数字电视标准 DVB-C2 于 2009 年 7 月发布，标准号是 ETSI EN 302 769。

图 6-18 是 DVB-C2 的信道编码和调制方框图。系统由多通道输入处理模块、多通道编码调制模块、数据分片及帧形成模块、OFDM 信号生成模块组成。

为了使透明传输可行，DVB-C2 定义了物理层管道（Physical Layer Pipe，PLP），它是一个数据传输的适配器。一个 PLP 适配器可以包含多个节目 TS 流或单个节目、单个应用以及任何基于 IP 的数据输入。PLP 适配器的数据被数据处理单元转换为 DVB-C2 所需要的内部帧结构。

DVB-C2 采用 BCH 外编码与 LDPC 内编码相级联的纠错码技术，抗误码能力增强了很多。BCH 编码增加的冗余度小于 1%，LDPC 码率有 2/3、3/4、5/6、9/10 几种。经过前向纠错编码的数据进行位交织，然后进行星座映射。DVB-C2 提供了 QPSK、16QAM、64QAM、256QAM、1024QAM、4096QAM 等六种星座模式。

多个物理层管道的数据可以组成 1 个数据分片，数据分片的作用是把由物理层管道组成的数据流分配到发送的 OFDM 符号特定的子载波组上，这些子载波组对应频谱上相应的子频带每一个数据分片进行时域和频域的二维交织，目的是使接收机能够消除传输信道带来的脉冲干扰及频率选择性衰落等干扰。

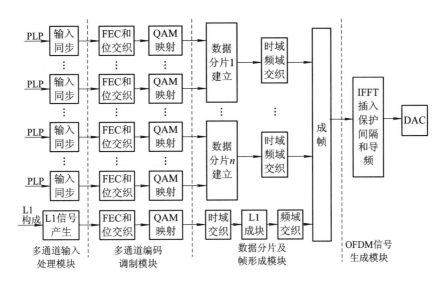

图 6 - 18　DVB - C2 的信道编码和调制方框图

帧形成模块把多个数据分片和辅助信息及导频信号组合在一起，形成 OFDM 符号。导频包括连续导频和散布导频。连续导频在每个 OFDM 符号里分配给固定位置的子载波，并且在不同符号中的位置都相同。1 个 DVB - C2 接收机使用 6 MHz 带宽中的 30 个连续导频就可以很好地完成信号时域和频域同步。利用连续导频，还可以检测和补偿由于接收机射频前端本振相位噪声引起的公共相位误差。散布导频用来进行信道均衡，根据接收散布导频与理论散布导频的差值，可以很容易地得到传输信道的反向信道响应。散布导频的数量与所选的保护间隔长度有关。

辅助信息主要包括被称作 L1(Layer 1)的信令信息，它被放在每一个 OFDM 帧的最前边。L1 使用 1 个 OFDM 符号所有的子载波来进行传输，给接收机提供对 PLP 进行处理所需的相关信息。OFDM 符号的生成是通过反傅立叶变换（IFFT）来实现的，使用 4k - IFFT 算法产生 4096 个子载波，其中 3409 个子载波用来传输数据和导频信息。对 6 MHz 带宽频道，约占 5. 7 MHz 的带宽，子载波间隔为 1672 Hz，对应 OFDM 符号间隔为 598 μs。对于欧洲市场应用的 8 MHz 带宽频道，子载波间隔将变为原来的 4/3，即 2229 Hz，对应符号间隔为 448 μs。这种情况下，OFDM 信号将占据 7.6 MHz 的带宽。

DVB - C2 支持在单个 8 MHz 的有线电视信道带宽内传输 10 路以上的 MPEG - 4 高清电视业务。由于引入了回传通道，DVB - C2 可以支持互动电视、电子商务等双向业务。

DVB - C2 使用了最新的调制编码技术，实现了有线网络的高效利用。针对不同的网络特性，该标准还提供了经过优化的多种模式和选项，可以满足有线电视用户的不同服务要求。根据来自 DVB 项目组办公室的信息，在相同条件下，该标准将比传统 DVB - C 的频谱效率高 30% 以上。

6.2.5　DVB - T 的信道编码与调制

DVB - T 是 1997 年 8 月由 ETSI(欧洲电信标准学会)制定的，标准编号为 ETS 300 744。DVB - T 的信道编码和调制系统方框图如图 6 - 19 所示。图中前 4 个方框与 DVB - S 是相同的，信道编码也采用 RS(204，188，$t = 8$)外编码和删余卷积内编码，内编码可根据需要采用不同的编码率($R=1/2\sim7/8$)。

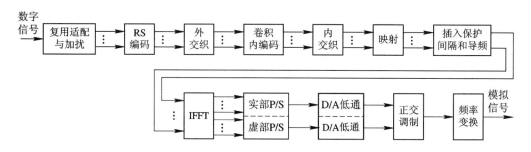

图 6-19　DVB-T 的信道编码和调制系统方框图

1. 内交织

DVB-T 中高频载波采用 COFDM 调制方式,在 8 MHz 射频带宽内设置 1705(2k 模式)或 6817(8k 模式)个载波,将高数码率的数据流分解成 2k 路(或 8k 路)低数码率的数据流,分别对每个载波进行 QPSK、16QAM 或 64QAM 调制。为提高 COFDM 信号接收解调时维特比(Viterbi)解码器对突发误码的纠错能力,DVB-T 对卷积编码后的数据流进行内交织,包括比特交织和符号交织两个步骤,不同的调制方式(QPSK、16QAM、64QAM 等)有不同的交织模式。

图 6-20 是在 QPSK、16QAM 和 64QAM 三种调制模式下,收缩卷积码经过并/串转换后的串行数据流输入 x_0,$x_1\cdots$处理成输出调制符号的映射过程。图中在 QPSK、16QAM

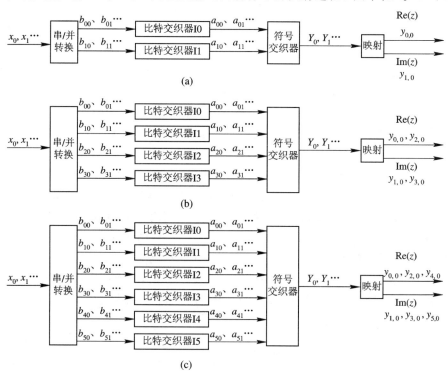

图 6-20　在 QPSK、16QAM 和 64QAM 时内交织示意图

(a) QPSK;(b) 16QAM;(c) 64QAM

和 64QAM 三种模式中的数据流经过串/并转换后分别变成并行的 2、4、6 路比特流。在 16QAM 时，输入 x_0，x_1…变换成 b_{00}、b_{01}…，b_{10}、b_{11}…，b_{20}、b_{21}…和 b_{30}、b_{31}…4 路并行比特流。然后，进入 4 个比特交织器 I0、I1、I2 和 I3，各自交织成 a_{00}、a_{01}…，a_{10}、a_{11}…，a_{20}、a_{21}…和 a_{30}、a_{31}…4 路并行比特流。

这里，对不同的交织器 I0，I1，…定义了不同的交织模式，DVB－T 中对交织规律作了较详细的规定。比特交织后的符号串在符号交织器中进一步实现符号交织。根据 $2k$ 模式（除导频信号外有效载波数 1512＝12×126）或 $8k$ 模式（有效载波数 6048＝48×126 个）的 COFDM 调制，将 12 个或 48 个符号组（每组 126 符号）顺序进行交织。

内交织是一种频率交织，就是将原来连续的比特或符号尽可能配置到相距较远的载波上。

2. 映射和星座图

COFDM 调制中，由每个符号对各个载波进行调制，QPSK 调制时符号为 2 b，16QAM 调制时符号为 4 b，64QAM 调制时符号为 6 b。

图 6－21 所示为 QPSK 调制时，2 b 的符号 $y_{0,A}$、$y_{1,A}$ 应用格雷码映射成的 4 点星座图。

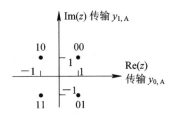

图 6－21　QPSK

3. 插入保护间隔和导频

地面数字电视的传输频谱很宽，而实际 OFDM 的载波数目 N 是有限的，不能保证每路载波的带宽总是小于 Δf，会产生码间干扰，影响正交条件。多径反射的结果是前一个符号的尾部拖延到后一个符号的前部，解决的办法是在每个符号之前设置保护间隔 T_g，在接收机中对每个符号开始的 T_g 时间内的信号不予考虑，以此来消除多径延时小于 T_g 的码间干扰。保护间隔的插入使频谱利用率略有下降。

OFDM 是由 N 个频率的已调制载波综合成的信号。在 $2k$ 模式中 $N＝1705$，在 $8k$ 模式中 $N＝6817$。68 个 OFDM 符号构成一个 OFDM 帧，它们分别受到 2 b、4 b 或 6 b 符号进行的 QPSK、16QAM 或 64QAM 调制。由序列号为 0～67 的 OFDM 符号构成一个 OFDM 帧，由 4 个 OFDM 帧构成一个超帧。每个 OFDM 符号中有一些载波不用于数据传输而用于 CP（Continual Pilot，连续导频）、SP（Scattered Pilot，散布导频）和 TPS（Transmission Parameter Signaling，传输参数信令）信号的传输，它们是接收端获取解调和编码有关信息所必需的。

DVB－T 系统中的导频是训练数据，是在规定的子载波上发送的特定参考信号，通过比较特定参考信号和接收端收到的经过信道传输的导频，可以得到该子载波的信道传输函数，再通过插值等方法得到其它子载波上的信道传输函数。在接收端的 FFT 之后，在每个子载波上用一个抽头的均衡器便可从接收数据中准确地恢复出原始数据。均衡器抽头系数为子载波信道传输函数的倒数。

在发送端，一般在频域(IFFT 之前，FFT 之后)上插入导频。DVB-T 系统中的导频分为连续导频和散布导频。连续导频向接收机提供同步和相位误差估值信息。因为 OFDM 中对每个载波都是抑制载波调制，接收机解调时需要具有已知幅度和相位的基准导频信号。连续导频以恒定数量分布于 OFDM 符号内。在 2k 模式的 1705 个载波中有 45 个连续导频载波，载波序号为 0、48、54、87、141、156、192、201、255、279、282、333、432、450、483、525、531、618、636、714、759、765、780、804、873、888、918、939、942、969、984、1050、1101、1107、1110、1137、1140、1146、1206、1269、1323、1377、1491、1683、1704。在 8k 模式的 6817 个载波中有 177 个连续导频载波，接收端已知其规律，可以作为同步和相位误差估值信息。

散布导频分布在每 12 个载波中的第 12 个，逐个 OFDM 符号依次类推下去，直至一帧结束。散布导频的作用是提供频率选择性衰落、时间选择性衰落和干扰的变化动态等信道特性信息，便于接收机迅速进行动态信道均衡。在一些载波位置上散布导频与连续导频是重合的。图 6-22 是 DVB-T 系统 2k 模式的导频分布示意图。

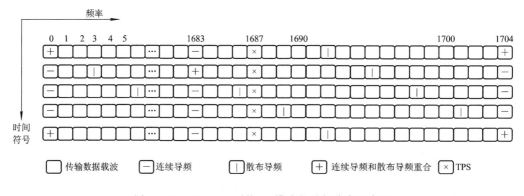

图 6-22　DVB-T 系统 2k 模式的导频分布示意图

特殊导频 TPS 用于传输保护间隔长度、调制方式等的系统参数。2k 模式 TPS 载波序号为 34、50、209、346、413、569、595、688、790、901、1073、1219、1262、1286、1469、1594、1687。

连续导频和散布导频都可以来进行信道估计。对静态信道来说，利用散布导频和利用连续导频的估计性能几乎是一样的；在时变信道中，散布导频有助于更好地跟踪信道变化。

进行 IFFT 和 FFT 运算要求数据数为 2^N，而 1705 不是 2^N，所以虚拟载波被插在有效载波的前后两头。这样安排频谱可以选择合适的模拟传输成形滤波器，来限制 IFFT 输出的离散信号的频谱，使频谱两端迅速滚降，趋于理想的矩形滤波器。虚拟载波不传送能量，幅值为 0。

在 DVB-T 中，2k 模式的 OFDM 符号周期为 224 μs，8k 模式的 OFDM 符号周期为 896 μs(不包括保护间隔)，信道中时域上出现的一些突发干扰和小的衰落在接收端被 FFT 平均到整个 OFDM 符号周期内，这样整个符号受到了轻微的影响，还是可以被解码器解码。在单载波系统中，同样的突发干扰和衰落会完全破坏符号，无法被解码器解码。

在 DVB－T 系统中，利用散布导频进行信道估计可分为两步。第一步是将接收的导频符号除以本地的导频符号，获得导频符号位置处的信道传输函数的估计。第二步是通过插值获得数据符号处的信道的传输函数的估计。因此，信道的估计性能主要依赖于第二步的插值技术的应用。常用的插值技术有线性插值、二阶插值、三次样条（Cubic-Spline）插值、低通插值、时域插值、变换域滤波插值等，各种插值方法实现复杂度和适用的信道条件都不相同，产生的插值误差也不同，应该根据实际情况来选取。导频用于跟踪信道变化，导频的间隔也就决定了可以跟踪的信道变化的最大速率。在 DVB－T 系统中，导频时域间隔 $N_k=4$，频域间隔 $N_i=12$。假设系统完全同步，且多径时延小于保护间隔，在 FFT 的运算后，每个子载波经过一个单抽头的均衡器，便可以将多径干扰消除。

DVB－T 系统接收机利用连续导频和散布导频能快速同步和正确解调，但减少了传输数据的载波数目。$2k$ 模式中实际有用载波（即有效载波）为 1512 个，$8k$ 模式中实际有用载波为 6048 个，载波使用效率均为 88.7％。表 6－2 是两种模式的 OFDM 参数。

表 6－2 $2k$ 和 $8k$ 两种模式的 OFDM 参数

模式	载波总数/个	Δf/Hz	有效载波数/个	连续导频数/个	分散导频数/个	符号有效持续期/μs
$2k$	1705	4464	1512	45	1/12	224
$8k$	6817	1116	6048	177	1/12	896

4. COFDM 信号的形成

N 路信号组成的 N 维复矢量进行 IFFT，对 IFFT 输出的复矢量的实部和虚部分别进行并/串转换、D/A 转换和低通滤波。随后对虚部信号和实部信号进行正交调制，即分别乘以 $\cos\omega t$ 和 $-\sin\omega t$ 后再相加，在 ω 所规定的中频频带上形成 COFDM 信号。这里的 COFDM 信号是以复信号的形式传输的。正交调制后的信号最后经频率变换搬移到射频，馈送至天线发射出去。在接收机中，对 COFDM 信号的解调按与上述调制过程相反的顺序进行。

6.2.6 DVB－T2 标准简介

DVB－T2 标准是 2008 年 6 月发布的，标准号是 ETSI EN 302 755。它是第二代欧洲数字地面电视广播传输标准，在 8 MHz 频谱带宽内所支持的最高 TS 流传输速率约为 50.1 Mb/s（如包括可能去除的空包，最高 TS 流传输速率可达 100 Mb/s）。

1. DVB－T2 系统的帧结构

图 6－23 是 DVB－T2 系统的帧结构示意图，这是一种三层分级帧结构，基本元素为 T2 帧，若干个 T2 帧和未来扩展帧（Future Extension Frame，FEF）组成一个超帧，FEF 位于超帧中两个 T2 帧之间或整个超帧最后。每个 T2 帧包含一个 P1 符号、多个 P2 符号和多个数据符号。所有符号均为 OFDM 符号及其扩展部分（如循环前缀）。通常，T2 帧中最后一个数据 OFDM 符号与其它数据 OFDM 符号的参数和导频插入位置会有所不同，称为帧结束符号（Frame Closing Symbol，FCS）。

T2 帧中数据符号的数目是可配置的。表 6－3 为 8 MHz 系统中，不同 FFT 点数和保护间隔下 T2 帧的最大符号数（P2 符号和数据符号总数）。FFT 点数越多，子载波间隔越

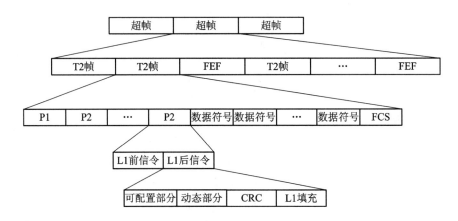

图 6-23 DVB-T2 系统的帧结构示意图

小，OFDM 符号在时域上占用的时间 T_u 就越长。表 6-3 中，NA 是不能实施的项。

表 6-3 不同 FFT 点数和保护间隔下 T2 帧的最大符号数

FFT 大小	T_u/ms	保护间隔						
		1/128	1/32	1/16	19/256	1/8	19/128	1/4
32k	3.584	69	67	65	64	61	60	NA
16k	1.792	138	135	131	129	123	121	112
8k	0.896	276	270	262	259	247	242	223
4k	0.448	NA	540	524	519	495	485	446
2k	0.224	NA	1081	1049	1038	991	970	892
1k	0.112	NA	NA	2098	2076	1982	1941	1784

1) P1 符号

P1 符号格式固定，可携带 7 b 信令，主要目的是识别前导符号。P1 符号携带的信息有两种：第一种与 P1 符号的 3 个 S1 比特有关，用于辅助接收机迅速获得基本传输参数，即 FFT 点数；第二种与 P1 符号的 4 个 S2 比特有关，用于识别帧类型，包括 SISO 和 MISO 的 T2 帧类型。

2) P2 符号

P2 符号是位于 P1 符号之后的信令符号，也可用于频率与时间的细同步和初步的信道估计。T2 帧的多个 P2 符号的 FFT 大小和保护间隔是相同的，个数由 FFT 的大小所决定。P2 符号包括 L1 后信令和用于接收及解码 L1 后信令的 L1 前信令，也可能携带在 PLP 中传输的数据。L1 后信令又包含可配置的和动态的两部分。除了动态 L1 后信令部分，整个 L1 信令在一个超帧（由若干个连续 T2 帧组成）内是不变的。在 P2 符号构成中，也进行了针对 L1 前/后信令的符号交织和编码调制。

L1 后信令包含了对接收端指定物理层管道进行解码所需的足够信息。L1 后信令又包括两类参数（信令）（即可配置参数和动态参数）以及一个可选的扩展域。可配置参数在一个超帧的持续时间内保持不变，而动态参数仅提供与当前 T2 帧具体相关的信息。动态参数取值可以在一个超帧内改变，但是动态参数每个域的大小在一个超帧内保持不变。

一般来说，超帧的最大时间周期为 64 s，包含 FEF 时可达 128 s。标准不要求目前 T2

标准接收机能够接收 FEF，但要求接收机必须能够利用 P1 符号携带的信令和 P2 符号中的 L1 信令检测 FEF，每个 T2 帧或 FEF 最长为 250 ms。

2. DVB - T2 系统的主要模块和功能

1）输入处理模块

DVB - T2 系统的输入由一个或多个逻辑数据流组成，每个逻辑数据流由一个 PLP（Physical Layer Pipe，物理层管道）进行传输。图 6 - 24 是单个物理层管道下输入处理模块方框图。对于输入的每个数据流，在输入处理模块内都有与之对应的模式适配模块来单独处理该数据流。模式适配模块将每个输入的逻辑数据流分解成数据域，然后经过流适配后形成基带帧。模式适配模块包括输入接口，后面跟着 3 个可选子系统模块（输入流同步、空包删除和 8 b CRC 校验生成），最后将输入数据流分解成数据域并在每个数据域的开始加入基带包头。流适配模块的输入流是基带包头和数据域，输出流是基带帧，它将数据填充到固定长度，形成基带帧，并进行能量扩散的扰码。

图 6 - 24　单个物理层管道下输入处理模块方框图

2）比特交织编码和调制模块

比特交织编码和调制模块由前向纠错编码，比特到星座点（单元）的分解、映射和星座点旋转，单元交织，时域交织等子模块构成。

（1）前向纠错编码子模块。该子模块包括外编码（BCH 编码）、内编码（LDPC 编码）和比特交织。子模块输入流由基带帧组成，输出流由 FEC 帧组成。

基带帧输入到前向纠错编码子模块，先进行外编码（BCH 编码），并将 BCH 编码的校验比特添加在基带帧后面，然后以此作为内编码器的信息比特，进行 LDPC 编码，将得到的校验比特添加在 BCH 校验比特位后面，最后对 LDPC 编码器输出的比特进行交织，包括依次进行的校验位交织和列缠绕交织，得到 FEC 帧。前向码率有 1/2、3/5、2/3、3/4、4/5、5/6 几种。

（2）比特到星座点的分解、映射和星座点旋转。把每个 FEC 帧（正常 FEC 帧长度为 64 800 b，短 FEC 帧长度为 16 200 b）映射到编码调制后 FEC 块的过程如下：

首先需要将串行输入比特流解复用为并行 OFDM 单元流，再将这些单元映射为星座点。比特交织器输出的比特流首先经过解复用器被解复用为 N 个子比特流，解复用器输出的每个单元字需要映射为 QPSK、16QAM、64QAM 或 256QAM 的星座点，然后星座点进行归一化。所有星座点映射均为格雷映射。

在星座旋转子模块（可选模块），星座映射模块输出的对应每个 FEC 块的归一化单元值（复数）在复平面进行旋转，并且单元的虚部（即 Q 路信号）在一个 FEC 块内循环延迟一个单元。

（3）单元交织。伪随机单元交织器的目的是将 FEC 码字对应的单元均匀分开，以保证在接收端每个 FEC 对应的单元所经历的信道畸变和干扰各不相关，并且对一个时域交织块内的每个 FEC 块按照不同的旋转方向（或称交织方向）进行交织，从而使得一个时域交织块内的每个 FEC 块具有不同的交织。

（4）时域交织。时域交织器（TI）面向每个 PLP 的内容进行交织。单元交织器输出的属于同一个 PLP 的多个 FEC 块组成时间交织块，一个或多个时间交织块再映射到一个交织帧，一个交织帧最终映射到一个或多个 T2 帧。每个交织帧包含的 FEC 块数目可变，可以动态配置。同一个 T2 系统内不同 PLP 的时间交织参数可以不同。

每个交织帧或者直接映射到一个 T2 帧，或者分散到多个 T2 帧（对低速 PLP，分散到多个 T2 帧可增强时间分集）。每个交织帧又分为一个或多个时间交织块，其中一个时间交织块对应时域交织存储单元的一次使用（对高速 PLP，多个时间交织块可降低时间交织存储器需求），每个交织帧内的多个时间交织块所包含的 FEC 块数目可能有微小差别。如果一个交织帧分成多个时间交织块，则此交织帧只能映射到一个 T2 帧。

作为可选项，T2 系统允许将时域交织器输出的交织帧分成多个子片，从而给时间交织提供最大灵活性。

3）组帧模块

组帧模块根据调度器提供的动态信息和帧结构的配置信息，把从时域交织器输出的分属各个 PLP 的数据 OFDM 单元以及调制后的 L1 信令 OFDM 单元组合成为一个 OFDM 块。图 6-25 是组帧模块示意图。图中延迟补偿用来对输入模块中的帧延迟和时域交织中的时间延迟进行补偿。

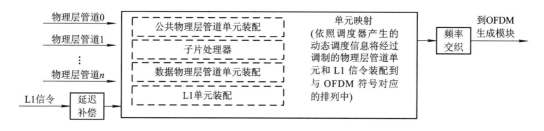

图 6-25　组帧模块示意图

4）MISO 处理和 OFDM 调制

频域交织器的输出先进入 MISO（Multiple Input Single Output，多输入单输出，一种智能天线技术，其使用多个传输器（发送器）和单个接收器在一个无线设备上来增加传输距离）处理模块，进行空频编码得到两个天线上发射的信号，然后对每个天线上要发射的信号进行 OFDM 调制和组帧处理，最后经射频通路送到发射天线进行传输。图 6-26 是 OFDM 生成模块示意图。在 T2 系统中 MISO 处理模块是可选模块，采用改进的 Alamouti 编码进行空频编码以支持双天线发射，该编码方式将频域交织器输出的两个相邻子载波上的符号字进行空频编码。MISO 处理模块不对 P1 符号进行处理。

图 6-26　OFDM 生成模块示意图

OFDM 调制和组帧处理的主要步骤包括导频插入、IFFT、保护间隔插入和 P1 符号插入等。T2 采用导频（包括连续、离散、P2 和帧结束）发射"已知"复信号（其虚部为"0"），从而为接收机提供参考。接收机利用导频进行帧同步、定时同步、载波同步、信道估计、传输模式识别和跟踪相位噪声等。导频上携带的信号由一个二值随机参考序列生成。导频包括连续导频和散布导频。T2 系统还包括特殊的 P2 符号导频和帧结束符号导频。按照 T2 帧中 OFDM 符号的类型、OFDM 符号保护间隔、FFT 点数和发射天线数目，导频的插入模式有所不同，并且导频发射功率高于所传输数据的功率。

连续导频额外开销大于或等于 0.35%。散布导频额外开销有 1%、2%、4%、8% 四种，对应八种散布导频图案。

降低峰均比模块主要有两种实现技术：动态星座图扩展技术（Active Constellation Extension，ACE）和子载波预约技术。作为可选技术，它们可以分别采用，也可以一并使用，并通过 L1 信令通知接收机。这两种技术仅适用于 OFDM 块中有效子载波部分，而不能在 P1 符号和导频上采用。

6.2.7　DVB 设备接口标准

DVB 定义了三种专用接口：ASI、SPI 和 SSI。

1. ASI

ASI（Asynchronous Serial Interface，异步串行接口）采用 270 Mb/s 的固定连接速率，适用于电缆传输和光缆传输。ASI 用于电缆传输时，采用 BNC 连接器。

图 6 - 27(a) 所示为一个典型的使用同轴电缆的 ASI。发送端首先将 TS 包按字节进行 8 b/10 b 编码，每字节编码成为 10 b（在 ITU - T J.83 中对编码作了详细规定）。这些 10 b 码字的游程长度等于或小于 4 b 且直流偏置最小。这些码字在并/串转换器变换为固定的 270 Mb/s 输出码率，若输入数据不足，可以插入同步字节填充，270 Mb/s 的串行码经过放大、缓冲和阻抗匹配，由 BNC 连接器输出。接收部分是发送的逆过程，比较特别的是有一个时钟数据恢复环节，用于从比特流中恢复出 270 MHz 的时钟。图 6 - 27(b) 为使用光缆的 ASI。

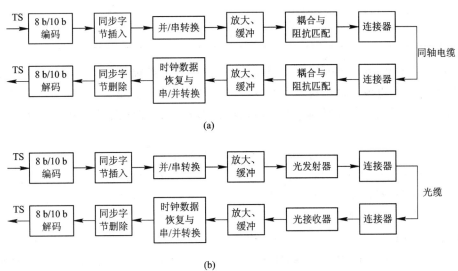

图 6 - 27　ASI 传输链路

（a）由同轴电缆构成传输链路；（b）由光缆构成传输链路

已恢复的串行数据经 8B/10B 解码器变换回原始的字节。为保证字节对齐，解码器要首先搜索同步字节，该同步字节的码型在 10 b 码字中是唯一的，与所有可能的由 8 b/10 b 编码器产生的输入数据字节均不同。一旦搜索到该同步字节，即为随后接收的数据字节标定了边界，从而建立了解码输出字节的正确的字节排列。

2. SPI

SPI(Synchronous Parallel Interface,同步并行接口)是以 ITU - R BT656 - 2 为基础制定的，用于较短距离的信号连接。接口连接器采用 25 针 D 型超小型连接器，提供 11 对信号线和 3 条地线，信号采用低电压差分信号(LVDS)电平。信号线是平衡的，每个信号有 A、B 两条线。11 对信号线中有 8 对数据信号(Data0～Data7)，1 对时钟信号(Clock)，1 对包同步信号(Psync)和 1 对数据有效信号(Dvalid)。其中，包同步信号标志一个包的开始，对应于包同步字节；数据有效信号标志当前字节是否为包的有效数据，它与包的传送格式有关；时钟信号频率 f_p 取决于数据流的速率，也与包的传送格式有关。传送格式 1 的包长为 188 B；传送格式 2 的包长为 204 B，包含 188 B 有效数据和 16 B 无效位；传送格式 3 的包长为 204 B，经过 RS 编码后 204 B 全部有效。传送格式 1 时，$f_p = f_u/8$；传送格式 2 或 3 时，$f_p = 204 f_u/(188 \times 8)$。$f_u$ 为对应于 TS 速率的频率，如 TS 速率为 8 Mb/s，则 $f_u = 8$ MHz。

SPI 的针脚定义如表 6 - 4 所示。

表 6 - 4　SPI 的 25 针 D 型超小型连接器针脚分配表

针脚号	信号线	针脚号	信号线
1	时钟 A	14	时钟 B
2	信号地	15	信号地
3～10	数据 7 A～数据 0 A	16～23	数据 7 B～数据 0 B
11	数据有效 A	24	数据有效 B
12	包同步 A	25	包同步 B
13	屏蔽地		

LVDS(Low Voltage Differential Signaling)是一种低摆幅差分信号技术。差分传输具有共模抑制功能，电流驱动不易产生振铃和切换尖峰信号，更降低了噪声，还能用低的信号电压摆幅，可以提高数据传输率和降低功耗。LVDS 允许数据以每秒数百兆位的速率传输。

美国国家半导体公司的芯片 DS90C031/2 和 DS90LV047/8 是电源电压分别为 5 V 和 3 V 的 LVDS 四线驱动/接收器，驱动器有一个差分对驱动的输出为 3.5 mA 的电流源。接收端直流输入阻抗很高，驱动电流通过 100 Ω 终接电阻在接收器输入端产生约 350 mV 的电压。当驱动部分切换时，通过电阻的电流方向改变，从而改变逻辑状态。

线驱动器的最大输出阻抗为 100 Ω，共模电压为 1.125～1.375 V，信号幅度为 247～454 mV，当驱动器具有 100 Ω 负载且在 20%～80% 峰值间测量时，其上升和下降时间小于 $T/7$，上升与下降时间差不超过 $T/20$，T 为时钟周期。

线接收器输入阻抗为 90～132 Ω，最大输入信号的峰峰电压值为 2.0 V，最小输入信号的峰峰电压值为100 mV。

3. SSI

SSI(Synchronous Serial Interface,同步串行接口)可以看做是做了并/串转换 SPI 的扩展,它使用的速率就是传输码流的速率,传输介质可以是电缆或光缆,电缆传输时连接器采用 BNC 连接器。

线路编码采用双相标记编码,编码规则是:不管值为"1"还是"0",跳变始终发生在比特的起点上;对于逻辑"1",在比特的中点上还有一次跳变发生;对于逻辑"0",在比特的中点上无跳变发生。

6.3　ISDB - T 标准

6.3.1　频宽分段传输

日本 ISDB - T 标准采用频宽分段传输正交频分复用(Bandwidth Segmented Transmission OFDM)调制方式,可以在 6 MHz 带宽中传递 HDTV 服务或多节目服务。与 DVB 不同的是, ISDB - T 标准将整个带宽分割成一系列的频率段,称为 OFDM 段。ISDB - T 提供几种调制方式的组合(DQPSK、QPSK、16QAM、64QAM)和内编码的编码率(Code Rate)(1/2、2/3、3/4、5/6、7/8)。这些参数对每个 OFDM 段可以独立选择。ISDB - T 的模拟带宽有 5.6 MHz (宽带 ISDB - T)和 430 kHz (窄带 ISDB - T)两种选择。宽带 ISDB - T 由 13 个 OFDM 段组成,可以分层传输。也就是说,各个 OFDM 段可以具有不同的参数,这样就能够满足综合业务接收机的需要。窄带 ISDB - T 仅由一个 OFDM 段构成,适合语音和数据广播。宽带接收机可以接收窄带信号,窄带接收机可以接收宽带信号的中心频率段。

一个 OFDM 段帧由 108 个载波和 204 个符号构成。按载波调制方式分,OFDM 段可以分成两类:一类为差分调制(Differential Quaternary Phase Shift Keying, DQPSK),另一类为连续调制(QPSK、16QAM 和 64QAM)。每个 OFDM 段除了具有数据载波外,同时还有一些特别的符号或载波,其中包括 SP(Scattered Pilot, 散布导频)、CP(Continual Pilot, 连续导频)、TMCC(Transmission and Multiplexing Configuration Control, 传输和复用配置控制)、AC1(辅助信道 1)和 AC2(辅助信道 2)。CP、AC1、AC2 和 TMCC 用于频率同步,SP 用于信道估计,TMCC 用于传送载波调制方式和内编码的编码率。

6.3.2　高强度时间交织适应移动接收

为实现数字电视地面移动接收,ISDB - T 采用了高强度时间交织,最大限度地缓冲突发误码对系统的冲击。地面移动信道的动态多径造成的误码具有强突发性质,误码持续时间远大于脉冲干扰引起的突发误码。系统纠错体系难以对高频度突发误码做出响应以至产生误码累积效应。对付这种突发误码的最好方法是采用时域数据交织技术将误码沿时间轴离散化,以均衡误码冲击能量。

ISDB - T 的内、外码数据已经进行了交织,如内交织采用并联比特交织方式,用以均衡内码解码输入端误码能量,交织延时仅为 120 调制符号;外交织采用与 DVB 相同的 12

臂同步回旋交织器，最大交织延时为 2244 B，与 RS 编码(204，188，$t=8$)配合最大理论纠错容限为 96 连续错误符号。这样的纠错配置对于严重动态多径环境的适应能力偏低，因此，ISDB-T 标准在系统内层采用高强度时间交织环节予以改善。图 6-28 是 ISDB-T 系统内层方框图，该交织环节位于星座映射合成输出至 OFDM 调制(IFFT)之间数据分段处理通道中。因为映射合成输出数据的读取是按 IFFT 取样时钟进行的，所以合成输出数据(复数域)与 OFDM 调制后生成的 OFDM 分段的子载波构成对应关系。与一个 OFDM 分段相对应的映射合成数据段定义为一个数据分段(Data Segment)，全部数据分段构成数据符号，并与全部 OFDM 分段构成的系统 OFDM 符号相对应。因此，高强度时间交织环节将按数据分段组织，并针对复数域映射数据操作。

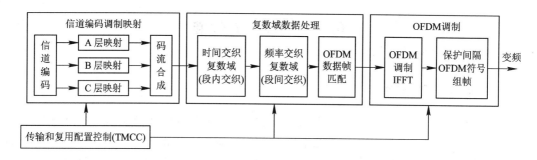

图 6-28　ISDB-T 系统内层方框图

ISDB-T 在系统内层采用延时长达数百毫秒的交织环节是相当有效的，它使系统对移动信道恶劣环境的适应性明显加强。加上系统频谱分段分级传输功能，ISDB-T 系统具有较强的综合业务，特别是移动业务的开发潜力。

6.4　我国地面数字电视标准

我国地面数字电视标准的全称是《数字电视地面广播传输系统帧结构、信道编码和调制》(GB 20600—2006)，该标准规定了数字电视地面广播传输系统信号的帧结构、信道编码和调制方式。自主创新并能提高系统性能的关键技术有：能实现快速同步和高效信道估计与均衡的 PN 序列帧头设计、符号保护间隔填充方法、低密度校验纠错码(LDPC)、系统信息的扩频传输方法等。该标准支持 4.813～32.486 Mb/s 的系统净荷传输数据率，支持标准清晰度电视业务和高清晰度电视业务，支持固定接收和移动接收，支持多频组网和单频组网。

数字电视地面广播传输系统是广播电视系统的重要组成部分，必须具有支持传统电视广播服务的基本功能，还要具有适应广播电视服务的可扩展功能。数字电视地面广播传输系统支持固定接收和移动接收两种模式。在固定接收(含室内、外)模式下，可以提供标准清晰度数字电视业务、高清晰度电视业务、数字声音广播业务、多媒体广播和数据服务业务；在移动接收模式下，可以提供标准清晰度数字电视业务、数字声音广播业务、多媒体广播和数据服务业务。

数字电视地面广播传输系统支持多频网和单频网两种组网模式，可以根据应用业务的特性和组网环境选择不同的传输模式与参数,并支持多业务的混合模式,以达到业务特性与传输模式的匹配,实现业务运营的灵活性和经济性。

　　数字电视地面广播传输系统发送端完成从输入数据码流到地面电视信道传输信号的转换。图 6-29 是数字电视地面广播传输系统发送端原理图。输入数据码流经过扰码器(随机化)、前向纠错编码(FEC),然后进行从比特流到符号流的星座映射,再进行交织后形成基本数据块。基本数据块与系统信息复用后,经过帧体数据处理形成帧体。帧体与相应的帧头(PN 序列)复接为信号帧(组帧),经过基带后处理转换为基带输出信号(8 MHz 带宽内)。该信号经正交上变频转换为射频信号(UHF 和 VHF 频段范围内)。

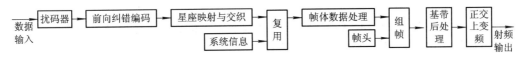

图 6-29　数字电视地面广播传输系统发送端原理图

6.4.1　加扰

　　为了保证传输数据的随机性以便于传输信号处理,输入的数据码流需要用扰码器进行加扰。

　　扰码是一个最大长度二进制伪随机序列。该序列由图 6-30 所示的线性反馈移位寄存器(Linear Feedback Shift Register,LFSR)生成。其生成多项式定义为

$$G(x) = 1 + x^{14} + x^{15} \tag{6-6}$$

该 LFSR 的初始相位定义为 100101010000000。

　　输入的比特码流(来自输入接口的数据字节的 MSB 在前)与 PN 序列进行逐位模 2 加后产生数据扰乱码。扰码器的移位寄存器在信号帧开始时复位到初始相位。

　　图 6-30 是扰码器的组成方框图。

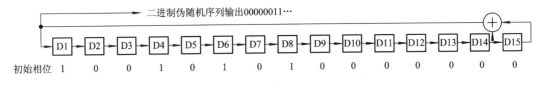

图 6-30　扰码器的组成方框图

6.4.2　前向纠错编码

　　扰码后的比特流接着进行前向纠错编码。前向纠错编码由外编码(BCH 编码)和内编码(LDPC 编码)级联实现。

　　FEC 码的块长为 7488 b,分为三种码率。码率 1 的编码效率为 0.4,信息比特为 3008;码率 2 的编码效率为 0.6,信息比特为 4512;码率 3 的编码效率为 0.8,信息比特为 6016。

　　BCH(762,752)码由 BCH(1023,1013)系统码缩短而成。在 752 b 数据扰码前添加 261 b 0 成为 1013 b,编码成 1023 b(信息位在前)。然后去除前 261 b 0,形成 762 b BCH 码字。

　　该 BCH 码的生成多项式为

$$G_{\text{BCH}}(x) = 1 + x^3 + x^{10} \tag{6-7}$$

三种码率的前向纠错码使用同样的 BCH 码。

LDPC 码的生成矩阵 $\boldsymbol{G}_{qc}$ 的结构如下：

$$\boldsymbol{G}_{qc} = \begin{bmatrix} \boldsymbol{G}_{0,0} & \boldsymbol{G}_{0,1} & \cdots & \boldsymbol{G}_{0,c-1} & \boldsymbol{I} & \boldsymbol{O} & \cdots & \boldsymbol{O} \\ \boldsymbol{G}_{1,0} & \boldsymbol{G}_{1,1} & \cdots & \boldsymbol{G}_{1,c-1} & \boldsymbol{O} & \boldsymbol{I} & \cdots & \boldsymbol{O} \\ \vdots & \vdots & \boldsymbol{G}_{i,j} & \vdots & \vdots & \vdots & \vdots & \vdots \\ \boldsymbol{G}_{k-1,0} & \boldsymbol{G}_{k-1,1} & \cdots & \boldsymbol{G}_{k-1,c-1} & \boldsymbol{O} & \boldsymbol{O} & \cdots & \boldsymbol{I} \end{bmatrix} \tag{6-8}$$

其中：$\boldsymbol{I}$ 是 $b \times b$ 阶单位矩阵；$\boldsymbol{O}$ 是 $b \times b$ 阶零阵；而 $\boldsymbol{G}_{i,j}$ 是 $b \times b$ 循环矩阵，取 $0 \leqslant i \leqslant k-1$，$0 \leqslant j \leqslant c-1$。

BCH 码字按顺序输入 LDPC 编码器时，最前面的比特是信息序列矢量的第一个元素。LDPC 编码器输出的码字信息位在后，校验位在前。

LDPC 码由循环矩阵 $\boldsymbol{G}_{i,j}$ 生成。循环矩阵 $\boldsymbol{G}_{i,j}$ 内的每一行都是上一行的向右循环移位一位，此方阵的第一行是此方阵的最后一行的向右循环移位一位；此方阵内的每一列都是左一列的向下循环移位一位，并且第一列是最后一列的向下循环移位一位。若 $\boldsymbol{G}_{i,j}$ 的第一行记为 $g_{i,j} = (u_{b-1}\ u_{b-2}\ \Lambda u_1 \Lambda u_0)$，其中 $u_1 (0 \leqslant 1 \leqslant b-1)$ 可以是 1 或者 0，则 $g_{i,j} = (u_{b-1}\ u_{b-2}\ \Lambda u_1 \Lambda u_0)$ 就称为 $\boldsymbol{G}_{i,j}$ 的生成多项式。

LDPC 码的校验矩阵结构如下：

$$\boldsymbol{H}_{qc} = \begin{bmatrix} A_{0,0} & A_{0,1} & \cdots & A_{0,t-1} \\ A_{1,0} & A_{1,1} & \cdots & A_{1,t-1} \\ \vdots & \vdots & & \vdots \\ A_{c-1,0} & A_{c-1,1} & \cdots & A_{c-1,t-1} \end{bmatrix} \tag{6-9}$$

其中，$A_{i,j}$ 是 $b \times b (b=127)$ 的矩阵，行重为 1，如果 $A_{i,j} = n$，则表示此矩阵第一行的第 n 列为 1，其余各行均是上一行的循环移位。

例如 $A_{i,j} = 3$，$b = 7$，则其结构为

$$\boldsymbol{A}_{i,j} = \begin{bmatrix} 0 & 0 & 0 & 1 & 0 & 0 & 0 \\ 0 & 0 & 0 & 0 & 1 & 0 & 0 \\ 0 & 0 & 0 & 0 & 0 & 1 & 0 \\ 0 & 0 & 0 & 0 & 0 & 0 & 1 \\ 1 & 0 & 0 & 0 & 0 & 0 & 0 \\ 0 & 1 & 0 & 0 & 0 & 0 & 0 \\ 0 & 0 & 1 & 0 & 0 & 0 & 0 \end{bmatrix} \tag{6-10}$$

GB20600—2006 标准的附录中给出了 LDPC(7493,3048)、LDPC(7493,4572)、LDPC(7493,6096)的生成多项式和校验矩阵的详细数据列表。

三种不同内码率的 FEC 码的结构分别如下：

(1) 码率为 0.4 的 FEC(7488,3008)码：先由 4 个 BCH(762,752)码和 LDPC(7493,3048)码级联构成，然后将 LDPC(7493,3048)码前面的 5 个校验位删除。LDPC(7493,3048)码的生成矩阵参数 $k = 24$，$c = 35$ 和 $b = 127$。

(2) 码率为 0.6 的 FEC(7488,4512)码：先由 6 个 BCH(762,752)码和 LDPC(7493,4572)码级联构成，然后将 LDPC(7493,4572)码前面的 5 个校验位删除。LDPC(7493,4572)码的生

成矩阵参数 $k=36$，$c=23$ 和 $b=127$。

（3）码率为 0.8 的 FEC(7488,6016)码：先由 8 个 BCH(762,752)码和 LDPC(7493,6096)码级联构成，然后将 LDPC(7493,6096)码前面的 5 个校验位删除。LDPC(7493,6096)码的生成矩阵参数 $k=48$，$c=11$ 和 $b=127$。

6.4.3　符号星座映射

前向纠错编码产生的比特流要转换成均匀的 nQAM(n 为星座点数)符号流(最先进入的 FEC 编码比特作为符号码字的 LSB)。标准包含 64QAM、32QAM、16QAM、4QAM 和 4QAM-NR 等五种符号映射关系。各种符号映射加入相应的功率归一化因子，使各种符号映射的平均功率趋同。下面示出的星座图都考虑了功率归一化要求。

1. 64QAM 映射

对于 64QAM，每 6 b 对应于 1 个星座符号。FEC 编码输出的比特数据被拆分成 6 b 为一组的符号$(b_5b_4b_3b_2b_1b_0)$，该符号的星座映射是同相分量 $I=b_2b_1b_0$，正交分量 $Q=b_5b_4b_3$，星座点坐标对应的 I 和 Q 的取值为 -7、-5、-3、-1、1、3、5 和 7。

2. 32QAM 映射

对于 32QAM，每 5 b 对应于 1 个星座符号。FEC 编码输出的比特数据被拆分成 5 b 为一组的符号$(b_4b_3b_2b_1b_0)$。星座点坐标对应的同相分量 I 和正交分量 Q 的取值为 -7.5、-4.5、-1.5、1.5、4.5、7.5。

3. 16QAM 映射

对于 16QAM，每 4 b 对应于 1 个星座符号。FEC 编码输出的比特数据被拆分成 4 b 为一组的符号$(b_3b_2b_1b_0)$，该符号的星座映射是同相分量 $I=b_1b_0$，正交分量 $Q=b_3b_2$，星座点坐标对应的 I 和 Q 的取值为 -6、-2、2、6。图 6-31 是 16QAM 星座映射。

4. 4QAM 映射

对于 4QAM，每 2 b 对应于 1 个星座符号。FEC 编码输出的比特数据被拆分成 2 b 为一组的符号(b_1b_0)，该符号的星座映射是同相分量 $I=b_0$，正交分量 $Q=b_1$，星座点坐标对应的 I 和 Q 的取值为 -4.5、4.5。图 6-32 是 4QAM 星座映射。

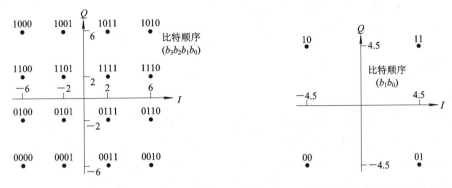

图 6-31　16QAM 星座映射　　　　图 6-32　4QAM 星座映射

5. 4QAM-NR 映射

4QAM-NR 映射方式是在 4QAM 符号映射之前增加 NR 准正交编码映射。按照

6.4.4 节描述的交织方法对 FEC 编码后的数据信号进行基于比特的卷积交织，然后进行一个 8 b 到 16 b 的 NR 准正交预映射，再把预映射后每 2 b 按 4QAM 调制方式映射到星座符号，直接与系统信息复接。

NR 映射将输入的每 8 b 映射为 16 b，将这 16 b 表示为

$$x_0 x_1 x_2 x_3 x_4 x_5 x_6 x_7 y_0 y_1 y_2 y_3 y_4 y_5 y_6 y_7$$

其中，$x_0 x_1 x_2 x_3 x_4 x_5 x_6 x_7$ 为信息比特，$y_0 y_1 y_2 y_3 y_4 y_5 y_6 y_7$ 为衍生比特，取值均为 0 或者 1，其约束关系满足以下 8 个公式：

$$y_0 = x_7 + x_6 + x_0 + x_1 + x_3 + (x_0 + x_4)(x_1 + x_2 + x_3 + x_5) + (x_1 + x_2)(x_3 + x_5)$$
$$(6-11)$$

$$y_1 = x_7 + x_0 + x_1 + x_2 + x_4 + (x_1 + x_5)(x_2 + x_3 + x_4 + x_6) + (x_2 + x_3)(x_4 + x_6)$$
$$(6-12)$$

$$y_2 = x_7 + x_1 + x_2 + x_3 + x_5 + (x_2 + x_6)(x_3 + x_4 + x_5 + x_0) + (x_3 + x_4)(x_5 + x_0)$$
$$(6-13)$$

$$y_3 = x_7 + x_2 + x_3 + x_4 + x_6 + (x_3 + x_0)(x_4 + x_5 + x_6 + x_1) + (x_4 + x_5)(x_6 + x_1)$$
$$(6-14)$$

$$y_4 = x_7 + x_3 + x_4 + x_5 + x_0 + (x_4 + x_1)(x_5 + x_6 + x_0 + x_2) + (x_5 + x_6)(x_0 + x_2)$$
$$(6-15)$$

$$y_5 = x_7 + x_4 + x_5 + x_6 + x_1 + (x_5 + x_2)(x_6 + x_0 + x_1 + x_3) + (x_6 + x_0)(x_1 + x_3)$$
$$(6-16)$$

$$y_6 = x_7 + x_5 + x_6 + x_0 + x_2 + (x_6 + x_3)(x_0 + x_1 + x_2 + x_4) + (x_0 + x_1)(x_2 + x_4)$$
$$(6-17)$$

$$y_7 = x_0 + x_1 + x_2 + x_3 + x_4 + x_5 + x_6 + x_7 + y_0 + y_1 + y_2 + y_3 + y_4 + y_5 + y_6$$
$$(6-18)$$

其中加法为模 2 加运算，乘法为模 2 乘运算。

GB 20600—2006 的附录中给出了 8 b 到 16 b 的 NR 准正交预映射详细数据列表。

6.4.4 交织

1. 符号交织

时域符号交织编码是在多个信号帧的基本数据块之间进行的。数据信号（即星座映射输出的符号）的基本数据块间交织采用基于星座符号的卷积交织编码，如图 6-33 所示，其中变量 B 表示交织宽度（支路数目，在 DVB、GB/T 17700、GY/T 170 中被称为交织深度，用 I 表示），变量 M 表示交织深度（延迟缓存器尺寸，在 DVB、GB/T 17700、GY/T 170 中被称为卷积交织器分支深度）。进行符号交织的基本数据块的第一个符号与支路 0 同步。交织/去交织对的总时延为 $M(B-1)B$ 个符号。取决于应用情况，基本数据块间交织的编码器有两种工作模式：

模式 1：$B=52$，$M=240$ 符号，交织/去交织总时延为 170 个信号帧；

模式 2：$B=52$，$M=720$ 符号，交织/去交织总时延为 510 个信号帧。

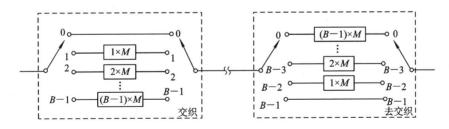

图 6-33　卷积式数据块间交织

2. 频域交织

频域交织仅适用于多载波模式（$C=3780$），目的是将调制星座点符号映射到帧体包含的 3780 个有效子载波上。频域交织为帧体内的符号块交织，交织大小等于子载波数 3780。具体交织运算过程如下：

（1）数组 X[3780] 的前 36 个元素为系统信息符号，后 3744 个元素为数据符号。为了使交织输出时 36 个系统信息符号集中放置，首先将这 36 个系统信息符号插入到 3744 个数据符号中，其插入位置构成的集合为

{0，140，279，419，420，560，699，839，840，980，1119，1259，1260，1400，1539，1679，1680，1820，1959，2099，2100，2240，2379，2519，2520，2660，2799，2939，2940，3080，3219，3359，3360，3500，3639，3779}

插入后得到的序列用数组 Z[3780] 表示。该插入过程可以通过以下程序完成：

```
j=0;
k=36;
for(i=0; i<3780; i=i+1)
{
    if(i 为插入位置构成集合中的元素）
    {
        Z[i]=X[j];
        j=j+1
    }
    else
    {
        Z[i]=X[k];
        k=k+1;
    }
}
```

（2）将数组 Z[3780] 通过以下程序进行位置调换得到最终交织输出序列 Y[3780]：

```
for(i=0; i<3; i=i+1)
for(j=0; j<3; j=j+1)
```

for(k=0；k<3；k=k+1)

for(l=0；l<2；l=l+1)

for(m=0；m<2；m=m+1)

for(n=0；n<5；n=n+1)

for(o=0；o<7；o=o+1)

Y[o*540+n*108+m*54+l*27+k*9+j*3+i]=Z[i*1260+j*420+k*140+l*70+m*35+n*7+o]；

GB 20600—2006 的附录中给出了具体交织图样数据列表。

6.4.5 复帧

图 6-34 是复帧的四层结构，基本单元为信号帧，信号帧由帧头和帧体两部分组成。超帧定义为一组信号帧，分帧定义为一组超帧，复帧结构的顶层称为日帧(Calendar Day Frame，CDF)。信号结构是周期的，并与自然时间保持同步。

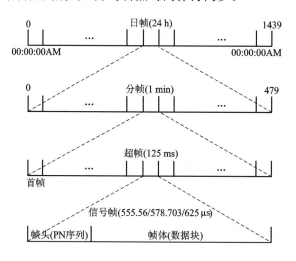

图 6-34　复帧的四层结构

1. 超帧、分帧和日帧

超帧的时间长度定义为 125 ms，8 个超帧为 1 s，这样便于与定时系统(例如 GPS(Global Positioning System，全球定位系统))校准时间。

超帧中的第一个信号帧定义为首帧，由系统信息的相关信息指示。

一个分帧的时间长度为 1 min，包含 480 个超帧。

日帧以一个公历自然日为周期进行周期性重复，由 1440 个分帧构成，时间为 24 h。在北京时间 00：00：00AM 或其它选定的参考时间，日帧被复位，开始一个新的日帧。

2. 信号帧

信号帧是系统帧结构的基本单元，一个信号帧由帧头和帧体两部分时域信号组成。帧头和帧体信号的基带符号率相同(7.56 MS/s)。

帧体部分包含 36 个符号的系统信息和 3744 个符号的数据，共 3780 个符号。帧体长度是 500(3780/7.56) μs。

帧头部分由 PN 序列构成, 帧头长度有三种选项。帧头信号采用 I 路和 Q 路相同的 4QAM 调制。

1) 帧头模式 1

帧头为 420 个符号, 加上帧体 3780 个符号, 信号帧为 4200 个符号, 每 225 个信号帧组成一个超帧 ($225 \times 4200 / 7.56 \ \mu s = 125$ ms)。

帧头模式 1 采用的 PN 序列定义为循环扩展的 8 阶 M 序列, 可由一个 LFSR 实现, 经 "0"到 +1 值及"1"到 -1 值的映射变换为非归零的二进制符号。

长度为 420 个符号的帧头信号 PN420 由一个 82 个符号的前同步、一个 PN255 序列和一个 83 个符号的后同步构成, 前同步和后同步定义为 PN255 序列的循环扩展。图 6-35 是 PN255 序列的循环扩展示意图。LFSR 的初始条件确定所产生的 PN 序列的相位。在一个超帧中共有 225 个信号帧, 每个超帧中各信号帧的帧头采用不同相位的 PN 信号作为信号帧识别符。

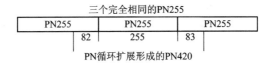

图 6-35　PN255 序列的循环扩展示意图

产生序列 PN255 的 LFSR 的生成多项式定义为

$$G_{255}(x) = 1 + x + x^5 + x^6 + x^8 \tag{6-19}$$

PN420 序列可以由 8 阶 M 序列 LFSR 产生。

基于该 LFSR 的初始状态, 可产生 255 个不同相位的 PN420 序列, 从序号 0 到序号 254, 选用其中的 225 个 PN420 序列, 从序号 0 到序号 224。为了尽量减少相邻序号的相关性, 经过计算机优化选择形成各序号序列 LFSR 的初始状态, GB20600—2006 中给出了这些初始状态的详细数据。在每个超帧开始时, LFSR 复位到序号 0 的初始状态。GB20600—2006 的附录中给出了 PN420 的详细数据列表。帧头信号的平均功率是帧体信号平均功率的 2 倍。

2) 帧头模式 2

帧头为 595 个符号, 加上帧体 3780 个符号, 信号帧为 4375 个符号, 每 216 个信号帧组成一个超帧 ($216 \times 4375 / 7.56 \ \mu s = 125$ ms)。

帧头模式 2 采用 10 阶最大长度伪随机二进制序列截短而成, 帧头信号的长度为 595 个符号, 是长度为 1023 的 M 序列的前 595 个码片。

该最大长度伪随机二进制序列由 10 b LFSR 产生。该最大长度伪随机二进制序列的生成多项式为

$$G_{1023}(x) = 1 + x^3 + x^{10} \tag{6-20}$$

该 10 b LFSR 的初始相位为 0000000001, 在每个信号帧开始时复位。

产生的伪随机序列的前 595 码片, 经"0"到 +1 值及"1"到 -1 值的映射变换为非归零的二进制符号。在一个超帧中共有 216 个信号帧。每个超帧中各信号帧的帧头采用相同的 PN 序列。

帧头信号的平均功率与帧体信号的平均功率相同。

3）帧头模式 3

帧头为 945 个符号，加上帧体 3780 个符号，信号帧为 4725 个符号，每 200 个信号帧组成一个超帧（$200 \times 4725/7.56\ \mu s = 125\ ms$）。

帧头模式 3 采用的 PN 序列定义为循环扩展的 9 阶 M 序列，可由一个 LFSR 实现，经"0"到 +1 值及"1"到 -1 值的映射变换为非归零的二进制符号。

长度为 945 个符号的帧头信号（PN945），由一个前同步、一个 PN511 序列和一个后同步构成。前同步和后同步定义为 PN511 序列的循环扩展，前同步和后同步长度均为 217 个符号。LFSR 的初始条件确定所产生的 PN 序列的相位。在一个超帧中共有 200 个信号帧。每个超帧中各信号帧的帧头采用不同相位的 PN 信号作为信号帧识别符。

产生序列 PN511 的 LFSR 的生成多项式定义为

$$G_{511}(x) = 1 + x^2 + x^7 + x^8 + x^9 \tag{6-21}$$

PN945 序列可以由 9 阶 M 序列 LFSR 产生。

基于该 LFSR 的初始状态，可产生 511 个不同相位的 PN945 序列，从序号 0 到序号 510。GB 20600—2006 选用其中的 200 个 PN945 序列，从序号 0 到序号 199。为了尽量减小相邻序号的相关性，经过计算机优化选择，形成信号帧序号序列和 LFSR 的初始状态，GB 20600—2006 中给出了这些初始状态的详细数据。在每个超帧开始时，LFSR 复位到序号的初始相位。GB 20600—2006 的附录中给出了 PN945 的详细数据列表。帧头信号的平均功率是帧体信号平均功率的 2 倍。

4）系统信息

系统信息为每个信号帧提供必要的解调和解码信息，包括符号星座映射模式、LDPC 编码的码率、交织模式信息、帧体信息模式等。系统中预设了 64 种不同的系统信息模式，并采用扩频技术传输。这 64 种系统信息在扩频前可以用 6 个信息比特 $s_5 s_4 s_3 s_2 s_1 s_0$ 来表示，其中 s_5 为 MSB。$s_3 s_2 s_1 s_0$ 是编码调制模式，为 0000～1111 时分别表示奇数编号的超帧的首帧指示符号、4QAM - LDPC 码率 1、4QAM - LDPC 码率 2、4QAM - LDPC 码率 3、保留、保留、保留、4QAMNR - LDPC 码率 3、保留、16QAM - LDPC 码率 1、16QAM - LDPC 码率 2、16QAM - LDPC 码率 3、32QAM - LDPC 码率 3、64QAM - LDPC 码率 1、64QAM - LDPC 码率 2 和 64QAM - LDPC 码率 3。s_4 为交织模式信息，为 0 表示交织模式 1，为 1 表示交织模式 2。s_5 为保留。

该 6 b 系统信息将采用扩频技术变换为 32 b 的系统信息矢量，即用长度为 32 的 Walsh 序列和长度为 32 的随机序列来映射保护。

通过以下步骤，可以得到 64 个 32 b 的系统信息矢量，将 2^6 种系统信息与这 64 个系统信息矢量一一对应，GB 20600—2006 的附录中给出了详细数据列表。对于传输的任何一种系统模式，通过这些数据可以得到需要在信道上传输的 32 b 的系统信息矢量。

（1）产生 32 个 32 b 的 Walsh 矢量，它们分别是 32×32 的 Walsh 块的各行矢量。基本 Walsh 块见式（6-22），Walsh 块的系统化产生方法见式（6-23）。

$$\boldsymbol{W}_2 = \begin{bmatrix} 1 & 1 \\ 1 & -1 \end{bmatrix} \tag{6-22}$$

$$W_{2n} = \begin{bmatrix} H & H \\ H & -H \end{bmatrix} \tag{6-23}$$

其中，H 为上一阶的 Walsh 块，即 $W_{2(n-1)}$。

（2）将上述 32 个 32 b 的 Walsh 矢量取反，连同原有的 32 个 Walsh 矢量，共可以得到 64 个矢量。再将每个矢量经过"+1"到 1 值及"−1"到 0 值的映射，得到 64 个二进制矢量。

（3）这 64 个矢量与一个长度为 32 的随机序列逐位异或后得到 64 个系统信息矢量。该随机序列由一个 5 b 的 LFSR 产生一个长度为 31 的 5 阶最大长度序列后，再后续补一个 0 而产生。该 31 位最大长度序列的生成多项式定义为

$$G_{31}(x) = 1 + x + x^3 + x^4 + x^5 \tag{6-24}$$

初始相位为 00001，在每个信号帧开始时复位。

（4）将这 32 b 采用 I、Q 相同的 4QAM 调制映射成为 32 个复符号。

这样经过保护后，每个系统信息矢量长度为 32 个复符号，在其前面再加 4 个复符号作为数据帧体模式的指示。这 4 个复符号在映射前，$C=1$ 模式时为"0000"，$C=3780$ 模式时为"1111"，这 4 b 也可采用 I、Q 相同的 4QAM 映射为 4 个复符号。

在组帧模块中该 36 个系统信息符号与信道编码后的数据符号复合成帧体数据，36 个系统信息符号连续排列于帧体数据的前 36 个符号位置。$C=1$ 和 $C=3780$ 两种模式的帧体结构是相同的，依次是 4 个帧体模式指示符号、32 个调制和码率等模式指示符号、3744 个数据符号（完成交织后的 nQAM 符号）。

6.4.6　数据处理

1. 帧体数据处理

3744 个数据符号复接系统信息后，经帧体数据处理后形成帧体，用 C 个子载波调制，占用的射频带宽为 7.56 MHz，时域信号块长度为 500 μs。

C 有两种模式：$C=1$ 或 $C=3780$。令 $X(k)$ 为对应帧体信息的符号，当 $C=1$ 时，生成的时域信号可表示为

$$\mathrm{FBody}(k) = X(k) \qquad k = 0, 1, \cdots, 3779 \tag{6-25}$$

在 $C=1$ 模式下，作为可选项，对组帧后形成的基带数据在 ± 0.5 符号速率位置插入双导频，两个导频的总功率相对数据的总功率为 -16 dB。插入方式为从日帧的第一个符号（编号为 0）开始，在奇数符号上实部加 1、虚部加 0，在偶数符号上实部加 -1、虚部加 0。

在 $C=3780$ 模式下，相邻的两个子载波间隔为 2 kHz，对帧体信息符号 $X(k)$ 进行频域交织得到 $X(n)$，然后按下式进行变换得到时域信号：

$$\mathrm{FBody}(k) = \frac{1}{\sqrt{C}} \sum_{n=1}^{C} X(n) \mathrm{e}^{\mathrm{j}2\pi n \frac{k}{C}} \qquad k = 0, 1, \cdots, 3779 \tag{6-26}$$

2. 基带后处理

基带后处理（成形滤波）采用平方根升余弦（SRRC）滤波器进行基带脉冲成形。SRRC 滤波器的滚降系数 α 为 0.05。

平方根升余弦滚降滤波器频率响应表达式如下：

$$H(f) = \begin{cases} 1 & |f| \leqslant f_N(1-\alpha) \\ \left\{ \dfrac{1}{2} + \dfrac{1}{2} \cos \dfrac{\pi}{2f_N} \left(\dfrac{|f| - f_N(1-\alpha)}{2} \right) \right\}^{\frac{1}{2}} & f_N(1-\alpha) < |f| \leqslant f_N(1+\alpha) \\ 0 & |f| > f_N(1+\alpha) \end{cases}$$

(6-27)

式中：$f_N = 1/2T_s = R_s/2$ 为奈奎斯特频率，其中 T_s 为输入信号的符号周期（$1/7.56~\mu\mathrm{s}$），R_s 为符号率，α 为平方根升余弦滤波器滚降系数。

调制后的 RF 信号由下式描述：

$$S(t) = \mathrm{Re}\{\exp(\mathrm{j}2\pi f_c t) \times [h(t) \otimes \mathrm{Frame}(t)]\}$$

(6-28)

式中：$S(t)$ 为 RF 信号；f_c 为载波频率（MHz）；$h(t)$ 为 SRRC 滤波器的脉冲成形函数；$\mathrm{Frame}(t)$ 为组帧后的基带信号，由帧头和帧体组成。

表 6-5 示出了在不同信号帧长度、内码码率和调制方式下，支持的净荷数据率。

表 6-5 系统净荷数据率（Mb/s）

信号帧长度	4200 个符号（帧头模式 1 PN420）			4375 个符号（帧头模式 2 PN595）			4725 个符号（帧头模式 3 PN945）		
FEC 码率	0.4	0.6	0.8	0.4	0.6	0.8	0.4	0.6	0.8
映射 4QAM-NR			5.414			5.198			4.813
4QAM	5.414	8.122	10.829	5.198	7.797	10.396	4.813	7.219	9.626
16QAM	10.829	16.243	21.658	10.396	15.593	20.791	9.626	14.438	19.251
32QAM			27.072			25.989			24.064
64QAM	16.243	24.365	32.486	15.593	23.390	31.187	14.438	21.658	28.877

表 6-5 中空白表示该模式组合 GB 20600—2006 不支持。

GB 20600—2006 中还给出了射频发送信号成形滤波后的基带信号频谱特性和谱模板。

GB 20600—2006 的全部技术内容为强制性，2007 年 8 月 1 日实施。

6.4.7 系统净荷数据率的计算

1. 概述

数字电视传输系统净荷数据率简称净码率。

净码率是按照传输系统的某种模式，在信道编码输入端可以传送的有效数据率。在数字电视的信道传输系统中，以下三方面影响净码率。

（1）前向纠错：是一种数据冗余的过程，它在有效数据上附加冗余的校验数据，达到保护有效数据的目的，这个过程会减少净码率。

（2）星座图映射：把二进制数据变换到表示载波的符号，这种符号数据是数字电视调制系统对外部发送数据的依据，此过程往往采用效率较高的调制方式，会增加净码率。

（3）符号帧形成：地面传输时，为了增强抗信道干扰能力，需要在数据符号中加入同步、导频、保护间隔、系统信息等内容，这个过程会减少净码率。

2. 我国地面数字电视传输系统的净码率

图 6 - 36 是我国地面数字电视传输系统的净码率计算示意图。

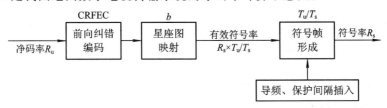

图 6 - 36　我国地面数字电视传输系统的净码率计算示意图

图 6 - 36 中各参数符号的含义如下：

R_u(净码率)：通过 MPEG - TS 接口送到信道传输系统的数据码率。

CRFEC(前向纠错编码效率)：应是外编码效率与内编码效率之积，我国地面数字电视传输系统设计为 0.4、0.6、0.8 三种码率，在实际计算中应采用精确值 3008/7488、4512/7488、6016/7488。

b(调制映射关系)：表示每个载波可携带多少个比特信息，4QAM - NR 调制为 1 b，4QAM 调制和 QPSK 调制为 2 b，16QAM 调制为 4 b，32QAM 调制为 5 b，64QAM 调制为 6 b，这时 b 分别为 1、2、4、5、6。

T_u(有效的数据周期)：指示一个符号中有效数据占用的时间长度。

T_s(符号周期)：指示一个符号占用的时间长度。

T_u/T_s：有效数据比例。

R_s(符号率)：指系统的传输符号率。有效符号率 $= R_s \times T_u/T_s$。

我国地面标准传输净码率：

$$R_u = R_s \times \frac{T_u}{T_s} \times b \times CRFEC$$

不论是 $C=1$ 的单载波模式还是 $C=3780$ 的多载波模式，都在 7.56 MHz 带宽的频段中传输，符号率 $R_s = 7.56$ MS/s。我国地面标准的 T_u 在不同模式下相同，都是 3744 个符号周期，$T_u = 495.238$ μs，而 T_s 则根据不同的 PN 序列而不同，分别是 PN425，555.5 μs；PN595，578.7 μs；PN945，625 μs，见图 6 - 37。信号帧参数如表 6 - 6 所示。在实际计算中为减少误差，应采用有效符号数与信号帧符号数之比代替 T_u/T_s，T_u/T_s 在三种模式时的精确值分别为 3744/4200、3744/4375、3744/4725。

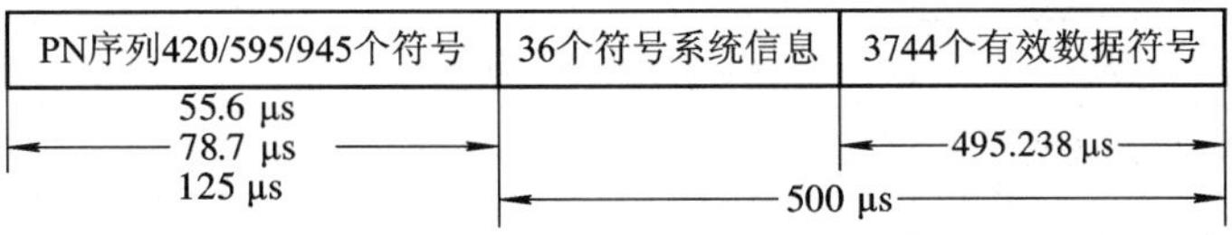

PN序列420/595/945个符号	36个符号系统信息	3744个有效数据符号
55.6 μs / 78.7 μs / 125 μs		495.238 μs
	500 μs	

图 6 - 37　有效数据符号和信号帧时间关系

表 6 - 6　信 号 帧 参 数

帧头模式	信号帧周期 T_s/μs	有效数据周期/μs	信号帧符号数	有效符号数
模式 1 PN420	555.5	495.238	4200	3744
模式 2 PN595	578.7	495.238	4375	3744
模式 3 PN945	625	495.238	4725	3744

例1 采用帧头模式 1(PN420)，在 64QAM，FEC 码率等于 0.6 时，有

$$净码率 R_u = 7.56 \times \frac{3744}{4200} \times 6 \times \frac{4512}{7488} = 24.365 \text{ Mb/s}$$

例2 采用帧头模式 3(PN945)，在 4QAM，FEC 码率等于 0.8 时，有

$$净码率 R_u = 7.56 \times \frac{3744}{4725} \times 2 \times \frac{6016}{7488} = 9.626 \text{ Mb/s}$$

用上述方法可以计算出表 6-5 中的各项净码率。

3. DVB 系统的净码率

首先以 DVB-T 为例来计算该系统的传输净码率。

前向纠错编码效率(CRFEC)为外编码效率 CRRS 与内编码效率 CRI 之积。

CRRS(RS 编码效率)：RS 编码的过程是将一个 MPEG-TS 包长(188 B)变换成 RS 码(204 B)的过程，其编码效率为 CRRS=188/204。

CRI(卷积码码率)：DVB 的卷积编码有多种码率，CRI=1/2、2/3、3/4、5/6、7/8。

在 DVB-T 中，不管是 $8k$ 还是 $2k$ 模式，系统的传输符号率 R_s 为 7.61 MS/s，这是因为 $8k$ 模式总共 6817 个载波，载波间隔为 1.116 kHz，总带宽为 1.116 kHz×6817＝7.61 MHz，这也是双边带传输时按照奈奎斯特规则能传送的最大数据率。

有效数据比例 T_u/T_s 是导频产生的有效数据比例 $(T_u/T_s)_p$ 和保护间隔引起的有效数据比例 $(T_u/T_s)_g$ 的乘积。

在 $8k$ 模式的 6817 个载波中，只有 6048 个载波是数据载波，其它是导频载波，因此，$(T_u/T_s)_p=6048/6817=0.887$。同样可知 $2k$ 模式的 $(T_u/T_s)_p=1512/1705=0.887$。

$(T_u/T_s)_g$ 表示加入保护间隔后产生的有效数据比例。以保护间隔 1/4 为例，保护间隔占 1，有效数据则占 4，此时有 $(T_u/T_s)_g=4/5$。因此，对应于保护间隔 1/4、1/8、1/16 和 1/32，$(T_u/T_s)_g$ 分别等于 4/5、8/9、16/17 和 32/33。

表 6-7 所示是 DVB-T 的传输参数。

表 6-7 DVB-T 的传输参数

参　数	$8k$ 模式	$2k$ 模式
符号周期/μs	869	224
载波数/个	6817	1705
OFDM 符号	6817	1705
一个 OFDM 帧	68 个 OFDM 符号	17 个 OFDM 符号
有效数据符号(数据载波)	6048	1512
载波间隔/kHz	1.116	4.464
载波带宽/MHz	7.61	7.61
保护间隔	1/4、1/8、1/16、1/32	1/4、1/8、1/16、1/32
导频	连续和离散	
导频模式	BPSK	
数据调制	QPSK、16QAM、64QAM	

DVB - T 净码率:

$$R_u = R_s \times \left(\frac{T_u}{T_s}\right)_p \times \left(\frac{T_u}{T_s}\right)_g \times b \times CRI \times CRRS$$

例 1　$8k$ 模式,保护间隔为 $1/4$,QPSK 调制,卷积码码率为 $1/2$,得到净码率

$$R_u = 7.61 \times \frac{6048}{6817} \times \frac{4}{5} \times 2 \times \frac{1}{2} \times \frac{188}{204} = 4.98 \text{ Mb/s}$$

例 2　$2k$ 模式,保护间隔为 $1/32$,64QAM 调制,卷积码码率为 $3/4$,得到净码率

$$R_u = 7.61 \times \frac{1512}{1705} \times \frac{32}{33} \times 6 \times \frac{3}{4} \times \frac{188}{204} = 27.14 \text{ Mb/s}$$

按照同样的道理,可以计算出 DVB - S 和 DVB - C 的净码率:

$$DVB - S: R_u = R_s \times b \times CRI \times CRRS$$
$$DVB - C: R_u = R_s \times b \times CRRS$$

其中,DVB - S 和 DVB - C 均不存在在符号帧中插入其它数据的情况,所以没有 T_u/T_s 项,并且,DVB - C 没有内卷积编码,因此取消了 CRI。与 DVB - T 不同,DVB - S 和 DVB - C 可以选择符号率进行传输。以 DVB - C 为例,在符号率为 6.875 MS/s,64QAM ($b = 6$) 的情况下,传输净码率为

$$R_u = 6.875 \times 6 \times \frac{188}{204} = 38 \text{ Mb/s}$$

4. ATSC 地面数字电视传输系统的净码率

ATSC 8 - VSB 地面广播模式中,残留边带频带宽度为 5.38 MHz,作为单边带传输,根据奈奎斯特准则,其符号率 R_s 为 $2 \times 5.38 = 10.76$ MS/s。

8 - VSB 调制方式每个符号可携带 3 b 二进制数据,因此有 $b = 3$。

8 - VSB 的外编码为 RS(207,187),加上 TS 包的同步字节,RS 编码效率 CRRS 为 $188/208$。8 - VSB 的内编码是编码效率 CRI 为 $2/3$ 的网格编码。

有效数据比例 T_u/T_s 需考虑数据段同步、数据场同步的影响,对整个 MPEG 数据包,段同步可简单等效于 MPEG 同步字节,并不降低净码率。但每 313 数据段出现一个场同步段,因此由场同步产生的有效数据比例 T_u/T_s 为 $312/313$。

这样得到 ATSC 8 - VSB 地面传输系统的净码率为

$$R_u = R_s \times T_u/T_s \times b \times CRI \times CRRS$$
$$= 10.76 \times \frac{312}{313} \times 3 \times \frac{2}{3} \times \frac{188}{208}$$
$$= 19.39 \text{ Mb/s}$$

对于 ATSC 16 - VSB 调制的高数据率有线传输方式,$b = 4$,没有内编码网格编码,这样得到 ATSC 16 - VSB 有线传输系统的净码率为

$$R_u = 10.76 \times \frac{312}{313} \times 4 \times \frac{188}{208} = 38.78 \text{ Mb/s}$$

6.5　手机数字电视标准 CMMB

手机电视是移动多媒体广播的俗称,但移动多媒体广播的范畴比手机电视大得多。

手机数字电视系统与数字电视地面广播系统类似，必须解决复杂无线信道下的数据传输的可靠性和有效性的问题，其帧结构、信道编码和信道调制技术必然与已有数字电视地面广播系统有很多相似之处。另一方面，手机数字电视系统对单频组网、网络覆盖、移动接收、业务管理和交互功能提出了更高的要求，对传输速率、频道带宽和传输性能则适当降低了要求或增加了灵活性。

CMMB(China Mobile Multimedia Broadcasting，中国移动多媒体广播)是国内自主研发的第一套面向手机、PDA、MP3、MP4、数码相机、笔记本电脑等多种移动终端的行业标准。CMMB利用S波段信号实现"天地"一体覆盖、全国漫游，支持25套电视节目和30套广播节目。CMMB信道传输部分的技术解决方案基于S-TiMi(Satellite & Terrestrial interactive Multimedia infrastructure，卫星与地面交互式多媒体结构)技术。CMMB采用了RS外码和LDPC内码、OFDM调制以及快速的同步技术，为手持终端提供传输视频、音频以及数据服务。CMMB工作在30～3000 MHz，同时支持8 MHz和2 MHz带宽，支持结合卫星和地面的单频网。CMMB采用了时间分片技术，以减少手持终端的功耗。此外，CMMB采用了逻辑信道以提供更好的传输服务，帧结构中包含1个控制逻辑信道及1～39个业务逻辑信道，每一个逻辑信道的码率、星座映射以及时隙分配是独立的。

1.《移动多媒体广播 第1部分 广播信道帧结构、信道编码和调制》(GY/T 220.1—2006)

1）系统发端方框图

CMMB传输系统发端方框图如图6-38所示。来自上层(信源)的输入数据流经过前向纠错编码、交织和星座映射后，与散布导频和连续导频复接在一起进行OFDM调制。调制后的信号插入帧头后形成物理层信号帧，再经过基带至射频变换后发射。

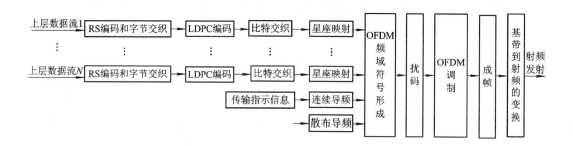

图 6-38　CMMB传输系统发端方框图

2）信道编码

CMMB采用RS和LDPC级联码作为其前向纠错码，其中外码RS码采用(240, K)的截短码，K有四种取值，分别为240、224、192和176，由原始RS(255, M)系统码通过截断获得。RS码的每个码元取自GF(256)，其域生成多项式为$g(x) = x^8 + x^4 + x^3 + x^2 + 1$。截短码RS(240, K)编码为：在K位信息字节前添加15个0字节，然后经过RS(255, M)系统码编码，编码完成后再从码字中删除添加的字节，即得到240 B的截短码。

RS码和LDPC码之间需要加入字节交织，以打散内码的突发错误。字节交织器的列数固定为 240，与 RS 码的码长相同，交织深度由行数 M_I 确定。表 6-8 是字节交织深度 M_I 的取值表。

表 6-8　字节交织深度 M_I 的取值表

频带宽度	调制方式	1/2 LDPC 码	3/4 LDPC 码
$B_f = 8\ \text{MHz}$	BPSK	$M_I = 72$	$M_I = 108$
	QPSK	$M_I = 144$	$M_I = 216$
	16QAM	$M_I = 288$	$M_I = 432$
$B_f = 2\ \text{MHz}$	BPSK	$M_I = 36$	$M_I = 54$
	QPSK	$M_I = 72$	$M_I = 108$
	16QAM	$M_I = 144$	$M_I = 216$

字节交织器的第 0 列至第 $K-1$ 列存放信息字节。字节交织器中的每个字节由其在交织器中的坐标表示，例如位于交织器中第 s 行第 t 列的字节记为 $B_{s,t}$。上层数据流输入字节交织器的方式是：二进制比特流按照低位优先的方式划分为字节，逐字节按列填充至字节交织器，字节交织器填充的列序号由 0 至 $K-1$ 升序排列。填充第 $K(0 \leqslant K \leqslant 239)$ 列时，首先填充 $B_{0,K}$ 字节，依次填充直至 $B_{M_I-1,K}$ 字节，第 K 列填充完成，下一字节填充至第 $K+1$ 列的第 0 个字节，直至第 $K+1$ 列的第 M_{I-1} 个字节。

字节交织器按列顺序输出。首先输出第 0 列数据，直至输出第 239 列数据。输出第 K 列数据时($0 \leqslant K \leqslant 239$)，依次输出 $B_{0,K}$，$B_{1,K}$，$\cdots$，$B_{M_I-1,K}$ 字节。字节交织器中的全部字节($M_I \times 240$ 字节)映射在整数个完整时隙上发送，其中字节交织器的 $B_{0,0}$ 字节总是在时隙的起始点发送。

经过 RS 编码和字节交织的传输，数据按照低位比特优先发送的原则将每字节映射为 8 位的比特流，送入 LDPC 编码器。LDPC 码长为 9216 b，提供两种码率，分别为 1/2 码率 (9216,4608)和 3/4 码率(9216,6912)。CMMB 中 LDPC 码也是一个校验位在前、信息位在后的系统码。

LDPC 编码后的比特需要经过比特交织然后再做星座映射，CMMB 中的比特交织采用块交织及行写列读的方式。交织器大小根据传输带宽的不同有两种选择，8 MHz 带宽下交织器大小为 384×360，2 MHz 带宽下交织器大小为 192×144。

3) 信道调制

CMMB 的星座映射采用了 BPSK、QPSK 以及 16QAM，图 6-39～图 6-41 是其星座图。同时进行 OFDM 调制，其 OFDM 调制采用 CP-OFDM(Cyclic Prefix Orthogonal Frequency Division Multiplexing)的保护间隔填充技术，8 MHz 模式下有效子载波数为 3076，总子载波数为 4096；2 MHz 模式下有效子载波数为 628，总子载波数 1024。有效子载波分派给数据子载波、离散导频和连续导频。CMMB 中 CP-OFDM 的 OFDM 数据体长度 T_u 为 409.6 μs，循环前缀长度 T_{CP} 为 51.2 μs，OFDM 符号长度 T_s 为二者之和 460.8 μs。

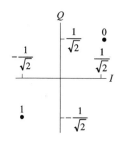

图 6 - 39　BPSK 星座图 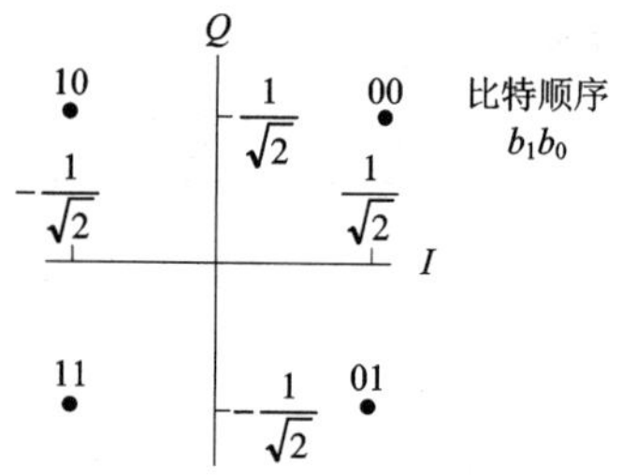　　　　　　　　　图 6 - 40　QPSK 星座图

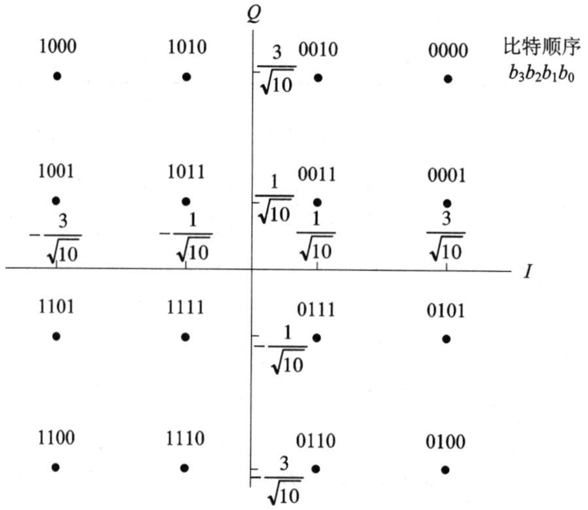

图 6 - 41　16QAM 星座图

4）扰码

扰码由线性反馈移位寄存器产生，生成多项式为 $g(x)=x^{12}+x^{11}+x^8+x^6+1$，初始值有 8 种选择，分别是 0000 0000 0001，0000 1001 0011，0000 0100 1100，0010 1011 0011，0111 0100 0100，0000 0100 1100，0001 0110 1101，0010 1011 0011。线性反馈移位寄存器在每个时隙开头重置，加扰通过将有效子载波上的复符号和复伪随机序列进行复数乘法实现。

5）帧结构

CMMB 采用了物理层的逻辑信道技术，物理层分为控制逻辑信道（Control Logic Channel，CLCH）和业务逻辑信道（Service Logic Channel，SLCH），分别承载系统控制信息和广播业务。物理层总共 40 个时隙，除第 0 个时隙作为控制逻辑信道外，其它 39 个时隙可以提供 1～39 个业务逻辑信道，每个业务逻辑信道占用整数个时隙。图 6 - 42 是 CMMB 物理层逻辑信道示意图，图 6 - 43 是 CMMB 帧结构示意图。每个时隙持续时间为 25 ms，由一个信标和 53 个 OFDM 符号组成。每个信标由一个发射机标识符（TxID）和两个同步符号组成，分别用于标识不同的发射机和同步。

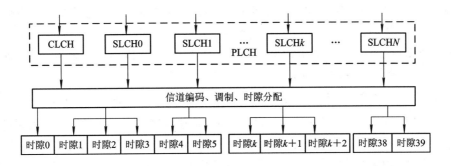

图 6 - 42　CMMB 物理层的逻辑信道

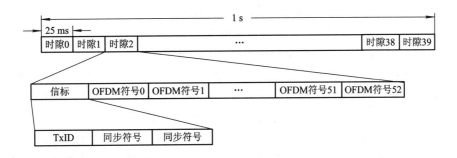

图 6 - 43　CMMB 基于时隙划分的帧结构

同步信号是二进制伪随机序列，由线性反馈移位寄存器产生，生成多项式为 $g(x)=x^{11}+x^9+1$，初始值为 01110101101（LSB）。同步信号数据体长度为 409.6 μs，无循环前缀；发射机标识符数据体长度为 25.6 μs，无循环前缀长度为 10.4 μs。发射机标识符、同步符号和 OFDM 符号之间通过 2.4 μs 的保护间隔相互交叠。

2.《移动多媒体广播　第 2 部分　复用》(GY/T 220.2—2006)

组成 CMMB 复用协议的单元包括复用帧、复用子帧、视频段、音频段和数据段。图 6 - 44 是复用的层次结构。每个物理传输的广播信道帧由复用帧构成，多个复用子帧或者控制信息表组成复用帧，复用子帧包括音频段、视频段和数据段。

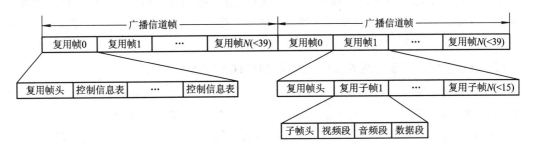

图 6 - 44　复用的层次结构

在一个 CMMB 广播信道帧中最多有 40 个复用帧，根据其承载的内容不同，可分为两种类型的复用帧。其中第一个复用帧（帧标识为 0）为控制帧，其它复用帧为业务帧。控制帧的净荷为各类控制信息表，包括网络信息表、持续业务复用配置表、持续业务配置表、短时间业务复用配置表、短时间业务配置表、ESG 基本描述表和紧急广播，为终端提供各种相应的控制信息。业务帧的净荷为一个或多个复用子帧（最多 15 个），每个复用子帧承载视/音频或数据信息，即每个复用子帧是一种业务应用。同一业务的音频基本流、视频基本流和数据流封装在同一复用子帧中，业务复用帧就是多个业务的集合。

3.《移动多媒体广播　第 3 部分　电子业务指南》(GY/T 220.3—2007)

电子业务指南（Electric Service Guide, ESG）是移动多媒体广播的业务导航系统，主要用来描述提供给用户的所有业务信息。用户可通过 ESG 获得移动多媒体广播业务的节目名称、播放时间和内容梗概等信息，实现节目的快速检索和访问。在移动多媒体广播系统中，ESG 由基本描述信息、数据信息和节目提示信息构成。

4.《移动多媒体广播　第 4 部分　紧急广播》(GY/T 220.4—2007)

紧急广播是一种利用广播通信系统迅速向公众通告紧急事件的业务。当发生自然灾害、事故灾难、公共卫生和社会安全等突发事件，可能造成重大人员伤亡、财产损失、生态环境破坏和严重社会危害，危及公共安全时，紧急广播提供了一种迅速快捷的通告方式。该部分标准以国务院颁发的《国家突发公共事件总体应急预案》为指导，紧密结合 CMMB 的技术体系，规定了紧急广播消息的数据定义、封装和传输方式。

CMMB 紧急广播首先将发布的原始信息进行拆分，封装为紧急广播数据段，然后按照紧急广播表的格式进行打包，最终以紧急广播表的形式放置于复用帧中进行传输。图 6-45 是紧急广播发送和接收方框图。

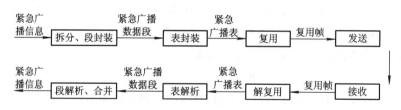

图 6-45　紧急广播发送和接收方框图

5.《移动多媒体广播　第 5 部分　数据广播》(GY/T 220.5—2008)

数据广播标准能够有效地扩展并丰富移动多媒体广播的业务内容，应用该标准能够支持视频、音频、文本、图片、软件程序等多媒体信息传输，为终端用户提供股票资讯、交通导航、气象、网站广播等各类信息服务。

6.《移动多媒体广播　第 6 部分　条件接收》(GY/T 220.6—2008)

移动多媒体广播条件接收系统 MMB-CAS 以四层密钥模型为基础建立密钥安全管理与授权控制管理及分发机制。利用加扰技术，实现对移动多媒体广播业务的条件接收。系统的安全管理主要通过系统信令对 CAS 终端进行管理。可以对 CAS 终端密钥进行更新、销毁、生效、失效等控制，对 CAS 终端的功能进行更新、生效、失效等控制。图 6-46 是 MMB-CAS 四层密钥模型示意图。

（1）用户注册层：实现用户密钥（UK）在终端安全模块中的预置或实现按双向注册方式的用户密钥分发。UK 用来对业务密钥（SEK）进行加密/解密。

（2）授权管理层/安全管理层：授权管理层实现授权管理信息（EMM）数据从前端到终

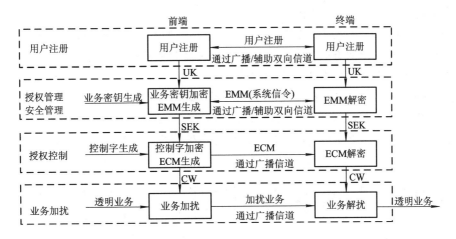

图 6 - 46　MMB - CAS 四层密钥模型示意图

端的安全传递。前端利用 UK 对 SEK 信息加密生成 EMM，通过广播或双向信道传输给终端，终端进行解密获得 SEK，SEK 用来对控制字(CW)进行加密/解密。安全管理层实现系统信令数据从前端到终端的安全传递。通常将系统信令利用 UK 加密后封装在 EMM 中，通过广播或双向信道传输给终端，终端进行解密获得系统信令。利用系统信令进行系统的安全控制、密钥管理、功能管理等。

（3）授权控制层：实现授权控制信息(ECM)数据从前端到终端的安全传递。前端利用 SEK 对 CW 进行加密生成 ECM，通过广播信道传输给终端，终端进行解密获得 CW。

（4）业务加扰层：实现业务数据从前端到终端的安全传递。前端利用 CW 对业务进行加扰，通过广播信道传送给终端，终端利用 CW 对加扰业务进行解扰。

7.《移动多媒体广播　第 7 部分　接收解码终端技术要求》(GY/T 220.7—2008)

终端基本要求有：

（1）稳定可靠接收 CMMB 系统视/音频、数据和紧急广播信息等基本业务码流，终端支持自动频点搜索功能，同时支持手动设置功能。S 波段：2.633～2.660 GHz；U 波段：470～798 MHz。

（2）视频广播流支持 AVS、H.264/AVC 视频压缩解码。音频广播流支持 DRA(Dynamic Resolution Adaptation，多声道数字音频编解码技术规范)音频压缩解码、MPEG - 4 AAC(Advanced Audio Coding，高级音频编码技术)，声道为单声道、立体声，采样率为 48 kHz、44.1 kHz、32 kHz，解码支持的最大码率不低于 128 kb/s。

（3）帧率为 25 帧/秒，图像分辨率为 QVGA(320×240)、QCIF(176×144)，采样格式为 4：2：0 格式，解码支持的最大码率不低于 384 kb/s。

6.6　直播星标准 ABS - S

直播星标准 ABS - S(Advanced Broadcasting System - Satellite)的全称是 GD/JN01—2007《先进卫星广播系统——帧结构、信道编码与调制》，主要技术包括 LDPC 信道编码技术、高阶调制技术、高效的帧结构设计等。

　　ABS－S是卫星直播应用的传输标准，定义了编码调制方式、帧结构及物理层信令。系统定义了多种编码及调制方式，以适应不同卫星广播业务的需求。图6－47是ABS－S传输系统的功能方框图。基带格式化模块将输入流格式化为前向纠错块，然后将每一前向纠错块送入LDPC编码器，经编码后得到相应的码字，比特映射后，插入同步字和其它必要的头信息，经过根升余弦（RRC）滤波器脉冲成形，最后上变频至Ku波段射频频率。在接收信号载噪比高于门限电平时，可以保证准确无误地接收，PER（Packet Error Rate，误包率）小于10^{-7}。

图6－47　ABS－S传输系统的功能方框图

　　与现有的DVB－S2标准比较，ABS－S具有以下几点优势：

　　（1）没有BCH码，减小了编码及系统的复杂度。

　　（2）采用较短的帧长，降低了实现系统的成本。

　　（3）更好的同步性能（基于优化的帧结构）。

　　（4）更简化的帧结构。

　　（5）固定码率调制（CCM）、可变码率调制（VCM）及自适应编码调制（ACM）模式可以无缝结合使用。

　　ABS－S具有如下特点：

　　（1）高质量信号采用无导频模式，而对于由于使用低廉射频器件引起的噪声信号，可以采用有导频模式。

　　（2）FEC只使用具有强大纠错能力的LDPC编码。

　　（3）对于不同的应用，可以使用不同的码率，并具有四种调制方式：QPSK、8PSK（用于所有业务）、16APSK和32APSK（用于除广播业务外的所有其它业务）。

　　（4）三种成形滤波滚降因子：0.2、0.25和0.35。

　　（5）ACM可应用于互联网技术中。

1. 信道编码技术

　　ABS－S的LDPC的码字长度为15360，且编码比率不同时，码长固定。

　　ABS－S提供了支持QPSK调制方式与1/4、2/5、1/2、3/5、2/3、3/4、4/5、5/6、13/15、9/10信道编码率及8PSK调制方式与3/5、2/3、3/4、5/6、13/15、9/10信道编码率的各种组合。这样，结合不同的滤波滚降因子可以为运营商提供相当精细的选择，从而根据系统实际应用条件充分发挥直播卫星的传输能力。

　　ABS－S中提供了16APSK和32APSK两种高阶调制方式，这两种方式在符号映射与比特交织上结合LDPC编码的特性进行了专门的设计，从而体现出了整体性能优化的设计理念。

2. 帧结构设计

　　ABS－S固定物理帧长度（不含导频），在一个物理帧内可以传输不同调制方式的多个

LDPC 码字。同时，在 ACM 工作方式下，通过特定的数据结构 NFCT（Next Frame Composition Table，下一帧成分表）对下一帧的结构进行描述，如各 LDPC 码字的调制方式、编码比率等。这样做最大的优势在于物理帧的时间长度固定，即同步字 UW（Unique Word，唯一字）以相同的时间间隔出现，便于接收机进行同频搜索。同时，NFCT 可以对一帧中多个 LDPC 码字的参数进行描述，而 NFCT 被放置在一帧的第一个 LDPC 码字中，同样通过 LDPC 进行编码。

ABS－S 在帧结构设计方面的另一个特点在于其高阶调制方式下导频的插入。ABS－S 中的导频插入可以根据实际系统应用条件，由运营商自行设置，而接收机则进行自适应判断，大大提高了灵活性和系统性能。同时由于 ABS－S 采用了固定的物理帧符号长度，保证了导频信号的均匀插入。

ABS－S 是我国拥有知识产权、保证节目传输安全的技术标准。该标准为我国专用，与境外卫星不兼容，可限制村村通用户接收其它卫星上的境外节目，确保卫星直播系统的安全性。

ABS－S 针对 DVB－S2 的不足进行了改进，能更好地为我国卫星直播业务提供可靠的技术保障。与 DVB－S2 相比，ABS－S 的性能基本相当，传输能力略高，复杂度则低得多，可以最大限度地发挥直播系统的能力，满足不同业务和应用的需求。

2008 年 6 月 9 日，中星 9 号广播电视直播卫星发射成功。一年间大量"灰锅"（非法直播星接收设备）流入市场，对城市有线网络运营产生了巨大的冲击。

2009 年 7 月 22 日，广电总局科技司向各相关企业发出《广电总局科技司关于对直播卫星信道解调芯片和机顶盒进行检查的通知》，直播卫星传输技术规范按照《先进广播系统—卫星传输系统帧结构、信道编码及调制：安全模式》（GD/JN01—2009）执行，之前执行的相关技术规范《先进卫星广播系统——帧结构、信道编码及调制》（GD/JN01—2007）停止使用。

ABS－S 安全模式对直播星安全接收进行了技术调整，包括传输技术和播出管理两个方面，一是通过采用安全模式的技术来提高传输技术的安全性和可靠性，二是对直播卫星信号进行加密传输。

思考题和习题

6－1　ATSC 中 VSB 数据结构是怎样的？

6－2　DVB－S 为什么要在调制之前对信号进行基带成形滤波？

6－3　DVB－S2 采用怎样的级联码和调制？

6－4　简述 DVB－S2 的可变编码调制和自适应编码调制的用处。

6－5　有线数字电视广播系统有哪些特点？调制采取什么方案？

6－6　DVB－T 系统为什么要进行外交织和内交织？

6－7　DVB－T 接收机是利用什么信号进行同步和均衡的？

6－8　DVB 定义了哪三种专用接口？

6－9　ISDB－T 采用了什么方法实现数字电视地面移动接收？

6-10　我国地面数字电视标准前向纠错编码的级联码是怎样的?

6-11　我国地面数字电视标准有哪五种符号映射关系?

6-12　计算我国地面数字电视标准采用帧头模式 2(PN595),在 16QAM,FEC 码率为 0.4 时的净码率。

6-13　计算 DVB-T 在 2k 模式,保护间隔为 1/16,QPSK 调制,卷积码码率为 5/6 时的净码率。

6-14　CMMB 标准采用怎样的级联码和调制?

6-15　CMMB 标准的时隙分配有何特点?

6-16　ABS-S 标准具有哪些特点?

6-17　ABS-S 标准采用怎样的编码和调制?

第 7 章　数字电视的条件接收

条件接收是一种技术手段，它容许被授权的用户收看规定的一些电视节目，未经授权的用户不能收看这些电视节目。模拟电视广播也有条件接收系统，而数字电视广播更加有利于条件接收的实现。条件接收系统是数字电视收费的技术保障，如视频点播、电子商务、电子游戏、连接 Internet 等都要收费。

7.1　概　　述

条件接收系统(Conditional Access System，CAS)必须解决如何阻止用户接收未经授权的节目和如何从用户处收费这两个问题。在广播电视系统中，在发送端对节目进行加扰(Scrambling)，在接收端对用户进行寻址控制和授权解扰就是解决这两个问题的基本途径。CAS 由前端(广播)和终端(接收)两个部分组成。前端完成广播数据的加扰和授权信息以及解扰密钥的加密等工作，将被传送节目数据由明码改为密码，加扰后的数据对未授权用户无用，而向授权用户提供解扰用的信息，这些信息以加密(Encryption)的形式复用到MPEG-2 的传送流中，授权用户对它进行解密就可以得到解扰密钥。终端由解扰器和智能卡完成解扰和解密。

7.1.1　MPEG-2 标准中有关 CAS 的规定

MPEG-2 在 TS 流数据包的语法结构中规定了两个加扰控制位，在 PES 数据包的语法结构中也规定了两个加扰控制位，所以加扰可以在 TS 层或 PES 层实施。不论在哪一层实施，TS 包的头部信息(包括自适应域)总是不加扰的；在 PES 层实施加扰时，PES 包的头部信息是不加扰的。另外，MPEG-2 的 PSI 表总是不加扰的。

MPEG-2 为 CAS 规定了两个数据流，即 ECM(Entitlement Control Message，授权控制信息)和 EMM(Entitlement Management Message，授权管理信息)。其 stream_id 值分别是 0xF0 和 0xF1。MPEG-2 没有规定 ECM 和 EMM 的 PES 包 PES_packet_length 以后的数据含义。但是，ECM 一般用来传送直接解扰信息；EMM 用来传送用户的付费情况或权限，包括对 ECM 进行解密的信息。对 ECM 和 EMM 进行加密的方法由各 CAS 自由选择。

MPEG-2 在 PSI 表中规定了 CAT(Conditional Access Table，条件接收表)，table_id 值为 0x01，传送 CAT 的 PID 固定为 0x0001。CAT 通过一个或多个 CA 描述符提供一个或多个 CAS 与它们的 EMM 流以及特有参数之间的关联。CA 描述符可以出现在 PMT(Program Map Table，节目映射表)中，如果位于 program_info_length 之后，则其

CA_PID 域指出的是解扰整个节目的 ECM；如果位于 ES_info_length 之后，则其 CA_PID 域指出的是解扰相应基本流的 ECM。

7.1.2 DVB 标准中有关 CAS 的规定

欧洲的 DVB 标准在 MPEG - 2 的基础上进一步规定了一些规范。首先，DVB 规定了两个加扰控制位的含义（在 TS 层和在 PES 层一样）：00 表示未加扰；01 表示保留；10 表示使用偶密钥；11 表示使用奇密钥。

一个灵活的广播系统应当能够在 PES 层实施加扰。为了避免客户端的解扰设备太复杂，DVB 对在 PES 层实施的加扰做了一些限制：

（1）加扰不能同时在 TS 和 PES 两个层次上实施；

（2）加扰的 PES 包的头不能超过 184 B；

（3）除了最后一个 TS 包外，携带加扰 PES 包的 TS 包不能有自适应域。

当广播数据跨越广播媒体边界（例如从卫星到有线）的时候，经常需要用新的 CA 信息替换原有的 CA 信息。为了灵活高效地实现 CA 信息的替换，DVB 作了如下规定：

（1）PID 等于某个 CA 描述符的 CA_PID 值的 TS 包只能携带 CA 信息，不能携带其它信息。另一方面，CA 信息只能出现在这些 TS 包中，不能出现在其它 TS 包中。

（2）在同一个 TS 流中，两个 CA 提供商不应使用相同的 CA - PID。

DVB 还规定了一个用表传输 CA 信息的机制。把 ECM、EMM 以及将来的授权数据放在 CMT（CA Message Table，条件接收信息表）中，更方便过滤。为 CMT 分配了 16 个 table_id，从 0x80 到 0x8F，其中，0x80、0x81 固定用于传送授权控制信息，其它的由 CAS 自由分配。

DVB 有关条件接收的标准有：DVB - CS ETR289——《在数字广播系统中使用扰码和条件接收的支持》，DVB - SIM TS101 197 DVB——《DVB 系统中同时加密的技术规范》，DVB - CI EN50221——《条件接入和其它数字视频广播解码器应用的公共接口规范》。我国相应的标准为 GY/Z 175—2001——《数字电视广播条件接收系统规范》。

7.1.3 同密和多密

1. 同密

同密（Simulcrypt）是指通过同一种加扰算法和加扰控制信息，使多个条件接收系统一同工作的技术或方式。其核心是不同厂家采用同一种加扰方式，用同一种加扰算法来加扰电视节目，但对各自的密钥数据采用各自的加密算法。

条件接收标准的同密部分描述前端复用器和不同加密系统的接口，目的是使两家或两家以上的 CA 系统同时对同一数字电视节目进行加扰。同密 CA 系统架构如图 7 - 1 所示，存在两种或两种以上的 ECMG（ECM 发生器）、EMMG（EMM 发生器）、PDG（Private Data Generator，专用数据发生器）和 CSIG（定制 SI 信息发生器），分别生成各自的 ECM、EMM、专用数据（PD）和 SI 信息。多个 CA 系统在同一个加、解扰系统中运行，共享节目信息，要求复用压缩系统要与不同的 CA 系统厂家达成共同协议，建立统一的接口，并将不同厂家的用户管理系统和 ECM、EMM 发生器集成在同一个前端。这样，不同 CA 系统的运营商的机顶盒可以接收同一个经过同密处理的数字电视业务。

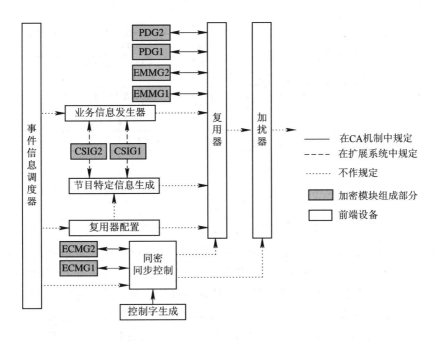

图 7-1　同密 CA 系统架构

CA 系统 1 和 CA 系统 2 同时对进入复用器的节目进行条件接收控制，它们使用相同的控制字发生器和通用加扰器。但是对控制字的加密方式和授权信息各不相同，因而产生不同的授权控制信息 ECM1、ECM2 和不同的授权管理信息 EMM1、EMM2，它们与被加扰节目数据流复合后一同传送给用户。

装有 CA 系统 1 的机顶盒可以对 ECM1 和 EMM1 信号进行解密，接收到 CA 系统 1 授权的节目。这个装有 CA 系统 1 的机顶盒如果还得到 CA 系统 2 的授权，则也能对 ECM2 和 EMM2 信号进行解密，从而接收到 CA 系统 2 授权的节目。同密使一个传输网络中传送不同节目、使用多种 CA 系统成为可能，使一个接收机接收多个 CA 节目或业务成为可能。这样使整个广播电视系统 CA 的设计具有很大的灵活性，并防止垄断。我国规定，任何一个服务平台如果选用了国外的加密系统，必须与一个国产加密厂家做同密，其目的是支持我国民族工业，引入适度竞争，降低系统和机顶盒价格。

2. 多密

多密(Multicrypt)技术是指接收机对多个不同的条件接收系统的节目进行接收的技术或方式。多密方案的基本思想是将解扰、解密等条件接收功能集中于一个具有公共接口的插入式 CA 模块中。而接收机中只具有接收未加扰的 MPEG-2 视频、音频、数据的功能。

DVB 在综合解码接收机(IRD)和条件接收系统之间定义了一个公共接口(Common Interface，CI)，如图 7-2 所示。通过定义和使用公共接口，条件接收系统的生产商能够将公共解扰器及专利解密器集成在一块可拆卸的模块上，并可装入 DVB 接收机上的插槽中。这样做的好处是可以使 DVB 接收机的生产和销售与条件接收系统的生产和销售分离，从而使得数字电视经营者能够根据需要选择不同的接收机生产厂商和条件接收系统生产厂商。与 DVB 类似，美国 ATSC 标准使用的是配置接口（Point of Deployment，POD）。

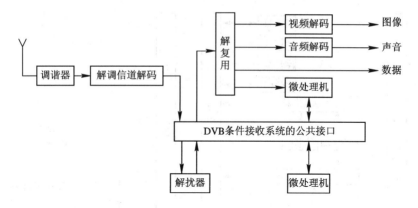

图 7-2　DVB 条件接收系统的公共接口

公共接口的物理格式采用了笔记本电脑的 PCMCIA（Personal Computer Memory Card International Association，个人计算机存储器卡国际协会）标准，在 DVB 接收机和条件接收卡之间有一个 68 线的接口。特殊的插槽设计使条件接收卡在插入时最先供电，拔出时最后断电，从而可以带电插拔。该公共接口标准还规定了条件接收模块的形式参数和性能。公共接口在一个物理接口中包括两个逻辑接口：第一个是 MPEG 传送数据流接口，它将解调以后的 MPEG-2 比特流送入条件接收模块，条件接收模块根据授权控制系统的授权，对加扰的 MPEG-2 比特流进行解扰，然后将处理后的 MPEG-2 比特流送回 DVB 接收机；第二个是命令接口，在 DVB 接收机和条件接收卡之间传递控制信息，它可以使条件接收模块与 DVB 接收机中的调制解调器、显示器件等进行通信，而并不要求 DVB 接收机必须理解其细节。

多密技术要求接收机采用 CI 接口，实现同一接收机接收不同 CA 系统加密节目的功能。从用户角度来讲，不会因购买一家 CA 接收机而受到限制，用户还有选择其它 CA 服务的可能性。当 CA 系统需要更新时，只需更换 CA 模块，不需要更换接收机。图 7-3 是多密方式的条件接收系统示意图。

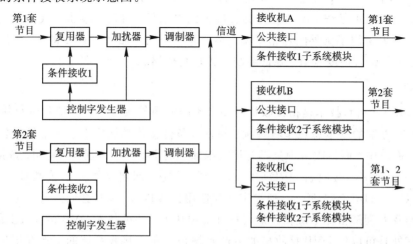

图 7-3　多密方式的条件接收系统示意图

在发送端，节目提供商提供的第 1 套节目由条件接收系统 1 加扰，经调制后传输。节目提供商提供的第 2 套节目由条件接收系统 2 加扰，经调制后传输。在接收端，用户只要在其接收机的公用接口上分别插上条件接收系统 1 和 2 的子系统模块，就可以用这个接收机接收到第 1 套和第 2 套节目；若在接收机上只装有条件接收系统 1 的子系统，则该接收机只能正确接收第 1 套节目，即使在发送端授权该接收机能接收第 2 套节目，但由于没有安装条件接收系统 2 的子系统，则该接收机还是不能接收到第 2 套节目。当发送端有多个节目提供商提供多套节目时，可依此类推。

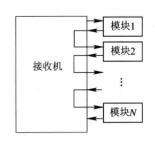

图 7-4　多个条件接收子模块的
TS 流接口链

当接收机连接有多个条件接收子模块时，TS 流接口连接应采用雏菊链(Daisy Chain)形式，如图 7-4 所示。当接口的感应针感应到模块插入时，PC 卡初始化过程将开始。接收机开始读取模块内存中的结构信息(这些结构信息包括模块的低级别配置信息，例如模块使用的 PC 卡读写地址)，并向接收机表明自己是与之可以兼容的模块。接收机将关闭 TS 流接口中的跳过(Bypass)链，允许 TS 包流过该模块。这将引入延迟，并导致 TS 流中短暂的间隙，但这是不可避免的。

无论是同密方式还是多密方式，一台数字电视接收机或机顶盒可以接收到信道传送的各个被授权接收的节目。同密方式只要一个条件接收子模块便可接收多个授权节目，这些节目采用同一种加扰算法；多密方式则要具有多个条件接收子模块才可接收多个不同的授权节目，这些节目采用不同的加扰算法。

7.1.4　条件接收系统的安全技术

CA 系统的关键是安全性。在全数字 CA 系统中，一般采用三级密钥体制。

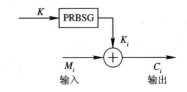

图 7-5　基本加扰算法

CA 系统的加扰对象是数据流，要求实时加扰，要采用能满足实时性要求的流密码(Stream Cipher)算法。流密码是密码学的一个重要分支，人们对它研究了很长时间，并提出了很多理论和算法。由于实际使用的流密码算法需要保密，因此在文献中详细说明的算法很少。CA 系统中采用的流密码算法都是秘密密钥算法，图 7-5 是基本加扰算法示意图。

1. 密钥 K

图 7-5 中的 K 是密钥(Key)，又称为控制字(Control Word，CW)或种子(Seed)；PRBSG 是伪随机二进制序列发生器；K_i 是由 CW 产生的一个伪随机二进制序列(Pseudo Random Binary Sequence，PRBS)；M_i 是要加密的数据流；C_i 是加密后的数据流。中间的运算是模 2 加(异或，XOR)。

由于根据 PRBS 有可能破译 CW，因此在可能被破译之前要更换密钥 CW。更换 CW 的频率要考虑同步时间和数据量。如果更换 CW 的间隔时间为 t，那么当用户切换到某一个经过加扰的节目时，最多要等待 t，平均要等待 $t/2$，才能开始解扰。因此更换 CW 的间隔时间不能过长。但如果间隔时间太短，密钥的数据量会很大，也增加了产生密钥 CW 的难度。

2. 业务密钥 SK

CW 是随加扰信息一起传送的，为防止被读取，必须对 CW 进行加密。对 CW 加密的密钥称为业务密钥(Service Key，SK)。SK 和用户的付费有关，实际上是用户的授权信息。用户一个月付费一次，SK 也按月变化，没有付费的用户将得不到新密钥。在 SK 更换时期，新 SK 要通过寻址发给每个已付费的用户，用户的解扰器收到新 SK 后先暂时存放起来，然后在规定的时刻启用新 SK。有时把新旧 SK 称为"奇密钥"和"偶密钥"。对 CW 加密的算法因 CA 系统的不同而不同。

3. 个人分配密钥 PDK

为了保护 SK，用每个解扰器或智能卡的地址码(ID)作为密钥来对 SK 进行加密，这个密钥称为个人分配密钥(Personal Distribution Key，PDK)或管理密钥(Management Key，MK)。需要注意的是，PDK 和解扰器或者智能卡的编号不是同一个概念。编号是公开的，PDK 是绝对保密的。但是编号和 PDK 之间有个映射关系。一个容量为一百万用户的 CA 系统用 20 位长的编号就够了，但是 PDK 需要更多的位数以保证破译的难度。

CW、SK 和 PDK 构成了 CA 系统的三级密钥体制。对广播数据、CW 和 SK 的保护采用的都是软件技术，对 PDK 的保护不仅需要软件技术，还需要硬件技术。下面以智能卡为例介绍保护 PDK 的技术。

智能卡(Smart Card)是一张塑料卡，在其内嵌入 CPU、ROM(包括 EPROM 和 EEPROM)和 RAM 等集成电路，组成一块芯片。智能卡中有一个专用的掩膜过的 ROM，用来存储用户地址、解密算法和操作程序，它们不可被读出。如果想用电子显微镜来扫描芯片，则 EEPROM 内的信息将被擦除。在芯片内部，数据流在存储器之间的流动也不可能被直接检测出来。这就从根本上解决了智能卡的安全问题。芯片内部寻址的数据是加密的，存储区域可以分成若干独立的小区，每个小区都有自己的保密代码，保密代码可以作为私人口令(Personal Identification Number，PIN)使用。

公共接口使用 PCMCIA 卡，俗称"大卡"；智能卡俗称"小卡"。

7.2 条件接收系统的工作原理

条件接收系统由加扰器、解扰器、加密器、控制字产生器、用户授权系统、用户管理系统和接收机中的条件接收子系统等部分组成，如图 7-6 所示。

在信号的发送端由控制字发生器产生控制字(CW)，将它提供给伪随机二进制序列发生器 PRBSG，产生一个伪随机二进制序列，并送给加扰器，加扰器对 MPEG-2 传送比特流进行加扰运算，加扰器的输出结果即为经过扰乱了以后的 MPEG-2 传送比特流。控制字就是加扰器加扰所用的密钥。控制字的典型字长为 60 b，每隔 2~10 s 改变一次。控制字加密器接收到来自控制字发生器的控制字后，根据用户授权系统提供的业务密钥 SK 对控制字进行加密运算，输出为经过加密以后的控制字，被称为授权控制信息(ECM)。业务密钥在送给控制字加密器的同时也被提供给了业务密钥加密器，业务密钥加密器根据用户授权系统提供的管理密钥 MK 或称为个人分配密钥 PDK，对授权控制系统送来的业务密钥 SK 进行加密，输出加密后的业务密钥，这被称为授权管理信息（EMM）。经过这样一个过程产生的 ECM 和 EMM 信息均被送至 MPEG－2 复用器，与被送至复用器的加扰后的图像、声音和数据信号比特流一起打包成 MEPG－2 传送比特流而输出。

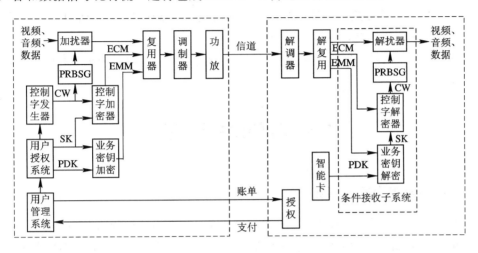

图 7－6　条件接收系统方框图

在发送端还有用户管理系统（Subscriber Management System，SMS）和节目信息管理系统（图 7－6 中未画出）。用户管理系统主要实现对数字电视广播条件接收用户的管理，包括对用户信息、用户设备信息、用户预订信息、用户授权信息、财务信息等进行记录、处理、维护和管理。根据用户订购节目和收看节目的情况，一方面向授权控制系统发出指令，决定哪些用户可以被授权看相应的节目或接受相应的服务；一方面它还可以向用户发送账单。

节目信息管理系统为即将播出的节目建立节目表。节目表包括频道、日期和时间安排，也包括要播出的各个节目的 CA 信息。节目管理信息被 SI 发生器用来生成 SI/PSI 信息，被播控系统用来控制节目的播出，被 CA 系统用来作加扰调度和产生 ECM，同时送入 SMS 系统。

在信号接收端，在最开始的瞬间，经过解调后的加扰比特流送至解复用器，由于 ECM 和 EMM 信号被放置于 MPEG－2 传送比特流的固定位置，因此，解复用器便很容易地解出 ECM 和 EMM 信号。从解复用器出来的 ECM 和 EMM 信号，被分别送至条件接收子系统中的控制字解密器与业务密钥解密器（控制字解密和业务密钥解密的工作常由 CPU 执行特殊算法来完成），恢复出控制字 CW，并将它送至解扰器。恢复控制字的过程十分短暂，一旦在接收端恢复出正确的控制字以后，解扰器便能正常解扰，将加扰比特流恢复成正常比特流。

可以看出整个 DVB 条件接收系统的安全性得到了三层保护：第一层保护是用控制字 CW 对复用器输出的图像、声音和数据信号 TS 流进行加扰，使其在接收端不经过解扰就不能正常收看和收听；第二层保护是用业务密钥 SK 对控制字加密，这样即使控制字在传送给用户的过程中被盗，偷盗者也无法对加密后的控制字进行解密；第三层保护是用 PDK

对业务密钥加密，非授权用户即使得到业务密钥，也不能轻易解密。解不出业务密钥就解不出正确的控制字，没有正确的控制字就无法解出并获得正常信号的 TS 流。

为了能提供不同级别、不同类型的各种服务，一套 CA 系统往往为每个用户分配好了几个 PDK，以满足丰富的业务需求。在已实际运营的多套 CA 系统（主要在欧美）中使用的加密授权方式有很多种，如人工授权、磁卡授权、IC 卡授权、智能卡授权（用 IC 构成有分析判断能力的卡）、中心集中寻址授权（由控制中心直接寻址授权，不用插卡授权）、智能卡和中心授权共用的授权方式等。

智能卡授权方式是目前机顶盒市场的主流，也被我国广电总局确定为我国入网设备的标准配件。

7.3　国产条件接收系统

7.3.1　中央电视台同密系统

中央电视台数字付费电视节目平台采用四家条件接收系统进行同密，分别是 NDS、爱迪德（Irdeto）、永新同方和天柏。NDS 是总部在英国的以色列公司，是知名的条件接收系统公司。爱迪德是总部在荷兰的专业条件接收系统公司。北京永新同方信息工程有限公司是由清华永新信息工程有限公司和清华同方股份有限公司进行资产合并和业务合并后组成的高科技企业。2008 年 1 月 1 日"北京永新同方数字电视技术有限公司"正式更名为"北京永新视博数字电视技术有限公司"。该公司自主研发的有条件接收系统已与 Irdeto 和 NDS 的产品经过同密测试，于 2001 年由国家广电总局推荐为国内数字电视条件接收系统的首选产品。天柏公司是香港天地数码公司在内地的全资公司。

图 7-7 是中央电视台四家 CAS 的同密示意图。

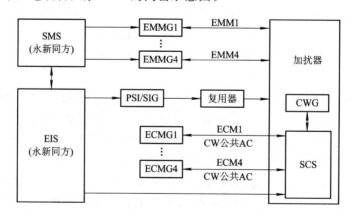

图 7-7　中央电视台四家 CAS 的同密示意图

由一个独立于各家条件接收系统的事件信息调度器（Event Info Scheduler，EIS）根据用户管理系统（SMS）和编排的节目单以及加密产品规定，按公共接入准则（AC）的数据格式生成"公共 AC"，并发送到加扰器中的同密同步器（SimulCrypt Synchroniser，SCS）模块。SCS 按照 DVB 同密规范与四个授权控制信息发生器(ECMG)建立连接,将"公共 AC"和控制字(CW)一起传送给四个 ECMG;四个 ECMG 根据"公共 AC"中的信息生成各自的 ECM,发送给 SCS。加扰器收到各家条件接收系统的 ECM 后,按照一个规定的周期向加扰传输流中插入和广播。

同时,SMS 向四家授权管理信息发生器(EMMG)中发送用户授权信息,各 EMMG 按照 DVB 同密标准规范与加扰器建立连接,将 EMM 发送到加扰器,由加扰器插入到传输流中。由一个独立的节目特定信息与业务信息发生器(PSI/SIG)为全系统生成 PSI/SI 信息,发送到复用器。

7.3.2　中央和地方两级条件接收

如果地方网络公司已经通过卫星接收机接收了中央节目平台的加扰节目流,那么地方网络公司需要管理中央节目平台的加扰节目和本地加扰节目。

中央加扰节目将保留原有的 ECM,本地加扰节目也保留自己的 ECM,地方网络公司应合并它们的 EMM,因为机顶盒只能辨认一个 EMM。合并以后的 EMM 可以和中央加扰节目 TS 流同处一个节目流,也可以和本地加扰节目 TS 流同处一个节目流。这样机顶盒当前节目无论停留在中央加扰节目还是本地加扰节目上,都可以顺利接收到对节目的授权。

中央节目平台和地方网络公司双方的用户管理系统(SMS)是互联的,对中央节目平台的加扰节目授权会在双方用户管理系统上留下记录,双方定期核对各自统计的用户数量,就像两个银行之间完成资金核对一样。

当中央节目平台的条件接收系统(CA)及用户管理系统和地方网络公司的条件接收系统及用户管理系统都定义了中央加扰节目的产品标识(ID)后,地方网络公司便可以对中央加扰节目进行授权了,各地用户订购中央节目平台的加扰节目,需要中央节目平台和地方网络公司同时对该用户的智能卡进行授权,这个过程由地方网络公司的用户管理系统发起申请,中央节目平台的用户管理系统及条件接收系统(CA)根据预定格式自动响应。中央节目平台的条件接收系统将授权返回结果递交给中央节目平台 SMS,中央节目平台 SMS 通过两级 SMS 接口将授权返回结果递交给地方网络公司 SMS,这样就在双方 SMS 中留下了授权记录。

这两次授权在时间间隔上相差无几,在空间操作上是分开的,因此互不影响,并且时间较短,根据实际验证,中央节目平台的加扰节目一般在地方网络公司发出授权请求后 5 min 左右就可以正常收看。

7.3.3　省网管理多个地市的分布式 CAS

基于永新视博 CDCAS3.0 条件接收系统的一个省网管理多个地市的分布式 CAS 如图 7-8 所示。详见参考文献 23。

分布式 CAS 的基本思想是在下级运营商处部署一个被称为"EMMS(EMM Sender,EMM 包发送器)代理"的模块,它工作在 EMMS 与本地 MUX(Multiplexer,复用器)之间。

EMMS 代理运行在下级地市,通过 VPN(Virtual Private Network,虚拟专用网络)专线和 EMMS 连接,EMMS 把需要发送的数据发送给 EMMS 代理,然后 EMMS 代理再把

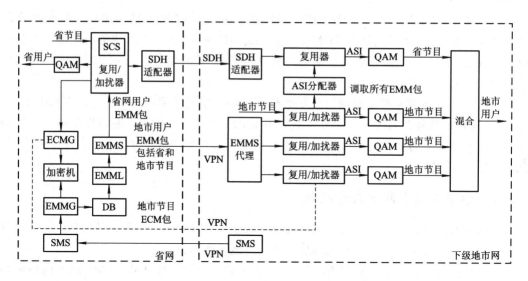

图 7-8　省网管理多个地市的分布式 CAS 示意图

数据发送给本地 MUX。上级 EMMS 发送来的数据包已自动根据区域进行了划分，EMMS 代理在接收数据后再转发给本地的 MUX，因此就避免了上级 CA 把相同的 EMM 包发送给所有配置的 MUX，也就解决了 EMM 包发送中的负担过重、带宽拥堵、效率低下等问题。

　　在 EMM 包被发送之前，首先需要在系统中配置所有的区域名称，包含省级和所有的地市名称。然后为 EMML（EMM Loader，EMM 包加载器）配置容器，对每一个区域，选择区域名称，并分别配置它的容器表达式，用于选择出与区域名称相对应的 EMM 包。可以使用卡的某一个特征来区分卡所属的区域。在为 EMMS 配置复用器 IP 时，同样需要指定区域名称。通知 EMMS 只把容器内包含的 EMM 包发送给同区域名称的复用器，以避免数据的冗余发送。

　　对于 EMMS 而言，EMMS 代理相当于 MUX，并且在 EMMS 配置上面，EMMS 代理和复用器的配置方式也完全相同。EMMS 代理/MUX 是 EMMS 的服务端，EMMS 根据自己的配置，连接到 EMMS 代理/MUX，并且把数据发送到 EMMS 代理/MUX。

　　对于 MUX 而言，EMMS 代理完全等同于 EMMS，EMMS 代理根据自己配置的 MUX 的情况，主动和 MUX 建立连接，并且把 EMMS 发送来的数据转发给每一个连接的 MUX。

　　另外，EMMS 代理还负责提供和 EMMS 连接的情况，包括 IP、连接时间、发送 EMM 包数量、平均带宽等信息，并提供和 MUX 通信的查询界面，内容和目前 EMMS 上的 MUX 连接状态数据完全相同。

　　数据接口标准方面，在 EMMS 和 EMMS 代理之间、EMMS 代理和 MUX 之间的信息通信完全遵循 ETSI TS103197 中的 EMMG 与 MUX 交互的接口标准。

思考题和习题

7-1　MPEG-2 为 CAS 规定的两个数据流 ECM 和 EMM 分别传送什么信息？

7-2　DVB 在 IRD 和 CAS 之间定义的公共接口 CI 包括哪两个逻辑接口？

7-3　同密技术和多密技术有什么不同？

7-4　画出基本加扰算法的示意图，说明是怎样进行加扰的。

7-5　全数字 CA 系统中，一般采用哪三级密钥体制？

7-6　条件接收系统由哪几部分组成？每一部分各有什么作用？

7-7　分布式 CAS 的基本思想是什么？

7-8　对于 EMMS 而言，分布式 CAS 中的 EMMS 代理相当于什么？

7-9　对于 MUX 而言，分布式 CAS 中的 EMMS 代理等同于什么？

第8章 多媒体技术和交互式电视

8.1 多媒体信号和多媒体技术

随着计算机技术、数字图像压缩技术和超大规模集成电路技术的发展，由这些技术交汇而产生的多媒体技术也得到了发展。

多媒体是指两种或两种以上的媒体。媒体是指携带信息的载体，通常应该包括图像和声音，可能还有文字、符号、图形、动画、图片等等。多种媒体携带的信息是相互联系、相互协调的。计算机交互处理这些媒体的技术即是多媒体技术。

多媒体信号应具有以下三个特征：

(1) 综合性：多媒体信号应是相互有关的多种媒体的信号的综合。

(2) 交互性：通信双方能充分地进行信息传送或交流，能获取、处理、编辑、存储、展示这些信息媒体。

(3) 同步性：多种媒体能同步地、协调地传送信息。

广播电视中的图像、声音、时间、字幕同步地传送，具有综合性和同步性，但没有交互性，所以广播电视不属于多媒体；而视频点播(Video On Demand，VOD)使观众可以选择节目，可以控制节目的暂停和继续播放，能够选择观看影片的多种结局之一，所以视频点播属于多媒体。通常认为电视会议、可视电话、安全监视、远程医疗、电子商务、远程教学等均属于多媒体范畴。

多媒体远程教学与一般的广播电视教学的教师讲学生听的模式不同，教师讲课时可向学生提问，学生除听课和回答问题外也可向教师提问。师生之间可频繁交流信息，有图像、语音、文字、符号、图形、动画、CAI(计算机辅助教学)课件等媒体。这种多媒体远程教学因为生动、直观、交互性强，所以能充分调动学生的积极性，取得良好的教学效果。

8.2 多媒体信号的传输

图像信号要求实时传输。视频信号不压缩时传送速率在 270 Mb/s 左右，高清晰度电视(HDTV)的信号传送速率高达 1000 Mb/s。为了在网络中传送更多的多媒体信息，对视频信息应进行各种压缩。按照 H.261、H.263、H.264、MPEG-1、MPEG-2 等视频压缩的国际标准，HDTV 压缩后的速率也只有 20 Mb/s。至于可视电话，在公用电话网

(PSTN)上传送时，可压缩为 20 kb/s 左右。语音信号也要求实时传输。语音信号如不压缩需 64 kb/s 的速率，经过压缩后可降到 32 kb/s、16 kb/s、8 kb/s 甚至 5～6 kb/s。视频与音频压缩编码是多媒体信号传输的关键技术。

通信服务质量（Quality of Service，QoS）是通信网络性能的重要参数，也是网络效果的主要表示参数，用来描述通信双方的传输质量。QoS 基本参数包括系统吞吐率、网络传输的稳定性、可用性、可靠性、传输延迟、传输码率、出错率、传输失败率、安全性等。传输码率只是其中的主要参数之一，不同的系统强调的参数往往不同，而且 QoS 参数的设置一般采用分层方式，不同层的参数有不同的表现形式。在用户层中，针对音频、视频信息的采集和重显，QoS 参数表现为采样率和每秒帧数。在网络层中，QoS 表现为传输码率、传输延迟等表示传输质量的参数。描述网络管理的 QoS 时，应主要考虑网络资源的共享、参数的动态管理和重组等。

8.2.1　PSTN

PSTN（Public Switched Telephone Network，公用电话交换网）是公共通信网中规模最大、历史最长的基础网络。电话网的主要用途是传输语音信号，用户的语音信息可通过传输线路和交换设备进行互传。该网络的终端设备主要是普通模拟电话机，要求所传输的信号带宽在 300 Hz～3.4 kHz 之间。

目前，电话网以模拟设备为主的情况已经发生了根本性的变化，数字传输设备和数字交换设备不断地被引入电话网，如数字光纤时分复用设备，计算机数字程控交换设备，所有这些数字化设备已经使公用电话网成为一个以数字设备为主体的网络。但在用户线路上传输的信号中，模拟语音信号的比例仍然最大，这给在公用电话网上传输数字信息带来了困难。目前，在公用电话网上传输数字信号的主要手段仍然是要依靠调制解调器（Modem），为此 ITU－T 提出了 V 系列建议，如描述接口电气特性的 V.28、V.35、V.10、V.11 等建议，描述接口间各条接口线路功能及其动作的 V.24 建议等。还有一些建议是用于描述 Modem 本身的，如 V.21、V.22、V.32 等等。

利用符合 V.34 建议的调制解调器，在 PSTN 网上可传输符合 H.324 标准的传输码率低于 64 kb/s 的可视电话。V.34 是有关 28.8 kb/s 速率的调制解调器的建议。QoS 参数为 S-QCIF 或 QCIF 格式，7.5 帧/秒，Y：U：V 为 4：1：1，12 比特/像素。

8.2.2　ISDN 和 STM

模拟电话网中，一对电话线只能传送一路模拟电话信号。随着通信技术的发展，出现了 ISDN（Integrated Services Digital Network，综合业务数字网），可以支持语音、数据和图像等几种媒体的传输业务，其基本传输速率为 160 kb/s。它利用一对电话线，同时传送两路数字电话信号（B 通路，每路可传送速率低于 64 kb/s 的数字电话或数字数据），采用同步时分复用方式，也称为 STM（Synchronous Transfer Mode，同步转移模式）。根据 CCITT 建议，电信的传输、交换、复用统称为转移模式。STM 在 ISDN 中的复用方式如图 8-1 所示，以 125 μs 为一帧，共传送 20 b，时间上分为 3 个信道 2B＋D，每个 B 信道传送 8 b 数字电话信号，一个 D 信道传送 2 b 信令信号（电话号码等，速率为 16 kb/s），还有供同步、控制等传输开销用的 2 b。各子信道的信息占用了固定的时隙。各时隙以 125 μs 为周期出现，根据信号所占用的时隙位置，就可判定是哪个子信道的信号，这就是 STM。

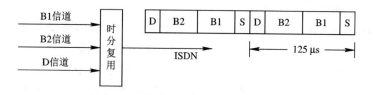

图 8 - 1　STM 的时分复用

在 STM 模式中，分配给了一个信道的一个固定时隙，只能传输该信道上的数据，不能传输其它数据。如果该信道上没有数据要传输，相应的时隙就会空闲，空闲时隙多时会造成带宽的极大浪费。

综合业务数字网可传输会议电视和可视电话。当上述 2B＋D 的基本接入（Basic Access）速率不够时，可使用 23B＋D、30B＋D 的基群接入（Primary Access），取得 1.544 Mb/s 或 2 Mb/s 的传输速率。QoS 参数为 CIF 格式，30 帧/秒，Y：U：V 为 4：1：1，12 比特/像素。

8.2.3　B - ISDN 和 ATM

B - ISDN(Broad-band ISDN，宽带综合业务数字网)与 ISDN 类似，利用同一线路在同一时间内传送多个电信业务信号，其码率在 155 Mb/s 以上，采用异步时分复用，或称为 ATM(Asychronous Transfer Mode，异步转移模式)。其传送的信息以信元为单位，信元长度是固定的 53 B，其中信头为 5 B，有用信息为 48 B。

在 ATM 模式中，各子信道的信号不是按一定时间间隔周期性出现的，因而不能再按固定的时隙位置来判断其属于哪个子信道。ATM 要在信头中的固定位置加一种标志信息，表明该信元属于哪个子信道，即准备送到对方的哪个用户。这样，在信道上的时隙划分就不必采用固定位置的方式了。

ATM 采用统计时分复用的方式来进行数据传输。统计时分复用就是根据各信道业务的统计特性，在保证业务质量要求的前提下，在各个业务之间动态地分配网络带宽，以达到最佳的资源利用率。这种方式可以解决 STM 中出现的带宽浪费的问题。多个子信道根据它们不同的传输特性复用到一条链路上。与同步时分复用 STM 不同，在 ATM 中，时隙只分配给有数据要传输的子信道，没有数据要传输的子信道不占用带宽。因此，ATM 在处理实时传输时能达到非常好的性能。在一般的复用机制中，各个输入带宽的总和应小于传输线路的总带宽；而利用统计复用的 ATM 可使输入带宽的总和大于总带宽。

B - ISDN 常用的交换方式有电路交换和分组交换。电话程控交换是电路交换方式，通信期间始终有一条电路被建立，也属于 STM 模式，它是以固定时隙为基础的交换。其优点是实时性好，没有交换引起的时延，但线路的利用率低。分组交换把整个信息分成若干较短的分组，各分组均有一定的目的地址，采用"存储转发"方式。其优点是线路利用率高，但分组长度是可变的，两个用户在一次通信中各分组可能经由不同的路径，因而会引入较大的时延，不宜用作实时通信。ATM 交换把信息分成一个一个固定长度的信元。信元长度比分组交换时的分组小得多,它利用硬件连接进行信息交换,交换的速度非常快。ATM 交换既有分组交换线路利用率高的优点,又有电路交换快速的优点,它是分组交换与电路交换的一种结合。因此,ITU 已规定在 B - ISDN 中应采用 ATM 方式的复用和交换。这样的以信元为基本单位的高速 ATM 信号,必须在宽带网络(例如光纤网络)中才能传输。B - ISDN 的传输速率在 155 Mb/s 以上,可以传送各种多媒体的新业务。

8.2.4　IP 网络

IP 网络包括 Internet(因特网)、Intranet(企业网)、WAN(Wide Area Network,广域网)以及 LAN(Local Area Network,局域网)等。IP 网络发展非常迅速,它利用 TCP/IP 协议(Transmission Control Protocol Internet Protocol),只需给出对方的 IP 地址,就可十分方便地把信息送到对方终端。但目前 IP 网络带宽较窄,还不能保证多媒体通信业务所需的服务质量(QoS)。对于视频和音频传输,丢掉几个分组不会造成很大的问题,但窄带宽将导致视频画面有时清晰,有时模糊,甚至导致音频信息的中断。因此,要采用效率更高的压缩编码和协议来改善因特网中实时通信的质量。

网络资源预留协议(Resource ReserVation Protocol,RSVP)对于用 IP 有限的带宽传送视频和音频以及其它实时多媒体信息非常重要。采用 RSVP 技术,通信双方在建立传输信息之前预留了足够的带宽,服务质量会得到较好的保证。目前,RSVP 的资源预留功能已在一些厂商的路由器和应用程序中实现。

分类服务技术是解决 IP 网 QoS 问题的一种十分有效的方法。不同类别的信息对网络传输资源的要求是不同的,分类服务按业务类别将信息分给能充分保证其服务质量的网络传输资源。

解决质量问题的根本办法是拓宽网络带宽。现在美国正在积极研制下一代因特网(Next Generation Internet,NGI),其目标就是要拓宽网络带宽。

8.2.5　FC

FC(Fiber Channel,光纤通道)技术是 ANSI(American National Standards Institute,美国国家标准协会)为网络和通道 I/O 接口建立的一个标准集成。它支持 HIPPI(High Performance Parallel Interface,高性能并行接口)、SCSI(Small Computer System Interface,小型计算机系统接口)、IP、ATM 等多种高级协议。它的最大特点是将网络和设备的通信协议与传输物理介质隔离开。这样,多种协议可在同一个物理连接上同时传送,高性能存储体和宽带网络使用单一 I/O 接口,这使得系统的成本和复杂程度大大降低。光纤通道支持点到点(Links)、仲裁环(Arbitrated Loop,AL)、交换式网络结构等多种拓扑结构。

1. 概述

光纤通道是把设备连接到网络结构上的一种高速通道,它既具有单通道的特点,又具有网络的特点,它可以是连接两套设备的单条电缆,也可以是连接许多设备的交换机产生的网状结构。光纤通道的最大优点是速度快,它可以给计算机设备提供接近于专业设备处理速度的吞吐量。

光纤通道与协议无关，它提供了一种在源设备（如计算机或磁盘阵列）的发送缓存器和目的设备的接收缓存器之间传送数据的方法，所以它是一种通用传输机制，适用范围广，可适合多种性价比的系统（从小系统到超大型系统），支持现有的 IP、SCSI、ATM、HIPPI 等多种协议。

光纤通道规范定义的各种类型媒介支持的最大网络长度如表 8-1 所示。

表 8-1　FC 中各种媒介支持的最大网络长度

媒介类型	最大网络长度/km			
	132.8 Mb/s	265.6 Mb/s	531.25 Mb/s	1.062 Gb/s
单模光纤	10	10	10	10
50 μm 多模光纤	不适用	2	2	不适用
62.5 μm 多模光纤	5	1	不适用	不适用
同轴电缆	0.04	0.03	0.02	0.01
屏蔽双绞线	0.1	0.05	不适用	不适用

2. FC 的结构

FC 定义为多层结构，但是所分的层不能直接映射到 OSI（Open System Interconnection，开放系统互连）模型的层上。FC 的五层定义为：物理媒介和传输速率、编码方式、帧协议和流控制、公共服务以及上级协议（ULP）接口。

1）FC-0

FC-0 是物理层底层标准。FC-0 层定义了连接的物理端口特性，包括介质和连接器（驱动器、接收机、发送机等）的物理特性、电气特性、光学特性、传输速率以及其它的一些连接端口特性。物理介质除表 8-1 所列的之外，还有 UTP（Unshielded Twisted Pair，非屏蔽双绞线），用于 25 Mb/s 数据传输，距离可达 50 m。光纤通道的数据误码率低于 10^{-12}，它具有严格的抖动容许规定和串行 I/O 电路。

2）FC-1（传输协议）

FC-1 根据 ANSI X3T11 标准，规定了 8 b/10 b 的编码、解码方式和传输协议，包括串行编码、解码规则，特殊字符和错误控制。这些 10 b 码字的游程长度等于或小于 4 b 且直流偏置最小，能为链路提供自校验能力和时钟恢复能力。

3）FC-2（帧协议）

FC-2 层定义了传输机制，包括帧定位、帧头内容、使用规则以及流量控制等。光纤通道的数据帧长度可变，地址可扩展。用于传输数据的光纤通道的数据帧长度最多可达 2 KB，因此非常适合于大容量数据的传输。帧头内容包括控制信息、源地址、目的地址、传输序列标识和交换设备等。64 B 可选帧头用于其它类型网络在光纤通道上传输时的协议映射。光纤通道依赖数据帧头的内容来引发操作，如把到达的数据发送到一个正确的缓冲区里。

4）FC－3（公共服务）

FC－3 层提供高级特性的公共服务，即端口间的结构协议和流动控制，它定义了三种服务：条块化（Striping）、搜索组（Hunt Group）和多路播放（Broadcast Multicast）。条块化的目的是利用多个端口在多个连接上并行传输，这样，传输带宽能扩展到相应的倍数；搜索组用于多个端口去响应一个相同名字的地址；多路播放用于将一个信息传递到多个目的地址。

5）FC－4（ULP 映射）

FC－4 层是光纤通道标准中定义的最高等级，它固定了光纤通道的各层跟高层协议（ULP）之间的映射关系以及与现行标准的应用接口。现行标准包括现有的所有通道标准和网络协议，如 HIPPI、SCSI 接口和 IP、ATM 等。

3. FC 的特点

局域网 LAN 是面向非连接的，是通过将地址信息打入包内，然后按规定线路发送的方式完成网络传输的。为了管理网络协议，这种网络型的互联方案需要较大的软件开销。它一方面限制了系统带宽，另一方面造成了较大的延迟，不适合实时视/音频互联。此外，客户端对于服务器存储体的共享是需要通过服务器来进行的。而 FC 是宽带的、直接面向存储体的网络，在连接的设备之间，如计算机的处理器和外围设备之间，通道连接提供点到点的直接连接，或者提供交换的点到点连接。通道的作用是尽可能快地把数据从 A 点传送到 B 点。目的地的地址不仅是预先确定的，而且两点之间是用实际线路连接起来的，数据除了去目的地之外不可能去其它任何地方。因此，数据分组中不需要携带任何地址和纠错信息，分组开销很小。由于它们的点到点的性质和有限的处理要求，通道连接大多以硬件实现。其纠错过程简单，也由硬件完成。

传统的以太网络连接是取决于寻址方案的多点连接，该寻址方案能保证数据到达正确的目的地。沿着某一条网络连接传输的各个数据分组必须包含一个地址，网络中的各个设备均根据该地址确定分组是否正确。网络连接一般都具有相对复杂的误码检测和纠错能力，分组前端必须包含地址和误码纠错信息，这就使得分组开销比单通道连接高。另外，网络连接能够支持路由选择等功能，而简单的单通道不支持这些操作。光纤通道既具有单通道的特点，又具有网络的特点，它是把设备连接到网络结构上的一条高速通道。光纤通道网络最简单的模型可以是连接两套设备的单条电缆，而复杂的模型可以是连接许多设备的一台交换机产生的网状结构。它根据不同情况实现特定的结构，以达到支持应用程序的目的。在任何情况下，就某个单光纤通道端口而言，无论网络结构多么复杂，它只负责工作站和网络结构之间的一条简单的点到点的连接，可以避免大流量数据传输时发生阻塞和冲突，非常适合高速和不间断视频数据流的传送。

4. FC 网的容量

FC 是一种高性能的基于光纤通道的互联标准，是专为台式工作站、海量存储子系统、外围设备和主机系统之间双向点对点的串行数据通道而设计的，其传输速率比其它网络传输速率高很多，其标称数据传输率为 1000 Mb/s。但由于系统管理开销，信息、硬件（网卡、交换机、集线器、硬盘阵列控制器等）设计水平等因素的影响，FC 的实际数据率为 100 Mb/s、200 Mb/s、400 Mb/s 和 800 Mb/s，若视频工作站的视频数据率为 35 Mb/s，实际应用中连入 FC 的视频工作站数量不应超过 20 台。这是对于一个用户级（由一台交换机连接的结构中）的情况；对于多个用户级，由多台交换机级联会大大增加用户站点，但多台交换机的级联会引起信号在交换中的延迟，这是在搭建 FC 网络时需要特别小心的。

就目前而言，高速 Ultra SCSI 硬盘的理论 I/O 能力为 40 MB/s，实际上只能达到 30 MB/s，甚至更低，而无压缩的视频流的数码率，在 8 b 时为 20 MB/s，在 10 b 时为 25 MB/s，所以硬盘阵列的 I/O 能力限制了工作站点的数量。

8.3 多媒体技术的应用

8.3.1 会议电视

1. 概述

会议电视（Video Conference）是利用通信网召开会议的通信方式。会议电视要传递与会者的图像和声音，与会者对话时可以通过电视看到对方；会议电视还要传递文件、图片、图表、会议室气氛等各种静止的和活动的图像信息。会议电视使相隔几百、几千千米的与会者之间距离"缩短"，有一种亲临会场的感觉。

会议电视减少了旅途时间，节约了大量的出差费用。一些紧急的如防汛、防灾等场合，以及需要迅速作出决策的会议，可利用会议电视争取时间，及时决策。会议电视的收费与使用时间成正比，这促使发言人要做好充分准备，压缩发言时间，提高效率。会议电视可以增加与会人数，更好地集思广益。

2. 会议电视系统的组成

会议电视系统由终端设备、传输设备、传输信道以及多点控制设备 MCU（Multi-point Control Unit）等组成。

1）终端设备

会议电视终端设备包括摄像机、话筒、计算机、传真机、监视器、会议电视编码器和解码器，如图 8-2 所示。

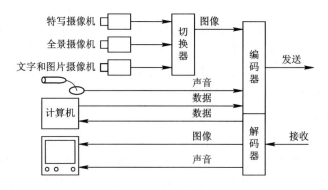

图 8-2 会议电视终端设备

摄像机一般设特写摄像机、全景摄像机、文字和图片摄像机等。图像切换器按会议进程选用不同摄像机的图像送出。话筒要选用方向性强并有平坦频率特性的。室内墙壁应进行吸音处理，避免声音反射引入的回音。喇叭与话筒之间的声音来回传递会引起啸叫，应设置回波消除器并调整喇叭与话筒的相对位置，以消除啸叫。监视器应选用大屏幕电视或投影电视，图像与实物之比为 1∶1，这样能获得临场感。

会议电视编码器和解码器是终端设备中的关键设备。图 8−3(a)是编码器方框图。来自切换器的模拟电视信号，经亮色分离后由模/数(A/D)转换电路转换为数字信号，又经公共中间格式(CIF)转换，把电视信号转换成统一的中间格式(352×288)，再采用统一的 H.261 算法进行压缩。由于编码中采用了变长编码 VLC 技术，经压缩编码后的数据为不均匀的数据流，因此需要缓冲存储器对数据速率进行平滑。从缓存中读出的数据经过信道编码(纠错编码)可增强其抗干扰能力，然后被送入时分多路复用模块，并与经编码的语音以及来自其它数字设备(如计算机、传真机等)的数据信号，按照指定的时隙合成一路数字信号，再经接口电路形成标准的传输码(如 HDB3 码(High Density Bipolar 3Zeros)，即 3 阶高密度双极性码)后，被送入信道发送。

图 8−3(b)是解码器方框图。解码器的工作过程与编码器相反。传输码经接口电路被恢复成非归零的时分多路信号以及供解码用的基本时钟信号，再经时分解复用之后，分为 3 个信号流进行进一步处理。其中的数据信号被送往专用的数字接收设备(计算机、传真机、电子黑板等)。声音信号被送往声音解码电路经数/模(D/A)转换、功放送往音响设备。而图像信号经纠错解码电路之后，被送入缓存，转换成与编码器相同的数据流形式，经 H.261 解码、格式转换、D/A 转换后，在彩色监示器上显示出来。

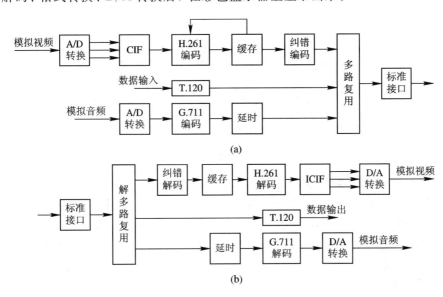

图 8−3　会议电视编码器和解码器方框图
(a) 编码器；(b) 解码器

2) 多点控制方式

会议电视的分会场一般相隔较远，分会场数目较多，这就构成了多点会议电视系统。多点会议电视系统的连接、控制方式有以下几种：

(1) 全耦合方式：所有各分会场之间相互用线路连接。当点数很多时，这种方式需要大量线路，很不经济。

（2）图像合成方式：把所有会场图像汇集在一起合成为一幅图像传送到各终端，在各终端监视器上多画面显示所有会场图像。

（3）图像请求方式：把所有图像集中于一个网络节点，根据多点的请求，切换出所希望显示的图像。国外的会议电视常采用这种方式。

（4）图文分配方式：通过卫星把某一发送点的图像分配到所有各点，利用卫星召开电视会议。由于采用面辐射方式，因此该方式最节省线路。

（5）主席控制方式：不改变原来通信网络结构，线路连接、图像和声音的流向都由会议主席进行控制。这种方式不增加任何线路，但灵活性不够。

　　3）多点会议电视网

多点会议电视网中都需设置一个或多个 MCU，用以完成各个会议点之间的信息交换和汇接作用。ITU-T 有关多点会议电视的标准只允许采用两层级联的组网模型，这样可以满足传输延时、语音图像同步以及网络控制的要求。图 8-4 就是一个二级星形会议电视网示意图。处在最上面一层的 MCU1 是主 MCU，在它下面一层的 MCU2、MCU3 和MCU4 是和它相连接的从 MCU，它们都受控于 MCU1。根据需要，网络内的会议电视终端可以连接在从 MCU 上，也可以连接在主 MCU 上。图中的终端是直接连接到 MCU 上的，实际上它们是通过各种通信网络连接到 MCU 上的。

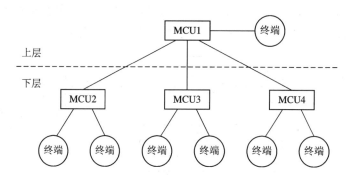

图 8-4　二级星形会议电视网示意图

3. 我国公用会议电视骨干网

我国的公用会议电视骨干网采用二级星形结构，以北京为全网一级枢纽中心，以星形辐射形式与二级枢纽中心（即各大区中心——沈阳、上海、南京、武汉、广州、西安、成都等地）的多点控制单元（MCU）相连接，各大区中心的 MCU 与本区内各省中心（即省会会场）相连，这样就构成了一个以北京为中心的全国会议电视骨干网。传输手段可以是现有的光缆、数字微波、数字卫星等。

按我国开会的惯例，采取主席控制模式，即主席所在的主会场，可同时向所有分会场传递主会场的图像和声音，并通过 MCU 与任一分会场对话，指挥汇接设备切换图像和声音。分会场发言需向主席申请，一旦被主席认可，该分会场的图像、语音便可以广播方式传送到其它各个会场。这种模式符合 ITU-T 的 H.243 标准。

全国性会议电视网管中心设在一级枢纽中心，由中央多点管理系统（CMMS）及工作站组成。网管中心的主要功能是：① 显示各 MCU 状态；② 对 MCU 进行故障诊断；③ 对每个 MCU 的计费进行统计；④ 统计与会会场、会议时间、码速率；⑤ 记录会议的有关事件。

国家骨干网全部采用美国威泰视讯公司（VTEL 公司，前 CLI 公司）的 Radiance 9075 型会议电视终端设备，该设备有一套 CLI 专有的 CTX、CTX Plus 的编码算法，其图像清晰度高于 H.261 算法，同时还具备符合 H.261 建议的 CIF、QCIF 图像格式。国家骨干网的多点控制采用 CLI 公司的 MCUⅡ，它具有 12 个 2 Mb/s 端口，符合 H.200 系列建议，具有全网的主席控制模式以及远端摄像的互控功能。

4. 三种实用的会议电视系统

符合 H.320 标准的 ISDN 网的会议电视业务已经进入实用。为了在计算机网以及 PSTN 网上组建会议电视系统，ITU－T 于 1995 年推出了在 LAN 网上组建视听系统的 H.323 系列建议，在 ATM 网组建视听系统的 H.310 系列建议，在 PSTN 网上进行视听通信的 H.324 系列建议。目前，H.320 会议电视系统已占有相当大的比例，为了将 H.320 系统引入计算机网和 ATM 网，ITU－T 又推出了 H.321 系列标准，在 H.320 的设备中增加了一个 ATM 适配器并连接到 ATM 网上。与此类似，可采用 H.322 建议将 H.320 系统适配入计算机 LAN 中。H.321 和 H.322 实质上是将 H.320 系统的数据流重新组装为 ATM 网和 LAN 可接收的数据流，起着一种网络之间适配器的作用，本质上仍然是 H.320 系统。由于有关 ATM 的协议迟迟未完全推出，因而基于 ATM 的 H.310 系统至今也未得到推广使用，真正有发展前景的会议电视系统为基于 ISDN 的 H.320、基于 PSTN 的 H.324 和基于 IP 的 H.323 三种，它们各自所包括的有关国际标准如表 8－2 所示。

表 8－2 三种实用的会议电视系统

标 准	H.320	H.324	H.323
应用网络	ISDN	PSTN	LAN
视频编码	H.261	H.261/H.263	H.261/H.263
音频编码	G.711/722/728	G.723/729	G.711/722/728/723/729
多路复用	H.221	H.223	H.225
通信控制	H.242	H.245	H.245
数据传输	T.120	T.120	T.120

8.3.2 可视电话

可视电话（Video Telephony）的通信信号包括语音信号和图像信号，通话双方在对话过程中可以看到对方的图像，丰富了通信的内容。通话过程传送的是双方的头像，图像内容简单，对细节的要求可以适当降低。

目前，发展可视电话的条件已经具备。国际标准 ITU－T H.324 描述了可视电话终端，它采用 V.34 调制解调器，数码率通常为 28.8 kb/s，可通过公共电话交换网（PSTN）进行传送。我国现在的电话普及率已达 80%，为可视电话的普及、互通创造了条件。

1. H.324 可视电话终端

H.324 可视电话终端如图 8－5 所示。

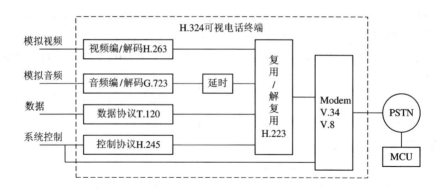

图 8-5　H.324 可视电话终端

H.324 是一个框架型的建议,它包含一系列的建议,称之为 H.324 协议族。它全面规范了视/音频的压缩编/解码、多种媒体信息的复用、信道接口、控制信令等多项技术指标。

H.324 协议族包括以下协议:

(1) G.723.1 低速语音编/解码建议。它提供高效语音压缩编/解码,其速率有 5.3 kb/s 和 6.3 kb/s 两种。

(2) G.729/G.729A 低速语音编/解码建议。它提供电话网质量的语音编码,具有 8 kb/s 编码速率。G.729A 是 G.729 的简化版,和 G.729 兼容。

(3) H.263/H.261 视频编/解码建议。它提供高效的活动图像压缩编/解码技术。

(4) H.245 通信控制协议。多媒体通信中,控制部分是整个系统的"司令部",音频、视频、数据和复用部分都需要由它来统一协调。从通信的开始、呼叫、建立物理通路、建立逻辑通路、交换通信能力、判决主从关系到通信过程的控制、结束通信等操作都由它来控制完成。为了保证不同厂商产品的互通,有必要统一通信标准。ITU-T 在 1995 年专门发布了用于多媒体通信的控制协议 H.245,规定了终端消息的句法和语义以及通信开始时进行协商的操作过程。这些消息包括终端发送和接收的通信能力、接收端的优先模式、逻辑信道的通知、控制和指示。

(5) H.223 信道复用协议。多媒体信息由多种不同媒体信息组成,多种媒体信息(包括视频、音频、数据和控制流)要同时传输,在发送端必须把它们复用成一个统一的数据流;在接收端要同步地、实时地把它解复用为多种媒体信息。H.223 建议对低比特率多媒体通信中信息的帧结构、字结构、分组复用等作了明确规定,它适用于低比特率多媒体终端之间,低比特率多媒体终端与 MCU 之间的通信。这个复用协议还能对图像序列进行编号、误差检测和校正。

(6) V.34 调制解调器全双工通信协议。其通信速率可达 28.8 kb/s 或 33.6 kb/s。

(7) V.8 建议。它规范了在 PSTN 上的数据通信的起始呼叫过程、可视电话和普通电话工作模式的转换。

(8) T.120 系列数据通道建议。

这种极低比特率的视听系统的应用十分广泛,除可视电话外,还可用于远程监控、远程医疗、移动可视电话、多媒体电子邮件、视频游戏等。

2. H.323 可视电话

ITU-T 的 H.323"基于分组交换的多媒体通信系统"是一个框架性的建议,包括终端设备、视/音频和数据的传输、通信控制、网络接口等内容，还包括多点控制单元 MCU、多点控制器 MC、多点处理器 MP、网关 GW(Gate Way)和网闸 GK(Gate Keeper)等设备。

H.323 系统的信息传播可以采用单播（Unicast）、多路单播（Multi-unicast）或多播（Multicast）的形式。

H.323 系统的终端结构如图 8-6 所示。

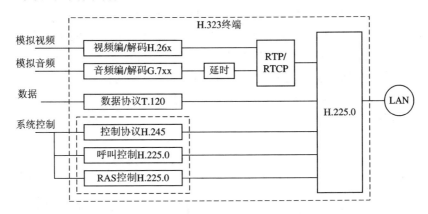

图 8-6　H.323 系统的终端结构示意图

H.323 系统使用实时传输协议（Realtime Transport Protocol，RTP）和实时传输控制协议（Realtime Transport Control Protocol，RTCP）。RTP 提供同步和排序服务，适于传送如音频、视频等连续性数据，对网络引起的时延和差错有一定的自适应性。RTCP 用于管理质量控制信息，例如监视延时和带宽。RTP 不能确保数据的完整性，但能很好地处理定时的问题。在通信过程中，RTP 对所传的每个分组盖上时间戳（Timestamp）。在接收端，解码器可根据时间戳重新建立定时关系。H.323 中资源预留协议 RSVP 可以防止因网络超载而不能传递信息的情况发生，保证 H.323 终端有一定的带宽，从而保证传输质量。在 H.323 中，与 RSVP 有关的是网闸机制，用来防止视频业务量占用所有的有效带宽。网闸有三项功能。第一，接入控制，由于网络资源有限，网络上同时接入的用户数也是有限的，GK 根据授权情况和网络资源情况确定是否允许用户接入。第二，能够为终端提供带宽管理和网关定位等服务，如为用户保留所需的带宽。第三，具有呼叫路由的功能，所有终端的呼叫可以汇集到这里，然后再转发给其它终端，以便和其它网络终端通信。

多点控制单元 MCU 为 3 个或 3 个以上的终端或网关参加多点通信提供服务。MCU 包括必备的 MC 和可选的 MP。多点控制器 MC 是 H.323 中的实体，它为多点通信提供控制，并控制资源。MC 通过 H.245 与各终端进行协商，为当前的通信确定一个共同的通信模式，MC 不负责音频、视频和数据的混合或交换。多点处理器 MP 负责完成视/音频编/解码，格式转换，语音的混合，视频的合成或切换等功能。

网关 GW 是 H.323 中的端点设备，通过它的实时双向通信服务，可实现局域网和其它类型网络之间的连接。

H.323 的系统控制分为三个部分。一是通过 H.245 通信控制协议完成通信的初始过程建立、逻辑信道建立、终端之间能力交换、通信结束等功能。例如通过能力交换，发送端采用接收端能解码的模式发送。二是 RAS（Registration、Administration and Status，注册、允许和状态）控制，用于传送有关 RAS 的信息。三是呼叫信令（Call Signaling）控制，用于建立呼叫、请求呼叫的带宽改变、获得呼叫中端点设备的状态、拆除呼叫等的消息过程。呼叫过程使用 H.225.0 所定义的消息。

H.323 终端常用于可视电话、会议电视、远程医疗、远程教学等。

8.3.3 远程医疗

远程医疗系统是一种利用现代通信网络实现远距离医疗咨询、会诊、手术示范的交互式多媒体信息系统。边远地区的医生将患者的病历、检查数据、心电图以及 B 超、X 线、CT(Computed Tomography，计算机断层成像)、MRI(Magnetic Resonance Imaging，核磁共振成像)等影像资料通过信息处理设备和相应的通信线路传送给大城市的医生和专家，让他们会诊。专家们可以向对方医生或病人提问以进一步了解病情，最后做出诊断和治疗方案。边远地区的病人因此及时得到高质量的医疗服务。图 8-7 是远程医疗系统的结构示意图。

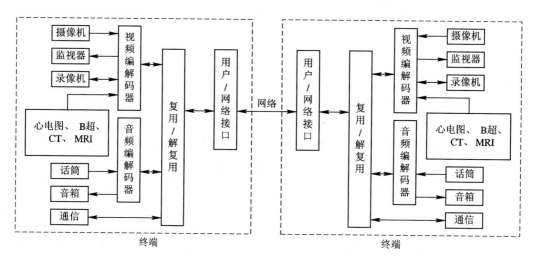

图 8-7　远程医疗系统结构示意图

1. 输入/输出设备

视频输入/输出设备有摄像机、监视器和录像机，还有心电图机、B 超成像系统、CT 成像系统、MRI 成像系统；音频输入/输出设备有话筒、扬声器等。信息通信设备有书写电话、传真机等。书写电话为书本大小的电子写字板，与会人员将要说的话写在此板上，变换成电信号后输入到视频编码器上，再传送到对方，显示在监视器上。

2. 视频编、解码器

视频编、解码器用来压缩医疗视频信息。医用图像中，病变部位的图像对保真度要求是非常高的，任何细节上的损伤都是不允许的，它的模糊有可能导致误诊，以至于把病人推向危险的边缘。可是需要无损恢复的病变部位图像只占整个医用图像的一小部分，对于图像其它部分可以适当调整质量以减小图像数据率。这样压缩后的图像完全保存了疾病特征，而数据量非常小。医生可以把它迅速发送到千里之外的医学专家那里，以最快的速度得到权威的确诊。

3. 复用/解复用设备和用户/网络接口

复用/解复用设备将视频、音频、控制信号等各种数字信号组合为 64～1920 kb/s 的数字码流，使之成为与用户/网络接口兼容的信号格式。该信号格式应符合国际规定的 H.221 建议的要求。最好采用 B-ISDN 的网络，接口是 B-ISDN 的网络接口。

美国 VTEL 公司的 HS2000 远程医疗系统可以由红外遥控或图形触摸屏控制，整个系统装在推车上可以方便地移动，固定在机械臂上的摄像机可以旋转、倾斜和推拉，传送 30 帧/秒的清晰画面，可连接内窥镜、耳镜、检眼镜和 EKG（Electrocardiogram，心电图）机器，可通过局域网和广域网传送音、视频信息。

我国拥有自主知识产权的交互式高分辨率医学图像远程会诊系统，由中科院上海技术物理研究所研制成功。这套系统的核心技术处于国际领先地位。华东医院、上海八五医院、香港理工大学放射学系等单位经过两年多的试用证明，它已具备推广应用的条件。

1997 年 7 月份在上海召开了第一届全国远程医学研讨会，标志着我国远程医疗将进入一个新阶段。卫生部已建立"金卫工程"卫星专网，分布在全国 15 个中心城市的首批 20 家医院将率先上网。上海市在卫生局的支持下，已建立了联合名医中心，开展了远程医疗工作，并取得了很好的成绩。例如，徐州市第四人民医院与上海远程会诊中心开通以来，共会诊了数百人次，会诊质量和效果满意率达 99.2%，医生和病人满意率也达 99.2%。再如，上海中山医院自 1995 年 10 月正式开展远程医疗以来，至今已在江苏、浙江、山东、安徽、福建、河南、甘肃、江西、湖南、新疆、西藏等地建立了 48 个会诊点，会诊病人上千例，形成了一个初具规模的远程会诊网点。远程医疗在医疗实践中发挥了重要作用。

2012 年，甘肃远程医疗系统全年会诊数为两千多例。武警总医院远程医学中心年远程会诊达两千多例。

8.3.4　多媒体电视监控报警系统

多媒体电视监控技术打破了传统的电视监控结构，依靠计算机技术、数字视频压缩编/解码技术、网络技术和通信技术，对各种媒体信息的应用趋向综合化、交互化。

多媒体电视监控系统由现场多媒体电视监控终端、多媒体监控中心和传输网络构成，如图 8-8 所示。多媒体电视监控终端由摄像机、报警探头、切换控制器和多媒体计算机构成。多媒体计算机内插有视、音频采集压缩卡，装有大容量硬盘，可对输入的视、音频信号进行实时捕获、实时压缩，然后存入硬盘。

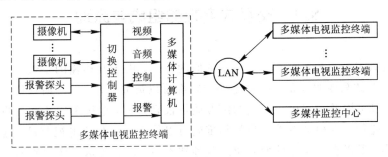

图 8-8　多媒体电视监控系统

摄像机、报警探头的输出信号通过各自的传输线传送到切换控制器。切换控制器是以单片机为核心的，它接收多媒体计算机通过 RS-232 串口发出的各种命令，包括切换命令、信息叠加命令、云台和镜头控制命令、报警控制命令等所有专用键盘能发出的命令，实现视、音频切换，控制电动云台作上、下、左、右等动作，调整变焦镜头的光圈、聚焦和变焦等。切换控制器还将报警信息统计后发送给多媒体计算机。

多媒体电视监控终端实际上是一个小型监控系统，它利用计算机的图形显示功能，可以在 CRT 上显示和实物完全一样的控制键盘，用鼠标拖动光标到按键上，按一下鼠标按钮，将产生与原键盘按键一样的功效。它也可以在 CRT 上显示报警统计图表，或对其它数据进行统计，生成直方图、折线图、圆图等多种统计图表，这些图表可以在打印机上打印出来。它还可以在 CRT 上显示整个电视监控报警系统的配置示意图，示意图中应有所有摄像机与入侵检测器的状态。示意图应与系统的实际地理位置相接近，以便操作人员辨认。在每一台摄像机或入侵检测器上安排一个作用钮，用鼠标拖动光标到作用钮上，按一下鼠标的按钮将打开相应的视频窗口，窗口内显示摄像机的实时图像或入侵检测器上一次报警时记录的一帧冻结图像和报警日期及时间。多媒体计算机可以多画面显示多路视频信号的活动图像，可将某图像放大到全屏幕或缩小，可以将重要的图像存入硬盘或从硬盘中取出某段录像显示在 CRT 上或在打印机上打印出来。

多媒体监控中心是一台高性能计算机，它可以通过网络向多媒体电视监控终端调取实时图像或录像，调取统计报表或报警信息，可以对一帧图像进行数字图像处理（即对现场录下的不够清晰的画面进行处理，使其更清晰、突出、明确）。常用的数字处理有：

（1）对图像的各种参数，如亮度、对比度、饱和度、R、G、B 三基色的相对取值进行调整。

（2）对图像进行均衡处理，如对于灰度分布不均匀的图像可处理得均匀些。

（3）对图像进行平滑处理，比如对于噪波太多的图像进行处理后，噪波将减少。

（4）对图像进行锐化处理，比如对于边缘不清晰的图像，处理后可突出景物的边缘。

多媒体电视监控报警系统的最大特点是：可以对图像、声音、数据等由多种媒体传来的现场信息进行总体混编，组成多媒体数据库。比如，需要某年某月某日报警时的现场信息，多媒体数据库中的图像、声音、数据等能同时展现在你面前，使你有如身临其境，因而可作出合理的分析或采取恰当的对策。

8.4 交互式电视的组成与原理

数字电视技术的首要目标是提高传送图像的质量，由于其传输的是数字信号，在传输过程中引入的杂波只要幅度不超过一定的门限都可以被清除掉，万一有误码，也可利用纠错技术纠正过来，因此数字电视接收的图像质量很高。数字电视采用了高效的压缩编码技术，在原来只能传一套模拟电视节目的频带内可以传送多套数字电视节目，这使电视节目数量迅速增多。所以在采用了前面介绍的各种技术后，提高传送图像的质和量的目的已经基本达到。

数字电视技术的第二个目标是实现多功能的 ITV（Interactive Television，交互式电视），就是按照观众的要求在数字电视节目中加入各种各样的增值服务。用户使用 ITV 时，可以随时收看自己喜爱的节目，即可进行视频点播（VOD）；在收看的过程中，可以利用遥控器调出主要演员或运动员的资料，可以查看剧情简介或者查看以往的比赛成绩，甚至可以选择剧情的多种结局之一。用户可以随时直接点播希望收看的节目，这从根本上改变了被动收看电视的方式。

　　交互式电视和视频点播这两个名称经常混用。比较而言，交互式电视的范围要广一些，它除了视频点播外还包括网上购物、电视会议、远程教育、交互广告和交互游戏等功能。

　　交互式电视是多媒体技术中的一个特殊类型，它采用了不对称的信息传输模式。可以把交互式电视的传输通路分成节目通路和返回通路。节目通路也称下行通路，它把视频信息传送到用户（现在有很多技术可以传送视频，这些技术的共同特点是"高速宽带"）。返回通路也称上行通路，是用户通过遥控器进行节目选择、从电视购物目录中浏览和选购时使用的通路，它的数据传输率很低。交互式电视系统把 50～1000 MHz 带宽分配给下行通路，把 5～42 MHz 分配给返回通路，即下行数据速率大大高于上行数据速率，下行信号带宽远远宽于上行信号带宽。

8.4.1　视频服务器

　　视频服务器是交互式电视系统中的关键设备，其性能在实现 VOD 和扩大电视的应用范围时起着决定作用。视频服务器是一个存储和检索视频节目信息的服务系统，必须具有大容量低成本存储、迅速准确响应和安全可靠等特性。

1. 视频服务器的功能

　　（1）对用户访问请求的处理。视频服务器应能根据系统资源的使用情况对用户的点播请求进行处理，能采取一定的安全措施防止非法用户的访问，能提供对交互式游戏和其它软件的随机、即时访问，能对数字化存储的电影和电视提供顺序、批量的访问。

　　（2）大容量视频存储功能。在 VOD 系统中，用户观看节目的模式已不是电视台单向播放、用户被动观看的形式了，而变成像因特网一样，用户可随时选择喜爱的节目。与传统的通信业务相比，VOD 对网络带宽资源要求很高。若采用压缩方式来传送多媒体数据，按视频质量的不同，编码速率有 96 kb/s～15 Mb/s；若以 3 Mb/s 的 MPEG - 2 方式来传送一套多媒体节目，每小时的数据传输量达 1.4 GB。对于一个大规模多媒体服务系统来说，多媒体数据的存储容量一般有几百到数千个小时，这意味着数据的存储量将达到 1～10 TB，因此，视频服务器的数据存储量是非常庞大的。

　　（3）并行、实时、连续传输功能。视、音频信号是实时连续信号，对视、音频信息进行检索时在时间上有严格的要求，必须及时地把数据传给用户，否则图像和声音的连续性就会遭到破坏。因此，服务器必须具备一个高速、宽带的下行通道，以便把视频、音频和控制信号等服务数据传送给各个用户，通道传送速率应可达 1 Gb/s。同时，视频服务器还接收来自用户请求服务器的返回通路信号，因为用户的请求是随机的，所以系统在某个时刻的用户请求数也是随机的，这就要求系统必须能够同时处理大量用户的并发请求，具有大规模并行处理能力。

　　（4）交互控制能力。视频服务器的控制处理能力应该根据应用的不同而进行设计。电影、电视点播的交互较少，只需较少的控制处理能力；交互式学习、交互式购物及交互式视频游戏的交互量大，就需要高性能的计算机平台。

（5）自诊断恢复功能。当某些部件发生故障时，不能让整个网络停机维修，服务器应能在自诊断后恢复正常运行状态。

一般情况下，视频服务器必须能够存储供不同用户选择的 200～2000 个节目资源，能够支持 200～75 000 个用户，并能在任何时候同时向所有用户设备提供服务。视频服务器支持的用户数量受到磁盘寻址时间的影响。磁盘寻址时间应控制在 10 ms 以内。

2. 视频服务器数据存储结构

1) IP - SAN 技术

（1）存储区域网络 SAN。通常多媒体服务系统应具备 1000～10 000 h 的节目存储量，较大的系统要求服务器能达到 100 000 h 存储能力。若系统容量为 100 000 h，不考虑差错控制产生的存储开销时，采用 MPEG - 2 方式以 3 Mb/s 存储，则净存储数据为 140 TB，这是相当大的数据量。

SAN(Storage Area Network，存储区域网络)是网络计算机的新一代存储应用，它把大型数据库与高速数据访问技术结合在一起，是类似于普通局域网的一种高速存储网络，SAN 可以是本地的或远程的、共享的或专用的，还可以是只包括外部的或集中的存储器和 SAN 相连。SAN 的接口通常不是以太网而是 FC(Fiber Channel，光纤通道)。SAN 使存储资源能够被构建于服务器之外，这样多个服务器就能够在不影响系统性能和主网络的情况下分享这些存储资源。所以 SAN 被称为"服务器背后的网络"。SAN 的特点是宽带、模块化可扩充结构、高可用性和容错能力、易管理、易集成、低造价。LAN 与 SAN 的差别是：LAN 对服务器来说是前端(Front-end)的网络，而 SAN 对服务器来说是后端(Back-end)的网络。SAN 的示意图如图 8 - 9 所示。

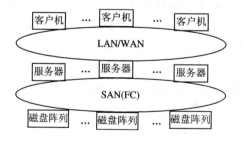

图 8 - 9　SAN 的示意图

就 SAN 构架而言，典型的 SAN 环境应包括四个主要组成部分：最终用户平台(客户机)、服务器、存储设备及存储子系统、互联设备。SAN 改变了传统服务器与磁盘阵列的主从关系。位于 SAN 上所有设备均处于平等的地位，任何一台服务器均可对网络上任何一台存储设备存取，成为存储领域具有强大生命力的新技术。

（2）IP - SAN。IP - SAN 就是把 FC - SAN 中由光纤通道解决的问题通过更为成熟的以太网实现了，从逻辑上讲，它是彻底的 SAN 架构，即为服务器提供块级别访问服务。

IP - SAN 技术有其独特的优点：节约大量成本、加快实施速度、优化可靠性以及增强扩展能力等。采用 iSCSI(internet Small Computer System Interface，因特网小型计算机系统接口)技术组成的 IP - SAN 可以提供和传统 FC - SAN 相媲美的存储解决方案，普通服务器或 PC 只需具备网卡，即可共享和使用大容量的存储空间。与传统的分散式直连存储方式不同，它采用集中的存储方式，极大地提高了存储空间的利用率，方便了用户的维护管理。

iSCSI 是实现 IP - SAN 最重要的技术，是一种基于因特网及 SCSI - 3 协议下的存储技术，与传统的 SCSI(Small Computer System Interface，小型计算机系统接口)技术比较起来，iSCSI 技术有以下三个革命性的变化：

① 把原来只用于本机的 SCSI 协议通过 TCP/IP 网络传送，可使连接距离作无限的延伸；

② 连接的服务器数量仅受限于 IP 地址的规模(原来的 SCSI - 3 的上限是 15)；

③ 由于是服务器架构，因此也可以实现在线扩容以至动态部署。

iSCSI 仅仅是允许通信双方主机通过 IP 网络协商并交换 SCSI 的命令，这样做使得 iSCSI 可以在广域网上仿真一个流行的高性能本地存储总线协议。不像其它一些 SAN 协议，iSCSI 并不需要专用的连线，它可以在任何 IP 网络和交换设施上运行。当然，如果 iSCSI 创建的 SAN 运行在非专用的网络设施上，那么因为与其它应用共享设施而导致的复杂网络环境有可能给 iSCSI 的性能带来负面影响，甚至性能会大大退化。因此，iSCSI 通常需要有一个独占的网络环境。

2) 网络连接存储 NAS

NAS(Network Attached Storage)和 SAN 不同，NAS 设备之间可以直接连接于 LAN 或 WAN，这是因为 NAS 系统包括一个文件系统，比如网络文件系统。NAS 可以运行于 Ethernet、ATM、FDDI(Fiber Distributed Data Interface，光纤分布式数据接口)，NAS 使用的协议包括 HTTP、NFS(Network Files System，网络文件系统)、TCP、UDP(User Datagram Protocol，用户数据报协议)和 IP。NAS 是一种特殊的、能完成单一或一组指定功能的基于网络的存储设备，它通过自带的网络接口把存储设备直接连入到网络中，实现海量数据的网络共享，把服务器从繁重的 I/O 负载中解脱出来，它是新兴的面向网络存储模式的标志性设备。其主要特征是把存储设备和网络接口集成在一起，直接通过网络存取数据。也就是说，把存储功能从服务器中分离出来，使其更加专门化，从而获得更高的存取效率和更低的存储成本。NAS 的示意图如图 8 - 10 所示。

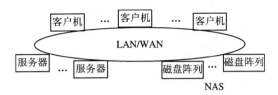

图 8 - 10　NAS 的示意图

3) 分布式数据存储方式

分布式多媒体数据存储是采用磁盘阵列在多个节点间分布的方式来存储媒体数据的，如图 8 - 11 所示。图中，节点之间可以通过互连 I/O 来进行相互通信；磁盘阵列中存储的数据在物理上是连接在某个特定的节点上的，但是数据是共享的，在逻辑上整个系统的所有媒体数据存储设备就相当于一个巨大的存储池，这就是单一存储图像(Single Storage Image)技术。

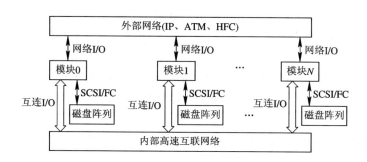

图 8-11　分布式数据存储模型

　　这种视频服务器采用了紧耦合节点互连方式,内部高速互联网络具有很宽的带宽,可以直接存取和访问远程节点的数据,也可以让多个节点同时访问同一数据内容。

　　3."推"模式和"拉"模式服务

　　交互电视系统用两种方法为用户提供服务:服务器"推(Push)"模式和客户机"拉(Pull)"模式。用这两种方法可在客户机和服务器之间请求和发送视频数据。

　　(1)服务器"推"模式。大多数的 VOD 系统采用这种做法,即建立起一个交互后,视频服务器以受控制的速率发送数据给客户,客户接受并且缓存到来的数据以供播放。一旦视频会话开始,视频服务器就持续发送数据给客户直到客户发送请求来停止。

　　(2)客户机"拉"模式。在"请求—响应"模式下,客户每隔一周期发送一个请求给某个服务器,请求传送一段特定的视频数据;收到请求后,服务器从存储器中检索数据并把它发送给客户,此时数据流是由客户驱动的。

　　在"推"模式下,需要服务器间的时钟同步,只要服务器的时钟是同步的,就可以应用基于轮转的调度算法;在"拉"模式下,由于系统中的服务器是自治的,因此服务器间不需要时钟同步。

　　图 8-12 示出了"推"模式和"拉"模式。

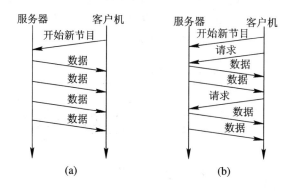

图 8-12　"推"模式和"拉"模式
(a)服务器"推"模式;(b)客户机"拉"模式

　　4.并行 VOD 系统

　　当客户的请求超过服务器的容量时,可把视频数据分别存储到不同的服务器中,不必复制视频数据就可以不断扩大 VOD 系统的服务规模,这称为并行 VOD 系统。

在并行视频服务器中，视频数据在多个服务器中被分割，所以服务器均匀承担来自客户端的视频请求，这样就增加了系统容量，并且通过数据冗余（如增加校验码）可以提高可靠性。目前有两种分割法：

（1）时间分割。一个视频流可以被认为由一系列的视频帧构成，即把视频流分为许多帧单元（等长时间的帧），然后存储到多个服务器上，这称作时间分割。

（2）空间分割。时间分割把视频流分为许多相同时间长度的帧，空间分割是把视频流分为由相同长度的字节构成的帧。由于每个分割单元都是大小相同的，因此空间分割简化了存储和缓存区的管理。

在时间分割中，所有服务器中的视频帧被检索的频率是相同的，但是视频帧的字节大小却不一定是相同的，这一点在运用了帧内和帧间编码方式的 MPEG－1 和 MPEG－2 视频流上尤其明显。所以每一个服务器上视频数据的检索量就取决于它所存储的帧的类型。比如：MPEG－1 中有 I、P、B 帧，平均数据量为 I＞P＞B。一个存储 I 帧的服务器必然比存储 P 帧的服务器要发送更多的数据，承担更重的负载。

分割这种做法没有带来额外的存储空间的需要，但有负载平衡（Load Balancing）的问题。比如一些受大众欢迎的视频片断必然会被多次检索，造成了一些服务器某段时间的不堪重负，而另外一些服务器却被闲置。

5．调度算法

在服务器响应客户的请求时，可以运用以下几种调度算法：

（1）轮转调度（Round Robin Scheduling）。轮转调度不考虑服务器的连接数和响应时间，它将所有的服务器看成是相同的，以轮转的形式将连接分发到不同的服务器上。

（2）加权轮转调度（Weighted Round Robin Scheduling）。按照每台机器不同的处理能力给每台机器分配一个权重，根据权重的大小以轮转的方式将请求分发到各台机器上。这种调度算法的耗费比其它的动态调度算法小，但是当负载变化很频繁时，它会导致负载失衡，而且那些长请求会发送到同一个服务器上。

（3）最少连接调度（Least Connection Scheduling）。最少连接调度将用户请求发送到连接数最少的机器上。最少连接调度是一种动态调度方法，如果各台服务器的处理能力相近，负载变化很大时也不会导致负载失衡，因为它不会把长请求发送到同一台机器上。但是当服务器的处理能力差异较大时，最少连接调度就不能很好地发挥效能了。

（4）加权最少连接调度（Weighted Least Connection Scheduling）。这种算法按照每台机器不同的处理能力给每台机器分配一个权重，将用户请求发送到权重乘连接数最小的机器上。

交互电视系统中要有一个大容量、共享的高速视频服务器或存储子系统来存放数字视频数据。视频服务器是系统中的关键，存储体系和调度算法的改善有助于提高系统的服务质量。

8.4.2　交互式电视的组成

交互式电视系统由电视节目源、视频服务器（8.4.1 节已介绍过）、宽带传输网络、家庭用户终端、管理收费系统五个部分组成。

1. 电视节目源

媒体管理及制作单位要提供 VOD 的服务，首先要将节目内容数字化。内容丰富、画面清晰、声音优美的电视节目源是交互式电视服务必要的前提。可以利用电影和电视联合的优势，以及数字电视中加密和条件存取的功能，来扩大交互式电视节目的数量和质量。

2. 宽带传输网络

视频流从视频服务器到家庭用户是通过传输网络进行的。传输网络包括主干网和用户分配网。目前主干网比较统一，都使用 SDH(Synchronous Digital Hierarchy，同步数字系列)、ATM 或 IP 技术的光纤网络。因为提供交互式电视业务的行业不同，所以用户分配网分为以下三类：

广播电视行业采用 HFC(Hybrid Fiber Coaxial，光纤同轴电缆有线电视混合网)，一般是光纤到路边，同轴电缆进户，大多采用 750 MHz 系统。其中，5～65 MHz 为上行信号频段，110～550 MHz 为模拟信号通道，550～750 MHz 频段为数字信号通道。每个 8 MHz 的频道采用 64QAM 调制，可供 8～10 个经 MPEG-2 压缩后的视频流通过，是比较理想的宽带传输网络。

电信行业采用 ADSL(Asymmetrical Digital Subscriber Line，不对称数字用户线路)公众电话网。如果使用 MPEG-1 编码，可以用双绞线提供一个 1.5 Mb/s 的下行通路来传输视频流，用一个 16 kb/s 的上行通路来传输用户发出的控制信息。采用这种方式的优势是现有的电话用户比有线电视用户多，易于普及。不足之处在于，由于带宽不够只能采用 MPEG-1 方式，且用户离交换中心不能超过 6 km。

计算机公司采用局域网(LAN)并利用 5 类线为用户服务。LAN 的带宽在 10～100 MB 时可以满足需要，但是传输距离不远，只能用于用户密集的区域，如机关大楼、酒店等。

3. 家庭用户终端

用户终端有多媒体计算机、交互式电视接收机和电视机加机顶盒三种。多媒体计算机或交互式电视机具有不能比拟的优点，但价格相对较贵。对于已有电视机的用户，增加一个机顶盒是最佳的选择。机顶盒是用户用来选择节目、遥控节目运行的设备，其主要功能有收发信号、调制解调和解压缩等。

4. 管理收费系统

交互式电视和数字电视是一种可以满足不同观众不同需求的服务形式，需要有地址编码和寻址功能，并按提供服务的内容和数量进行收费。因此，它需要有一种安全可靠、有效合理的管理收费系统。

8.4.3 交互式电视的实现

目前在国际上主要有两种方式的交互式电视。

第一种是存储释放终端交互方式。后面即将介绍的中央电视台交互式电视广播就属于这种方式。存储释放终端交互方式不需要回传通道，它是通过广播网络向下传输数字电视信号的，所以也称为广播方式的交互式电视。用户需要购买数字电视机顶盒，将传输的数字信号进行解码并转换为普通的模拟视频信号输出到普通电视等终端显示设备上实现显示。实际上，这种方式利用单向传输的广播网络，在数字电视数据流中同时传输多套节目和一套多角度的节目源以及各种丰富的图文信息。互动功能的实现实际上是指用户在传输的多路节目源中选择一套节目并且在一套节目源中选择从不同角度拍摄的节目以及相关的图文信息。它利用广播电视频带宽的特点将大量的数据传到用户，用户可以实时地在接收端与接收机的终端实现交互，或将大量信息存在终端中的存储器或硬盘中，再实现非实时的终端交互。

另一种是面向人的实时交互方式，即将电视和 Internet 相结合，使之具有 Internet 访问功能，用户可以通过遥控器进行网上冲浪、发送电子邮件、查找相关节目信息、进行电视购物等等，这是通过用户主动查找信息的方式来实现交互功能的。面向人的实时交互方式需要回传通道，由于人的感觉反应有一定的时间，通常响应时间大于 0.5 s。这种方式的互动电视从最初 WEBTV 的窄带 56 kb/s 调制解调器接入发展到目前的宽带（包括 Ethernet 网和 ADSL 等）、窄带接入共存方式，而且在功能上增加了电视节目指南、离线浏览等功能，并且在高端产品中增加了 PVR(Personal Video Recorder，私人视频记录)等功能。

1. 电话视频点播

电话视频点播是指电视台开辟某个频道或利用某个频道的空闲时段，自动播放用户通过电话点播的视频节目。下行信号是电视台的视频信号，上行信号是通过 PSTN 传送的。这种方式利用现有的有线电视频道和 PSTN，只需少量投入便可运行，因而已被数量众多的有线电视台采用。电视台可以将 MTV、曲艺、小品和相声等节目预先以数字方式存储在硬盘上作为节目源。由于点播系统的节目进行了数字压缩，因此一块 80 GB 的硬盘可以存储数百分钟的节目，相当于百余首歌曲的 MTV。电视台可根据自己的节目量随意增加硬盘块数。VCD、DVD 的节目本来就是数字压缩信号，所以可以直接拷贝到硬盘上。

当用户打进的专线电话接通后，自动点播系统进行语音提示或播出屏幕选单，用户用电话机的数字按钮输入要点播的节目编号，自动播出系统立刻播出用户点播的节目。用户还可以预定播出时间和指定播出时显示的字幕。当用户操作失误时，系统会用语音提示用户的错误并自动返回，让用户重新输入，用户输入完毕后，所输入的信息会自动形成控制文件，记录在计算机中。当到达用户点播的时刻时，系统先播出用户所留字幕，然后播出用户点播的节目。当没有节目播出时，播出系统将自动循环播出节目单。以上全过程都是自动完成、无人值守的。

点播频道播出的是由观众主动点播的文艺节目，具有很高的收视率，是插播广告的最佳时段。用户点播费用可以由电话局代收。全国的各级电话局都开办了专线电话服务，如 168、268 信息服务台等，用户只需向电话局申请电话专线即可。当用户打进电话时，系统自动将点播费记录在电话费中。电话局的此项业务是国家法律规定的一项营业项目。同时系统也配有精确的收费计算功能，避免了经济纠纷。

电话视频点播产品具有以下特点：

（1）点播线路畅通。用户可以在任意时间预先点播节目，避开线路繁忙的高峰期；节目点播有多条外线，可彻底解决电话打不通的问题。

（2）便利、快捷。屏幕显示简洁、全中文界面、整个点播过程不到一分钟。

（3）主动亲切。对于简易的点播设备，在用户点播完节目后，马上直接播出，不能反映出点播者和被点播者的信息；对于较好的点播系统，用户可通过电话留言，播出字幕，满足消费者表达情感的要求。

（4）广告自动播出功能。可定时播出用户的电视广告。

（5）稳定可靠。硬盘有冗余备份，专业设备配制。

（6）主动性。主动性是指电视台对视频点播的管理功能，如对用户留言的检查。

2. 中央电视台交互式电视广播系统

中央电视台采用了广播方式的交互式电视方案，即由若干视频通道和一个图文/数据通道组成一个传输流，并在用户机顶盒上实现交互操作，如图 8 - 13 所示。用户的命令由红外遥控器传送到机顶盒，控制电视机快速地切换到不同通道的图像，同时可以将图文信息融入画面或单独显示。

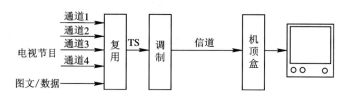

图 8 - 13　广播方式的交互式电视

1）节目形态

（1）多频道。多频道节目之间没有相关性，每个频道独立地播出一套节目，如体操比赛中的吊环、单杠、自由体操和鞍马等或者足球联赛中同时进行的若干场比赛。

多频道节目可以将几场比赛同时直播，观众可以选择观看自己喜欢的球队，每场比赛都是在第一时间内获取视觉信息，并且因比赛结果的不可预见而具有很强的兴奋点，满足体育观众对于时效和欣赏的要求。多频道节目与传统电视节目是完全一致的，在工艺流程上没有差别，可以直接使用原有的节目资源，制作成本较低。

（2）多角度。多角度信号可以用于体育比赛和大型的文艺演出。现场采用多个摄像机机位多角度拍摄，并将多个信号通过一组视频通道传输给用户。用户通过遥控器控制机顶盒，可以任选其中一个角度的信号观看。

多角度交互节目第一次赋予了观众相当于电视导演一样的选择权。以往的电视节目也有多个机位的图像，但只有经过导演切换后的一路信号送给观众，观众是没有选择权的。然而观众的审美观点和观看兴趣与导演不同，有些人喜欢全景，有些人喜欢特定场景，有些人只关心自己喜爱的球员。实际上，观众的兴趣爱好不同，必然造成众口难调的局面，多角度电视节目较好地满足了用户的个性化需求，可以说是一个巨大的跨越。

（3）导航。导航画面可以引导观众迅速找到所需节目的页面和画面。在交互式电视节目中，通常会提供多个选择，可以是不同的节目，也可以是不同角度的图像。显然，让观众逐个频道地搜寻是不切实际的，必须有一个能快速方便地定位频道的途径。

由于交互节目中具有多个画面，且定义的内容或功能不同，因此导航画面的设置具有明显的现实意义。通过导航画面，用户可以迅速地切换到所需的图像频道或文字信息画面。导航页面上往往用不同的颜色对应不同的内容，只要简单地按下遥控器上同色的按钮，即可转换到相应的内容上去。实现导航页面的方法可以是静态的，也可以是动态的。前者由文字和静止画面构成，而后者则在一个屏幕上使用多个活动画面。

如果导航页面采用文字和静止图像，只要利用图文层制作即可，需要使用的系统资源很少，但是没有实时图像，无法使观众看到当前节目进行的实际情况，会影响导航效果；而用活动图像导航则具有很强的实时感，能够反映当前节目的实际内容，但是需要占用一个视频通道并且要有相应的数字特技制作设备，即需使用较多的系统资源。

（4）图文频道。数字电视极有价值的特点之一，是支持与视、音频节目一起传送图文信息。

图文信息简洁明确，比较直观。采用图文信息的最大好处是可以按需获取，观众在任何时候都可以阅读。例如，目前的天气预报只在特定的时间播出，如果错过时间则无法观看。采用图文信息后，可以不受限制地在任何时候调出天气预报。

图文信息内容也能够连续更新，及时地提供最新的动态，对于比分、股市、金牌榜等内容都可以获得很好的播出效果。

图文信息在播出时采用了数据方式，并不是用字幕方式叠加，不影响电视画面，是否观看取决于观众的选择。

2）交互式电视对系统的技术要求

（1）现场系统。对于交互体育节目而言，现场系统主要包括视频信号提供及竞赛数据采集。

视频信号提供与普通电视转播类似。普通实况转播中，画面选择通常由导演制定和调度。然而在多角度交互式电视中，一旦选择某一摄像机为多角度传输信号后，在任何时间都会有观众选择观看，即始终处于播出之中。因此，该摄像机就不能随意转换场景。

现场竞赛数据采集与普通电视转播有较大的不同。在普通转播活动中，现场数据仅仅用于字幕，出现的次数和时间都非常有限。而在交互式电视系统中，图文信息是其表现形式的重要组成部分，观众在任何时间都可以选择图文信息观看，无论是数据的数量和质量都应该达到较高的水平。因此，现场数据采集成为现场系统的工作重点。例如，除了常规的比分、运动员介绍等之外，还可以有犯规次数、进球数等其它技术数据。

（2）传输系统。传输系统将现场的视频信号和数据传送到电视台的制作系统。

多角度交互体育节目具有四路以上的独立信号，因此传输系统需要具备多路传输能力。为了节省频带资源，可以采用压缩复用方式进行传输。实际的传输通路可以是光纤、卫星、数字微波或长途的 SDH 光纤干线网络。数据的传输可以通过拨号线路、ISDN 或专用的数字数据网（Digital Data Network，DDN）传回。数据传输需要有双向通信功能。

（3）制作系统。视、音频制作系统的主要功能是多通道制作和播出。一个多角度交互体育节目可以由四个视频节目通道组成。假定有一个是由导演控制切换的主节目，这一节目与原有的节目制作方式完全一样，同时提供两个不同角度摄像机的信号。最后一个通道为精彩回放，可以循环重放一些精彩镜头，如进球等。

（4）播出系统。交互式电视的播出系统要进行多通道视频（含声音）与图文内容同步化播出。例如，对于比赛的比分、出场队员、犯规次数等相关数据必须同步播放。交互式电视的多通道制作和播出系统涉及到多个通道的同步切换问题。例如当节目转换时，需要完成多通道同时切换。

（5）广播/入户系统。根据广电总局的安排，传输方案以有线电视网络为主，未来会发展到卫星传输。系统产生的交互节目经过压缩复用后，通过 G.703 接口适配器接入国家广电干线网络，由该网络送至地方有线前端。在地方有线电视网络前端，经接口适配器转为基带数据流送到 64QAM 调制器，调制到指定的电视频道上，馈入有线电视网。所有接入有线电视网的用户，可以通过机顶盒接收后恢复成为电视和图文节目，并在电视机上显示出来。由于 MPEG/TS 流已经按照有线电视系统的频带宽度进行了设置，因此，在地方有线前端不需要进行数码率转换，可以大大简化入网的复杂程度。

（6）用户终端系统。交互式电视的用户接收终端系统是配有机顶盒的电视机。机顶盒负责接收、解调、解码以及有条件接收等处理，同时也是用户交互操作的控制中心。

3）NDS 的交互式电视解决方案

中央电视台和四川电视台采用了 NDS 公司的交互式电视系统 Value@TV，图 8 - 14 是该系统组成方框图。

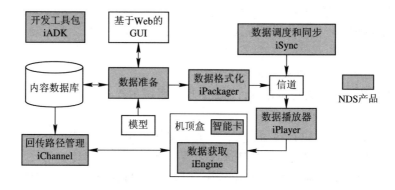

图 8 - 14　NDS 交互式电视系统方框图

（1）iADK 互动应用开发工具包：是用来创建互动应用的工具，有友好的用户界面和丰富的功能。使用 iADK 可以轻松地对应用进行个性化设置，以适应不同的赛事和格式。

（2）数据准备：提供一组工具，用直观的图形用户接口（Graphical User Interface，GUI）生产互动电视内容。

（3）iPackager 数据格式化：将数据内容以符合 Value@TV 的方式进行格式化。为了尽可能利用带宽，它将优化广播参数。

（4）iPlayer 播放器：用复杂的算法使所用的带宽最小，周期性地产生数据流，通过传输系统传输到用户端。

（5）iEngine 数据获取：位于用户机顶盒内，从传送流中拉出请求的交互事件。

（6）iSync 数据调度和同步：确定何时广播交互内容，保证音、视频节目与数据同步。

（7）iChannel 回传路径管理：是机顶盒和应用服务器之间的接口。因双向网改造费用昂贵，目前仍以广播方式为主。

中央电视台的交互式电视系统配置了 iPackager、iPlayer、iSync 和 iEngine 组件和 iADK 互动应用开发工具包。

四川省广播电视网络有限公司实施了 NDS 端到端解决方案——Open Video Guard 条件接收系统、NDS Core 中间件、Stream Server 和 NDS 互动电视前端。目前，四川省广播电视网络的数字节目服务超过了 100 个频道，基本组合包括 35 个频道和一个互动节目指南，高级组合可以提供更多的频道、互动节目指南和互动股票信息服务。2002 年 6 月，四川数字有线电视网成为首家将中央台互动体育服务作为自己的收费电视服务的一部分提供给观众的省级网络。

　　观众可以通过互动节目指南的节目单对基本、高级和互动电视服务进行搜索。互动股票信息服务向观众提供深圳和上海证券交易所 1400 家 A、B 股的实时信息。观众可以设置显示自己关心的股票，可以同时显示 20 种股票信息，也可以随时调用任一股票的实时走势曲线图。

3. 网络电视

　　以 IP(Internet Protocol，因特网协议)为基础的网络电视(IPTV)是因特网技术与电视技术融合后产生的新技术。

　　1) IPTV 系统构成

　　图 8 - 15 是 IPTV 系统构成方框图。

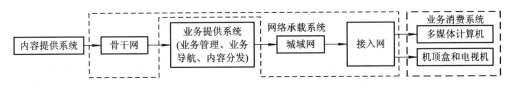

图 8 - 15　IPTV 系统构成方框图

　　内容提供系统(Content Provider System，CPS)将节目源转化成流媒体格式并对内容进行切片和加密处理。业务提供系统(Service Provider System，SPS)由业务管理、业务导航、内容分发等子系统构成。业务管理子系统包括媒体资产管理、用户管理、认证计费和网络管理。业务导航子系统为用户节目消费提供导航，与前述的电子节目指南类似。内容分发子系统负责管理视频服务器。网络承载系统包括骨干网、城域网和宽带接入网。业务消费系统(Service Consumer System，SCS)可以是多媒体计算机、机顶盒和电视机或移动终端。

　　2) IPTV 的核心技术

　　IPTV 的核心技术包括流媒体技术、数字版权管理(Digital Rights Management，DRM)技术和内容递送网络(Content Delivery Network，CDN)。通过流媒体技术，IP 网络能够提供广播、点播、下载、广告等多种音/视频服务，通过数字版权控制技术，在网络上传播可以下载和复制的电子著作的版权得到有效的控制，数字内容商品化运营成为可能。内容递送网络解决了客户端接收网络多媒体服务的质量问题。

　　(1) 流媒体技术是一种专门用于网络多媒体信息传播和处理的技术。它把连续的影像和声音信号经过压缩处理后放在网络服务器上，让浏览者一边下载一边观看、收听，而不需等到整个多媒体文件下载完成才可以观看。

　　(2) DRM 技术的具体业务包括：建立数字节目授权中心、编码压缩后的数字节目内容、利用密钥(Key)可以被加密保护(Lock)、加密的数字节目头部存放着密钥 ID(KeyID)和节目授权中心的 URL。用户在点播时，根据节目头部的 KeyID 和 URL 信息，就可以通过数字节目授权中心的验证授权后送出相关的密钥解密(Unlock)，节目方可播放。

　　(3) CDN 是构建在网络之上的内容递送网络，其基本思想是，依靠放置在各地的缓存或媒体服务器，通过系统中心平台的智能负载均衡、内容分发、调度等功能模块，将用户最感兴趣的那部分媒体内容部署到最接近用户的网络"边缘"，使用户可以就近取得所需的内容，从根本上解决网络拥塞状况，提高用户访问网站的响应速度，使得原本无序、低效、不可靠的宽带网络转变成高效、可靠的智能网络，以满足用户对媒体访问质量的更高要求。通过引入和建设 CDN 平台，可以实现流媒体内容的推送和静态页面的加速，提高 IP 网络中信息流动的效率，从技术上解决由于网络带宽小、网点分布不均等原因造成的用户访问媒体内容响应速度慢的问题。

3）IPTV 接收终端

IPTV 可以采用的接收终端包括多媒体计算机和 IP 机顶盒加电视机，也可以扩充到手持设备和移动终端。

当前各种基于多媒体计算机的 IPTV 软件层出不穷，最初流行的是 PPLive，随后是腾讯公司推出的 QQLive，接着又出现了沸点网络电视、PPStream、超级播霸、UUSee 等网络电视软件。它们大都采用 P2P 技术进行业务传送。

机顶盒加电视机是 IPTV 未来的主流终端。

IPTV 机顶盒的基本业务是广播电视类业务，必须包括直播电视、点播电视和时移电视业务，增值业务可以包括可视电话、视频会议、网络游戏和信息交互等。机顶盒要接收业务提供系统传送的节目内容媒体流，同时要实现用户对业务播放过程的控制，还要能对机顶盒进行配置、形成日志上传、进行软件升级。机顶盒应支持 IP 协议、DRM 技术和条件接收。机顶盒必须配置上行网络接口、下行音/视频接口和红外遥控接口，可以配置下行网络接口、CA 接口、USB 接口、其它串行通信接口和各类外设及扩展接口。图 8-16 是 IPTV 机顶盒硬件构成方框图。

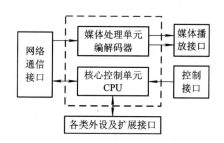

图 8-16　IPTV 机顶盒硬件构成方框图

核心控制单元一般采用嵌入式系统处理器芯片，运行一个实时操作系统，用以管理机顶盒的活动和资源。其系统 ROM 中包含有自举代码和基本的操作系统服务程序，RAM 则由操作系统、应用服务程序和数据所共享。

媒体处理单元一般根据机顶盒成本选用 ASIC 专用解码芯片或数字信号处理器，也可采用软件解码实现。该单元的主要功能是对压缩视频流和音频流进行解码。

媒体播放接口基本配置有复合音视频端子和 S-Video 端子，较高配置可有 YPbPr、YCbCr 和数字音频输出接口。

网络接口根据网络接入方式的不同可配置成高速以太网接口、ADSL 接口或无线局域网接口，甚至 EPON（Ethernet over Passive Optical Network，以太网无源光网络）或电缆接口。网络接口将机顶盒连接到网络上，处理有关网络协议，接收输入信息流，并通过它向服务器返回用户的控制命令。

控制接口是指用户操作控制机顶盒的接口，一般以红外遥控器为主，也有采用红外遥控键盘或 WiFi(Wireless Fidelity，无线相容性认证)技术的。

机顶盒的软件分成应用层、解释层和资源层三层。图 8－17 是 IPTV 机顶盒软件构成方框图。

TV播放/视频点播	浏览器	EPG	…	扩展应用	应用层
内置应用程序	下载应用程序				
中间件API					解释层
中间件适配层					
操作系统(Linux、VxWork、Windows CE、…)					资源层
模块处理程序以及接口驱动程序					

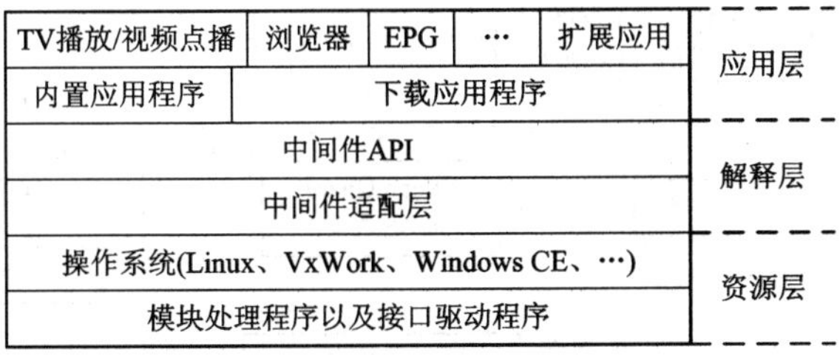

图 8－17 IPTV 机顶盒软件构成方框图

资源层包括硬件抽象层和内核层。硬件抽象层提供了一个硬件设备的底层接口，程序员可以通过它来访问和控制视频、音频、图形、网络等子系统。该接口类似于 PC 中的 BIOS。硬件抽象层将所有硬件特性，如寄存器、内存映射等都屏蔽起来，其作用是使上层软件不必修改即可与新的硬件相兼容。内核层是一个位于硬件抽象层之上的小型实时操作系统，完成进程的创建和执行、进程间通信、资源的分配和管理。由操作系统管理的资源包括内存、信道和外围设备的访问权等。

解释层的主要功能是将机顶盒应用程序翻译成 CPU 能识别的指令，去调动硬件设备完成相应的操作。中间层主要是一些驱动和库函数，为各应用程序提供共同的、常用的服务程序。

应用层可以分成内置应用程序和下载应用程序两部分，实现诸如 TV 播放、视频点播、EPG(电子节目指南)、DRM(数字版权管理)、游戏下载等业务应用。

4. 数码视讯的 StreamGuard CA 系统

数码视讯(Sumavision)科技股份有限公司的 StreamGuard CA(Certificate Authority，证书认证)系统是一个具有成熟商用案例的双向 CA 系统，能够对双向网络提供安全保障，还能支持多种单/双向互动增值业务。如 VOD、在线教育、在线支付、电视商城、电视银行和收视率统计等。

2009 年 StreamGuard CA 已经在 14 个省份中标，并且在 10 个整合省网中成功应用，市场占有率达到 70%(含同密)，最大单点发卡量突破 200 万张，总发卡量已突破 1000 万张。

1) StreamGuard 双向 CAS 的构架

图 8－18 是数码视讯 StreamGuard CA 双向系统示意图。

双向 CAS 除了能支持传统的单向业务之外，还为双向互动增值业务提供了安全可靠的信息传送平台。它可以充分保证信息广播下行通道和 IP/CABLE 互动通道这两条通道的安全性。根据接入网的不同，互动通道可以包括 IP(EPON＋LAN)和 CABLE(CMTS＋CM)两种方式，如西宁双向数字电视平台采用 CABLE(原有小区)为主、IP(新建小区)为辅的回传方式，采用双向 StreamGuard CAS 为互动增值业务提供安全保障。EPON (Ethernet over Passive Optical Network)是以太网无源光网络。CMTS(Cable Modem Termination System)是电缆调制解调器终端系统。

图 8－18 中双向 CAS 前端部分包括 StreamGuard CAS、双向处理服务器、安全认证服务器三个子系统。StreamGuard CAS 不仅包含单向 CAS 的所有功能，还增加了对双向数

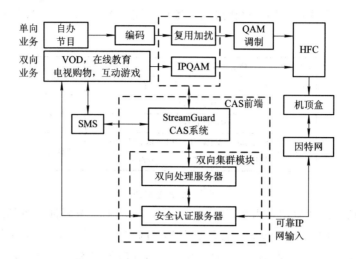

图 8-18 StreamGuard CA 双向系统示意图

据的处理功能。双向处理服务器负责处理回传数据，完成 CAS 和安全认证服务器之间的通信。安全认证服务器验证用户回传信息的合法性，保证前端系统的安全和信息的可靠。

核心产品 IPQAM 处于各网络节点，实现全节目路由，将节目流重新复用在指定的多业务传输流中。通过 IPQAM 实现多种基于双向网络的互动业务，各项新互动业务可进行平滑扩展，能够与现有数字电视广播系统无缝结合；全面支持前端 IP 组网解决方案，系统搭建更为方便。

2）双向网络对 CAS 的安全性要求

在双向网络中，用户的各种数据在网上实时传输，因此 CA 技术需实现以下安全性：

（1）身份真实性。网上增值业务系统必须有一套安全可靠的身份认证机制，以保证交易中各方身份的真实性。

（2）数据机密性。用户资金、账号、密码、交易行为等都属于用户的私密信息，同时网上的 SP（Service Provider，服务提供商）也有各自的商业秘密，这些信息都要防止被侦听和窃取。

（3）信息完整性。SP 和用户之间在双向网络上传递的信息必须有完整的保障机制，否则就会被黑客非法篡改。

（4）交易行为不可抵赖性。利用网上增值业务系统进行各种交易时，要确保用户和 SP 对已经完成的交易行为都不能抵赖。

这些安全性在单向网中是不可能保证的，因为单向网的集中式 CAS 的结构是单一的，盗版者有足够的时间研究破解方案。更换密钥、备份算法等辅助措施，弥补不了这个根本缺陷。

3）CA 技术保证实现安全性

与单向网不同，双向网通过下述 CA 技术就可能实现安全性的保证：

（1）建立在双向点到点通信方式上的安全认证技术。流行的安全认证有两种方式：一种是在网络上通过安全协议鉴定和交换密钥的方法，如 DASS 协议（Distributed Authentication Security Service，分布式鉴别安全协议），它同时使用了公开密钥和对称密码；另一种是一次性密码方案（One Time Password，OTP），客户端和服务器通过其它通道（非网络）协助，约定双方使用的密码本，保证通过网络的密码只使用一次。

一般的应用系统主要采用第一种方式。虽然在数字广播电视网络上实施这类认证存在困难，但可以在一定程度上借用。如前面提及的 DASS 协议，可以事先将通信双方的公钥保存起来，这样就不用在协议中交换了；也可以让双方直接通信去鉴别、交换会话密钥，不用每次都借助于 CA 中心。

通过此项技术，可以使双方建立起互相信任的数据通道，交换会话密钥，为下一步的数据加密技术做好准备。

（2）数据加密技术。它是指用某种方法将明文的内容隐藏起来，以保证数据传输和存放过程的安全。StreamGuard CAS 系统共采用了五级的密钥。

（3）数字水印技术。在信息通过安全的数据通道传送给接收者后，要做进一步的保护，因为数字化作品侵权使用或篡改非常方便。保护数字化版权主要使用数字水印技术，其基本原理就是将有关版权或控制的机密信息通过嵌入算法隐藏于公开的载体信息中，非授权的监测者难以从公开信息中识别和修改，合法监测者则可以抽样监测和解码水印信息，以判定数字信号使用的合法性。

StreamGuard 双向 CAS 正是运用了以上方法，对双向增值业务提供安全保证。

4）双向 CAS 成为统一安全认证中心

双向 CAS 在整个数字电视系统中起到了统一安全认证中心的作用。其具体流程如下：

在前端，系统的增值业务调度模块根据增值业务处理系统的需要组织数据，并送给双向 CAS 的加密认证中心，加密认证中心对数据加密后下发到终端，终端机顶盒收到数据后，送给加密及安全认证模块进行数据解密处理，解密结果送给机顶盒进行处理。例如收视率统计、卡内信息查询等功能都可以基于上述过程实现。

在终端，机顶盒提供菜单或其它动作触发方式。机顶盒被触发时，负责组织数据并通过加密及安全认证模块提供的接口进行加密，加密后的数据通过回传通道上传给前端双向 CAS，加密认证中心将数据解密得到明文数据，相应的增值业务调度模块收到明文数据并进行处理。如用户消费历史查询、节目点播、电视购物等功能都可基于上述过程实现。

8.4.4　交互式电视的技术标准

数字交互式电视的技术标准由数据广播和交互业务标准组成，主要有美国 ATSC 数据广播规范《有线电视数据业务接口规范》（即 DOCSIS（Data Over Cable Service Interface Specification）标准，由 MCNS（Multimedia Cable Network System，多媒体电缆网络系统）——美国有线电视经营商合作组织最先制定）和欧洲 DVB 数据广播标准以及 DVB 交互业务协议等。DVB 组织所定义的可以进行交互活动的 DVB 工具一般分为两类。一类是与网络无关的，即 DVB – NIP 规范，包括：《DVB 交互业务的与网络无关的协议》，编号为 ETS300 802；《DVB 交互业务的与网络无关的协议规范的实现和使用指导》，编号为 TR101 194。其中的重要部分由 MPEG（ISO 13818 – 6）建立的《数字存储介质指令控制（DSM – CC）》协议导出。第二类 DVB 技术规范与 ISO/OSI 模型的低层有关，因此定义为网络相关性交互工具。1996 年，DVB 制定了两个规范。第一个规范是 DVB – RCT，即《通过公共电话交换网（PSTN）和综合业务数字网（ISDN）的交互信道》，标准号为 ETS300 801。第二个规范为 DVB – RCC，即《有线电视分配系统（CATV）交互信道》，标准号为

EST300 800。DVB 还有 DVB - RCCS 规范，即《DVB 卫星共用天线电视(SMATV)分配系统交互信道；用于卫星和同轴部分版本导论》，标准号为 TR 101 201。

8.5　家庭网络

8.5.1　概述

近年来人们先后提出了家庭自动化、智能家居、网络家庭、数字家居等概念，这些概念表明，人们开始追求舒适方便的生活居住环境，家庭网络系统已经成为一个热门的话题，同时也说明人们对未来的家庭住宅概念还很模糊，理解上参差不齐。早期较多的提法是家庭自动化、智能家居，一般是指实现对家用电器设备的自动控制和调节，控制的对象局限在照明设备、空调、冰箱、微波炉、彩电、三表(电表、气表、水表)等控制类家电，系统的特点是通信量小，控制内容单一，易于实现。由于信息技术和网络技术的发展，家庭生活中电器设备也日益丰富，DVD、家用电脑、数字电视、IP 电话等新型信息家电也进入家庭，人们希望这些设备也能与之前的控制类家电很好地实现相互通信，于是就出现了后来的网络家庭、数字家居等概念，这种概念的系统的特点是突破传统家庭自动化的局限，将控制对象从控制类设备扩展到信息和音、视频类设备，将自动化控制技术、网络技术、通信技术引入家庭，建设数字家庭网络，充分实现家庭自动化和信息化，并且偏重于家庭内部网络与外部网络的通信。

信息产业部标准 SJ/T11316《家庭网络系统体系结构及参考模型》给出了较完整的家庭网络的定义，即家庭网络系统指的是融合家庭控制网络和多媒体信息网络于一体的家庭信息化平台，是在家庭范围内实现信息设备、通信设备、娱乐设备、家用电器、自动化设备、照明设备、保安(监控)装置及水电气热表设备、家庭求助报警等设备互联和管理，以及数据和多媒体信息共享的系统。

家庭网络系统构成了智能化家庭设备系统，提高了家庭生活、学习、工作、娱乐的品质，是数字化家庭的发展方向。

8.5.2　家庭网络标准

1. 家庭网络标准进展

1999 年 3 月，Sun Microsystems、IBM、爱立信等成立了开放标准化组织 Connected Alliance，后改名为 OSGi Alliance。

2003 年 6 月，由 Intel 和微软等 17 家公司带头发起成立了 DHWG(数字家庭工作组)，后改名为 DLNA。

2003 年，联想、TCL、康佳、海信、长城等国内 5 家企业发起成立了"信息设备资源共享协同服务标准化工作组"，并发布了"闪联"品牌。

2004 年，"数字电视接收设备与家庭网络平台标准工作组"(简称标准工作组)的部分骨干成员单位发起成立了"中国家庭网络标准产业联盟"——ITopHome(简称 e 家佳)。

2006 年 1 月，Intel 推出了针对数字家庭市场的 Viiv 平台。同年 6 月，AMD 推出了与

Intel 的 Viiv 所对应的 Live 平台。

2008 年 7 月，中国向 ISO/IEC JTC 1 提交的闪联（信息设备资源共享协同服务，英文简称为 IGRS）国际标准提案，正式成为 ISO/IEC JTC 1 国际标准。

2010 年 4 月 23 日，e 家佳联盟主导提报的国际标准项目《家庭多媒体网关通用要求》（英文名称为《MULTIMEDIA GATEWAY IN HOME NETWORKS GUIDELINES》）正式成为 IEC 国际标准。

2. e 家佳

2004 年 7 月 26 日，家庭网络标准产业联盟（ItopHome，e 家佳）由"数字电视接收设备与家庭网络平台标准工作组"的部分骨干成员单位共同发起成立，目前其成员发展到 200 多家，涵盖家电、IT、通信、仪器、建筑、建材、安防等领域。

e 家佳对家庭网络系统的定义是：家庭网络系统指的是融合家庭控制网络和多媒体信息网络于一体的家庭信息化平台，是在家庭范围内，实现信息设备、通信设备、娱乐设备、家用电器、自动化设备、照明设备、保安（监控）装置及水电气热表设备、家庭求助报警等设备互联和管理，以及数据和多媒体信息共享的系统。

目前，e 家佳标准体系由六个标准构成，即《家庭网络系统体系结构及参考模型》、《家庭主网通信协议规范》、《家庭主网接口一致性测试规范》、《家庭控制子网通信协议规范》、《家庭控制子网接口一致性测试规范》和《家庭网络设备描述文件规范》。

3. 家庭网络系统体系结构

作为 e 家佳标准体系的基础，《家庭网络系统体系结构及参考模型》描述了家庭网络的网络规范、体系结构和参考模型三个方面的内容。根据标准内容，家庭网络体系结构及参考模型如图 8 - 19 所示。

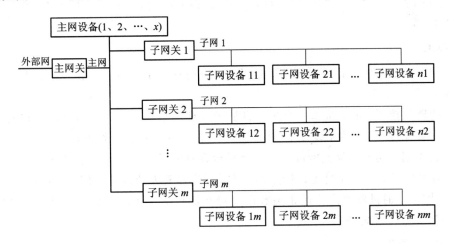

图 8 - 19　家庭网络体系结构及参考模型

家庭网络系统体系结构及参考模型将家庭网络分为三个主体：主网、控制子网和网关。家庭主网用于传输高速信息（包括音视频信息），带宽要求比较宽，通信模块的成本相对较高；家庭控制子网用于传输低速信息（控制信息），带宽要求比较窄，通信模块的成本相对较低；网关是家庭和外部网络连接的主要管理平台和通道。

家庭主网的信息传输速率在 10 Mb/s 以上，主要用来连接家庭主网关、家庭娱乐设备、信息设备、通信设备、家庭控制子网关以及其它高数据传输速率的设备，家庭主网设备包含有线主网设备和无线主网设备。家庭主网关与外部网络相连接，为家庭主网内的设备提供外部网络的接口，并实现家庭主网的配置和管理功能。家庭主网中的控制设备可以通过主网关控制所有主网设备。家庭主网的通信协议应符合 SJ/T 11312—2005《家庭主网通信协议规范》。

家庭控制子网的信息传输速率一般不超过 100 kb/s，主要用来连接家庭中各种家用电器设备、三表三防设备以及照明系统等，家庭控制子网可通过家庭控制子网关连接在家庭主网上。家庭子网关是家庭控制子网的外部接口，实现家庭控制子网的配置和管理功能。家庭控制子网关既是家庭控制子网设备，又是家庭主网设备，它既支持家庭控制子网通信协议，又支持家庭主网通信协议；家庭控制子网关在物理实现上也可以与家庭主网网关成为一体化的设备，家庭控制子网可通过子网关连接到家庭主网上，并通过家庭主网关与外部网络相连。家庭控制子网的通信协议应符合 SJ/T 11314—2005《家庭控制子网通信协议规范》。

标准定义了较为完备的家庭网络体系结构，将通信、媒体娱乐、电器控制等应用纳入统一的家庭网络平台，并分为高速数据网络和低速控制网络，它对家庭网络平台起到基础框架的作用。这一体系结构既考虑到当前的应用需求，又兼顾到家庭网络系统今后的拓展，与国际各标准化组织同类方案相比，内容更全面，集中反映了技术趋势，更适合于中国市场的需求。

8.5.3 家庭网络的典型应用

目前支持各标准的厂商都推出了符合各自标准的设备和系统，下面介绍一些典型的设备和系统应用。

1. OSGi 应用

(1) 智能药盒与服药提醒系统。智能药盒与服药提醒系统可以提供服药提醒、药盒监控和药盒定位的功能。

(2) 智能遥控器。能够提供一个单一且易于管理的平台，除了能够自定义它的用户界面之外，主要通过 WiFi 的无线技术(IEEE 802.11)与网络连接，除了可显示电视节目表，选择合适的节目，还能作为上网浏览的一个平台查看电子新闻或收发电子邮件。

(3) 安全守护系统。通过无线传感器的方式，测量病人的各种生理特征(如体温、血压和心率变化等)，通过路由器传送相关数据给身在远程的医生，让医生实时监看居家病人的健康情形并进行双向联系。

2. DLNA 应用

(1) DLNA 电视。索尼的 DLNA 电视可以通过绑定网站上所提供的电影、电视及娱乐、新闻等网络视频内容免费或收费共享，另外还可以使用电视连接家庭网络，享用家庭网络上的图片、音乐、视频资源等。

(2) DLNA 手机。目前智能手机都可以通过无线网络分享和使用家庭网络上的媒体资源，比如在支持 DLNA 计算机或电视上分享图片和音视频等，或者在手机上播放计算机上的图片、视频、音乐。

（3）DLNA 计算机。安装 Windows 系统的计算机可以非常简单地将图片、音乐和视频输出到家庭网络上的所有设备，也可播放其他设备上的媒体资源。

（4）支持 DLNA 的高清多媒体网络存储器、支持 DLNA 的无线路由设备等。

3．闪联应用

（1）闪联智能高清播放器。闪联某款智能高清播放器，采用 Android 2.2 操作系统，基于闪联 VUFS 技术，通过 WiFi 网络，将计算机上共享的文件夹虚拟成 U 盘，从而让支持 USB 播放功能的电视机具备闪联 DMA 功能，可以在电视机上直接欣赏计算机中的电影、图片、音乐等媒体内容。

（2）闪联电视。目前海信、TCL 等公司已经推出了支持闪联标准的电视，实现电视与家庭网络上支持闪联标准的设备互连。

（3）目前已推出了基于闪联标准的智能家居产品、电力载波宽带通信产品等。

4．e 家佳应用

（1）智能家居系统。海尔推出了基于 e 家佳联盟家庭网络标准体系的 U-home 智能家居，并建立了名为"云社区"的体验中心。该智能家居实现了媒体娱乐、可视对讲、安防、环境监测、智能灯光等功能。

（2）网络洗衣机。基于 e 家佳的某款网络洗衣机，采用家电远程控制系统技术，通过因特网、短信和电话等网络，用户可以在离家时实现远程洗衣。

（3）高清流媒体播放器。基于 e 家佳的某款高清流媒体播放器，可以把家庭影院设备和计算机通过网络连接起来，在家庭影院设备上显示计算机中存储的节目，其中计算机作为媒体节目下载存储设备，播放器作为解码设备，家庭影院作为显示设备。

5．苹果的 Airplay 应用

借助 Airplay，用户可以将视频、音乐和照片从 iPhone、iPad 或 iPod touch 以无线方式流化到 Apple TV 以及将音乐流化到 Airplay 扬声器或接收器，包括 AirPort Express，也可以将视频和音乐从计算机以无线方式流化到 Apple TV。通过这种技术，手机屏幕、PC 屏幕以及电视屏幕各种设备之间将能够进行智能交互，实现多设备屏幕的实时共享，实现多人娱乐与协作。

思考题和习题

8-1　多媒体信号有哪三个特征？举例说明。

8-2　PSTN、ISDN、B-ISDN、IP、FC 网络各有什么特点？

8-3　会议电视系统由哪几部分组成？

8-4　多点会议电视系统有几种控制方式？各有什么特点？

8-5　H.320、H.324 和 H.323 三套建议分别应用于什么网络？

8-6　H.324 规范了低比特率多媒体通信终端的哪些技术指标？

8-7　远程医疗的视频编、解码器采用什么标准好？

8-8 视频录像分散存于多媒体电视监控终端好还是集中存于多媒体监控中心好?

8-9 数字电视技术的两个目标是什么?

8-10 SAN、NAS 和分布式数据存储三种视频服务器数据的存储结构各有什么特点?

8-11 交互式电视有哪两种实现方式?

8-12 简述电话视频点播的组成、收费和特点。

8-13 中央电视台交互式电视广播有哪些节目形态?

8-14 IPTV 有哪些核心技术?

第9章 数字电视的接收

9.1 概 述

1. 三种信道接收

数字电视接收为适用于不同的传输信道而分为卫星、有线和地面广播三种不同的类型。它们在系统的视频、音频和数据的解复用和信源解码方面都是相同的，都遵循 MPEG-2 系统标准(ISO/IEC 13818-1)、MPEG-2 视频标准(ISO/IEC 13818-2)和 MPEG-2 音频标准(ISO/IEC 13818-3)(ATSC 的音频为 Dolby AC-3 多声道环绕声方案)。三种数字电视信号接收机的主要区别是在调谐、解调和信道解码方面。目前流行的做法是将调谐器、频率合成器以及数字解调和信道解码器等做在一起，成为一体化调谐解调解码器，并用金属壳屏蔽起来，形成独立的通用组件，常称为数字调谐器、DTV 调谐器或数模一体机。

2. 数字电视机顶盒

机顶盒(Set Top Box，STB)是指电视机顶端或内部的一种终端装置。在当前模拟电视与数字电视共存的阶段，千家万户已经拥有的模拟电视机不能直接用来接收数字电视节目，机顶盒就是用来充当数字电视与模拟电视机之间桥梁的一种接收转换装置。

在电视台，数字电视信号经过信源编码、复用、信道编码、调制后发送，在接收机中则相反，如图 9-1 所示。用调谐器在多个频道的信号中选择一路节目的信号后，经解调、信道解码、解复用、信源解码输出数字音、视频信号，音频信号经 D/A 输出模拟伴音信号，视频信号经 PAL 编码后输出模拟全电视信号，这两个信号接到模拟电视机的 AV 输入口可以在模拟电视机上收看数字电视节目。上述电路常做成一个盒子放在模拟电视机顶上，所以称为机顶盒。上述电路也可以和显示器、音响一起组成数字电视机。

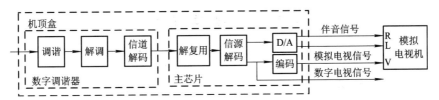

图 9-1 数字电视接收机方框图

数字调谐器是本世纪才有的产品，所以有没有数字调谐器就成为新一代产品和上世纪老产品的分界线。

将解复用、信源解码、音频 D/A、PAL 编码、嵌入式 CPU 等电路集成在一块芯片上，常称之为单片解决方案。

数字卫星机顶盒也称为综合接收解码器(Integrated Receiver Decoder，IRD)。它接收从卫星发送的数字电视信号，经过信道解码和信源解码，将接收的数字码流转化为压缩前的分量数字视频信号，再经 D/A 转换和视频编码转换为模拟全电视信号，送到普通的模拟电视接收机。而根据使用场合的不同，IRD 又可分为家用(Consumer)和商用(Commercial)两大类。前者适用于家庭，有遥控、屏幕菜单显示等功能；后者常用于有线电视前端的集体接收，要求有更高的质量、可靠性和更多的接口。我们平时看到的卫视节目都是有线电视台通过商用的 IRD 从卫星接收下来，再通过有线电视网送入各家各户的。我国直接接收卫星电视节目需经有关部门批准，家用的 IRD 在我国并不普及，但在国外具有较好的市场。由于 IRD 的传输平台是卫星信道，因而支持交互式应用比较困难。

数字有线电视机顶盒的信号传输介质是有线电视广播所采用的全同轴电缆网络或光纤/同轴电缆混合网。由于大部分有线电视网络具有较好的传输质量，加之电缆调制解调器技术的成熟，数字有线电视机顶盒除了能接收数字有线电视广播外，还可能支持各种交互式多媒体应用，如电子节目指南(EPG)、准视频点播(NVOD)、按次付费观看(PPV)、软件在线升级、数据广播、因特网接入、电子邮件、IP 电话和视频点播等，但由于目前有线电视传输网络大多是单向的，因此只能做到电子节目指南和一些数据查阅。

3. 机顶盒的三种类型

数字电视机顶盒从功能上可分为基本型、增强型和交互型三种。

(1) 基本型机顶盒：由数字调谐器、主芯片、Flash、SDRAM、开关电源、标准接口、AV 接口、S-Video 接口、IC 卡座、嵌入式软件、CA 系统组成。它能接收数字电视信号到模拟电视机并实现付费收看。

(2) 增强型机顶盒：除采用基本型的所有部件外，还增加了中间件和其它应用软件。它能接收数字电视信号到模拟电视机、实现付费收看、多种有线电视增值业务及简单交互式应用。

(3) 交互式机顶盒：由于机顶盒的模块化设计而在功能选择上更加灵活。如要增加 Internet 浏览功能，只需要在机顶盒硬件上增加 CPU 及相关应用软件。根据交互方式的不同类型，机顶盒采用不同的回传方式和接口。其功能可在增强型有线数字机顶盒的功能基础上按需要添加。

9.2　卫星数字调谐器

9.2.1　卫星数字电视

1. 卫星数字电视传送的优点

(1) 用数字方式传输节目的质量高，图像质量比较稳定。

（2）传输一路模拟电视节目的卫星通道可传 4～8 路数字电视节目，传输节目数量多，可满足观众日益增长的需求，也降低了每套电视节目传送的成本。

（3）传输方式灵活，有单路单载波（Single Channel Per Carrier，SCPC）方式和多路单载波（Multiple Channel Per Carrier，MCPC）方式。

（4）可实现多种业务传输，能进行电视广播传输，也能进行声音和数据广播传输。

（5）容易进行加扰、加密，实现条件接收和对用户的授权管理。

2. 卫星数字电视传送方式

1）多路单载波（MCPC）方式

MCPC 方式适合于多套节目共用一个卫星电视上行站的情况。它先将多套节目的数据流合成为一个数据流，然后调制载波并发至卫星，这种方式能使转发器的功率得到最大限度的发挥。中央电视台、中央教育卫视、内蒙古卫视、新疆卫视等都采用这种方式。

2）单路单载波（SCPC）方式

SCPC 方式适合于多套节目共用一个转发器而不共用上行站的情况。每套节目各自调制一个载波后发至卫星，每个载波只传输一套电视节目，这样在一个转发器内同时存在多个载波。该方式的缺点是转发器的功率得不到充分发挥，多个载波的存在就有可能产生交调、互调干扰，要求放大器尽可能工作在线性状态。青海、河南、福建、江西、辽宁五省采用 SCPC 方式共用一个转发器。

3）极化方式

在卫星广播系统中，为了充分利用宝贵的频谱资源，增加传输信道，采用了频率复用技术，即在同一频带内，采用两种不同的极化方式传输两套不同的信号，两者之间存在极化隔离，因此互不干扰。

所谓极化方式，就是无线电波产生的电磁场振动方向的变化方式。按照极化方式的不同，电磁波可分为线极化波和圆极化波两种类型。电波在空间传播时，如果电场矢量的空间轨迹为一条直线，电波始终在一个平面内传播，则称为线极化波；如果电场矢量在空间的轨迹为一个圆，即电场矢量是围绕传播方向的轴线不断地旋转的，则称为圆极化波。

线极化波有水平极化和垂直极化两种方式。在卫星电视广播系统中，当卫星上的天线口面电场矢量在赤道平面时称为水平极化，用字母 H 表示；当天线口面电场矢量与上述水平极化方向垂直且与天线口面垂直时称为垂直极化，用字母 V 表示。在圆极化波中，顺着波的传播方向看去，若电场矢量顺时针旋转，则称为左旋圆极化，用字母 L 表示；若电场矢量逆时针旋转，则称为右旋圆极化，用字母 R 表示。

4）卫星直播

利用卫星进行点对点（或多点）的节目传输，把电视节目传送给地面广播电视台或有线电视台转播，属于固定卫星业务（Fixed Satellite Service，FSS）。通信使用频段为 C 频段和 Ku 频段。人们常将使用 Ku 频段的 FSS 提供卫星直接到户（Direct To Home，DTH）的广播电视服务称为卫星直播。

5）直播卫星

直播卫星（Direct Broadcasting Satellite，DBS）是通过卫星将图像、声音和图文等节目进行点对面的广播，直接供广大用户接收（个体接收或集体接收）。按照国际电信联盟（ITU）的规定，直播卫星一般属于卫星广播业务（Broadcast Satellite Services，BSS）范围，采用频段是广播专用 Ku 和 Ka 频段，覆盖范围受到国际公约的保护，在本覆盖区内不受其它通信卫星溢出电波的干扰。

6）直播卫星"村村通"系统

我国第一颗直播卫星"中星 9 号"首先用于"村村通"工程。在"中星 9 号"卫星上有四个转发器用于一期"村村通"工程的"盲村"覆盖，它采用透明方式（即不加密方式）传输中央和省级的 48 套电视和广播节目，直接服务于我国 20 户以上已通电的 71.66 万个自然村。国家也计划投入 30 多亿元资金对中西部贫困县给予补助，集中采购卫星专用接收机，用于"村村通"的卫星电视信号接收。

一期直播卫星"村村通"上行传输使用"中星 9 号"卫星的 3A、4A、5A、6A 转发器，转发器带宽为 36 MHz，下行频率分别为 11 840 MHz、11 880 MHz、11 920 MHz、11 960 MHz，采用左旋圆极化（L），符号率均为 28 800 kS/s。

使用圆极化方式传输，接收用户无需调整极化角，这将极大方便终端用户的使用，有利于直播卫星"村村通"系统的推广应用；同时，鉴于目前覆盖我国的境外 Ku 波段线极化卫星电视节目的传输现状，圆极化接收系统对接收境外非法电视节目内容也有一定的抑制作用。

为使广大农村群众既能方便快捷地收看感兴趣的节目，又能获得免费的信息服务，直播卫星"村村通"系统提供电子节目指南（EPG）和数据广播功能，该项功能由国家广电总局无线局负责维护及运营。直播卫星"村村通"系统还提供专用机软件空中（Over The Air，OTA）升级服务，即通过空中下载（OTA Loader）的方式在专用机上进行创建和安装更新软件。

接收"中星 9 号"直播卫星"村村通"系统需要 0.3～0.6 m 口径的小型偏馈天线、10 750 MHz 本振频率的圆极化高频头和 ABS－S 直播卫星专用机。各大接收机生产厂家都推出了各自的接收套件。

9.2.2 卫星数字调谐器的基本结构

天线接收到 C 波段（3.7～4.2 GHz）或 Ku 波段（11.7～12.75 GHz）的卫星下行信号，经 LNBF（Low Noise Block Feed，馈源一体化的低噪声放大下变频器，又称为一体化下变频器）放大和下变频，形成 950～2150 MHz 的第一中频信号，经引下电缆送到室内单元、卫星数字电视接收机（也称综合解码接收机，Integrated Receiver Decoder，IRD），引下电缆一般采用 F 型连接器，采用高频特性较好的专用电缆。图 9-2 是卫星数字电视接收机的组成方框图。其中，室内单元包括数字调谐器、解复用、解码主芯片和条件接收模块、IC 卡接口、视/音频输出接口、遥控器和电源等。

由图 9-2 可见，卫星数字调谐器主要是由调谐解调、频率合成和 QPSK 解调信道解码三部分构成，这三部分也是数字调谐器的三块主要芯片。

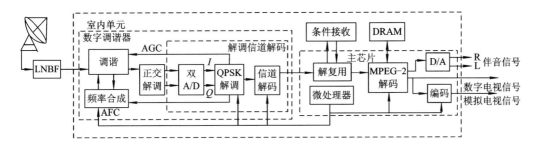

图 9-2 卫星数字电视接收机方框图

9.2.3 零中频调谐

1. 零中频方案

零中频方案调谐器的本振频率与输入信号频率相同。输出信号为零中频的基带信号，可直接送到正交解调电路进行处理，输出 I、Q 模拟基带信号，省去了中频处理电路和声表面波滤波器等元器件，简化了电路、降低了成本；后面的数字解调是对基带信号进行取样，ADC 的取样时钟频率可以降低，从而降低对 ADC 处理速度的要求。

2. SL1925

加拿大 Zarlink 公司（原 Mitel 公司）的 SL1925 是典型的调谐解调芯片（详见参考文献 51），图 9-3 是 SL1925 的结构方框图。其工作频率范围达到 950～2150 MHz，内部集成了压控振荡器 VCOV 和 VCOS。VCOS 的工作频率范围为 1900～3000 MHz，该频率经过 2 分频后输出 950～1450 MHz 的本振信号；VCOV 的工作频率范围为 1450～2150 MHz。引脚 Losel 用于选择两个压控振荡器中的一个。当输入频率低于 1450 MHz 时，设置 Losel 脚为高电平，选择 VCOS 输出，此时工作频率范围为 950～1450 MHz；当输入频率高于 1450 MHz 时，设置 Losel 脚为低电平，选择 VCOV 输出，此时工作频率范围为 1450～2150 MHz。两个压控振荡器的 Tank 端外接由微带线和变容二极管组成的调谐回路，频率合成器形成的调谐电压加在变容二极管上，改变调谐电压，就改变调谐回路电容，也就能改变压控振荡器的频率。两个压控振荡器产生的本振信号可从 PSout 和 PSoutb 引出作为外部频率合成的输入信号。

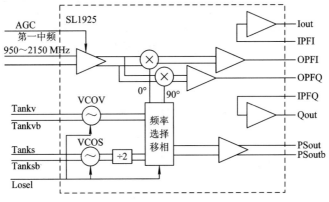

图 9-3 调谐芯片 SL1925 结构方框图

根据 SL1925 输出信号电平大小，解调信道解码模块输出脉宽调制（Pulse Width Modulation，PWM）形式的 AGC 控制电压，先经过一个低通滤波器，进行数/模转换后，接到 SL1925 的 AGC 引脚，控制其放大器的增益。该 AGC 放大电路的调节电压范围为 $0 \sim 5$ V，0 V 时有最大增益，5 V 时有最小增益，AGC 控制范围可达 30 dB。零中频正交解调输出后，要经过外接的低通滤波器滤除带外的噪声。由于信号的符号率最高可达 45 MS/s 以上，同时考虑到发射端还采用了奈奎斯特滤波器，因此选用的低通滤波器带宽为 56 MHz。正交解调后的 I、Q 两路信号分别由 OPFI、OPFQ 输出，先通过外接的两个低通滤波器滤波后，再将信号分别由 IPFI、IPFQ 输入到内部基带放大器再一次放大，最后分别由 Iout 和 Qout 输出。

9.2.4　频率合成器

频率合成是将一个高稳定和高精度的标准频率经过运算，产生同样稳定度和精度的特定频率的技术。图 9-4 是频率合成器的组成方框图。

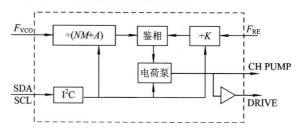

图 9-4　频率合成器组成方框图

1.（$NM+A$）分频器

压控振荡器的输出信号 RF 的频率为 F_{VCO}，先进行（$NM+A$）分频；基准信号的频率为 F_{RE}，先进行 K 分频；两个分频后的信号在鉴相器中进行相位比较，鉴相器输出的数字信号由电荷泵转换成模拟电压去控制压控振荡器的频率变化，当环路锁定时，压控振荡器的输出频率 F_{VCO} 与基准频率 F_{RE} 的关系是 $KF_{VCO} = (NM+A)F_{RE}$。CPU 通过 I^2C 总线设定分频比（$NM+A$）和 K，压控振荡器的输出信号频率被控制在不同的频道上。

（$NM+A$）分频器是频率合成器中的常用电路，又称为 NM1A 分频器，图 9-5 是其内部结构方框图。复位时预定标器为 $N+1$ 分频，A、M 计数器为 0，两个计数器开始对 $F/(N+1)$ 计数，A 计数器计到 A 时，控制预定标器变为 N 分频，M 计数器对 F/N 继续计数，计到 M 时，复位预定标器、A 计数器，计数周期重新开始。

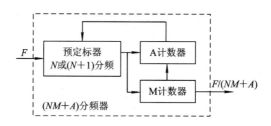

图 9-5　（$NM+A$）分频器组成方框图

若输入信号周期为 T，输出信号周期 $＝T(N+1)A+TN(M-A)＝T(NM+A)$，所以电路是 $(NM+A)$ 分频器。

2. SP5769

SP5769 是 Zarlink 公司生产的一种频率合成器电路(详见参考文献 52)，通常与 SL1925 配合使用，图 9-6 是其内部结构方框图。通过 I^2C 总线接口，可以对芯片内部的寄存器进行读/写操作，从而达到对其进行控制的目的。

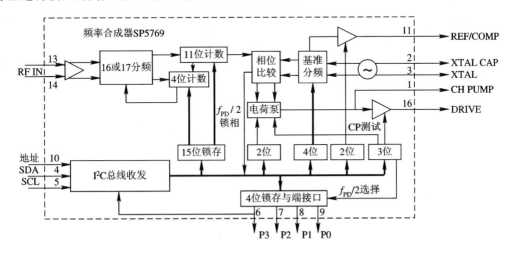

图 9-6　Zarlink 公司 SP5769 型频率合成器方框图

SP5769 将来自于调谐解调器 SL1925 的压控振荡器的输入信号 f_L 进行 $16M+A$ 分频后与其内部的高稳定基准频率(晶体振荡器 4 MHz 频率 K 分频)进行相位比较，所产生的调谐电压经外接三极管驱动后再送回到调谐解调器中的压控振荡器，以调整载频频率，并保证其稳定性。这里 M 是可编程 11 位数值，A 是可编程 4 位数值，基准分频 K 由 4 位编程值决定，编程值为 $0000\sim1111$ 时，K 取值分别是 2、4、8、16、32、64、128、256、24、5、10、20、40、80、160、320，CPU 根据用户命令指定的频道，查出本振频率，计算出所需的分频系数值，设置 SP5769 的内部可编程分频系数寄存器，就可调谐到指定的频道。这里 $16M+A$ 可取连续值而 K 只能取离散值，所以 K 是粗调，决定本振频率微调精度，K 应尽可能取较大值。芯片还能设置电荷泵电流、设置输出基准频率或比较频率、设置测试方式。

SP5769 由 I^2C 总线接口来控制分频比，I^2C(Inter IC bus，集成电路间总线)是通过 SDA(串行数据线)和 SCL(串行时钟线)两根线在 IC 之间传送信息，根据地址识别每个器件。采用 I^2C 总线，IC 内部不仅有接口电路，而且将内部各单元电路按功能划分为若干相对独立的模块，通过软件寻址实现片选，减少了器件片选线的连接。CPU 不仅能通过指令将某个功能单元电路挂靠或摘离总线，还可对该单元的工作状况进行检测和控制，从而实现对硬件系统的既简单又灵活的扩展与控制。

图 9-7 是 SL1925 和 SP5769 的接线图。

Zarlink 公司已经将 SL1925 和 SP5769 两片芯片集成为单片零中频调谐器 SL1935，由于工艺水平提高，输入工作电平范围达到 $-70\sim-20$ dBm，AGC 控制范围达 50 dB，不再需要外部低噪声 AGC 放大器，本振相位噪声更低。

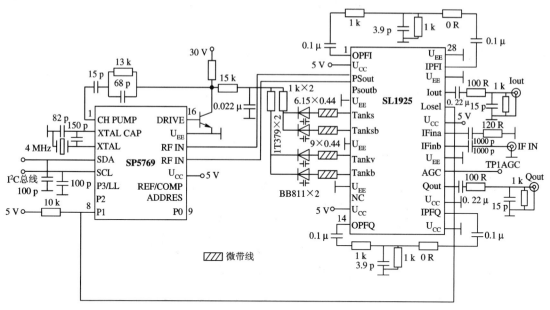

注：① 图中电阻值后带 R 指该电阻参考值，其值与具体应用有关；
　　② 图中微带线铜箔尺寸单位为 mm。

图 9 - 7　SL1925 和 SP5769 的接线图

9.2.5　定时恢复和载波恢复

在数字传输系统中，数据是由一连串依次出现的串行符号来传输的。为了正确地检出符号，在接收端必须知道每个符号出现的起始时刻。只有根据符号出现的时刻来判断接收到的数字序列，才能正确地恢复发送端的信息。这就要求采样用的定时时钟与所接收的符号序列的频率和相位一致。获取这种符号定时的过程称为定时恢复或符号同步。

在数字载波信号解调时，相干解调要求接收端提供一个与所接收到的载波信号同频同相的本地载波信号，获取这种本地载波信号的过程称为载波同步。

QPSK 的数字解调主要由双 ADC、定时恢复环路、载波恢复环路等组成。

1. 定时恢复环路

从调谐解调电路产生的 I、Q 模拟信号经过固定频率的时钟取样后，输出两路数字 I、Q 信号，由于取样时钟并非由输入信号中提取出来的，故难以保证最佳的取样时间，使得取样判决后的误码率增大，需要采用定时恢复环路从输入数据信号中插值出正确的信号，用以校正固定取样所造成的样点误差，以保证抽样判决后，输出端的信号有最低误码率。

Gardner 法是一种典型的定时恢复方法，其定时恢复环路的结构如图 9 - 8 所示。它由内插滤波器、奈奎斯特滤波器、定时误差检测器、环路滤波器和数控振荡器组成。

内插滤波器的等效实现方框图如图 9 - 9 所示。采样数字信号 $x(mT_s)$ 经 DAC 变换为模拟脉冲，经模拟滤波器 $h(t)$ 滤波后得到时间连续信号 $y(t)$，对 $y(t)$ 在时刻 $t = kT_i$ 重新采样得到新的采样点就是所要求的插值点，只要将模拟滤波器 $h(t)$ 转换为数字滤波器，就可以用数字的方法来实现插值运算。

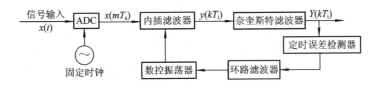

图 9 - 8　Gardner 法定时恢复环路结构示意图

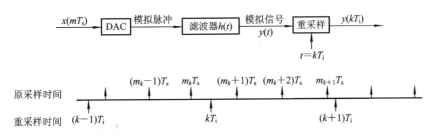

图 9 - 9　内插滤波器结构示意图

内插滤波器输出码流需要经过奈奎斯特(Nyquist)滤波以减少码间干扰。定时误差检测器(Timing Error Detector，TED)求得的误差值通过环路滤波器(Loop Filter)后更加平滑，用来驱动数控振荡器(Number-Controlled Oscillator，NCO)。内插滤波器从 NCO 中得到内插参数，进行有效的内插工作。

TED 采用 Gardner 算法，每个符号只需要有两个采样值，数据量少。其时钟锁定过程与载波无关，因此定时调整可先于载波恢复完成，定时恢复环和载波恢复环相互独立，这给解调器的设计和调试带来了方便，DVB - S、DVB - C 中的定时恢复都采用这种方法，详见参考文献 70、71、72。

常用的易于实现的内插滤波器有线性、三次和分段抛物线三种。通过比较可以发现，三次、分段抛物线与线性相比有主瓣宽、旁瓣抑制度大等特点，采用 Farrow 结构实现时内插滤波器结构非常简单，详见参考文献 73。

2. 载波恢复环路

在模拟正交解调器中使用的本振信号不是从接收信号中提取的相干载频，而是由高稳定度的频率合成器产生的。由于传输信号的频率偏移或接收系统前端的 LNB 本振的偏移，零中频调谐器输出的模拟基带信号中会存在一定程度的频偏和相偏。这样的模拟基带信号即使采用定时准确的时钟进行取样判决，得到的数字信号也不是原来发射端的调制信号，这种误差的累积效应将导致抽样判决后误码率增大。载波恢复环路的作用是要采用数字的方式将该信号完全转换为基带数字信号，克服其中存在的频偏和相偏。载波恢复环路一般由两个环路构成，如图 9 - 10 所示。第一个环路为频率恢复环路，用来补偿输入信号中存在的频率偏移。第二个环路为相位跟踪环路，用来跟踪和补偿输出信号中的相位偏移。

频率恢复环路(Frequency Recovery Loop)用于纠正信号的频率偏移，其利用频差检测器(Frequency Detector，FD)产生的误差信号，经过环路滤波器实现对数控振荡器(Digital Controlled Oscillator，DCO)的频率控制，输入信号在频率解旋转(Frequency Derotate)模块中分别与 DCO 产生的两路正交信号相乘，完成频率解调工作。FD 常用四重相关器(Quadricorrelator)来实现，该环路收敛比较快，有助于环路的快速锁定；数控振荡器由一

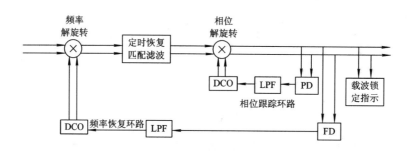

图 9 - 10　QPSK 解调载波恢复环路结构示意图

个相位累加器和一个 Sin、Cos 查找表组成，用来产生本地的同相和正交载波。具体算法详见参考文献 38。

相位跟踪环路（Phase Trace Loop）的结构与频率恢复环路类似，利用相差检测器（Phase Detector，PD）输出的误差信号经环路滤波器、数控振荡器，最后在相位解旋转（Phase Derotate）完成相位纠正。PD 采用极性科斯塔斯环来提取相位误差，电路和算法详见参考文献 35 和 38。

DVB - S2 标准中，提供可选的导频，帮助接收机载波恢复。

9.2.6　解调和信道解码芯片 STV0299

ST 公司的 STV0299 是常用的解调信道解码 IC（详见参考文献 53），其内部组成方框图如图 9 - 11 所示。它包括一个双路 6 bit A/D 变换器、QPSK/BPSK 数字解调器（定时恢复、载频恢复、AGC 控制、内插器等）、信道解码器（Viterbi 译码、解交织、RS 解码、能量解扩散），支持 DVB、DBS 等多种标准，采用 TQFP（Thin Quad Flat Package，方形扁平封装）64 封装。

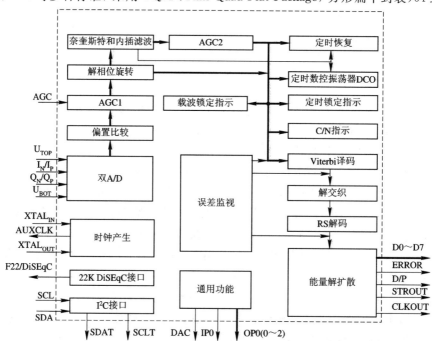

图 9 - 11　STV0299 型数字解调和信道解码电路方框图

1. STV0299 的主要性能

(1) 数字解调模块：

① 双路 6 位模/数转换器；

② 完成 QPSK 和 BPSK 解调；

③ 数码率为 90 Mb/s，符号率为 1～50 MS/s；

④ 数字奈奎斯特滤波器，滚降系数为 0.20 或 0.35；

⑤ 带锁相检测的数字载波环：宽范围解相位旋转器(Derotator)和跟踪环路；

⑥ 带锁相检测的数字时间恢复：内设全集成定时环路、内插滤波器和时钟基准；

⑦ 双路数字 AGC：采用脉冲宽度调制(PWM)实施调谐器增益控制，在设定信号带宽下实施功率优化的内部 AGC，有利于时钟、载波的恢复；

⑧ 具有调谐器和高频头(LNB)控制(H/V、22 kHz 等)的外部辅助端口。

(2) 前向纠错模块：

① 软判决 Viterbi 解码器：约束长度为 7、码率为 1/2 的收缩卷积码，自动识别或手动设置识别收缩率为 1/2、2/3、3/4、5/6 和 7/8；

② 解交织：同步字提取和解卷积交织；

③ RS 解码器能纠正达 8 个字节的错误；

④ 能量解扩散；

⑤ 芯片内设有误差监视功能；

⑥ 可编程并行或串行输出格式。

2. STV0299 的主要电路功能

(1) 时钟产生电路。利用外部晶振产生的 4 MHz 时钟，通过其内部的压控振荡器(VCO)和分频器产生主时钟(MCLK)，用于对信号的取样；产生辅助时钟(AUXCLK)的频率可在 50～800 Hz 范围变化，用于对 LNB 中的某些功能进行控制；所产生的 22 kHz 时钟，用于 LNB 的高低本振的切换和 DiSEqC(Digital Satellite Equipment Control，数字卫星设备控制)接口电视天线切换控制功能。

(2) AGC 电路。主控 AGC1 将 I、Q 输入信号与内部一个可编程的阈值进行比较，其差值经积分后形成一个脉冲宽度调制(Pulse Width Modulation，PWM)信号，经外部简单的低通滤波器滤波后，可用于控制前端调谐解调器的放大器增益，从而根据输入信号的强弱改变前端放大器的增益。

辅控 AGC2 把 I、Q 输入信号的有效值与一个可编程阈值进行对比，获得误差信号，再分别加到 I 和 Q 通道的复用器上，对 I、Q 两路的信号进行增益控制。

(3) 定时控制电路。由于 A/D 转换采用的取样时钟不是从输入信号中提取出来的，难以保证最佳的取样时间，使得取样判决后的误码串增大，采用定时恢复环路校正固定取样所造成的样点误差，保证抽样判决后，输出端的信号有最低误码率。与 STV0299 定时环路有关的寄存器有符号率寄存器、计时常数寄存器和计时频率寄存器。其中符号率寄存器与所需的符号率相对应；计时常数寄存器用来控制定时二阶环的自然频率和阻尼因子；计时频率寄存器在定时锁定时，其所存的数值即为频率偏移的对应值。

(4) 载频控制环路。由于前端的模拟正交解调器中所采用的是非相干本振信号，基带输入信号存在频差和相位抖动，载频控制环路可以纠正标称频率与实际频率的差别，可以校正 LNB 的随机频率偏移，使有用信号的频谱集中于解调频率两侧。与载频控制环路有关的寄存器有载频环控制寄存器和载频频率寄存器。前者寄存控制载频环的自然频率和阻尼因子的值；后者是在搜索时寄存载频的偏移量值。

（5）载噪比（C/N）指示器。它用于指示接收信号的质量，包括天线是否正确对准、前端电路（天线、高频头、电缆、调谐器等）性能是否良好，还可以指示 RF 信号质量是否符合接收要求。

（6）Viterbi 解码与同步。Viterbi 解码器计算出四种可能路径中的每个符号，它们是以接收到的 I、Q 输入信号的欧几里德（Euclidian）距离的平方值为度量的。在误差率的基础上测定出收缩率（Puncture Rate）和相位。DVB－S 的收缩率有五种，当选择自动识别收缩率时，对于每一个可能的收缩率，将其当前的误差率与一个可编程阈值比较，若误差较大，则要尝试其它收缩率或相位，直到获得最小误差为止。

Viterbi 解码器也可以根据已知的收缩率进行设定，这样，同步的时间会短一些。

（7）去交织、RS 解码器及能量去扩散。这些操作在 STV0299 内部自动完成，用户只要对相应的寄存器进行使能和某些初始设置即可。

（8）输出接口。STV0299 输出的信号端子共有四组：数据线（D0～D7）、数据时钟信号（BCLK）、数据/奇偶校验时钟（D/P）和错误指示信号（ERROR）。数据线可定义成并行输出方式或串行输出方式。若是并行输出方式，则 D0～D7 为 8 bit 并行数据输出线，相应的 BCLK 为比特时钟；若是串行输出方式，则数据从 D7 端输出，相应的 BCLK 为时钟。

9.2.7　303211MT 型卫星数字调谐器

三星（Samsung）公司 303211MT 型卫星数字调谐器是典型的产品，其方框图如图 9－12 所示。它是由调谐解调芯片 SL1925、频率合成器 SP5769、数字解调和信道解码器 STV0299 三片芯片组成的。

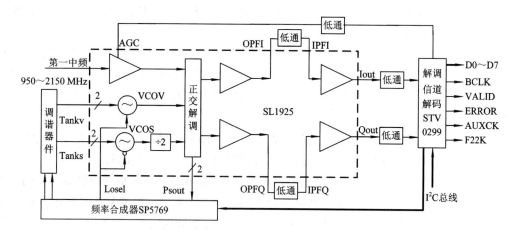

图 9－12　三星公司 303211MT 型卫星数字调谐器方框图

三星公司 TBMU24311IMB 型卫星数字调谐器采用单片合成零中频调谐器 SL1935，体积缩小为 85 mm×45 mm×13 mm。

9.2.8　其它解调和信道解码芯片

ST 公司于 2004 年 3 月推出了 STB6000 型高集成零中频调谐集成电路(详见参考文献 56),电路包括低噪声放大器、下变频混合器、基带低通滤波器、增益控制、压控振荡器、低噪声锁相环。ST 公司的芯片 STV0399 将低噪放大、模拟调谐、零中频解调、数字解调、信道解码等集成在一块芯片上,相当于 STB6000 和 STV0299 的组合。利用 STV0399 可以减少元件的数目和系统的成本。

Zarlink 公司于 2004 年 3 月推出了 ZL10036 型零中频调谐和频率合成电路(详见参考文献 49),与 DVB 格式兼容,符号率为 1～45 MS/s,完全集成不用调整的本地振荡器,集成的宽带滤波器频宽 4～40 MHz 可调,RF 的环通输出可作级联调谐用。

Zarlink 公司的卫星电视 QPSK 解调和信道解码芯片 ZL10312(详见参考文献 50)接收 ZL10036 输出的模拟 I、Q 信号进行 A/D 变换、数字解调、前向纠错,输出 MPEG - 2 TS 流。

杭州国芯科技有限公司的 GX1101 系列是支持 DVB - S 标准的卫星数字电视信道接收芯片,主要由双 ADC、QPSK 解调模块及前向纠错模块组成。海尔公司的 Hi3102 也是数字卫星接收解调与信道解码芯片。

9.2.9　符合 DVB - S2 标准的卫星数字调谐器

DVB - S2 卫星数字调谐器与 DVB - S 卫星数字调谐器的主要区别在于解调和信道解码芯片的不同。只要将前述 DVB - S 卫星数字调谐器中的符合 DVB - S 标准的解调和信道解码芯片 STV0299 换成符合 DVB - S2 标准的解调和信道解码芯片 STB0899/STB0900、CX24116、BCM4501、TDA10071/10074 或 AVL2108 等,就构成了 DVB - S2 卫星数字调谐器。

DVB - S2 卫星数字调谐器还要求采用性能更好的调谐芯片。DVB - S2 纠错编码使用低密度奇偶校验码(LDPC)与 BCH 码级联,可提供除 QPSK 外的多种具有更高频带利用率的调制方式。如 16APSK 和 32APSK 调制技术减小了幅度变化,能适应线性特性相对不好的卫星传输信道,使高位调制方式通过卫星信道传输成为可能。高的调制速率提供了高的传输速率,但要高的数据传输速率需要采用更高精度的调谐芯片,要求更好的交叉调制性能、本地振荡器相位噪声、信道滤波器响应和正交失衡。ZL10038 是一种 DVB - S2 调谐芯片。

1. STB0900

STB0900 是适用于 DVB - S 和 DVB - S2 的双标准双解调解码器(详见参考文献 74),每个解调通道能进行 QPSK、8PSK 或 16APSK 解调,具有数字奈奎斯特滤波器,滚降系数为 0.20、0.25 或 0.35;每个解码通道能对高达 180 Mb/s 的信号进行前向纠错解码。系统可以通过 I^2C 总线控制芯片。需要三组电源:核心电压 1.0 V,模拟电压 2.5 V,数字接口电压 3.3 V。推荐与高集成低功耗零中频直接转换调谐芯片 STB6100 配合使用(详见参考文献 75)。

STB6100 包含低噪声放大器、下变频混频器、基带低通滤波器、自动增益控制、压控振荡器低噪声锁相环。支持 8PSK 和 QPSK 调制,输入的频率范围为 950～2150 MHz,输出差分 I 信号和 Q 信号,低功耗、大规模集成使得 STB6100 只需要很少的外部器件就可以完成调谐和变频。

图 9-13 是 STV0900 与 STB6100 配合使用作双广播的方框图。

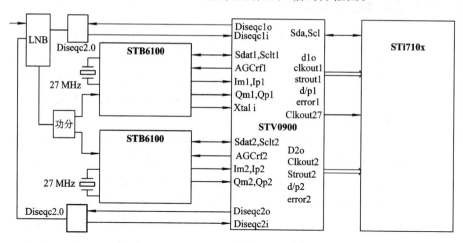

图 9-13 STV0900 用作双广播的方框图

2. CX24116

CX24116 是科胜讯公司的产品（详见参考文献 76），能按照 DVB-S2、DVB-S、DIRECTV 等标准的规定对传送的信号进行解调和信道解码。它能进行 BPSK、QPSK、8PSK 或 H-8PSK（Hierarchical Eight Phase Shift Keying，分等级的八相移键控）解调，芯片具有自动搜索算法，能搜取±10 MHz 范围内的载波，在初始搜索或信号衰落的情况下，仍有完美的搜索性能。片上微处理器用来进行短时信号搜索、Es/No（Energy per symbol/Noise power spectral density，每个符号能量与噪声功率谱密度之比）估计和系统监控。此外，片上微处理器还通过最小化外部驱动器代码来减少软件开发时间。片上还集成了信噪比和误码率监视进行通道性能测量以简化生产测试。CX24116 需要两组电源：1.2 V 的核心电压和 3.3 V 的 I/O 电压。它采用 100 脚 ETQFP（Exposed Thin Quad Flat Pack，裸露焊盘方形扁平封装）封装。

图 9-14 是 CX24116 的内部结构方框图。

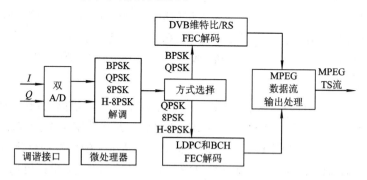

图 9-14 CX24116 的内部结构方框图

经常与 CX24116 配合支持 DVB-S2 使用的是数字卫星调谐芯片 CX24118A（详见参考文献 77）。CX24118A 是直接下变频卫星调谐器，用于大量的视频、音频和数据接收提供优秀的相位噪声性能和很低的实现损耗，适用于 DVB-S2 的 8PSK 调制系统。片内的分数频率合成器能产生微小的频率步长而不影响锁定时间。零中频接收不需要图像抑制滤波，极低相位噪声的集成本地振荡器，可变的基带滤波器能抑制干扰，自动调谐系统避免软件校准。不需要平衡—不平衡转换能减少外部物资清单。CX24128 则是同类的双调谐芯片。

3. BCM4501

博通（Broadcom）公司的 BCM4501 是双通道 DVB - S2 解调芯片（详见参考文献 78），兼容 DVB - S，支持 QPSK 和 8PSK 解调，支持维特比、RS 或 LDPC、BCH 解码，片上微处理机快速搜索跟踪，208 脚 MQFP 包装。

4. TDA10071

泰鼎公司的 TDA10071 是低功耗 DVB - S2 解调芯片（详见参考文献 79），与 DVB - S 兼容，自动搜索范围为 ±10 MHz，片上集成信噪比（Signal to Noise Ratio，SNR）和误码率（Bit Error Rate，BER）监视，具有片内微处理器能加速软件开发。TDA10074 是双解调器。

5. AVL2108

中天联科公司的 AVL2108 是 DVB - S2 解调芯片，能向后兼容 DVB - S 标准；在 8PSK 解调模式下，符号速率达到 45 MS/s，净码流速率达到 120 MB/s；提供快速自动盲扫功能，可以在 20 s 内扫描整个 1.2 GHz 频带；具备极强的抵御相位噪声能力，可以在频偏达到 5 MHz 的环境中快速锁定信号，并能维持精确的时钟同步。

9.2.10　符合 ABS - S 标准的直播星数字调谐器

ABS - S 直播星数字调谐器与 DVB - S 卫星数字调谐器的主要区别在于解调和信道解码芯片的不同。只要将前述 DVB - S 卫星数字调谐器中的符合 DVB - S 标准的解调和信道解码芯片 STV0299 换成符合 ABS - S 标准的解调和信道解码芯片 AVL1108 或 GX1121，就构成了 ABS - S 直播星数字调谐器。

ABS - S 直播星数字调谐器与 DVB - S2 数字调谐器调制方式相同，同样要求采用性能较好的调谐芯片。

1. AVL1108

中天联科公司的 AVL1108 芯片符合中国先进卫星广播系统标准（ABS - S），支持 QPSK 和 8PSK 模式，在 8PSK 模式下，支持 1～45 MS/s 符号率；向前纠错解码器的速率支持 1/2、3/5、2/3、3/4、4/5、5/6、13/15、9/10；脉冲整形滚降系数为 0.2、0.25 或 0.35；片上集成双通道 ADC，具备消除直流、IQ 补偿和相位补偿功能；具有信号质量监测和锁定检测，提供省电模式，100 脚的 LQFP 封装。图 9 - 15 为 AVL1108 的内部结构方框图。

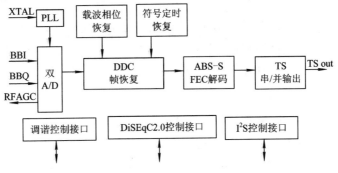

图 9 - 15　AVL1108 的内部结构方框图

2. GX1121

杭州国芯科技有限公司的 GX1121 是支持 ABS–S 标准的直播星信道解调解码芯片，具有抗回波干扰、低接收门限和低功耗性能，支持 ABS–S 标准的 QPSK/8PSK 调制和 LDPC 信道纠错码；支持的 LDPC 码率包括 QPSK 1/4、2/5、1/2、3/5、2/3、3/4、4/5、5/6、13/15、9/10 及 8PSK 3/5、2/3、3/4、5/6、13/15、9/10；支持 0.35/0.25/0.20 三种滚降因子；两组工作电压，即 3.3 V 的 I/O 电压和 1.2 V 的核心电压；100 脚 LQFP 封装。

支持 ABS–S 标准的直播星信道解调解码芯片还有北京海尔集成电路设计有限公司的 Hi3121、上海澜起微电子科技有限公司的 M88DA300 和湖南国科广电科技有限公司的 GK5101。

9.3 有线电视数字调谐器

9.3.1 有线数字电视系统

有线数字电视是利用射频电缆、光缆、多路微波线路或它们的组合传输数字电视信号的数字电视系统。

卫星数字电视的接收比较简单，卫星电视广播系统的上行站、卫星和遥测遥控跟踪站等都已由国家建成，用户只要有卫星接收天线和带智能卡的卫星解码器（Integrated Receiver Decoder，IRD）就能接收到相应的卫星电视节目。数字有线电视的建设是一个复杂的系统工程，需要较多的投资，要建设数字电视前端设备，要建设或拓宽传输网络，用户要购置数字有线电视接收机或机顶盒。

数字有线电视系统通常由前端设备和传输分配系统两部分组成。

1. 前端设备

图 9–16 是数字有线电视前端组成方框图。

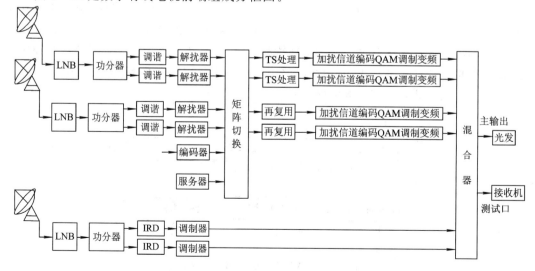

图 9–16　有线电视前端组成方框图

卫星天线接收的信号经馈源和高频头送到功分器，功分器将输入信号功率分成相等的几路信号功率输出。因为每个卫星转发多套节目，有线电视系统要同时接收这些节目必须使用功率分配器。功分器每一输出可接一台卫星数字调谐器，调谐器输出的 TS 流经解扰器解扰后送到矩阵切换器。

自办节目用摄像机摄取图像信号，用话筒获取声音信号送到 MPEG - 2 编码器后压缩为 TS 流送到矩阵切换器。视频服务器将观众点播的节目 TS 流送到矩阵切换器。

矩阵切换器选取要播放的节目由 TS 流处理器进行解复用或者由再复用器进行重新组合。这些组合的 TS 流经过加扰、信道编码、QAM 调制、变频后送到混合器。

根据我国的实际情况，模拟电视和数字电视会有相当长一段时间的并存期，用卫星电视接收机输出的模拟电视信号经调制后也被送到混合器中与数字信号一起混合。

2. 传输分配系统

参照国际电信联盟 ITU - T 建议 J. 112 中给出的数字视频广播有线电视分配系统模型，广电城域宽带网在业务提供商和用户之间建立了两种信道：广播信道（BC）和交互信道（IC）。

无方向性的宽带广播信道包括视频、音频及数据的传输和分配。交互信道是建立在业务提供商和用户之间的双向信道，用来为用户提供交互业务。交互信道分为反向信道和正向信道。反向信道的方向从用户到业务提供商，是用于向业务提供商申请或回答问题的窄带信道，正向信道的方向从业务提供商到用户，用于支持业务提供商为交互业务而提供的各类信息和其它请求通信服务。

专门用户、集团用户以及上网密度较高的楼群应采用以基带传输为特征的 5 类双绞线以太网接入方式进入广电网；分散、数量多、分布面广的个体用户应采用 HFC（Hybrid Fiber Coaxial，光纤同轴混合有线电视网络）接入方式进入广电网。

分配系统与模拟电视的相同，参见 A4.3。

只有当数字有线电视前端设备、广电城域网和接入网都建成后，用户购置数字有线电视接收机或机顶盒才能接收数字有线电视。

9.3.2　有线数字调谐器的基本结构

图 9 - 17 是数字有线电视接收机组成方框图，包括数字调谐器、解复用、解码主芯片和条件接收模块、IC 卡接口、视/音频输出接口、遥控器和电源等。来自有线电视前端的射频数字信号，在数字调谐器中转换为 TS 流。有线数字调谐器由高放、MOPLL、解调和信道解码器三部分电路组成。

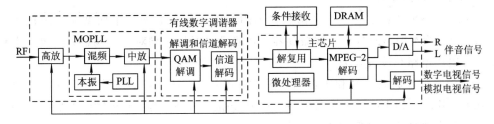

图 9 - 17　数字有线电视接收机结构方框图

1. 高放

数字有线电视网通过同轴电缆把数字电视信号送入一体化调谐器，调谐器的第一级是一个场效应管宽带低噪声放大器(频率覆盖范围为 48.25～855.25 MHz)。放大后的信号再送入低(48.25～168.25 MHz)、中(175.25～447.25 MHz)、高(455.25～855.25 MHz)三个波段放大器放大，波段放大器前后各有两个带通滤波器进行波段滤波，低、中、高三个波段按照模拟地面广播的习惯通常称为 VHFL、VHFH 和 UHF。波段放大后信号送入 MOPLL。

图 9-18 是高放和频段放大电路方框图。

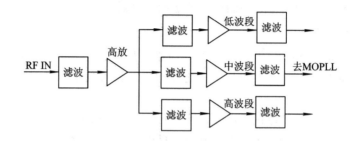

图 9-18　高放和频段放大电路方框图

分为三个波段的原因与模拟电视一样，是频率覆盖问题，本振频率是由调谐回路的 L、C 值决定的：

$$f_。= \frac{1}{2\pi\sqrt{LC}}$$

L 值不变，当变容二极管的电容在调谐电压 U_T 作用下从最小值 C_{min} 变到最大值 C_{max} 时，本振频率从最大值 f_{max} 变到最小值 f_{min}。因为变容二极管电容最大值与最小值之比是 6，本振频率最大值与最小值之比只能比 $\sqrt{6}$ 小，所以分为三个波段。

2. MOPLL

MOPLL(Mixer，Oscillator Phase Lock Loop)是混频器、振荡器锁相环，常用电路有 INFINEON 公司的 TUA6034(详见参考文献 80)和 TI 公司的 SN761672A。INFINEON 公司还有类似的卫星接收芯片、DVB-T 和 ATSC 地面广播接收芯片。图 9-19 是 TUA6034 的内部结构和外部接线图。

1) 混频、振荡模块

混频、振荡模块包括一个不平衡高输入阻抗的混频器和两个平衡低输入阻抗的混频器，低、中波段本振是两脚不对称振荡器，高波段本振是 4 脚对称振荡器，还包括中频放大、参考电压电路和波段开关。

混频器将波段放大信号和本振信号差拍，得到 36.125 MHz 的中频，混频器输出端 Mix out、$\overline{\text{Mix out}}$ 和中频放大输入端 IF in、$\overline{\text{IF in}}$ 接片外滤波器，经中频滤波后送中频放大器。中频放大器是低输出阻抗的可以直接驱动声表面波的滤波器，滤波后经 AGC 放大输出到 STV0297J。

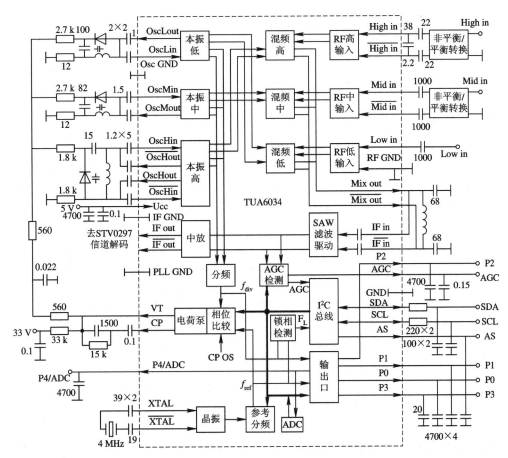

注：为简化电路，图中各电容值均未标单位，若数值大于1，则其单位为pF；若数值小于1，则其单位为μF。

图 9-19 INFINEON 公司的 TUA6034 内部结构和外部接线图

2) PLL 模块

将 4 MHz 晶振频率进行 128、80、64、32、28 或 24 分频得到 31.25、50、62.5、125、142.86 或 166.67 kHz 的参考频率 f_{ref}。本振的差分信号直流耦合到可编程分频器，进行 256~32 767 分频后（f_{div}）送到数字频率/相位检测器与参考频率进行比较，相位检测器有两个输出，驱动 4 个电荷泵电流源。当分频后的本振信号后沿超前于参考信号的后沿时，输出正比于相位差的正电流源脉冲；反之，输出负电流源脉冲。如果两信号同相，电荷泵输出 CP 进入高阻状态，PLL 锁定。一个有源低通滤波器用电流脉冲产生本振的调谐电压，有源滤波包括片内的放大器、外部 VT 端电阻和外部的 RC 电路。

CPU 设置 TUA6034 的内部可编程位 T2、T1、RSA、RSB 可以指定参考频率 f_{ref}。CPU 根据本振频率计算出所需的分频系数值，设置 TUA6034 的内部可编程分频系数寄存器 N0~N14，就可得到所需的本振频率。

通过 OS 控制位，可以关掉 VT，允许外部调整本振频率。通过控制 CP、T2、T1、T0，电荷泵能被软件在 4 个值之间切换，这样可以改变 PLL 在锁定状态时的控制响应，取得不同的本振增益。软件控制口 P0~P4 是集电极开路输出，当控制位 T2、T1、T0=100 时，f_{div} 和 f_{ref} 在 P0、P1 输出。

3）AGC

宽带 AGC 级检测中频输出信号的电平，产生一个 AGC 电压作为输入场效应管的增益控制，AGC 的接管和时间常数设定是通过 I²C 总线接口操作的。

9.3.3　解调和信道解码芯片 STV0297

1. QAM 解调

图 9-20 是 QAM 解调器的方框图。接收信号 $r(t)$ 与两个本地正交载波相乘，再经低通滤波，可得到两个基带信号 $r_I(t)$ 和 $r_Q(t)$。但采样相位偏差和载波频率相位偏差造成了信号的功率减少和正交交叉串扰。通过数字锁相环来补偿采样相位偏差和载波频率相位偏差。这两个环就称为定时恢复环和载波恢复环。

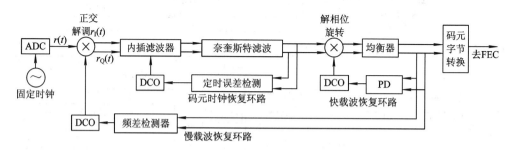

图 9-20　QAM 解调器结构示意图

定时恢复环与 9.2.5 节中介绍的完全一样，载波恢复环由快速载波恢复和慢速载波恢复两个环路组成。

收发端的本振时钟不精确相等，或者信道特性的快速变化使得被传送信号偏离其中心频谱，都会导致下变频后的"基带信号"中心频率偏离零点。由于有线信道的时变特性、高频头的宽带滤波器、下变频电路、接收端自适应均衡器的步长噪声等，引起信号的相位抖动，需要载波恢复模块把伪基带信号搬移至基带，同时跟踪该基带信号的相位。

为获得较小的相位抖动，锁相环路的捕捉带必须较小，需要相位差检测器（Phase Detector，PD），但伪基带信号的频差有可能超出捕捉带，载波恢复需要频差检测器（Frequency Detector，FD）或扫频电路。鉴频鉴相法包含快速载波恢复和慢速载波恢复两个环路。快速载波恢复补偿信号的相位在传输中会受到损害。慢速载波恢复能够跟踪信号的频差。

工作时扫频电路进行慢速扫描，在某一频率处，载波恢复环路锁定。快速载波恢复环路先捕捉信号中能量最大的点，即星座图四角上的点，根据这些点调整 PLL 环路，称为减星锁相环（Reduced Constellations PLL，RC PLL）。然后再根据整个星座图调整相位变化，详见参考文献 36。载波恢复的一些方法见参考文献 37。ATSC 标准中则利用导频来恢复载波，降低了接收机载波恢复电路的复杂度。

2. STV0297J

有线电视信道解码典型芯片有 STV0297J（详见参考文献 55）。

MOPLL 输出的中频信号送到信道解码芯片 STV0297J 进行信道解码，STV0297J 的内部结构如图 9-21 所示。

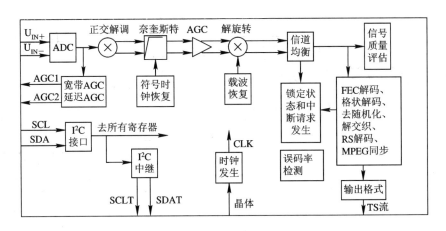

图 9 - 21　STV0297J 内部结构方框图

输入的中频差分信号由 A/D 转换模块转换成数字信号。AGC 模块分析 A/D 转换后的数字信号，产生 PWM 调制，控制 RF 和 IF 放大器的增益。数字信号同时经正交解调输出 I、Q 基带信号，经过滚降系数为 $0.13\sim0.15$ 的平方根升余弦奈奎斯特滤波，并恢复出符号时钟。数字 AGC 调节解调后的符号以补偿经过奈奎斯特滤波后的能量损失。载波恢复环路消除初始化解调后的相位和频率偏移。均衡器能够抵消回音和通道引起的线性失真，它开始先采用盲均衡算法，一旦锁定后就转换到判决导向的 LMS 算法。信道解码器在对每个符号的最高两位进行差分解码后，将长度单位为 6 b(64QAM 调制)的符号流映射为字节流，STV0297J 中的信号质量评估器能从此字节流中得到载噪比等信号质量参数。

信道解码进行 FEC 解码，包括格状解码、解交织、RS 解码、去随机化和同步字节翻转。BER(Bit Error Rate，误码率)测试器可得到经过上面这些处理过程后的误码率情况。STV0297J 的最后是输出格式化模块，它可以将最终的数据按照 DVB 特定的"通用接口"格式输出，也可以按照特定的并行格式或串行格式输出，以满足不同的应用需求。

主机通过 I^2C 总线向 STV0297J 发送控制命令，STV0297J 的 I^2C 中继器将外部 I^2C 总线命令转送到 MOPLL 的 I^2C 总线上。STV0297 提供两路模拟增益控制信号 AGC1 和 AGC2，分别控制 RF 放大器和 IF 放大器，在 RF 信号电平较低时，AGC1 控制信号占主导地位；而在 RF 信号电平较高时，AGC2 控制信号占主导地位；在此之间，AGC1 和 AGC2 共同起作用。这种双模拟增益控制机制在输入的 RF 信号存在几十分贝变化时能获得最佳的性能。

9.3.4　TCMU30311PTT 型有线数字调谐器

三星公司 TCMU30311PTT 型有线数字调谐器将高频调谐解调器、频率合成器、数字解调和信道解码器等做在一起，用金属壳屏蔽起来，形成独立的通用组件，组件完成调谐、QAM 解调和信道解码。数字调谐器的输入频率范围为 $50\sim860$ MHz，有环通输出，中频中心频率为 36.125 MHz。可以进行 16QAM、32QAM、64QAM、128QAM、256QAM 解调，16QAM、256 QAM 解调时符号率为 $1.5\sim7.25$ MS/s，32QAM、64QAM、128QAM 解调时符号率为 $1.0\sim7.25$ MS/s。FEC 纠错符合 ITU - T J83 附录 A、B、C。所有电路装在一个 $104\times47\times14$ 的屏蔽盒内，图 9 - 22 是其内部结构方框图。

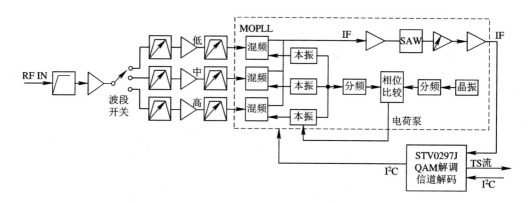

图 9 - 22 TCMU30311PTT 内部结构方框图

9.3.5 其它解调和信道解码芯片

1. 飞利浦半导体的芯片

飞利浦半导体的 TDA8274 芯片在射频集成方面取得较大进展(详见参考文献 57),嵌入了宽带低噪声射频 AGC 放大器和射频滤波器,嵌入了镜频干扰抑制混频器,集成了不需要高调谐电压和外部调谐器件的压控振荡器 VCO,集成了 16 MHz 晶体振荡器和缓冲电路,射频分裂器把射频信号分成 —2 dB 和 6 dB 两路信号,并嵌入了 RSSI(Receive Signal Strength Indicator,接收信号强度指示器),集成了声表面波滤波器和中频放大器,信号在中频滤波后送到信道解码芯片。结果整个调谐器的器件清单只有 30 个 SMD(Surface Mounting Device,表面安装元件),功耗很低。它采用 40 脚 HVQFN(Heatsink Verythin Quad Flatpack No-leads,散热极薄无引脚方形扁平封装)封装(6 mm×6 mm)。

飞利浦半导体的 TDA10023HT(详见参考文献 58)能直接与 TDA8274 送来的中频信号接口,进行 10 位 A/D 变换,能对 4QAM、16QAM、32QAM、64QAM、128QAM 和 256QAM 信号进行解调;具有载波和时钟恢复功能,载波恢复捕获范围为 ±15% 符号率,时钟恢复捕获范围为 12%;有可编程的数字环路滤波器,可以按照具体的应用目的对其进行设置,使性能最佳。接着进行基带转换,26 抽头自适应均衡滤波减少重影,按照网络类型提供最佳性能。可采用一种与载波偏置无关的专利均衡算法帮助载波恢复,而直接判定算法保证最后均衡收敛;芯片使用 16 MHz 低频率晶振,输出并行和串行 TS 流;采用 64 脚 TQFP(Thin Quad Flat Package,方形扁平封装)封装(10 mm×10 mm)。

2. 国产芯片

1) 杭州国芯科技有限公司 GX1001 DVB-C 有线数字电视信道接收芯片

杭州国芯科技有限公司 GX1001 系列是支持 DVB-C 的有线数字电视信道接收芯片,内部结构方框图如图 9-23 所示,主要由 ADC、AGC、基带搬移、插值、成形滤波、定时恢复、解旋器、均衡、载波恢复、解交织、RS 解码等部分组成。支持 16QAM、32QAM、64QAM、128QAM、256QAM 调制方式;内部集成 10 b ADC,支持各种制式下高、低中频的直接采样;全数字解调,节约成本,提高性能,降低系统复杂度;全数字定时恢复环路,无需外部 VCO;扫频和判决环兼顾了精度与捕捉范围及盲均衡与 DFE 均衡算法,有效对抗信道中的线性失真;符合 DVB-C 有线数字电视标准的信道交织规范,支持可变深度交织；符合 DVB－C 有线数字电视规范的 RS 解码；两线串行总线配置，集成两线串行总线转发器，对调谐器干扰更小；内部集成 PLL，只需外接晶体；功耗小于 400 mW（工作在 7.05 Mbauds 时）；工作电压为 3.3 V（I/O）和 1.8 V（Core）；64QFP 或 64LQFP（Low Profile Quad Flat Package，薄型方形扁平封装）封装。

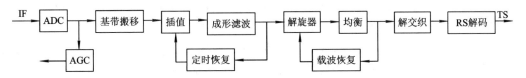

图 9－23　GX1001 内部结构方框图

2）澜起科技（上海）有限公司 M88DC2800 DVB－C 数字有线电视解调器

M88DC2800 是澜起科技自主研发的世界上首颗采用 130 nm CMOS 工艺的 DVB－C 数字有线解调芯片。该款产品符合 DVB－C 标准，接收 IF 信号，经过 ADC 转换、数字解调、数字定时恢复等功能，输出 MPEG－2 数据流。M88DC2800 可用于数字有线机顶盒、数字有线调谐器、一体机、PC－TV 等数字有线接收设备。

9.3.6　多标准解调和信道解码芯片

2010 年 6 月，芯科实验室有限公司（Silicon Laboratories）推出多标准解调解码芯片 Si2167，同时支持 DVB－S/S2/C/T。图 9－24 是 Si2167 内部结构方框图。

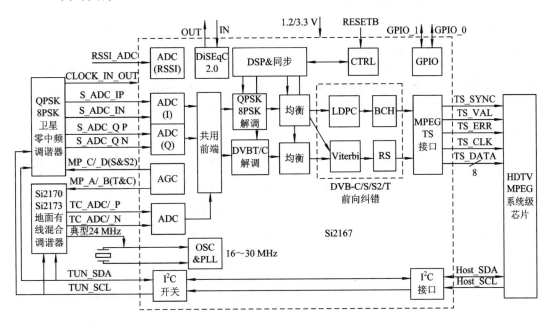

图 9－24　Si2167 内部结构方框图

Si2167 支持与 Si217x 混合型硅调谐器的无缝连接。此外，Si2167 灵活的地面和有线中频（标准和低中频）接口也和所有用屏蔽罩封装的调谐器（CAN Tuner）的标准混合振荡器锁相环（MOPLL）相兼容。对于 DVB－S/S2 卫星应用，Si2167 可通过片上集成的两个专用 ADC 转换器支持零中频（ZIF）调谐器解决方案。

在 DVB - T/C 接收模式下，Si2167 芯片的功耗小于 200 mW。在 DVB - S2 模式和现场接收条件的不同模式下，功耗范围为 450～860 mW。Si2167 芯片的片上振荡器/锁相环(PLL)电路可以直接由调谐器输出的时钟源驱动，省去了解调器所需的专用晶体。Si2167 采用 48 脚 7 mm×7 mm QFN 封装。

Si2167 实现了快速、可靠的盲扫(Blind Scan)和盲锁(Blind Lock)算法，简化了软件开发过程。这种扫描技术使得 iDTV/STB 设备制造商减少了花费在关键扫描算法上的开发时间。在卫星和有线电视接收的初始扫描期间，Si2167 能够通过盲扫快速检索频率和符号率，并锁定到一个给定的频率。内置的算法提供了前所未有的可靠性，消除了信道丢失情况的发生。对于地面接收，DVB - T 典型的扫描时间能够降低到 30 s，处于业内领先水平。Si2167 能够可靠地判别频道有效性或检测模拟广播。因此，主机处理器可避免空白或模拟频道，并立即跳到下一个频道。

Si2167 输出端的可编程 TS 接口可提供灵活的输出模式与各种 MPEG 解码器或条件接收模块适配。

9.4 地面电视数字调谐器

9.4.1 地面数字电视发展概况

2006 年 8 月，我国的地面数字电视标准 GB 20600 正式发布，2007～2008 年北京市地面数字电视通过实验确定了七个主要工作模式。目前已经开播地面数字电视的城市，基本上都是采用这七个主要工作模式。表 9 - 1 是我国地面数字电视的七个主要工作模式。

表 9 - 1　我国地面数字电视的七个主要工作模式

序号	工 作 参 数					系统净荷数据率/(Mb/s)
1	$C=3780$	16QAM	$R_i=0.4$	PN=945	$M=720$	9.626
2	$C=1$	4QAM	$R_i=0.8$	PN=595	$M=720$	10.396
3	$C=3780$	16QAM	$R_i=0.6$	PN=945	$M=720$	14.438
4	$C=1$	16QAM	$R_i=0.8$	PN=595	$M=720$	20.791
5	$C=3780$	16QAM	$R_i=0.8$	PN=420	$M=720$	21.658
6	$C=3780$	64QAM	$R_i=0.6$	PN=420	$M=720$	24.365
7	$C=1$	32QAM	$R_i=0.8$	PN=595	$M=720$	25.989

2007 年 2 月香港开播了符合国家标准的地面数字电视，2008 年 8 月我国 6 个奥运城市北京、上海、天津、青岛、沈阳和秦皇岛以及两个重点城市广州和深圳，共 8 个城市开播了符合国家标准的地面数字电视，成功地转播了北京奥运会，实现了模/数同播(Simulcast)，6 套 SDTV，接近广播级质量，清晰度高于 400 线；CCTV 高清，清晰度高于 700 线；这 8 个地方都使用两个频道。2009 年完成了全国地级城市的地面数字电视的规划，开展了全国地面电视的组网建设。当前地面数字电视发展的主要任务是模/数同播、高标清同播、中央

和地方节目的同播。

9.4.2　解调和信道解码芯片

地面电视数字调谐器与有线电视数字调谐器的主要区别在于解调和信道解码芯片的不同。只要将前述有线电视数字调谐器中符合 DVB－C 标准的解调和信道解码芯片 STV0297J 换成符合 DVB－T 标准的解调和信道解码芯片 STV0360，就构成了地面电视数字调谐器。当然这样的地面电视数字调谐器只能在执行 DVB－T 标准的欧洲地区使用。我国的地面电视数字调谐器的解调和信道解码芯片必须符合 GB 20600 地面数字电视标准（见 6.4 节）。常用的芯片有凌讯科技的 LGS-8913/8G52/8G75、上海高清数字科技产业有限公司的 HD-2812/2912/29L1、卓胜微电子（上海）有限公司的 MXD1325、中天联科公司的 AVL3106、杭州国芯的 GX1501B、泰鼎公司的 DRX3986Z 和迈同（Microtune）公司的 MT8860。

1. LGS-8G75

LGS-8G75 是高度集成的完全支持中国数字电视地面广播传输标准（GB 20600—2006）的解调芯片。此产品将模/数转换 ADC、TDS-OFDM 解调器和时域解交织存储器集成于 144 脚 BGA 封装的单芯片中。其设计用于地面数字电视单载波和多载波的接收，支持高清及标清电视和其它多媒体服务的广播传输。LGS-8G75 适合于低功耗小尺寸的应用平台，例如便携式媒体播放器（Portable Media Player，PMP）、手机、USB 电视棒和笔记本。

LGS-8G75 单芯片解调器可以搭配低功耗小尺寸的硅调谐器。它可以接收数字或模拟 IF/IQ 信号，经过必要的信道解调及前向纠错解码处理后，输出并行或串行的 MPEG-2 TS 流，再配以外接的时间交织所需的 SDRAM，可构成完全符合 GB 20600—2006 标准的将 RF 信号转换成 MPEG TS 流的前端数字电视接收系统。

LGS-8G75 具有自动恢复功能，无需通过外部程序操作，自动完成丢失信号的重新捕获；能抑制脉冲噪声带来的信号失锁；有卓越的抗多径和多普勒性能和出众的单频网性能。

2. HD29L1

HD29L1 是单芯片数字电视地面广播解调芯片。它支持中国国家标准 GB 20600—2006 中定义的所有工作模式。它可用于移动和便携式地面数字信号接收机，比如 USB 棒，也可用于机顶盒和数字电视一体机。

HD29L1 支持国标 GB 20600—2006 中定义的全部 330 个工作模式，支持各种复杂条件下的固定和高速移动接收；芯片具有强大的载波和定时回复能力，有均衡器可应付强回波，有优异的同频和邻频干扰抑制功能；芯片内置 SDRAM，无需外接 SDRAM，内置 10 位双通道模/数转换器（使用内参考），内置 PLL 锁相环；芯片使用外部 30.4 MHz 晶体提供 PLL 输入时钟，使用单线 PDM（Pulse Delta Modulator，脉冲增量调制器）实现 IF AGC；芯片的 I^2C Slave 控制接口有两个地址可选，芯片内置 I^2C 转发器来控制调谐器直接中频（36.166 MHz）或零中频差分或单端输入；芯片具有并行或串行 MPEG-2 TS 输出（TTL），带宽 6/7/8 MHz；芯片采用 1.2 V 核心电压、3.3 V I/O 电压，112 脚 BGA 封装

(10 mm×10 mm，焊球间距 0.8 mm)。

9.5 单芯片解复用和信源解码

数字电视接收机解复用和信源解码部分电路的方框图如图 9－25 所示。

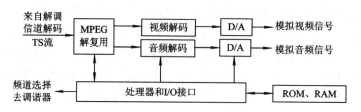

图 9－25 数字电视接收机的解复用信源解码方框图

目前已有很多厂家把解复用和信源解码部分电路集成在单芯片上，常用的单芯片有 LSILogic 公司(2001 年并购 C－cube 公司)的 SC2000/2005 系列、法意半导体-汤姆逊公司 (SGS－Thomson，简称 ST 公司)的 STi5500/5518 系列、德国富士通公司的 MB87L2250/ MB86H21 和 Philips 公司的 PNX8310。其它芯片厂商 ATI 公司、NEC 公司、科胜讯 (Conexant)公司、Broadcom 公司等也有类似的芯片。

因为我国的卫星电视标准和有线电视标准是参照 DVB 标准制定的，采用欧洲厂商芯片相对要方便一些，采用美国和日本厂商芯片要考虑是否符合我国的标准。例如日本 NEC 公司的 HD 解复用解码芯片 μPD61160 其它都符合要求，但条件接收只支持日本的加扰方法 Multi2，在选用该芯片前首先要解决条件接收解扰的问题。

9.5.1 STi5518 简介

ST 公司的 STi5518 采用嵌入设计，将 32 位微处理器、TS 流解复用器、MPEG－2 音/视频解码器、PAL/NTSC 模拟编码器、块运动 DMA 控制器、MPEG DMA 控制器、诊断控制器以及串行 IEEE 1394 接口、外部存储器接口 EMI、图文信号接口、SDAV(Simplified Digital Audio Video，在 5518 和外部单元之间高速传送记录和回放的 TS 包)接口等一系列接口集成在一起。图 9－26 是 STi5518 的功能模块组成方框图(详见参考文献 54)，主要包括下列模块。

1. ST20 和周边电路

1) CPU

芯片内部的 CPU 是一个 ST20－C2＋的 32 位可变长度精简指令(VL－RISC)微处理器内核，它含有指令处理逻辑单元、指令和数据指示器、运算寄存器等，能高速地直接进入片内的 SRAM 存储器，SRAM 中能存储数据和程序，利用高速缓存器减少到片外程序和数据存储器的存取时间。时钟信号频率为 81 MHz。CPU 能经通用外部存储器接口 EMI (External Memory Interface，外部存储器接口)进入外部 DRAM 和 EPROM 存储器，用来在 5518 与外围电路、Flash、附加的 SDRAM 和 DRAM 之间转移数据及程序。CPU 也可经与 MPEG 解码器共享的 SMI(Shared Memory Interface，共享存储器接口)进入外部

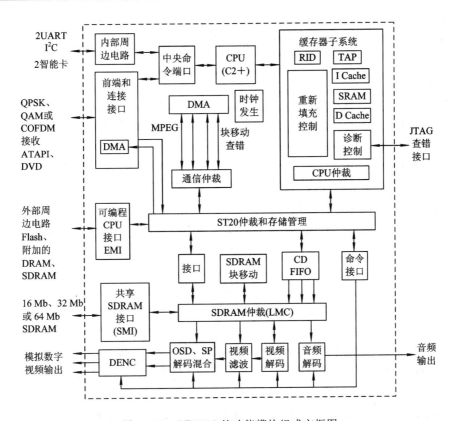

图 9 - 26　STi5518 的功能模块组成方框图

125 MHz 16、32、64 Mb SDRAM 存储器，支持 MPEG 解码和 OSD 显示。

2）存储器子系统

芯片内部含有 2 KB I Cache(Instruction Cache，指令高速缓存器)、2 KB D Cache (Data Cache，数据高速缓存器)和 4 KB SRAM 存储器，SRAM 可任意构成 D Cache，支持最大 200 MB/s 数据率，可从高速存储器中很方便地调用数据。指令和数据缓存器是直接映射，缓存器支持突发存取外部存储器，突发存取增加页面方式 DRAM 的性能。

EMI 使用最少的外部逻辑来支持存储子系统，在 4 个 8～16 位宽、21 或 22 根地址线和字节选择的通用存储块中存取 32 MB 物理地址空间，4 个存储块的定时能分别设置，每个块放置不同类型的存储器，而不需要外部硬件。

3）串行通信

芯片中含有 4 个通用异步串行接口(Universal Asynchronous Receiver Transmitter，UART)，也叫做 ASC(Asynchronous Serial Controller，异步串行控制器)，能支持多种波特率和数据格式，其中两个常用于智能卡控制器，其余两个可用于与调制解调器或其它外围设备相连。可编程的参数包括选择 8 或 9 位数据传送、奇偶校验产生、停止位的数目。奇偶校验、成帧、超限错误检测能增加数据传送的可靠性，发送和接收的数据被双缓冲，或者使用深度 16 的 FIFO。为了多处理器通信，可以选择区别地址和数据字节的结构。一个 16 位波特率发生器为 ASC 提供分开的串行时钟信号。

SSC(Synchronous Serial Controller，同步串行控制器)提供高速接口给多种串行存储器、远程控制接收器和其它微控制器。SSC 支持串行外围接口总线(Serial Peripheral

Interface，SPI)和 I²C 总线，SSC 能编程为其它串行总线标准的接口。SSC 与并行输入/输出口(PIO)共享芯片引脚，支持半双工同步通信，I²C 总线通信用于控制解调和信道解码集成块等外围芯片。

4) 中断子系统

中断系统允许片上模块或外部中断引脚中断有效的进程，中断信号可以是外部中断引脚信号、内部周边电路或子系统的信号、软件认定中断。中断控制器支持 8 个优先中断等级，允许实时系统设计中断嵌套。

5) TS 流解复用器

利用片内硬件模块来完成 TS 流解复用的功能。TS 流解复用器直接与解调和信道解码集成电路相连，所以也称为线路接口。TS 流进行分析和解扰后，数据可转移到外部存储器的缓冲器中，再从缓冲器中用 DMA 方式进入 MPEG 解码器；数据也可直接加到 MPEG 音频和视频解码器。解复用器支持 32 路 PID 解复用。

6) 智能卡接口

两个智能卡接口支持与 ISO7816-3 兼容的智能卡，每个接口有一个 UART(ASC)、一个专用的可编程时钟发生器和 8 位并行 I/O 口。

7) PWM 和计数器模块

该单元含有 3 个 PWM(Pulse Width Modulation，脉宽调制器)编码输出、3 个 PWM 解码(捕获)输入和 4 个可编程定时器。每个捕获输入能编程为检测上升沿、下降沿、两种边沿或不检测。这些装置由两个独立的时钟控制，一个时钟控制 PWM 输出，另一个控制捕获输入和定时器。PWM 计数器是 8 位，还有一个 8 位寄存器用来设置输出高电平时间。捕获/比较计数器、比较器和捕获寄存器是 32 位的。模块产生一个单一的中断信号。

8) 并行 I/O 模块

44 位并行 I/O 组成 6 个端口，每一位可编程为输入或输出，输出可构成图腾柱或开漏输出，输入比较逻辑在任何输入位有任何变化时产生一个中断。许多并行 I/O 有可选择的功能，能被连接到内部外围信号，比如 UART 或 SSC。

2. MPEG 解码子系统

1) 视频解码

支持 MPEG-1、MPEG-2 标准的实时视频解压缩处理，视频率可以达到 720×480×60 Hz 或 720×576×50 Hz。图像显示格式转换由垂直和水平滤波器执行，运用 OSD 功能用户定义的位图可以叠加在显示的图像上。

显示单元是视频解码器的一部分，有背景彩色、MPEG 视频、子图像和 OSD 4 个显示面叠加在一起。

2) 音频解码

音频解码接受杜比数码，MPEG-1 层I、II和III，MPEG-2 层II 6 通道，PCM，CDDA(Compact Disc Digital Audio)等格式。MPEG2 PES 流支持 MPEG-2、MPEG-1、杜比数码、MP3(MPEG Audio 层III)和线性 PCM(LPCM)。

音频解码器支持 DTS(Digital Theater System，一种 5.1 声道数码环绕声系统)数字输出(DVD DTS 和 CDDA DTS)。如果外部电路从数据流中提取 PCM 时钟，也可以接受 SPDIF(Sony/Philips Digital Interface，索尼、飞利浦数字音频接口)输入数据(符合

IEC - 60958 或 IEC - 61937 标准）。

运用跳帧、重复块和软静默帧等方法来同步音频和视频，支持 PTS 音频提取。

最多输出 6 通道 PCM 数据，为外部数模转换器输出合适的时钟信号，数据可以是 I^2S (Inter - IC Sound，飞利浦公司数字音频数据传输标准）格式或 SONY 格式。

解码器能按照 IEC - 60958 标准输出 L/R 通道 16、18、20 和 24 b 不压缩数据，按照 IEC - 61937 标准输出 96 k、48 k、44.1 k 或 32 k 取样率的压缩数据。

扬声器能精确定位，建立最佳的环绕声。PCM 蜂鸣声用于机顶盒特定方式，产生一个高频率的三角信号在左、右声道放大。

在完全静默方式，解码器正常地解码输入比特流，但 PCM 和 SPDIF 禁止输出，该方式用来准备一个解码方式时期，不必听声音就可以同步音频、视频数据。慢进和快进特殊方式对压缩和不压缩数据都有效。

3. PAL/NTSC/SECAM 制编码器

集成的 DENC(Digital Encoder，数字视频编码器)将多路复用的 4：2：2 或 4：4：4 YUV 码流转换成标准的模拟基带 PAL/NTSC/SECAM 信号和 RGB、YUV 和 CVBS (Composite Video Burst Sync，复合视频信号）。编码器能执行 CGMS 编码 (Serial Copy Generation Management System，拷贝生成管理系统）。允许 Macrovision 7.01/6.1 拷贝保护。

DENC 能按照 ITU - R"广播图文电视系统 B"详细说明编码图文电视。

在 DVB 应用中，图文电视数据嵌入 DVB 流中作为 MPEG 数据包，是由软件来处理输入的数据包，将图文电视包存储在一个缓冲器中，在需要时送到 DENC。

4. 附属电路

1）红外发送接收

除了通常的红外发送接收外，STi5518 还提供一个脉冲位置调制信号用作机顶盒自动 VCR(Video Cassette Recorder，录像机)编程，信号同时输出到 IR Blast 引脚和一个附属的插孔，脉冲频率、脉冲数目（包络长度）和全部周期时间由寄存器控制。

2）调制解调器模拟前端接口

调制解调器模拟前端接口根据一个同步串行协议转移、发送和接收存储器与外部调制解调器模拟前端(Modem Analog Front End，MAFE)之间 DAC 和 ADC 样值。用 DMA 方式来转移在存储缓冲器和 MAFE 接口模块之间的样值数据，具有分开的发送和接收缓冲器以及双缓冲的缓冲器指针。

3）前端接口

STi5518 通过下列接口连接到前端：I^2C 接口、多格式串行接口、多格式并行接口、ATAPI 接口(AT Attachment Packet Interface，AT 附加分组接口，增强 IDE(EIDE)接口，连接硬盘驱动器和 DVD - ROM)。

4）片上 PLL

片上 PLL 接受 27 MHz 输入产生所有 CPU、MPEG 和音频子系统需要的内部高频时钟。

5）诊断控制器

ST20 的 DCU(Diagnostic Controller Unit，诊断控制单元)通过标准的 IEEE 1149 测试存

取口，用来引导 CPU 和控制监视芯片系统。DCU 包含的片上硬件能进行 ICE(In Circuit Emulation，电路仿真)和 LSA(Logic State Analyzer，逻辑状态分析)，容易验证片上 CPU 执行的实时软件和进行查错。这是独立的硬件模块，与主机有专用的连接，支持实时诊断。

STi5518 是国内机顶盒用得最多的解复用解码芯片，如清华同方 DVB-C2000 型数字有线机顶盒、同洲 CDVB3688 型数字卫星机顶盒、九洲 DVC-2018IR 数字有线电视解码器、长虹 DVB-C2000B 有线数字电视接收机、百胜 FTA2600 免费频道数字卫星接收机、PBI 公司 DCR-2000S 数字有线电视机顶盒均采用 STi5518。

5. STi5518 系列其它芯片

(1) STi5516，2003 年 12 月推出，ST20 CPU 的速度为 180 MHz，具有 8 KB 的 I Cache、8 KB 的 D Cache 和 8 KB 的 SRAM，具有 POD 接口和两个 DVB 的 CI 接口、5 个 UART 接口及 4 个 PWM 接口。同洲 AnySight100 型数字有线机顶盒、九洲 DVC-2018DN 数字电视解码器、长虹 DVB-C5000 型有线数字电视接收机均采用 STi5516。

(2) QAMi5516，2004 年 3 月推出，在 STi5516 的基础上集成了 QAM 解调，宜用于有线电视接收机。同洲 AnySight100CM 型、创维 C6000 灵翼型数字有线机顶盒采用该芯片。

(3) DTTi5516，2004 年 3 月在 STi5516 的基础上集成了 COFDM 解调，具有 IEEE 1284 接口，与 SFN 兼容，具有 ACI(Adjacent Channel Interference canceller，邻道干扰消除)，自动进行保护间隔和模式检测，支持 2k 和 8k 模式，支持 QPSK、16QAM、64QAM 解调，支持 1/4、1/8、1/16、1/32 保护间隔，接受 6、7、8 MHz 带宽，宜用于 COFDM 地面广播接收机。

(4) STi5100，2004 年 3 月推出，ST20 CPU 的速度为 243 MHz，具有 8 KB 的 I Cache、8 KB 的 D Cache 和 4 KB 的 SRAM，两个可编程传送接口，具有 DAA(Direct Access Arrangement，由 Silicon Labs 公司提出的可编程线接口，能适应电话线的要求，代替音频变压器、继电器和 2-4 线变换器等)接口，可用 PSTN(Public Switched Telephone Network，公用电话交换网)作回传通道，宜用于交互电视接收机。

(5) STi5514，2004 年 4 月推出，ST20 CPU 的速度为 180 MHz，具有 8 KB 的 I Cache、8 KB 的 D Cache 和 8 KB 的 SRAM，3 个可编程传送接口，具有 ATA5 兼容的 HDD 接口、JTAG 接口、IEEE 1284 接口。STi5514 宜用于带 IDE 硬盘的接收机。

(6) SATi5516，2004 年 9 月推出，把 STi5516 和 STV0299 集成在一起。

(7) STM5105，2005 年 3 月推出，ST20 CPU 的速度为 200 MHz，具有 4 KB 的 I Cache、4 KB 的 D Cache 和 2 KB 的 SRAM，具有 133 MHz 16 位 DDR 存储器接口和可编程快闪存储器接口，具有两个串行接口 UART 和三个 8 位并行口，还有 ATAPI 硬盘接口、CI 接口、智通卡接口、红外接口、音频 DAC 等。STM5105 宜用于低价交互机顶盒。创维 C7000 机顶盒采用该芯片。

(8) STB7100，2005 年 1 月推出，ST40 CPU 的速度为 300 MHz，支持 H.264/AVC、VC1/Windows Media 9 系列和双 MPEG2，能同时解码多路高分辨率 TS 流，输出两路视频进行画中画显示。STB7100 支持所有现有的操作系统和中间件。为了支持 DVR(Digital Video Recorder，数字视频记录)应用，嵌入外围接口 ATA 和 USB2.0，并支持最新的 DVD-Audio 和 DVD 安全加扰编解码技术。

6．STi5518 接收方案

STi5518 方案是国内数字电视机顶盒采用得最多的方案。图 9-27 是 STi5518 方案组成方框图。数字有线电视在调谐器后用 STV0297 进行 QAM 解调和信道解码，输出 TS流；数字卫星电视在调谐器后用 STV0299/0399 进行 QPSK 解调和信道解码，输出 TS流；数字地面广播电视在调谐器后用 STV0360 进行 COFDM 解调和信道解码，输出 TS流。接收免费频道时，TS 流经过 CI 接口电路直通进入 STi5518 进行信源解码。

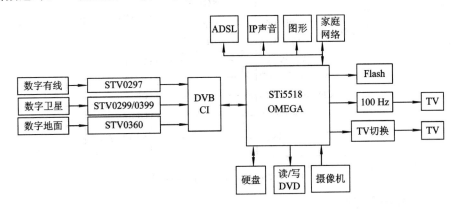

图 9-27　STi5518 数字接收方案

进行条件接收时，TS 流经过 CI 接口电路进入 DVB-CI 模块进行解扰后再经 CI 接口电路送到 STi5518，图 9-28 是 DVB-CI 条件接收示意图。图中 CI 接口电路采用 STV701芯片时可在前端电路和后端电路之间插入一个 DVB-CI 模块；CI 接口电路采用 STV700芯片时可在前端电路和后端电路之间插入两个 DVB-CI 模块。图中 MDI(7，0) 是 8 位数据，MICLK 是数据时钟，MISTAR 是输入传送包第一个字节指示。MISTRT 有效时MDI(7，0)=47H，MIVAL 指示 MDI 数据字节有效，MIVAL 为 0 时，数据字节被忽略。

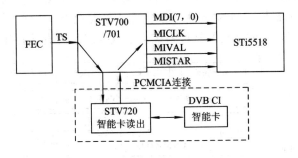

图 9-28　DVB-CI 条件接收示意图

STi5518 内嵌的 ATAPI 接口可以与硬盘无缝连接，为机顶盒实现 PVR（Personal Video Recorder，私人视频记录）功能提供了条件。传入 STi5518 的 TS 流通过解复用将其分解为音、视频 PES 包。PES 包既可以被送往音、视频解码器解码，也可以被送到 ATAPI接口作为数据存入硬盘。STi5518 内嵌的 ATAPI 接口可提供最高为 PIO 模式 4 的数据传输，传输速率为 16.7 MB/s。ATAPI 设备可作为 STi5518 的存储器映像设备。将硬盘映射到 CPU 可编程的外部存储器接口 EMI 的 BANK 1 上。图 9-29 是 STi5518 ATAPI 接口方框图。STi5518 地址线的第 20、19 位分别与硬盘驱动器的 CS1、CS0 相连，地址线的第

18、17、16 位分别与硬盘驱动器的 DA2、DA1、DA0 相连，这样可通过访问 BANK 1 的存储空间实现对硬盘的读/写操作。ST5518 提供的可编程 I/O 口中的 ATAPI WR 和 ATAPI RD 专门用来连接硬盘的 DIOW 和 DIOR。ST5518 的读/写信号 CPU_RW 用来控制传输门的数据传送方向。在录制节目时需要将 PES 流数据写入硬盘，由于硬盘的读/写速度较慢，因此在系统中开辟一个缓冲区来存储数据。

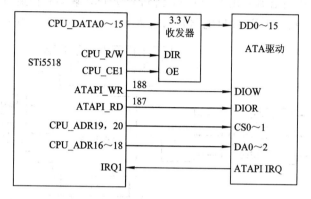

图 9-29　ATAPI 接口方框图

7. 开发平台和软件包

STi5518 可分级开发平台包括一块可分级评估板和一套完整的驱动软件。平台支持各种信道的解调解码电路，如 STV0399 QPSK 解调解码电路、STV0297 QAM 解调解码电路和 STV0360 COFDM 解调解码电路。平台提供一个连接到硬盘驱动器的接口和一个"Overdrive"接口，后者允许连接到一个外部的 ST40 微处理器板以实现双处理器系统。

图 9-30 是平台的软件结构示意图。平台提供 ST20 软件工具包，免费提供 ST-Lite 实时操作系统和一组 ST 应用编程接口驱动代码 STAPI。ST 公司开发的 STAPI 应用编程接口是用户建立各种应用的稳定基础，STAPI 对将来的 ST 公司的芯片继续有效，用户编写的应用程序具有到下一代芯片的可移植性。适配层可适配流行的中间件，如 MediaHighway、OpenTV、Liberate 等。这种结构的软件系统可以减少产品的设计时间和难度。

图 9-30　OMEGA 软件结构

9.5.2　国产芯片

1. 海尔数字电视解码芯片 Hi2011

Hi2011 是针对数字电视系统的高度集成 SoC 信源解码芯片，它包括 MPEG-2 解码器、MCU 控制器、OSD 控制器、视频编码器、CA 接口、图形加速器等部件。

芯片采用 0.18 μm 工艺，工作频率可以到 108 MHz，SDRAM 支持两片 1×16 Mb、单片 2×16 Mb 或 4×16 Mb 数据格式，内嵌海尔 Turbo 51CPU，具有三个脉宽调制输出，采用 QFP160 封装。

系统同时支持 8 个通道解码，每个通道最多允许 8 个过滤器。系统解码支持 PS 和 TS 两种码流，接收并行数据至 12 MB/s 码率。视频解码支持 MPEG-2，MP@ML。音频解码支持 ISO/IEC 13818-3 的第一级和第二级解码。集成视频编码器和三个 10 b 高精度 DAC，支持 CVBS、S-VIDEO、YPbPr 三种视频输出格式。OSD 支持 4 色、16 色、256 色，可同时显示三个区域，每个 OSD 区域都有两种透明方式，即区域方式和颜色方式。Hi2011 已经成功应用于数字卫星接收机和数字有线接收机中。

除在数字电视中应用外，Hi2011 还可应用到 DVD、电视电话等系统中。与 STi5518 相比，Hi2011 的成本有较大优势，可实现主芯片的一般功能，能满足低端用户的需要，但速度较慢，功能较少，兼容性也不够好，不能用于高端产品。

2. 宁波中科集成电路设计中心的"凤芯二号"

宁波中科集成电路设计中心的"凤芯二号"是高性能、低成本的音/视频解码芯片，视频解码支持 AVS、H264/AVC、MPEG-2、WMV9(Windows Media Video，微软格式)标准，最高支持 HD(1920×1080i)格式的实时解码，支持 ATSC 和 HDTV 所定义的格式及帧频；内嵌 32 位 CPU 主控解码全过程，支持 MIPS Ⅲ 指令集，高效率的外部存储管理，DDR SDRAM 控制器支持 JESD79 标准，采用外置 I Cache 和 D Cache 结构；优越的容错性能；音频解码完全支持 MP3、AC3、AAC、WMA(Windows Media Audio)标准，多模式外围总线接口，支持与多种设备的互连。"凤芯二号"可应用于数字电视和 IP 电视中。

3. 杭州国芯科技有限公司的 GX3101

GX3101 是 AVS/MPEG2 交互式高性能解码系统芯片，是支持 AVS 视频标准，同时支持 MPEG-2 标准的数字电视机顶盒解码系统芯片。芯片内嵌国产高性能 32 位处理器作为主控 CPU，单片集成 TS 流双路解复用、MPEG-2 视频解码、AVS 视频解码、多标准音频解码协处理器、去隔行及视频后处理单元、真彩色的 OSD 及 2D 图形加速、电视编码、视频 DAC、音频 DAC、USB2.0、High Speed HOST 接口、Ethernet MAC 接口、Guest Bus 接口等功能模块，提供优异的整机功能、性能和具有竞争力的 BOM 成本。同时 GX3101 与公司开发的国标地面解调芯片 GX1501 配套构成双国标(地面国标和 AVS 视频国标)机顶盒解调和解码接收完整解决方案。

国芯科技还有 GX3000——MPEG-2+CA 基本型标清解码系统芯片、GX6101D——QPSK+MPEG-2 基本型卫星单片接收系统芯片、GX6001——QAM+MPEG-2+CA 高性能有线单片接收系统芯片、GX6108——QPSK+MPEG2+PVR 高性能卫星单片接收系统芯片等。

GX6101M 是面向 DVB-S 市场推出的一款低成本高性能机顶盒全集成单芯片，创造性地将 RF 射频调谐器、DVB-S 信道解调解码器、高性能 32 位 RISC CPU、MPEG-2 解复用器、MPEG-2 视音频解码器、去隔行及后处理单元、2D 图形加速、音/视频 DAC、SDRAM 和高速缓存等功能模块集成在一起。

4. 展讯通信有限公司的 SV6100

SV6100 是基于 AVS 标准和 MPEG - 2 标准的机顶盒解码芯片,用于网络电视、有线数字电视、卫星数字电视和地面传输数字电视等多媒体领域。它支持 AVS 标准和 MPEG - 2 标准的标清(SD)视频解码,同时支持多种流行的音频标准(如 MPEG - 1 Layer I&II、AVS 等)的音频解码。

SV6100 由高性能传输处理器、视频解码器、音频解码器和一个具有缩放功能的视频后处理器等硬件模块组成。用 DSP 来实现多标准的音频解码,具有 I^2S 模拟输出和 S/PDIF 数字输出。SV6100 占用外部 CPU 很少的资源,就能控制 SV6100 初始化进程和中断处理。外部系统的 CPU 可以非常方便地访问 SV6100 芯片内部寄存器和相关参数。这样不仅可以灵活地实现纠错功能,同时也可以增强解码的容错功能。外部主控 CPU 可以通过异步 SRAM 的接口与 SV6100 进行连接,并且可以通过读写 SV6100 内部的寄存器和访问外部的 DDR 来控制 SV6100 的工作。SV6100 拥有 GPIO 外设通信端口,以用于同外围设备的通信以及新增功能的扩展。EJTAG 提供了软件调试接口和通道,而且所有子模块都可扫描,可以进行很好的产品测试。

为了帮助客户能够在短期内实现产品上市,SV6100 将提供完善的 API 组件,该组件包括完整的驱动程序和通用接口,能够提供快速有效的客户软件设计。此外,API 套件具有实现 DVB/IPTV 等多媒体应用的标准可编程的界面,可以很容易扩展新型技术应用的功能模块。

9.6　机顶盒软件系统

9.6.1　概述

数字电视机顶盒软件系统分为驱动及系统资源、中间件和应用程序三部分,如图 9 - 31 所示。

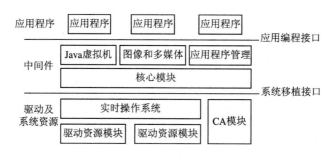

图 9 - 31　数字电视机顶盒软件系统示意图

1. 驱动及系统资源

驱动程序主要包括信道参数设定、前端调谐器及解调芯片的驱动;若有回传信道,则驱动程序还应包括回传信道驱动,MPEG 解复用接口的设置及监视,若解复用是软件实现,则还包括软件解复用部分;驱动程序还包括 SI 信息的过滤、电子节目表的过滤与显示、MPEG 解码控制寄存器的设置及监视、OSD 显示功能的实现、板上数据库的写入及更新、条件接收和智能卡控制、音/视频流控制、Modem 管理、Flash 存储管理和其它接口驱动功能。

STi5518 系列提供的 STAPI 软件包、MB86H21 提供的 FAPI(Fujitsu Driver Application Programming Interface)软件包都包含驱动程序 Drivers 和应用编程接口 API。

驱动程序之上是实时操作系统(Real Time Operation System,RTOS),其主要作用是控制各种资源,包括各种硬件的控制、系统资源的分配等,此部分往往已经提供了简单的 API,通过用户编程来实现系统控制和简单的用户界面。STi5500 系列使用的操作系统为 OS20 或称 STLite;LSI 公司的 SC2000 系列使用的是 pSOS 操作系统。

2. 中间件

数字电视中间件(Middleware)是数字电视接收机软件系统中位于接收设备驱动层软件之上、隔离交互应用与系统资源的一层软件。有了中间件,应用程序可独立于接收机硬件平台,不同硬件组成的数字电视接收机能在同一电视系统中使用,不同的软件公司可以基于同一编程接口来开发应用程序,并运行在不同的接收机中。中间件技术因此可以降低接收机和应用软件的成本,增强数字电视市场推广力度和普及率。

中间件的核心模块由一系列子模块组成,包括内存管理、线程调控、事件管理、安全性控制、数据下载管理及网络协议管理(TCP/IP、PPP、HTTP 等)。

Java 虚拟机符合 J2ME 标准,用来解析 Java 应用程序,并提供 Java 程序调试、寻错(Debug)等功能。网页浏览器支持 HTML(HyperText Markup Language,超文本标记语言)3.2/4.0、XHTML、DOM/CSS 等,可显示 HTML 网页,提供上网功能。

图像与多媒体子模块通过与下层平台的系统移植接口,提供高级函数,用于绘图、多视窗管理以及音、视频控制等。SI 引擎子模块用于管理服务信息(SI)数据库,它负责缓存 EPG 信息、提取网络信息表(NIT)、节目映射表(PMT)等常用 SI 表格数据,并且具有监测功能。它可提供频道搜寻时已储存的数据,如频道名称等。

应用程序管理模块完成获取应用列表、定位并下载应用,控制应用生命周期,以及管理应用的资源和安全访问权限的功能,是协调各种交互式应用程序的管理模块。

应用编程接口包含多个 Java 程序包,用于开发交互式应用软件。它包括一些 J2ME 程序包和一系列用于数字电视的专用程序包,如图形显示、多媒体控制、SI 数据装载和存取、回路控制及系统资源管理等,包括控制 Web 浏览器和运行 Java Applet 的程序包及提供系统属性信息、SI 数据库的信息、Message 传递等一些功能包。

3. 应用程序

应用程序建立在中间件系统标准界面之上,用来提供各种各样的交互功能,如电子节目指南、游戏、网上购物、电子银行等。

9.6.2 中间件标准 MHP

欧洲数字电视商业运营的迅速发展使人们认识到必须制定一个共同标准。在 DVB 的倡导和资助下,欧洲于 1998 年成立了中间件标准工作组(TAM),致力于数字电视通用家庭平台的研究,这就是后来的 MHP(Multimedia Home Platform,多媒体家庭平台)标准。

MHP 定义了交互数字应用与其所运行的终端之间的通用接口，这一接口解除了应用提供商与特定的 MHP 终端实现间的耦合关系。这样，数字内容提供商可以使用包括低端接收机、高端接收机、集成数字电视机和多媒体电脑等各种终端，实现了内容只需创作一次便可以在"任何"地方运行的功能。

1. MHP 参考模型

MHP 参考模型分为资源、系统软件与 API、应用三层。资源包括硬件资源和软件资源，如机顶盒(MPEG 解码、输入/输出设备、CPU、内存、图形显示等)、操作系统和驱动程序等；系统软件和 API 包括 MHP 中间件 API、应用管理器(Navigator)、传输协议和虚拟机等部分；应用是相互作用共同运行于同一环境下的 Java 类的集合。

2. MHP 的层次(Profiles)结构

MHP 不可能支持所有的应用领域，随着时间的推移 MHP 标准中将不断增加新的功能和要求，所以 MHP 标准采用了层次结构。根据应用的类型，MHP 被划分为增强广播(Enhanced Broadcasting)、交互广播(Intereactive Broadcasting)和因特网访问(Internet Access)三个主要的层次。增强广播层适用于单向广播网络，可在本地接收机内完成交互的接收和应用；交互广播层适用于有回传信道的双向网络，提供交互服务的接收机和应用；因特网访问层适用于有访问因特网内容和服务的接收机和应用。图 9 - 32 是 MHP 层次关系示意图。

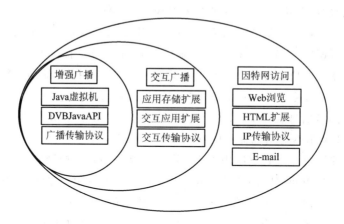

图 9 - 32　MHP 层次关系示意图

3. MHP 的主要组成部分

MHP 规定了实现交互电视的软件平台的技术集，其基本构成元素有传输协议、内容格式、应用程序管理、DVB - J 平台和安全等。图 9 - 33 是 MHP 主要组成部分示意图。

1) 传输协议(Transport Protocols)

传输协议规定了广播和交互所必须遵从的各种协议。广播协议主要是涉及数据广播的 DSM - CC(Digital Storage Media Command and Control，数字存储媒体命令和控制扩展协议，MPEG - 2 第六部分)Data Carousel(数据轮播)和 DSM - CC Object Carousel(对象轮播)协议。而交互协议主要采用 IP 协议。

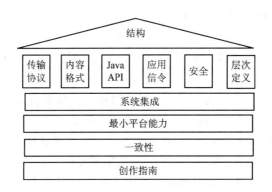

图 9-33　MHP 主要组成部分示意图

2）内容格式（Content Formats）

内容格式的支持是保证互操作性的重要方面。MHP 规定了静态格式（JPEG、MPEG-2 的 I 帧、PNG、GIF）、流格式（MPEG-2 视频、MPEG-1/2 音频、字幕）、字体（驻留字体、可下载字体）以及对 HTML 格式的支持。

3）广播 MHP 应用模型

广播 MHP 应用模型包括基本生命周期控制、启动应用、对于多个同时运行的应用的支持、停止应用、穿过业务边界的应用的持续、自动启动管理等。

4）DVB-J 模型

DVB-J 模型包括开始 DVB-J 应用、停止 DVB-J 应用、DVB-J 应用生命周期等。

5）DVB-J 平台

DVB-MHP 使用虚拟机（Virtual Machine）的概念，它对于不同的硬件和软件实现提供了一种通用的接口。虚拟机是基于 Sun 微系统公司的 Java 规范的，因此基于虚拟机的 DVB 平台就称为 DVB-J 平台。图 9-34 是 DVB-J 平台的结构示意图，系统软件包括了所有需要具体实现的部分，包括实时操作系统、驱动程序和固化软件。应用管理者也是具体实现的，控制 MHP 的操作与配置。应用管理者包括一个浏览器（Navigator），它可以确保与所有业务的链接。

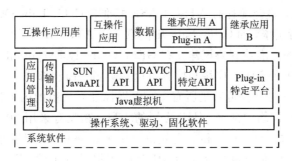

图 9-34　DVB-J 平台的结构示意图

在整个平台上，DVB-J API 是非常重要的，它将底层的有关 DVB 的硬件、协议的实现与上层应用分离开来，向应用呈现标准、统一的接口。DVB-J API 可以归纳为以下几类：

（1）由 Sun 定义的 Java API，包括基本的 Java API（lang、util 和 beans）、显示 API (awt 和 JMF)，业务选择 API(Java TV)。

（2）由 HAVI 定义的 API，包括显示图形用户接口 GUI API。

（3）由 DAVIC 定义的 API，包括 CA API、通用架构(Common Infrastructure) API、调谐 API。

（4）由 DVB 定义的 API，包括 Java API 的拓展、数据存取 API、业务信息和选择 API、I/O 设备 API、安全 API、其它 API(提供一套附加工具)。

由于已经存在带有不同 API 的 DVB 系统在运行，对于这样一类现有系统的支持以确保将来能移植到统一的 DVB－MHP API 上也是很重要的。于是 DVB－J 平台提供了对于插件(Plug-in)的支持以完成继承(Legacy) API。插件可以在 DVB－J 平台上实现，如图 9－45 中 Plug-in A 所示，这样一个互操作的插件可以使用在所有 DVB－J 平台上。另外一种方式是直接在系统软件上实现，如图 9－45 中继承应用 B 所示，这需要一个特定平台的插件。

6）安全(Security)

MHP 定义了保证安全数据访问和应用程序安全性的方法。MHP 将使用数字签名来保证应用程序的安全，同时在返回通道上，MHP 也采用安全的加密传输方式。

在非标准化交互电视市场模式下，用户为了收看来自不同广播商提供的节目，必须同时拥有多个数字电视机顶盒，而在 MHP 开放式的交互电视市场模式下，用户只要有一个支持 MHP 标准的机顶盒，就可以接收来自不同广播商的 MHP 交互电视节目。交互应用、中间件和机顶盒可以由不同的软、硬件厂家生产，这样可以通过竞争提高产品的性能、降低产品的价格。

从长远来看，MHP 作为一个统一的中间件标准，最终会取代其它互不兼容的中间件产品，成为数字电视中间件的主流。由于 MHP 对于多种语言的支持，中文 MHP 接收机同样能够胜任我国数字电视广播的要求。

4. 国际中间件标准发展状况

2001 年 11 月，美国有线电视实验室(Cable Labs)决定采用欧洲 MHP 标准，已经将其作为开放电缆(Open Cable)数字机顶盒的标准。2002 年，美国两大标准组织 ATSC 与 Cable Labs 达成协议，整合现有的 ATSC DASE 标准和 Cable Labs OCAP 规范，ATSC 同意采用 OCAP 的执行引擎，而 Cable Labs 则同意采用 ATSC DASE 的显示引擎，ATSC 和 Cable Lab 之间达成的标准兼容协议建立在 GEM(Globally Executable MHP，全球可实行 MHP)规范之上，从而使 MHP 应用与服务可以在美国实施和部署。

GEM 定义了 API 协议及可满足所有交互电视标准和规范的内容格式，它提供了一种可以确保在 DVB 以外网络中部署 MHP 应用的手段。在没有采用 DVB 而无法实施 MHP 标准的地方，可以通过组合 GEM 和其它规范以生产出一种 GEM 接收机，来确保应用之间的互操作性。GEM 标准的制定旨在为 MHP 应用提供真正的"书写一次，到处可用"的功能。

2003 年 6 月，ITU 批准了代号为"Recommendation ITU－T J.202"的全球首个共同的交互电视中间件标准 GEM。目前 ATSC 已经同意将其数字电视应用软件环境(DASE)标准建立在 GEM 的基础之上，日本无线电工商业协会(ARIB)也已同意把 GEM 整合在其以后的 ITV 规范中。目前四种开放式中间件平台——OCAP、MHP、ATSC 的 DASE 及

ARIB 的 STD - B24，都将支持一个共同的内核 GEM。该标准的制定为新的制作公司进入交互电视节目制作扫除了入门障碍，同时降低了风险并将为交互式功能的发展铺平道路。

9.6.3　中间件产品 Open TV Core

美国 Open TV 公司（现称 NAGRA 公司）研制的中间件 Open TV Core 是一个比较成功的中间件产品，它由集成于机顶盒的中间件产品、一系列服务开发工具、一组交互电视应用组成，包括驱动程序、客户软件平台内核、解释层和库程序，如图 9 - 35 所示。

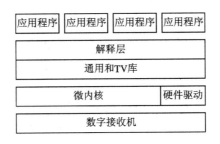

图 9 - 35　Open TV Core 中间件示意图

Open TV Core 客户软件平台内核是一个自适应层。它可支持大量嵌入式实时操作系统，包括 pSOS、VxWorks、Nucleus Plus、microTOS 和 OS - 9。它的主要作用是屏蔽上层应用与不同的机顶盒硬件平台。这种屏蔽作用是通过给操作系统附加一个解释层来完成的。解释层负责将 Open TV 描述性语言（o-code）转化为 CPU 可理解的指令。Open TV 还开发了丰富的库程序，包括开发多媒体内容的图形构件、实现完全交互的网络通信组件、数字音/视频流控制以及授权和加密技术支持。

Open TV 提供端到端互动电视解决方案，包括中间件、应用及专业服务，以及基于标准的服务器端技术，并将这些技术本地化，以满足特定的市场需求。Open TV 曾为上海文广有线电视、河南有线电视、江西有线和中广影视卫星公司等网络提供技术。Open TV 解决方案充分支持中文字符、字符输入及本地机顶盒厂商。

常用的国外中间件产品还有 Alticast 公司的 AltiCaptor、NDS 公司的 Media Highway Core 等，常用的国内中间件产品有上海高清的媒体烽火台系统等。

9.7　高清电视机顶盒

9.7.1　高清电视机顶盒的特点

我国于 2000 年颁布了《高清晰度电视节目制作及交换用视频数值》标准 GY/T 155—2000。该标准主要参考了国际电信联盟的建议书 ITU - R BT. 709 - 3《节目制作及国际间节目交换用 HDTV 参数值》中的第二种方案方型像素通用格式。规定我国 HDTV 采用分辨率为 1920×1080、帧频为 25 Hz 的隔行扫描方式，每帧总行数为 1125，所以行频为

28 125 Hz。标称信号带宽 30 MHz，取样频率 74.25 MHz。采用 8 b 或 10 b 线性编码。8 b 编码时，R、G、B、Y 黑电平为 16，标称峰值电平为 235，C_B、C_R 黑电平为 128，标称峰值电平为 16 和 240。10 b 编码时，R、G、B、Y 黑电平为 64，标称峰值电平为 940，C_B、C_R 黑电平为 512，标称峰值电平为 64 和 960。

　　SDTV 信源压缩编码一直是采用 MPEG-2 标准的主类主级，码率由节目提供者根据节目质量来选定，一般为 5～15 Mb/s，图像质量越高，所需码率越高。

　　HDTV 信源压缩编码采用 MPEG-2 标准主类高级，码率可达 20 Mb/s 以上。如果采用高压缩率的编码技术，如 H.264 和我国的 AVS，压缩率可达 MPEG-2 的 2～3 倍，能减少传输带宽。

　　目前高清节目的卫星广播集中在 115.5°E 的中星 6B 卫星上转发：

　　（1）4100 MHz、V 极化、27 500 kS/s 的转发器上的 CCTV 高清综合频道，免费。

　　（2）3740 MHz、V 极化、27 500 kS/s 的转发器上的 CHC 高清电影频道，采用永新同方和天柏的 CA 系统。

　　（3）4129 MHz、H 极化、13 300 kS/s 的转发器上的新视觉高清频道，采用 DVB-8PSK 调制，采用上海文广数字付费电视平台（SiTV）和爱迪德 2 的 CA 系统。

　　央视高清北京地面广播在 33 频道，采用 MPEG-2、AC3，主要技术参数为：$C=1$，16QAM，PN$=595$，$R_i=0.8$，$M=720$，码率为 20.791 Mb/s。

　　高清机顶盒与标清机顶盒的主要区别在于解复用信源解码单芯片和共享存储器的不同。

　　高清机顶盒的解复用信源解码单芯片至少要支持 MPEG-2 主类高级的解码，能支持 H.264、VC1、AVS 等多种标准当然更好。

　　共享存储器是 CPU 与解码器共享的存储器，为了存储在高清解码中生成的大量的处理数据，采用的 DDR SDRAM 芯片需要较高的速度和较大的容量，比如速度在 433 MHz 以上，总容量在 512 MB 以上使用起来比较方便。

9.7.2　ST 公司的高清解码芯片

1. 早期芯片 STi7710

　　STi7710（详见参考文献 81）于 2004 年 9 月推出，ST20CPU 的速度为 200 MHz，具有 8 KB 的 I Cache、8 KB 的 D Cache 和 4 KB 的 SRAM 以及两个可编程传送接口，支持数字视频接口 DVI（Digital Visual Interface）、高分辨率多媒体接口 HDMI（High Definition Multimedia Interface）、HDCP（High-bandwidth Digital Content Protection，宽带数字内容保护）协议，支持 1080i、720p 显示，具有数字视频输出，具有智能卡接口、红外输入/输出接口、USB 2.0 接口、DAA 接口和 DiSEqC 接口，宜用于高分辨率显示。该芯片价格便宜，但速度较低，适用于中低档产品。银河电子的 HDT3200 型高清地面机顶盒、HD5000A 型有线机顶盒、HDT3200 录制型地面机顶盒、弘扬电子 HY2008 型高清地面机顶盒都采用 STi7710 为主芯片。

2. 支持 AVS 高清解码的 STi7106

　　2009 年 10 月推出的 STi7106（详见参考文献 82）的主 CPU ST40 是速度为 450 MHz

的 32 位 RISC 处理器，具有 32 KB 的 I Cache 和 32 KB 的 D Cache。一个协处理器 ST231 能支持 H.264、VC1、MPEG-2 和 AVS 标准，进行一路标清和一路高清视频解码或两路标清视频解码，形成画中画或拼合，还能将 MPEG2 SD 实时转码为 H.264 SIF。另一个协处理器 ST231 能支持 MPEG1 I/II、MP3、Dolby Digital/DD+、MPEG4、AAC/AAC+、Dolby TrueHD、DTS、DTS-HD、DTS HD 等多种标准，进行多通道音频解码。拥有 DENC(Digital Video Encoder，模拟视频编码器)，模拟视频输出有 RGB/YPrPb/YC/CVBS 格式、高清或标清两种清晰度可选，音频输出包括 S/PDIF 串行数字音频输出和 24 b 立体声模拟音频输出。图 9-36 是 STi7106 内部结构方框图。

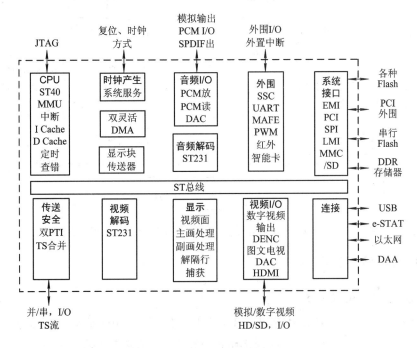

图 9-36　STi7106 内部结构方框图

　　图 9-37 是基于 STi7106 的双调谐、有线 IP 双模、数字录像高清机顶盒的方框图。图中 MoCA(Multimedia over Coax Alliance，同轴电缆多媒体联盟)是一种技术规定，利用该技术，世界各地的服务提供商能够在用户的整个家中提供数字媒体分发服务和联网的电视服务，使用户能够安全地访问、存储和共享多种类型的数字媒体内容，包括高清电视节目、视频点播(VoD)、多房间 DVR 录像、互联网内容、用户制作的视频、音乐、照片和 VoIP。SCART(Syndicat des Constructeursd Appareils Radiorécepteurs et Téléviseurs)接口是一种专用的音/视频接口，标准的 SCART 接口为 21 针连接器。ST8024 是智能卡接口，与 NDS 条件接收系统兼容。STV6417 是音/视频开关和 6 通道 SD 视频滤波器。

　　STi7106 具有可外接 400 MHz、32 位、DDR1/DDR2 SDRAM 的共享存储器接口(Local Memory Interface，LMI)，可外接 16 位 NOR 或 NAND Flash 的外部存储器接口 EMI(External Memory Interface)。以太网接口 MII 支持 100 Mb/s，TMII 支持 300 Mb/s，GMII 支持 1000 Mb/s。还具有 HDMI 接口、UART 接口、红外输入/输出接口、双 USB 2.0 接口、DAA 接口和 SATA 硬盘接口。

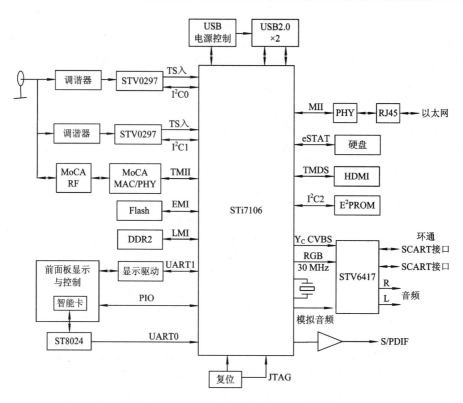

图 9-37　STi7106 双调谐有线 IP 双模高清数字录像机顶盒方框图

9.7.3　其它高清解码芯片

1. 博通公司的 BCM7405

博通（Broadcom）公司的高清解码芯片 BCM7401/7402/7405 是系统级芯片（System on Chip，SoC）。图 9-38 是 BCM7405 内部结构方框图（详见参考文献 83）。

2007 年 8 月推出的 BCM7405 的 CPU 是 400 MHz 双核 CMT（Course-grained Multithreading，过程消除多线程）MIPS 32 处理器，具有 32 KB 的 I Cache 和 64 KB 的 D Cache，具有 MMU（Memory Management Unit，内存管理单元）和 FPU（Floating Point Unit，浮点运算单元），8 KB 的 RAC（Real Application Clusters，真正应用集群）允许两个或更多个实例通过群集技术访问共享的数据库。

与 MPEG-2 DVB 兼容的 TS/PES 分析器和解复用器最多能处理 6 路独立输入的 TS 流，128 个 PID 通道能同时处理 256 个 PID，用在录像、音/视频接口引擎、PCR 处理、信息滤波和通过高速传送或再复用模块输出。数据传送模块能构成支持 PVR 功能的 8 路录像和 6 个 AV 通道并连接到音/视频解码器。

先进的多格式视频解码支持 H.264 HD/SD、MPEG-2 HD/SD、MPEG-4 SD 和 VC1，能同时解码一路 HD 和一路 SD 用于画中画显示。高性能 2D 图形引擎能进行改变比例、合成图像、数字降噪、数字去轮廓和解隔行等多种功能。

先进的音频处理器能解码各种数字音频格式，还能进行 ACC 至 DTS5.1 或 AC3＋至 AC3 等格式转换。

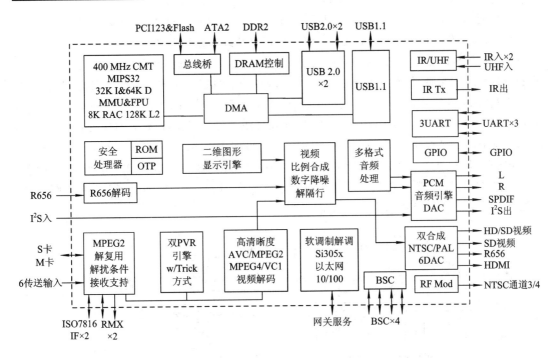

图 9-38　BCM7405 内部结构方框图

DRAM 控制接口能连接 64 位 DDR2 SDRAM。双 SATA2 接口可作 DVR 和 DVD 应用。

外围接口包括 3 个 UART 接口、4 个 BSC（Broadcom Serial Control）接口、GPIO（General-Purpose Input/Output）接口、红外接口、双 ISO7816 智能卡接口和以太网接口等。

BCM7401、BCM7402 的 CPU 是 300 MHz，D Cache 是 32 B，RAC 是 4 B，没有 FPU，性能比 BCM7405 略低。朝歌宽带（Sunniwell）在其 S-Box7500 型高清机顶盒中已经选用了 BCM7405。

2. 科胜讯公司的 CX2417x

科胜讯（CONEXANT）公司 2005 年推出的支持 PVR 的高清解码芯片 CX2417x（详见参考文献 84）具有高性能 32 位 295MIPS ARM（Advanced RISC Machines）920 CPU。SDRAM 控制器能外接 333 MHz 32 位 DDR SDRAM。TS 流 IO 控制器支持 6 个基带 TS 流接口用于 MPEG-2 和 DIRECTV 的 TS 流解复用，3 个多标准双流传送处理器处理 DES、AES 解扰。

视频解码器支持 MPEG-2 主类高级解码，与 MPEG-4、H.264 协处理器 CX24182 能无缝接口。多平面视频图形显示控制器支持主显示 HD，1080i 或 720p，画面输出由 6 个平面组成；支持副显示 720×576，画面输出也由 6 个平面组成；支持在 YP_RP_B 输出受限制的 HDTV 图像；支持视平面因格式转换改变大小；支持画中画显示和图形中画显示。高性能解隔行支持 480i 或 1080i 到 480p、720p 的转换。

多格式音/视频解码器支持 MPEG-1、MPEG-2、杜比数字、杜比数字＋、MPEG-4 ACC 等格式。

并行或串行的 ATA 接口支持 HDD(Hard Disk Drive)，HDMI 接口支持 HDCP，此外还有双 USB 2.0 接口、3 智能卡接口、前面板接口和红外接口等。

图 9-39 是以 CX2417x 为主芯片的卫星机顶盒方框图。图中 CX24109 是支持 DVB-S 的零中频数字卫星调谐器，CX24118 是支持 DVB-S2 的零中频数字卫星调谐器，CX24128 是支持 QPSK 和 8PSK 的双数字卫星调谐器；CX24123 是支持 DVB-S 的解调和前向纠错解码芯片，CX24130 是支持 DVB-S 的双解调解码芯片，CX24114 是解调支持 QPSK 和 8PSK、解码支持 DVBS 和 Turbo 码的芯片，CX24116 是解调支持 BPSK、QPSK、8PSK 和 H-8PSK，解码支持 DVBS 和 DVBS2 的芯片，CX20493 是支持 DAA 的线路边设备，CX20552 是 USB2 接口芯片。同洲电子的 Anysight22c 型 IP 机顶盒使用 CX24172、CX24182、CX20552 三种芯片。

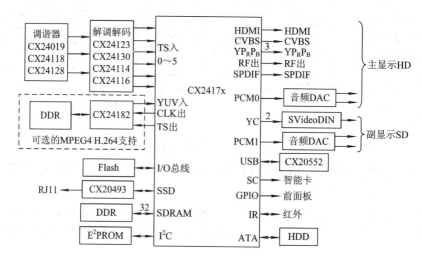

图 9-39 以 CX2417x 为主芯片的卫星机顶盒方框图

3. SIGMA 公司的 SMP8650

SIGMA 公司的 SMP8650(详见参考文献 85)安全媒体处理器芯片族能高清解码 H.264、VC1、AVS、MPEG-4、MPEG-2。安全处理器提供先进的内容保护，支持多种 DRM(Digital Rights Management，数字版权管理)和条件接收(CA)方案。为了适应欧共体新的低功耗要求，芯片增加了红外唤醒、LAN 唤醒、DRAM 数据保护待机等几种待机方式。

图 9-40 是 SMP8650 的功能结构方框图。视频处理器有 32 位 OSD、2D 图形加速器、JPEG 和 Open Tape 加速、运动自适应解隔行、自适应闪烁滤波器、去块和去环滤波、可编程幅型比。能同时输出 HD 和 SD 图像。对每个视频源和输出口，能独立进行亮度、对比度、饱和度、彩色和色度校正控制。能进行色温和 γ 控制、12 位深彩色 xvYCC 处理。2006 年国际电工委员会(IEC)制定了《彩色管理—面向视频应用的扩展色域 YCC 彩色空间—xvYCC》建议书 IEC 61966-2-4(xvYCC)。IEC 61966-2-4 不再限定基色信号幅度范围，并采用中心对称的 γ 校正特性，量化级可用范围也放宽到 1~254，满足此建议书的显示器能显示的色彩约是 sRGB 色域的 1.8 倍。

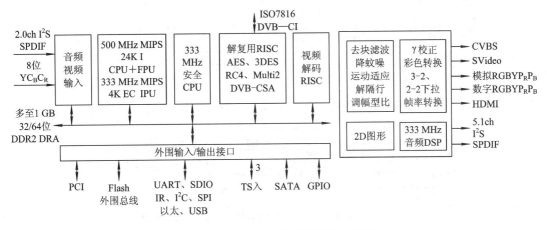

图 9 - 40　SMP8650 的功能结构方框图

9.8　CMMB 手机电视接收

CMMB 手机电视接收中主要是 CMMB 解调芯片，一般集成有调谐器、解调器、解复用和 CPU，输入射频信号，输出 MSF 流到多媒体处理器中进行信源解码。多媒体处理器还进行手机的各种服务。常用的 CMMB 解调芯片有 IF308、TP31×3、SMS1186、SC6600V 等。

1. 泰合志恒的芯片

泰合志恒的 TP3021 集成了一个多频段的调谐器、一个高性能的解调器、一个晶振和其它全部的无源元件，封装在 9 mm×9 mm 的 36 脚 QFN 模块中。从天线得到的 RF 信号输入到 TP3021 中，输出的是解复用的 CMMB 子帧数据，称为 MSF（Multiplex Sub Frame，复用子帧）流，之后被传送到多媒体处理器进行视频和音频的解码。图 9 - 41 是基于 TP3021 的收看免费电视手机方框图。图中解复用也可称为 MSF 解析器，从 PMS（Packetized Multiplexing Stream，打包的复用流）中解析出 ECM、EMM 和 MSF 流。

图 9 - 41　基于 TP3021 的收看免费电视手机方框图

在需要收看付费电视时要插入 CA 大卡进行解密和解扰，图 9 - 42 是基于 TP3021 的收看付费电视手机方框图。解复用解析出 ECM、EMM 送到大卡中 CA 模块，获取 CW 字，送到大卡中解扰模块，解扰模块将解复用送来的加扰 MSF 流解扰为 MSF 清流。

泰合志恒的 TP31×3 系列芯片是 SIP（System In Package，系统级封装），SIP 是指将不同的集成电路封装在单一芯片中整合使用。这些芯片集成了调谐器、解调器、解复用器、解扰器和具有解密功能的 CA 模块。图 9 - 43 是基于 TP31×3 的收看付费电视手机方框图。

图 9-42　基于 TP3021 的收看付费电视手机方框图

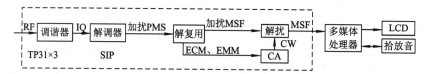

图 9-43　基于 TP31×3 的收看付费电视手机方框图

2. 创毅视讯的 IF208、IF308

北京创毅视讯科技有限公司生产的 IF208 和 IF308 是两种高性能的中国移动多媒体广播（CMMB）接收芯片。

IF208 芯片支持我国自主知识产权的移动多媒体广播（CMMB）标准，并集成了中国移动 UAM（User Authentication Module，用户认证模块），模块解决了 MBBMS（Mobile Broadcast Business Management System，广播式手机电视业务管理系统）的 CAS（Conditional Access System，条件接收系统），具有小尺寸、超低功耗等优势，进一步促进了 TD（采用我国 3G TD-SCDMA 通信标准制式）和 CMMB 两大民族自主知识产权的技术标准融和。

IF208 在 CMMB 的接收芯片里面加了一个中国移动的 CAS 的功能，把 CMMB 接收和 CAS 集成到一个芯片里面。IF308 是把 CMMB 接收、处理和 CAS 集成到一个芯片里面。

3. 思亚诺公司的 SMS1180、SMS1186

思亚诺公司的 SMS1180 是一种高度集成的全 CMOS 单芯片接收器，可降低地面与卫星（多波段）CMMB（S-TiMi）相结合的应用的成本，加快项目实施速度，满足 CMMB 富有挑战性的网络拓扑结构需求。SMS1180 集成的调谐器和解调器附有 Host-API 软件包，包括各种主流主处理器和操作系统的驱动程序。SMS1180 输入的是由天线接收导入的射频信号，而输出的是解调的、经选择的压缩音频和视频的数据流，该数据将导入可进行视频和音频解压（如 H.264/AVS）和图形处理的主处理器中。SMS1186 在 SMS1180 的基础上，支持中国移动的 MBBMS 条件接收及计费系统。

SMS118x 具有高灵敏度、出色的移动性能和极低的功耗，支持 UHF（470～862 MHz）和 S-band（2100～2700 MHz）接收。它采用 105 ball BGA 封装，间距 0.5 mm，体积为 6.6 mm×6.9 mm×0.9 mm，具有 USB 2.0、SPI、SDIO、TS 和并行接口。

4. 展讯通信的 SC6600V

SC6600V 包括一个高性能的微处理器、一个 CMMB 解调器、一个 AVS/H.264 视频解码器、一个音频解码器、模拟信号处理单元，PLL、DAC、存储控制器、LCD 屏控制器等模拟信号处理单元，以及 UART、I²C、I²S、GPIO 等丰富的通用外围接口。SC6600V 的输入信号是从外部调谐器送来的中频信号，也可以是经过 CMMB 信道解调之后的 MFS 流。视频输出 YUV 标准输出，可以直接输出到 LCD 显示屏进行显示；也支持旁路视频解码器而直接输出 MFS 流；音频输出支持 I^2S 接口。

音频解码器支持多种通行的音频解码标准(如 MPEG1 audio layer1/2、MP3、AACLC 和 AAC＋(LP)等)，采样率最高可达到 48 kHz，解码速率最高可达 320 kb/s，同时支持双声道。并且完全可以通过更新固件来实现对新增标准的支持。显示图像可以支持 WQVGA、QVGA、CIF 以及 QCIF 等格式，对解码视频进行缩放功能以适配不同的显示屏幕。

电源管理单元支持待机、开机等的电源管理功能，还可以实现对片外芯片进行供电，芯片内核电压 1.8 V，I/O 接口电压 1.8～3.3 V。高性能的主控 CPU 模块主要负责应用软件的运行及芯片内部中断处理功能，而在芯片的调试方面则提供了完善的调试接口，如 JTAG 接口等。SC6600V 提供一套完善的驱动程序和应用软件的通用接口，能够提供快速有效的客户软件设计。

5. 卓胜微电子的 MXD0250

MXD0250 是集成自主研发的硅调谐器和解调器的单芯片，抗同频、邻频干扰能力突出，同时支持 6 个业务播放，支持全时隙接收，功耗小于 40 mW，具有 I^2C、SPI、MP2TS 接口，121 脚 BGA 封装，8 mm×8 mm，0.65 mm 间距。

6. 法国迪康(DiBcom)公司的 Octopus 可编程平台

迪康公司的 Octopus 可编程平台是一对多解决方案。图 9-44 是平台组成结构方框图。平台通过迪康特别设计的 DSP，即图中的 VSP 来完成数据流的解码工作。移动电视需要处理大量的数据，所以需要高性能的 DSP，这个 DSP 是特定架构的数据处理装置。平台中还集成了支持全频道的调谐器(Tuner)和 PMU(Power Management Unit，功率管理单元)以及加密装置，PMU 可以完成更高性能的电源管理工作，而加密装置可节省手机的成本。

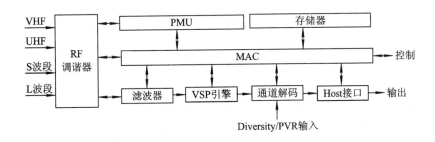

图 9-44　Octopus 平台组成结构方框图

只要制造商下载迪康提供的固件，就可以轻易地改变平台的功能，支持不同的移动电视标准，目前可支持 DVB-T、DVB-H、DVB-SH、CMMB、ISDB-T(1 SEG 及 Full-SEG)、T-DMB、DAB 及 DAB＋等标准。采用这个可编程平台的终端厂商可以将 CMMB 终端改造成适合出口到其它国家或地区的移动电视终端。

各地 CMMB 对于节目的标准配置为 CCTV-新闻、CCTV-1、CCTV-5、睛彩电影、睛彩天下、省 1 套和市 1 套。其节目内容主打娱乐性和服务性。

9.9 接收机测试

9.9.1 眼图分析法

眼图分析法就是用示波器观察接收信号波形的方法，采用此方法可以分析码间串扰和噪声的影响。

1. 眼图

串行数字信号波形加在示波器的 Y 输入端，调整水平扫描周期与码元同步后，示波器显示的图形类似于人的眼睛，故称为"眼图"。图 9 - 45(a)、(b)为二进制信号传输时展示的眼图。可以看出，眼图是由虚线分段的接收码元时间波形叠加而成的。当波形无失真时，各码元波形在眼图中重合成一条清楚的轮廓线，好像一只完全张开的眼。当波形失真时，即有码间干扰时，各码元波形在眼图中不完全重合，轮廓模糊，"眼睛"部分闭合，故通过眼图张开的大小与形状可反映码间干扰的强弱和噪声的影响。

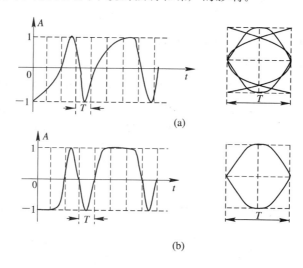

图 9 - 45 二进制波形对应的眼图
(a) 有失真；(b) 无失真

2. 眼图与系统性能

为了说明眼图与系统性能之间的关系，我们把眼图简化成图 9 - 46 所示的模型。

此模型可以表示系统的如下性能：

(1) 系统性能对定时误差的灵敏度。它以"眼睛"两边人字形斜线的斜率来表示，斜率越大，定时误差所引起的取样值减小越严重，性能下降也越严重，简言之，眼图斜边越陡，系统对定时误差越敏感。

(2) 噪声容限。它表示可能引起错误判决的最小噪声值，即噪声小于此值不会引起错误判决；噪声大于此值，则可能(但不一定)引起错判。是否错判要看该时刻信号失真是否达到阴影区的边界，即噪声加失真的影响是否使该时刻的信号值越过门限电平。

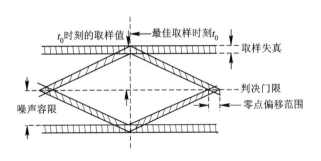

图 9 - 46　眼图模型

（3）取样失真。它表示在取样时刻信号的最大失真量。

（4）零点偏移范围。它代表信号波形零点的最大偏移量，此值越大，性能越差，尤其对从信号的平均零点位置提取定时信息的接收装置影响最大。零点偏移范围与抖动是相同的概念，在 ITU - RBT.1363 - 1 中给抖动下的定义为：抖动是数字信号的跳变沿相对于理想位置在时间上的变化。抖动的测量单位为 UI（单位间隔），它代表一个时钟循环的周期。对于 270 MHz 串行数字分量来说，$1\ UI = 1/270\ MHz = 3.7\ ns$。

抖动是串行数字传输系统最重要的性能参数之一。抖动能够造成恢复的时钟和数据在时间上的瞬间偏差，偏差足够大时，数据可能被译错码。如果抖动通过数/模转换系统进行传递，数字信号中的抖动可能会降低模拟信号的性能。

（5）最佳取样时刻。它是眼睛张开最大的时刻。在此时刻"眼睛"张开得越大，码间干扰越小。由于这一时刻对应于码元信号的最大值和最小值，所以眼张开越大，差值也越大，抗干扰能力就越强。

9.9.2　误码秒检测

1. 误码秒

误码秒（Errored Seconds）是指一段时间之内发生误码的秒数，在数字视频测试中定义了全场误码（Full Field Error）和有效图像误码（Active Picture Error）。全场误码是指误码发生在除了 RP165 标准规定的场消隐区的图像切换行之外的所有行的数据字中。有效图像误码是指误码发生在有效图像数据字中。

2. 误码检测和处理 EDH（Error Detecting and Handling）

EDH 的基本原理如图 9 - 47 所示。协处理器对每一场视频信号进行 CRC（Cyclic Redundancy Check，循环冗余校验）码计算，产生一个 16 b 的误码检验字。检验字与其它的串行数字信号辅助数据一起，组合成一个误码检测数据包，插入 SMPTE RP165 规定的场消隐辅助数据区。根据 RP165 规定，对于 625（525）系统，EDH 信号被插入到奇数场的第5(9)行和偶数场的第 317（272）行。含有 EDH 信息的串行数字视频信号通过数字电视通道传送到测试接收机，用于检测的 EDH 附件不断地对图像进行相同的 CRC 计算，并把计算结果与传送信号场消隐期中的数据校验字进行比较。如果与传送的数值不符，即判定发生了误码，则屏幕显示出误码报警和误码秒等各种数据。

因为 EDH 信息是插入在串行数字电视信号中的，所以能在系统工作期间进行在线测

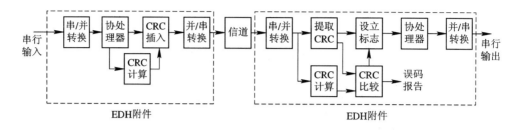

图 9 - 47 EDH 原理方框图

试。EDH 不需要特定的测试比特序列，对于任何活动画面序列都可以进行测试，并能精确地给出误码报告，如出现误码的位置、误码秒的持续时间、上一个误码秒发生以后的时间等。

泰克(Tektronix)公司的 TG2000 型多格式信号发生器能输出 EDH 信号。

WFM601 系列波形监视器可以进行 EDH 测试，当 EDH 信号存在时，报告有效图像误码和全场误码，每一场进行 CRC 计算并显示误差、EDH CRC 存在、FF(Full Field)CRC误码秒、AP(Active Picture)CRC 误码秒及 EDH 标志误码秒。

WFM700 系列波形监视器也可以进行 EDH 测试，还可配置对 HDTV 进行 EDH 测试的模块。WFM91D 手持式波形监视器可以报告 EDH 包的存在，显示 FF/AP 误码秒。

日本胜利（LEADER）公司的 LV5700 型 SDI 监视器、LT5910 型 SDI 分析仪、LV5100D 分量数字波形监视器也具有 EDH 检测和显示功能。

9.9.3 SDI 检测场

SDI 检测场(SDI Check Field)也被称作"病理信号"(Pathological Signal)，是一种全场测试信号，需要停播进行测试。SDI 检测场有两个独立的信号，分别用来测试均衡器和锁相环的性能。SMPTE 推荐的标准 RP178 中定义 SDI 检测场信号由各占半场的两个病理检测信号组成。用来测试均衡器的上半场信号以 C - Y 顺序传输，色度样点数值为 300H，亮度样点数值为 198H，上半场图像在图像监视器中呈现浅紫色阴影。用来测试锁相环的下半场信号色度样点数值为 200H，亮度值为 110H，下半场图像在图像监视器中呈现浅灰色阴影。

用来测试均衡器的病理检测信号有效图像行的取样点数值为 300H，198H，300H，198H⋯转换成二进制串行数据则为"0000 0000 11 0001 1001 10 0000 0000 11 0001 1001 10⋯"。如果有效图像行的第一个取样点数据的最低位开始到达扰码器输入端时，扰码器的状态正好全为"00000 0000"，扰码器的输出端会产生连续 18 个"0"跟随两个"1"的 NRZ 周期信号。NRZ 信号经过倒置变换为 NRZI，变成 19 个"0"跟随 1 个"1"的周期信号，该信号产生高直流分量，强化(恶化)了均衡器的处理状态。

用来测试锁相环的病理检测信号有效图像行的取样点数据为 200H，110H，200H，110H⋯，转换成二进制串行数据则为"0000 0000 01 0000 1000 10 0000 0000 01 0000 1000 10⋯"。如果有效图像行第一个样点数据的最低位到达扰码器输入端时，扰码器的状态正好全为"00000 0000"，扰码器的输出端会产生连续 19 个"0"跟随 1 个"1"的 NRZ 周期信号。NRZ 信号经过倒置变换为 NRZI，变成 20 个"0"跟随 20 个"1"的周期信号，该信号提供最小数目的零交叉，最难进行时钟提取，强化(恶化)锁相环的工作状态。

值得注意的是，由于数字视频信号的 EAV 和 SAV 影响了有效图像行样点数据的连续性，因此，每一行的病理检测信号的形成都由扰码器在 SAV 结束时刻的状态决定。由于扰码器有 9 个移位寄存器，可能产生 512 种随机状态，因此，每 512 行图像数据信号中可能出现一行具有上述特征的病理检测信号。

利用 SDI 检测场进行测试时，将测试信号输入到被测设备的输入端，把被测设备的输出信号接入带有 EDH 功能的数字波形监视器。当输入的测试信号为测试电缆均衡器的信号时，如果出现误码，则表示电缆均衡器出现问题，通常是由于电缆长度超过了电缆均衡器的校正能力，减短电缆长度可消除此类问题；当输入的测试信号为检查锁相环的信号时，如果出现误码，则表明设备内的时钟再生器有问题(锁相环控制的压控振荡器的自由振荡频率偏离了规定的频率)。

泰克公司的 SPG422 型分量数字同步信号发生器、TG700 多格式视频发生器、TG2000 型多格式信号发生器都能输出 SDI 检测场信号，日本胜利公司的 LT443D‐SD 多格式视频信号发生器也能输出 SDI 检测场信号。

也有一些信号发生器采用 Y‐C 顺序，这时，测试信号在图像监视器上显示两种不同深度的绿色阴影。还有一些信号发生器能分别产生两个独立的整场病理检测信号。

9.9.4　MPEG 分析和监视

1. MPEG 分析

MPEG 分析的主要用途是：① 产品设计时对产品各模块的功能和状态进行分析；② 系统运行时快速查找系统故障，及时采取措施。

MPEG 分析的主要功能有：

(1) TS 流记录的播放：记录 TS 流和包的到达时间，以便进行离线定时分析；连续循环播放 TS 流，自动更新时间标记，用于测试。

(2) 实时监视：

① 显示各个 PID 和节目的复用占有率饼图；显示 PID 号、节目类型和数据率；0.5 s 动态更新。

② 进行节目时钟基准 PCR 的数据分析，显示精度、重复周期、抖动、频率偏移和移动率。

③ 对各种 PSI 表、SI 表、描述符进行显示和测试，并进行语法检查，显示句法错误和插入频率。

(3) 复用测试：分解现有的节目流；重组存储的节目流，插入 PCR，改变 PSI、SI 表。

(4) PES 分析：它一般在上述分析完成后进行。PES 分析包括 PES 头和控制标记测试，PTS、DTS 定时测试；传送目标解码器 T‐STD 缓冲模块分析，进行上溢、下溢测试(6 类，4 级)。

(5) ES 分析：显示和分析图像组、图像、像条和宏块，显示量化器级分布图、像条大小分布图、宏块大小频谱图、运动矢量图。分析的 VBI 信息包括 WSS、VPS、TXT 等。

泰克公司的 AD953A 型 MPEG 测试系统就是具有上述功能的仪器。

2. MPEG 监视

MPEG 系统在日常运行时，需要实时连续监视 TS 流，对 TS 流中的主要参数进行快速测试和出错显示。主要参数由 ETR101 209 标准规定。该标准根据错误对信号的影响程度把错误分为以下 3 个优先级。

优先级 1：解码必需的参数。

1.1　TS 流同步丢失；

1.2　同步字节错误；

1.3a　PAT 错误 2；

1.4　连续计数错误；

1.5a　PMT 错误 2；

1.6　PID 错误。

优先级 2：推荐监视的参数。

2.1　传送错误；

2.2　CRC 错误；

2.3a　PCR 重复周期错误；

2.3b　PCR 不连续指示错误；

2.4　PCR 精度错误；

2.5　PTS(时间表示印记)错误；

2.6　CAT(条件接收表)错误。

优先级 3：应用依靠的参数。

3.1a　NIT 即时错误；

3.1b　NIT 其它错误；

3.2　SI 重复周期错误；

3.4a　不能参考的 PID；

3.5a　SDT(业务描述表)即时错误；

3.5b　SDT 其它错误；

3.6a　EIT(事件信息表)即时错误；

3.6b　EIT 其它错误；

3.6c　EIT PF 错误；

3.7　RST(运行状态表)错误；

3.8　TDT(时间日期表)错误。

这些参数的状态用颜色来显示，绿色表示正常，红色表示出错，黄色表示告警。

泰克公司的 MTM400 型 MPEG 传送流监视器就是具有错误监视功能的仪器，该仪器能显示 PSI 和 SI 分析以及重复率的图表，还能显示 PCR 分析和定时、抖动的测量。该仪器还有可选的 QPSK 和 QAM 接口，允许接收 RF 输入，显示主要的 RF 参数 MER、BER 和星座图。该仪器还有触发的 TS 流记录，利用离线软件分析工具将问题深入地解剖。

R&S(Rohde & Schwarz，罗德与施瓦茨)公司的 DVMD 型 MPEG－2 测量解码器具有 MPEG 分析和错误监视功能。

9.9.5　视频质量度量 VQM

图像质量的主观评价测试有时间长、实验条件难以控制等问题，不能对大量的设备进行测试。视频质量度量（Video Quality Metric，VQM）是指一种图像处理算法，它对输入的视频序列进行处理，形成一个表示预测图像质量的评分值。

在测试仪器开发阶段，通过对 VQM 法测得的评分值和相同图像序列的主观评价得到的结果进行比较，对 VQM 法进行校准，然后使用测试仪器进行测量。虽然这种测量是在主观评价的基础上建立起来的，但通常被认为是客观图像质量测量。

萨诺夫（Sarnoff）实验室的研究人员将从人类视觉系统研究获得的知识应用到图像质量评价中。开发了刚辨差（Just Noticed Difference，JND，人眼刚刚能分辨的颜色变化，随颜色种类和变化方向有不同的值）矩阵，用来自动和精确地测试被测序列和参考图像序列之间的可感知差值，从空间分析、暂态分析、全彩色分析三个方面进行对比测量，最后得到图像质量等级（Picture Quality Rating，PQR）0～25。

测试仪器既是参考图像序列的发生器，又是分析仪，发出参考图像序列到被测设备，从被测设备输出端获得被测序列。参考图像序列为了方便主观评价测试，一般长度在 5 s 以上，而在进行客观图像质量测量时只用 2 s。表 9 - 2 是 ITU BT802 标准定义的 11 种测试序列。

表 9 - 2　ITU BT802 标准定义的 11 种测试序列

视频测试序列	运动程度	特　　性
Susie	慢速	皮肤色调、谈话的头部
Lily	静止	亮度分辨率
Tennis	摇镜头	多重随机运动、体育运动
Ferris	快速、复杂	亮度和彩色细节
Wool	中速	运动彩色
Flower	慢速摇镜头	彩色细节、风景
Tempete	随机运动	水平、垂直、亮度和彩色细节
Kiel	变焦、摇镜头	亮度细节、风景
Mobile	慢速	物体的随机运动、彩色细节
Football	随机快速运动	体育运动、繁忙、大目标
Cheerleader	快速运动	快速的复杂的移动、丰富的背景

测试仪器测得的 PQR 值从理想传送的 0 到严重失真的 25，PQR＝1 时不能察觉到损伤或损伤极不明显；PQR＝3 时可以观察到损伤但不明显；PQR＝10 时很清楚地观察到损伤。

泰克公司的 PQA300 图像质量分析系统除了能提供 PQR 值外，还能提供 PSNR（图像信噪比）差值映射。

R&S 公司的 DVQ 型数字视频质量分析仪是类似产品，该产品不需要参考图像序列，对照主观评价的双刺激连续质量标度法（Double Stimulus Continuous Quality Scale Method，DSCQS）和单刺激连续质量评价法（Single Stimulus Continuous Quality Evaluation，SSCQE），分析由图像的瞬态和空间活动产生的视觉掩盖效应，输出的是用百分制和优、良、中、差、劣表示的 DVQL - W 质量级别。

9.10 智能电视与智能机顶盒

9.10.1 智能电视

1. 定义

智能电视是基于 Internet 应用技术，具备开放式操作系统与芯片，拥有开放式应用平台，可实现双向人机交互功能，集影音、娱乐、数据等多种功能于一体，以满足用户多样化和个性化需求的电视产品。

智能电视一般具备较强的硬件设备，包括高速处理器和一定的存储空间，用于应用程序的运行和存储；具备智能操作系统，用户可自行安装、运行和卸载软件、游戏等应用；可以连接公共互联网，具备多种方式的交互式应用，如新的人机交互方式、多屏互动、内容共享等。

2. 主芯片

智能电视芯片以单芯片为主，单芯片方案一方面有成本优势，另一方面降低了智能电视的设计和研发难度。单芯片包含 CPU（Central Processing Unit，中央处理器）、GPU（Graphic Processing Unit，图形处理器）和视频编解码等部分。CPU 负责应用程序运行、网页浏览等工作。GPU 负责 3D 图形处理等图像处理工作。视频编解码部分以影像处理引擎为主，搭配符合广播信号标准的算法，来完成视频编解码工作。

典型的 ST 公司的 STiH416 采用了 ARMCortex-A9 MPCore 双核 1.2G 应用处理器和 Mali-400MP 四核图形处理器。

3. 4K 超高清占一定比例

4K 是指 3840×2160 的物理分辨率，使显示设备的总像素数量超过 800 万以上，从分辨率指标来看，720p 为高清标准，1080p 为全高清标准，4K 超高清是全高清的 4 倍、高清的 8 倍，使电视画面更精细、更细腻，不仅使远距离观看高清晰图像成为可能，更避免了因为距离太近而产生的颗粒感。与此同时，高分辨率能显示更多信息和细节，可以多屏幕播放超高清内容，并能使高速率 3D 效果更加完美，所有这些改变都是观众用眼睛能看得到的实实在在的提升。

国内外主流彩电厂商都相继展示了最新的 4K 超高清电视。由于目前 4K 超高清的内容缺乏，现有内容尚不能发挥超高清的效果，而且价格相对昂贵，市场渗透率还较低。但是，它代表了未来电视的一个发展方向。

4. 3D 功能逐渐成为标配

3D 功能已经逐渐成为智能电视的标配。国内外厂商均在智能电视中配置了 3D 功能。

3D 内容的不足影响 3D 电视的普及，2012 年 7 月 3D 电视试验频道的开播，让不少用户尝到了甜头。随着 3D 节目源的逐渐丰富，以及政策和市场的发力，将进一步推动 3D 电视的普及。

5．Android 系统

从 Android 系统的出现，到 Android 智能手机的兴起，IT 界发生了翻天覆地的变换，形成了以开放的 Android 系统智能系统格局，各大厂家都在抢先生产 Android 的手机、Android 的平板电脑、Android 的 MP4 等，都想借此机遇来挽救公司的不景气，增加公司收入，提高知名度，体现公司的技术实力。目前，Google TV 和国内大多数智能电视使用的是 Android 系统，国内电视厂家使用 Android 系统主要基于下面几个原因：

（1）Android 系统在智能手机和平板电脑中广泛使用，有大量应用开发人员；

（2）Android 系统是免费的，而独立开发、维护操作系统的成本很高；

（3）Android 系统与上游芯片能够完美匹配，而自建操作系统与上游芯片匹配方面可能存在不足。

6．人机交互

智能电视在传统电视的基础上新增了很多功能，传统遥控器输入效率很低，已经不能满足要求。而 PC 上使用的键盘和鼠标也不适用于电视使用的客厅环境。

好的人机交互方式，不仅仅是计算机的输入、输出功能的简单相加，而是符合多样性、实时性、人性化的操作。人机交互问题是制约智能化发展和普及的重要瓶颈，尤其对于电子终端产品，因为终端产品相对于生产设备，更需要实时响应用户的多样化需求，更注重用户体验。智能语音和体感遥控是未来人机交互的发展方向。

智能语音是设备通过识别，将语音转换成命令。尽管该技术早已出现，但由于功能复杂，还存在对不同语言和发音速度的识别处理成功率低，用户体验不好等问题，短期内还不能完全取代按键操作。

体感遥控是电视通过对用户动作进行识别、解析，实现对电视的控制。体感遥控已经在很多游戏设备上得到成功运用，如任天堂的 Wii、微软的 XBOX 360。

体感遥控在智能电视上的应用还需要进一步发展，从而实现游戏以外的功能，如控制音量、频道、菜单等各种选择，并结合语音功能来实现电视的所有操作。

9.10.2　智能机顶盒

1．概述

我国每年销售各类电视机约 4000 万台。按照有关规定，从 2012 年 11 月份起，在我国销售的电视机将全部具有数字电视解码功能，电视机主芯片内将包含功能强大的处理器，之后销售的新电视机将大部分变为智能电视。

但是，非智能高清电视机市场存量巨大，到 2012 年年底，我国高清电视机保有量已超过 1.5 亿台，80％是能够显示 1080p 的平板非智能电视机。如果将这些电视机配备一个高性能智能机顶盒，这些电视机就升级为高端的智能高清电视机。早期发展的高清电视机用户一般消费水平比较高。所以，保守估计，如果有 70％的高清电视机升级为智能电视机，那么智能机顶盒市场容量至少是在 1 亿台以上，市场容量巨大。

目前智能机顶盒已成为广电行业的重要关注点，浪潮、九洲、同洲、银河、创维等国内主要的机顶盒厂家，都在投入大量的人力和物力研究 Android 操作系统，实现智能机顶盒产品化，特别是 OTT 类型的智能机顶盒。但由于政策、市场、各省网络公司对智能机顶盒的总体布局等因素，智能机顶盒增值业务内容不够丰富，智能机顶盒在我国的发展仍处于前期储备和启动阶段。即使如此，智能机顶盒仍然是未来几年机顶盒推进的重要技术方向，是内容提供商和网络运营商增强业务竞争力和提升运营收益的重要技术手段。

2. 智能机顶盒的核

智能机顶盒的核与智能手机的核的概念并不相同。智能手机的双核是指在一个处理器上集成两个运算核心；智能手机的四核是指将四个物理处理器的核心整合入一个核中。而智能机顶盒的核则不仅包含 CPU，还包含 GPU。CPU 主要负责智能电视的系统操作、软件运行以及智能电视各种功能的实现，而 GPU 主要负责电视的图像播放效果。

所谓的四核机顶盒或四核电视，大多是双核 CPU＋双核 GPU，而六核机顶盒或电视是双核 CPU＋四核 GPU，八核机顶盒或电视则是四核 CPU＋四核 GPU。

3. 智能机顶盒的特征

1）开放的操作系统

操作系统是机顶盒的一个重要组成部分，可选的开发系统较多，主流系统有 Android、Linux、Windows 等，但它们并非都适合机顶盒的开发。Windows 是商业化的专用嵌入式操作系统，价格昂贵而且源代码封闭，目前只有联想一家公司推出了内置 Windows 操作系统的机顶盒，其功能和内核体积不易配置，大大限制了它在低端领域的开发和利用；而 Android、Linux 操作系统免费开放源代码，开发成本低、移植性好、开发周期短，新设备的支持速度快。据统计，Android 平台智能机顶盒与 Linux 平台智能机顶盒基本均分天下，Android 平台智能机顶盒以 Android 4.0 平台为主。

2）开放的应用环境

智能机顶盒的明显特点就是像智能手机一样拥有丰富的第三方应用，而传统机顶盒封闭的中间件无法支持这种需求。应用软件是体现终端智能和电脑属性的重要标志，各式各样的应用软件提升了智能电视机顶盒的价值，给用户带来了新的满足和新的体验。在 Android、Linux 平台上，遍布全球的爱好者开发了丰富的第三方软件。

3）硬件配置要求高

智能机顶盒属于长时间运行的电器设备，因此对于功耗、发热量、寿命都有更为严格的要求，普通桌面型的处理器或者只具备媒体播放功能的处理器显然不能满足要求。而且其需要做诸如鉴权、加密、P2P、分层编码处理等任务和下载播放高码率的高清内容，以及运行一些大型 3D 游戏，因此对其处理器的主频、GPU 的能力和内存的大小有极高要求。目前，绝大部分的高端智能电视机顶盒都采用 ARM 架构的嵌入式处理器。

4）内置 WiFi 路由器

WiFi 是一种短程无线传输技术，内置 WiFi 无线路由器的智能机顶盒可以把有线信号转换成无线信号，供支持 WiFi 技术的相关计算机、手机、PDA 等终端设备接收。相比其它无线传输技术，WiFi 技术具有非常显著的优势：其一，WiFi 最主要的优势在于不需要重新布线；其二，WiFi 传输速度相对较快；其三，WiFi 的应用已经非常普遍。正是由于 WiFi

的这些典型优势,因此它非常适合家庭用户的需要。

9.10.3　OTT TV

1. 定义

互联网电视(Over The Top TV, OTT TV)是一种基于开放互联网的视频服务,它利用宽带或数字有线电视网,集互联网、多媒体、通信等多种技术于一体,向家庭用户提供包括数字电视在内的多种交互式服务的新技术。

Over The Top 来自于篮球术语"过顶传球",在互联网行业意指在网络之上提供服务,强调服务与物理网络的无关性。早期互联网电视的产品形态主要是基于 PC 终端的视频网站服务,如今以电视为终端的形式受到更多关注,简单地说,就是可以上网的电视机。因特网是互联网的一个实例。

目前的智能电视和智能机顶盒都具有 OTT 功能,常见的 DVB + OTT 智能机顶盒在其智能平台上保留了 DVB 的传统业务(CA 解扰、广告、直播、互动点播等),增加了更多的智能应用,如电子支付、电视购物、教育、体感游戏、画中画、多屏互动、OTT 等。

2. 互联网电视的产业链

互联网电视的产业链从节目源到终端,可以细分为四个环节:内容提供商、服务提供商、传输网络运营商和终端制造商。

内容提供商主要负责节目内容的制作与供应。

服务提供商主要搭建互联网电视平台,负责内容的引进、导入、审核、编辑、转换、存储、发布,同时还要负责内容的数字版权管理、用户管理、服务认证、计费管理、业务支撑管理、内容与服务融合等各种应用服务管理。

传输网络运营商主要负责网络传输与监控管理,但事实上传输网络运营商一般不满足于仅仅充当宽带管道商的角色,往往兼任服务提供商的角色。

终端制造商提供给消费者各种具有宽带网络连接功能的终端设备,经由传输网络运营商提供的宽带网络,使用服务提供商的多媒体业务服务。

3. 互联网电视机

互联网电视机的基础为平板电视,集成互联网终端芯片,成为新一代电视终端。

终端芯片技术使互联网电视机具备计算能力、流媒体处理能力、搜索能力,从而使互联网电视终端能够从互联网获得画质更好的视频内容和更多的服务。除普通电视应有的功能外,用户只需要插上网线,就可以实现在线观看互联网络上的电影、电视剧及娱乐节目,同时能够直接快速下载影视资源,在未来还可以逐步实现在线学习、在线卡拉 OK、互动游戏等功能。

2009 年英特尔发布了基于 1.2G 的 45 nm 技术的互联网电视芯片凌动处理器 CE4100,可直接植入目前的平板电视机,稍作开发即可实现电视机上网,ST、Marvell(迈威尔)、SIGMA DESIGN、AMLOGIC(晶晨半导体)等公司也陆续推出了各式互联网电视机芯片。

互联网电视机包含传统电视机模块和互联网相关模块。传统电视机模块和普通电视机作用相同,用来收看有线电视节目。互联网相关模块用以实现与互联网的连接与访问,它可以划分为网络接口、网络协议、应用程序以及操作系统四个层次,而其技术标准大多采用通用的互联网技术，如节目传输采用 HTTP，节目采用 H.264 等格式，支持浏览器，内容保护采用 DRM 技术等。

4. 互联网电视视频服务系统关键技术

除了终端芯片之外，互联网电视视频服务系统设计也是技术关键。从目前已启动构建视频服务系统的几家服务提供商来看，华数和百事通采用的是 CDN＋P2P，央视 CNTV 采用的是 CDN＋P4P。

1) CDN

CDN（Content Delivery Network，内容递送网络）通过增加一层网络架构，将内容发布到最接近用户的网络"边缘"，这是一个能在传统的 IP 网中发布丰富媒体的网络覆盖层；而从广义的角度，CDN 代表了一种基于质量与秩序的网络服务模式，通过策略部署的整体系统，包括分布式存储、负载均衡、网络请求的重定向和内容管理四个要件，有效开展内容管理和全局的网络流量管理（Traffic Management）。

CDN 的优势在于在现有的 Internet 中，用户可以就近取得所需的内容，解决 Internet 网络拥挤的状况，提高用户访问网站的响应速度，从技术上全面解决由于网络带宽小、用户访问量大、网点分布不均等原因所造成的用户访问网站响应速度慢的问题，同时减轻了服务器的压力，提升了网站的性能和可扩展性。

CDN 系统从本质来说是 C/S 架构，仍然存在服务器过载和资源瓶颈问题，边缘服务器的处理能力、内容存储容量、负载调度能力等都会因用户的增加而产生扩容的需求。而目前 CDN 边缘服务器能支持的并发流数量有限，当要进行大规模的内容分发时，需要扩建大量的 CDN 设备，投资巨大，开发和维护的成本将显著增加。

2) P2P

P2P（Peer to Peer，对等连接）是一种用于不同用户之间、不经过中继设备直接交换数据或服务的技术。它打破了传统的 C/S 模式，在对等网络中，每个节点的地位都是相同的，具备客户端和服务器双重特性，可以同时作为服务使用者和服务提供者。其核心是利用用户资源，通过对等方式进行文件传输，实现了不依赖服务器快速交换文件。

目前 P2P 技术已经广泛运用于几乎所有的网络应用领域，该技术的发展重心为覆盖层网络的节点延时聚集研究、覆盖网之间优化研究、支撑平台研究以及安全研究等方面。

但是对等点可以随意加入或退出，会造成信息存在的不稳定。另外由于 P2P 不了解底层网络，会占用大量的网络带宽。

3) P4P

P4P（Proactive network Provider Participation for P2P）是 P2P 技术的升级版，意在加强服务供应商（ISP）与客户端程序的通信，降低骨干网络传输压力和运营成本，并提高 P2P 文件传输的性能。

P2P 方式下数据节点和传输是随机的，可能占据任意一个网络节点或者出口的带宽。与 P2P 随机挑选 Peer（对等机）不同，P4P 协议可以协调网络拓扑数据，智能选取数据交换对象，通过智能运算有效选择 Peer、路由器或者地域性网络来进行数据交换，最大程度上解决大型节点和网络出口负载，大大提高数据传输能力以及网络路由效率。使用 P4P 技术，P2P 用户平均下载速度的传输速率可提高 60%，光纤到户用户的传输速率可提高 205%～665%。此外，运营商内部数据传输速率可减少 84%，用户有 58% 的数据是来自同城，较传统 P2P 的 6.3% 比例有近 10 倍的提升。

5. 互联网电视的多屏互动

互联网电视的多屏互动指的是基于闪联协议、e 家佳协议或 DLNA 协议，通过 WiFi（无线网络）进行连接，在不同的多媒体终端，如智能手机、Pad（平板电脑）、TV 等之间进行多媒体（音频、视频、图片）内容的解析、传输、控制展示等操作，也就是在几种设备的屏幕之间，通过专门的网络渠道进行连接。比如手机上的电影通过 WiFi 在电视上播放，平板电脑上的图片也可以同样的方式通过电视分享。这样，网络电视就成了家庭中不同媒介之间相互沟通的展示屏。

2012 年 11 月由小米公司公开发行的网络电视机顶盒，就是目前国内多屏互动功能比较成熟的产品。作为一款高清网络电视机顶盒，"小米盒子"已经实现了通过 WiFi 在手机、电视和电脑之间进行互动，用户可以把手机或电脑上的照片、视频投射到电视上，实现与家人分享的目的。

6. 网络电视的个性化定制

传统电视的观众无法自行选择节目时间和节目内容。观众必须忍耐冗长的广告时间，容忍电视播放不喜欢的节目。而网络电视几乎容纳了所有热门电视节目和各种非主流节目，它为观众提供了电视台、网络、影院等各种媒介播送的内容，受众可以在海量内容中按照自己的喜好，定制一套属于自己的节目时间表和节目内容表。

7. IPTV 和 OTT TV

IPTV 和 OTT TV 的主要区别为：节目源不同、承载网络不同、传输机制不同。IPTV 的视频内容来自广电，质量较高且稳定，一般采用固定码率编码；OTT TV 的视频内容来自多个地方，包括互联网视频网站等，一般采用动态码率编码。IPTV 用专网承载，网络轻载、质量稳定；OTT TV 业务承载在互联网上，网络质量受到其它业务的影响。IPTV 以实时流媒体方式传输，采用 RTP/UDP；OTT TV 业务以渐进式下载方式传输，采用 HTTP。

OTT TV 终端和 IPTV 终端都支持视频业务、游戏、音乐等多种业务功能。但由于 OTT TV 终端属于新兴终端，而 IPTV 终端已发展多年，在硬件配置、业务实现、终端形态等方面存在不同。OTT TV 终端主要为基于 Android 操作系统的智能终端，硬件配置较高，支持的视频业务基于 HTTP，游戏、音乐等业务采用 C/S 架构实现，实现与手机、Pad 等设备的多屏互动操作。IPTV 终端以 Linux 机顶盒为主，硬件能力配置较低，支持的视频业务基于 RTSP，游戏、音乐等增值业务采用 B/S 架构实现，当然，IPTV 终端也正在向智能终端方向发展。

8. 互联网电视标准

目前，国外主要有 Open IPTV Forum、CEA（消费电子协会）、ITU-T 和 W3C 四个组织在从事互联网电视标准化的工作。Open IPTV Forum 于 2009 年 10 月完成了第一版规范，包括媒体格式、元数据、协议、应用环境、认证和管理等七个部分，支持直播、点播、PVR 等视频业务和即时消息等基本通信业务。CEA 提出了 Web 4CE（包括 CE‐HTML）框架，该架构采用 XML 定义了终端能力交换数据格式，支持扩展 HTML、新的 JavaScript 对象支持交互通信，并且提出了在不同设备间实现会话迁移的机制等。ITU‐T 定义了

IPTV 多媒体应用平台(IPTV. MAFR)和端系统(IPTV. TDES)。2002 年，W3C 的相关工作转入 Ubiqui-tousWebApp 组，致力于打造覆盖电视、手机和 PC 各种终端的统一 Web TV 服务。

我国广电总局在 2011 年也开始着手制定互联网电视相关技术标准，目前已经开始制定的标准有《互联网电视集成播控平台架构、功能和接口技术规范》、《互联网电视接收终端技术要求和测量方法》、《互联网电视安全技术要求》，这三个技术标准将从系统架构、系统安全、终端技术要求与测量等方面对互联网电视进行规定。

9. 互联网电视的管理

2010 年 1 月，国务院做出加快推进广播电视网、电信网、互联网三网融合进程的决定，在政策上促进了中国网络电视的飞速发展。2010 年 4 月，国家广电总局发布了《互联网电视内容服务管理规范》和《互联网电视集成业务管理规范》，宣布将对网络电视实行"集成服务＋内容服务"的牌照管理制度。2011 年 7 月 14 日发布的《关于严禁擅自设立互联网电视集成平台和非法生产销售互联网电视机顶盒的通知》则规定通过互联网机顶盒向电视机终端提供视听节目服务，均须按照有关要求，在经批准的试点城市中推行。2011 年 10 月，国家广电总局办公厅制定下发《持有互联网电视牌照机构运营管理要求的通知》(181 号文件)，对网络电视运营、内容及机顶盒终端等多个方面的管理都进行了细化。

开展互联网电视业务需要具备两种牌照：一种是内容牌照，负责内容的提供，一般为依法设立的广播电视播出机构；另一种是集成播控牌照，负责具体的业务运营。政策限制决定了网络电视的内容只能由内容牌照持有方提供，播放内容必须具有电视播出版权，并且暂不允许开展直播业务。目前国内持有网络电视运营牌照的机构仅有七家，分别是 CNTV、杭州华数、百视通、南方传媒、湖南电视台、中国国际广播电台和中央人民广播电台。

9.10.4 智能机顶盒的常用芯片

选择智能机顶盒的主芯片是机顶盒功能和质量的关键，常用的机顶盒主芯片有深圳市海思半导体有限公司的 Hi3716MV300 三网融合平移型高清互动机顶盒解决方案、ST 公司的 StiH416 带 3D 图形加速器和 ARM Cortex - A9 SMP CPU 的先进的高清应用处理器、迈威尔(Marvell)公司的 88DE3114 高清 4 核 SOC 多媒体处理器、SIGMA DESIGNS 公司的 SM P8670 系列安全多媒体处理器、晶晨半导体(Amlogic)的 S802 和博通(Broadcom)公司的超高清 SoC BCM 7445。

1. Hi3716MV300

图 9 - 48 所示是 Hi3716MV300 的功能方框图，各部分功能简介如下：

(1) CPU：高性能的 ARM Cortex A9 双核业务处理实现机制，内置 I - Cache、D - Cache、L2 Cache，硬件 JAVA 加速，支持浮点协处理器。

(2) 存储器控制接口：DDR2/DDR3 接口，最大支持 512 MB，内存位宽 16 bit，支持 SPI Flash 和 NAND Flash。

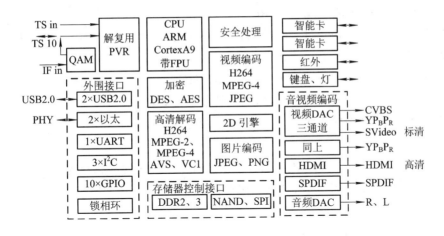

图 9 - 48　Hi3716MV300 的功能方框图

（3）视频解码：H264 MP、HP@ level 4.1，支持 MPEG - 1、MPEG - 2 MP@ HL、MPEG - 4 SP@L0~3、ASP@L0~5、AVS 基准档次@级别 6.0、VC - 1 AP、VP6/VP8、1080p(30fps)的实时解码能力、去噪和去块效应等视频后处理。

（4）图片解码：支持 JPEG 解码，最大支持 6400 万像素；支持 PNG 解码，最大支持 6400 万像素。

（5）音视频编码功能：支持 H.264/MPEG - 4 视频编码，最大分辨率可达 800×600@ 25 fps；支持 JPEG 编码，视频编码提供动态码率和固定码率的模式；支持 1 路语音编码和回声抵消。

（6）音频解码：支持 MPEG L1/L2 解码、Dolby Digital 和 Dolby Digital Plus 解码、Dolby Digital Plus 转码、Dolby Digital 透传、DTS/DTSHD Core 解码、DTS 透传、DRA、downmix 处理、重采样、两路混音及智能音量控制。

（7）TS 流解复用/PVR 功能：支持 1 路 TS 流输入，含 1 路 IF 输入；最大支持 96 个硬件 PID 过滤器；支持 CSA2/CSA3/AES/DES 解扰算法、全业务 PVR 以及加扰流和非加扰流的录制。

（8）信道解码：内置 1 路 QAM 模块，支持 ITU J83-A/B/C 标准及 1 路 QAM 环回输出。

（9）安全处理：支持高级安全特性、OTP 和芯片 ID、AES/DES/3DES 的数据加密处理、USB 设备的内容保护及 DDR SDRAM 数据保护。

（10）图形处理：全硬件增强型 2D 图形加速引擎，全硬件抗锯齿、抗闪烁。

（11）显示处理：支持 2 层 OSD、16/32 位色深、2 个背景层和 3 个视频层，支持各层的水平宽度是 1920 个像素，支持图像增强功能。

（12）音视频接口：支持 PAL/NTSC/SECAM 制式输出，支持制式强制转换，支持 4：3/16：9 画幅比，画幅比强制转换，支持无级缩放 1080p50（60）/1080i/720p/576p/576i/480p/480i 输出。兼容接收标清和高清信号，支持高清、标清同源输出，或 2 路不同内容的输出，色域范围支持 xvYCC(IEC 61966 - 2 - 4)标准。HDMI 1.4 with HDCP1.2。模拟视频接口有 1 路 CVBS 接口、1 路 YPrPb 接口、1 路 S - Video 接口。内置 6 路视频

DAC，输出的接口可以选择配置支持 Rovi、支持 VBI。

音频接口支持左、右声道(RCA 型、低阻、不平衡输出接口)，支持 SPDIF 接口，内置 1 路音频 DAC。

(13) 外围接口：2 个 USB 2.0 HOST(集成 PHY)，2 个 10M/100M 自适应网口，提供 2 层和 3 层交换功能。1 个 UART 接口，2 个智能卡接口，支持 T0/T1 /T14 协议。1 个红外接收处理器，提供 2 个输入接口。1 个 LED 和键盘控制接口。3 个 I^2C 接口，10 组 GPIO 接口。

(14) 其它：支持快速开机，支持通过串口进行引导程序的下载和运行，真待机，低功耗，整机待机功耗小于 1 W。整机典型工作功耗小于 7 W。支持 QFP 和 PBGA 封装。支持 2 层板布线。

Hi3716MV300 方案的主要特点如下：

(1) 开放的架构可满足未来业务发展需要。Linux 开放式操作系统，丰富的开源社区支持。

(2) 通信业务。提供 1 路可视电话业务及 1 路 VOIP 的业务。

(3) 宽带数据业务。集成 2 路 10/100M 自适应网口，支持 2 层交换和 3 层交换，支持 VLAN 和 DHCP，满足家庭内机顶盒和 PC 同时上网的要求。

(4) 全业务 PVR。可通过 USB 连接外围设备进行录制，提供与 PC 兼容的 FAT32/NTFS 文件系统，支持录制加扰流和非加扰流，支持定时录制和 EPG 节目预约录制，支持看 1 个频点的节目，同时录制另 1 个频点的节目，并支持当前节目的时移。

(5) 广告业务。开机快速播出静态图片及本地视频或网络清流，支持 EPG 广告、切台广告等互动广告业务。

(6) 游戏业务。支持单机游戏和网络游戏，支持游戏背景音乐和音效，高效浮点协处理器提升游戏性能。

(7) 家庭数字娱乐。支持本地相册、网络相册，支持 MP3 播放，支持歌词秀，支持多种格式的图片浏览，JPEG/PNG 全硬件解码。提供百叶窗、渐变、卷轴、翻页等特效，支持用手机、数码相机、PMP 等设备拍摄的 MJPEG 短片播放，支持多种媒体文件格式的播放。

(8) 绿色环保。整机待机功耗小于 1 W，整机典型工作功耗小于 7 W，支持自动休眠，在设定的时间内无操作自动进入待机状态，支持多种唤醒方式。

(9) 3D 电视。支持 side-by-side 高清 3D 视频播放。

(10) 多画面预览。支持多画面动态预览(本地马赛克)，能在较短时间内了解节目内容，找到个人喜爱节目。多画面窗口支持广告业务。

(11) 智能音量控制。可实现不同频道间音量自动均衡，实现操作的智能化和人性化。

(12) 丰富的音视频解码格式支持。

(13) 低成本设计。支持 QFP 封装，支持 2 层板简洁 PCB 设计和 1×16 bit DDR3 设计，降低 BOM 成本。

图 9 - 49 所示是 Hi3716MV300 的典型应用方框图。

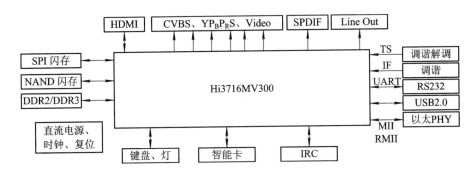

图 9 - 49　Hi3716MV300 的典型应用方框图

2. StiH416

图 9 - 50 所示是 StiH416 的功能方框图。StiH416 的主要特点如下：

（1）双核 ARM Cortex - A9 应用 CPU，ST40 多媒体实时处理器，ST231 和 DRM 处理器。

（2）集成 GPU。可编程 Vertex（geometry）处理器和 4 碎片（pixel）处理器，加速 4 倍 FSAA(Full Scene Anti-Aliasing，全景抗锯齿）。

（3）双视频解码器。具有一个以 ST231 为基础的多重编解码能力的控制器、一个高质量的视频显示管道和 1080p120 帧显示合成器。

（4）H.264 视频编码。能够编码的分辨力最高为 1080p60，或者 2×720p60 帧或者 4×720p30 帧，包括预处理视频管道，能在编码前重定图像尺寸、解隔行和过滤视频噪波。

（5）HDMI 1.4b 接收输入。

（6）最新生产的传送/安全子系统。对 DVR 有增强的性能，以客户/服务为基础，家庭网络最高 HD 1080p60 帧视频编码。

（7）专用的安全/DRM 处理器。

（8）4 个 USB 2.0 主控，2 个 e-SATA2，2 个 Gbit 以太网 MAC 有 MII、RMII、TMII、GMII、RGMII 接口，PCIe 接口。

（9）SLC 1 bit and multi-bit ECC raw NAND 闪存控制器，SD - MMC/SDIO 接口。

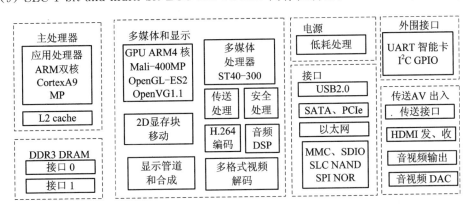

图 9 - 50　StiH416 的功能方框图

8.5 节中介绍的家庭网络是理想的终极目标，很少有家庭愿意花一大笔钱去购买主网关、子网关把家里的电器联成网，而机顶盒是家庭经常添置的设备，增加不多的费用购买智能机顶盒，在很多情况下能兼作主网关使用。

思考题和习题

9-1 基本型、增强型和交互型三种机顶盒有什么区别？

9-2 数字电视接收机常用的输入、输出接口端子有哪几种？

9-3 数字卫星电视单路单载波传送方式和多路单载波传送方式有何区别？

9-4 数字卫星电视接收机调谐器的零中频方案是什么意思？

9-5 简述卫星零中频 QPSK 调谐芯片 SL1925 的结构和功能。

9-6 简述频率合成器电路的结构和功能。

9-7 数字解调为什么需要定时恢复环路和载波恢复环路？

9-8 简述数字解调和信道解码电路 STV0299 的功能。

9-9 DVB-S2 卫星数字调谐器与 DVB-S 卫星数字调谐器的主要区别在哪里？

9-10 简述 MOPLL 电路 TUA6034 的结构和功能。

9-11 简述有线电视信道解码芯片 STV0297 的结构和功能。

9-12 地面电视数字调谐器与有线电视数字调谐器的主要区别在哪里？

9-13 常用的单片解复用和信源解码集成电路有哪几种？

9-14 中间件是什么？它有什么用处？

9-15 简述 MHP 的参考模型、层次结构和基本构成元素。

9-16 高清机顶盒与标清机顶盒的主要区别在哪里？

9-17 简述误码秒的概念和 EDH 的基本原理。

9-18 SDI 检测场是什么？它有什么用处？

9-19 简述 MPEG 分析和监视的原理及用途。

第10章　数字电视的显示

10.1　概　　述

数字电视最终要在显示屏将电信号转换成光信号由观众欣赏，目前常用的是 FPD（Flat Panel Display，平板显示器）。FPD 是指显示屏对角线的长度与整机厚度之比大于 4：1 的显示器。除了 CRT 显示器之外，各种显示器都是平板显示器。

10.1.1　显示器的组成

图 10-1 所示是显示器组成方框图，图中显示器件是将电信号转变为光信号的电光效应器件，也称为显示屏（Panel）。显示器件、驱动电路和辅助光学系统往往制作成一个整体，称为显示组件。信号处理控制电路将去隔行处理、帧频变换、图像缩放、彩色空间变换和 OSD（On Screen Display，屏幕显示）等信号处理功能都集成在一起，成为一种单片式控制芯片，这类芯片和 LCD 组件可构成一个显示器。显示器外接一个电视盒，就成为一台电视机；外接一个机顶盒，就成为一台数字电视机。本节只介绍显示器，电视机与显示器的主要区别就是多了电视盒中的那些电路，即高频头、中频解调和视频解码电路。

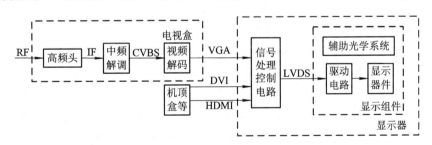

图 10-1　显示器组成方框图

最普通的显示器只有 VGA 接口，可以接收计算机显示卡发出的信号，作为计算机的显示终端；也可以接电视盒作电视机用，电视盒一般有 VGA 接口，可接计算机，由遥控器选择显示器的用途。档次高的显示器还带有 DVI（Digital Visual Interface，数字显示接口）、HDMI（High Definition Multimedia Interface，高清晰度多媒体接口）等数字接口，用来显示各种数字音、视频源。多媒体显示器则具有多种模拟和数字接口，以适应各种视频源。

10.1.2 显示器的分类

显示器按光学显示方式可分为以下几类：

（1）直观式：图像直接显示在显示屏上的方式。CRT（Cathode Ray Tube，阴极射线管）显示器、LCD（Liquid Crystal Display，液晶显示器）、PDP（Plasma Display Panel，等离子体显示屏）、LED（Light Emitting Diode，发光二极管）显示器、OLED（Organic Light Emitting Display，有机发光显示器）、SED（Surface-conduction Electron Emitter Display，表面传导电子发射显示器）等属于直观式显示器。

（2）投影式：把显示器件生成的较小图像源通过透镜等光学系统放大投影于屏幕上的方式。投影式又分正投式与背投式两种。观看者与图像源在屏幕的同一侧叫正投式，其优点是光损耗少、较亮，但是使用、安装不方便，如 LCD 投影机；图像源在屏幕之后，观看者观看屏幕的透射图像叫背投式，如 CRT 或 LCD 家用投影电视机。

投影式显示器的主要优点是屏幕尺寸可以较大，但屏幕尺寸越大，全屏亮度会降低，全屏亮度、色度不均匀性也会增大，同时由投影系统造成的图像几何失真、失聚等也会增大。

（3）虚拟成像式：利用光学系统把来自图像源的像形成于空间的方式。在这种情况下，人眼看到的是一个放大的虚像，与平时通过放大镜观物类似。属于虚拟成像式显示器的是头盔显示器（Head Mounted Display，HMD）。

10.1.3 显示器的主要参数

1. 图像分辨力

图像分辨力是显示器分辨图像细节的能力，以水平和垂直方向有效像素数（即点阵数）衡量。我国的 SDTV 图像分辨力为 720（水平）×576（垂直）点阵，HDTV 图像分辨力为 1920（水平）×1080（垂直）点阵。4 K 分辨力常指 3840（水平）×2160（垂直）点阵，8 K 分辨力常指 7680（水平）×4320（垂直）点阵。

显示器用得最多的是计算机的显示终端，按照计算机显示终端的分辨力标准，分为 SVGA、XGA、SXGA、UXGA 等几种规格。

（1）SVGA（Super Video Graphics Array）：超级视频图形阵列，其最小分辨力为 800×600 像素，最大分辨力可以达到 1024×768 像素，比较适用于 15 英寸的显示屏。随着屏幕尺寸的加大，必须要求增多扫描线，扩展每条线上的像素才能保证高质量的图像。

（2）XGA（Extended Graphics Array）：扩展图形阵列，其分辨力为 1024×768 像素，特别适用于 17 英寸和 19 英寸的显示屏。

（3）SXGA（Super Extended Graphics Array）：超级扩展图形阵列，其分辨力为 1280×1024 像素，适用于 21 英寸和 25 英寸的显示屏，也达到了高清晰度电视的要求。

（4）UXGA（Ultra Extended Graphics Array）：特级扩展图形阵列，其分辨力为 1600×1200 像素，是目前 PC 显示终端最新和最高的标准，通常用于高级工程设计和艺术制图，一般适用于 30 英寸或以上的显示屏。

前缀 W（Wide）常用来表示加宽格式，如 WUXGA 是加宽 UXGA 格式。

2. 图像清晰度

图像清晰度是人眼能察觉到的电视图像细节的清晰程度，用电视线表示。一般从水平和垂直两个方向描述图像清晰度，1 电视线与垂直方向上 1 个有效扫描行的高度相对应。

我国 SDTV 规定水平和垂直图像清晰度值大于等于 450 电视线，HDTV 规定水平和垂直图像清晰度值大于等于 720 电视线。

我国 SDTV 画面的有效扫描行数为 576，HDTV 画面的有效扫描行数为 1080。观看 SDTV 和 HDTV 电视图像时，距电视屏的距离分别约为屏幕高度的 5 倍和 3 倍时，能看清电视图像在垂直方向上的细节，这样的距离也是观看 SDTV 和 HDTV 图像的最佳距离。

人眼在水平方向上分辨图像细节的能力与在垂直方向上相当。我国 SDTV 系统有效扫描行数为 576，如果显示器的宽高比分别为 4∶3 和 16∶9，为在垂直与水平方向上同时都能看到最清晰的图像细节，则水平方向有效像素数应分别为 576×4/3＝768 和 576×16/9＝1024。可见目前 SDTV 在水平方向上只有 720 个有效像素的数量偏低，对于越来越多的 16∶9 屏，更是偏低，而 HDTV 则不存在这个问题。这是因为 HDTV 显示器的宽高比为 16∶9，与 1080 有效扫描行相当的水平方向有效像素数为 1920，HDTV 标准与此相符。

图像垂直清晰度的理论上限值为 1 帧图像的有效扫描行数，水平方向有效像素数需乘以 3/4 才能换算成电视线数。我国 SDTV 和 HDTV 系统水平方向有效像素数分别为 720 和 1920，若分别显示 4∶3 和 16∶9 的图像，则分别对应于 540 和 1080 行像素，因而水平清晰度的理论上限值分别为 540 和 1080 电视线。若把图像宽高比为 4∶3 的 SDTV 信号拉扁显示成 16∶9 的图像，则水平清晰度只有 720×9/16＝405 电视线。

3. 对比度

对比度是表征在一定的环境光照射下，物体最亮部分的亮度与最暗部分的亮度之比。显示器的对比度是指在同一幅图像中，显示图像最亮部分的亮度和最暗部分的亮度之比。对比度越高，重显图像的层次越多，图像越清晰。通常对比度为 1000∶1～1500∶1。

4. 亮度

亮度是指发光物体的明亮程度，是人眼对发光器件的主观感受。在显示器中亮度是表征图像亮暗的程度，是指在正常显示图像质量的条件下，重显大面积明亮图像的能力。亮度的单位为坎德拉每平方米（cd/m^2）。通常亮度为 250～500 cd/m^2。

5. 可视角

在观看 LCD、PDP、DLP、LCoS 显示器时，可发现观看位置不同，看到的电视图像的亮度、对比度、图像的层次感及图像颜色也会发生变化，偏离屏幕中心位置越大，则图像变化越严重，甚至看不清楚图像，颜色发生严重畸形。因此对这些显示器而言，在观看图像时，有一个适宜观看的角度范围，该角度范围称为可视角。为了方便，可视角是指水平和垂直方向上的可视角。

在国际电工委员会公布的 IEC 60107 - 1 中规定了可视角的定义，即在屏幕中心的亮度减小到最大亮度的 1/3 时（也可以是 1/2 或 1/10 时）的水平和垂直方向的视角。

6. 响应时间

响应时间是用来描述显示器件的字段或像素亮度变化相对于激励信号变化反应快慢的

一组参数，它包括开启时间（**turn-on time**）、关断时间（**turn-off time**）、上升时间（**rise time**）和下降时间（fall time）。通常响应时间为 5～20 ms。

7. 像素缺陷

现在市场上销售的平板显示器，包括 LCD 显示器、PDP 显示器、LCD 背投影显示器、DLP 背投影显示器和 LCoS 背投影显示器，都是以像素显示图像，它们的像素数都是相对固定的。例如，720×576、1280×720、1366×768、1920×1080 像素等，每个像素点都是以 R、G、B 三个基色点构成的，可以显示全部的颜色，并以寻址方式显示图像，而不像 CRT 型电视机那样，采用可变扫描方式显示图像。因此，这种以像素成像的显示器称为固有分辨力显示器。

这些以像素显示图像的显示器在数百万个像素点中，可能出现像素缺陷（又称为坏点）。

像素缺陷是指显示器在正常工作状态时，其屏幕上不能正常显示图像的像素点，一般分为亮点和暗点。亮点又称为不熄灭点，是指屏幕无论在黑色背景下，还是在白色背景下，永不熄灭的白亮点、闪亮点和带颜色的亮点，包括绿亮点、红亮点、蓝亮点、黄亮点、青亮点、品红亮点等，特别是白亮点、绿亮点、黄亮点在黑色或灰色背景下，人眼对其比较敏感。暗点又称为不发光点，是指在白色或灰色背景下，显示出黑色点、灰色点等。

像素缺陷规定中将显示屏分为 A 区和 B 区，如图 10-2 所示。图中 W 是显示屏宽度，H 是显示屏高度。

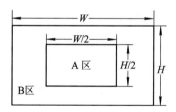

图 10-2　显示屏的 A 区和 B 区示意图

LCD 显示器像素缺陷要求：A 区内不发光点缺陷小于等于 2 个，A+B 区内不发光点缺陷小于等于 8 个，在 1/9 屏高×1/9 屏宽的面积内不能出现 2 个绿或白不发光点；A 区内没有白发光点或绿发光点，红、蓝或其它色发光点小于等于 1 个，A+B 区内不熄灭点小于等于 2 个，在 1/9 屏高×1/9 屏宽的面积内不能出现 2 个绿或白发光点。

计算机用显示器与数字电视用显示器的要求是有差异的，计算机用显示器对图像清晰度和像素缺陷的要求降低。

10.2　平板显示常用接口

10.2.1　模拟信号接口

1. A/V 接口

A/V 接口常称 A/V 端子。它是由 3 个独立的 RCA 插头（RCA jack，又叫莲花插头）组成的。RCA 连接器如图 10 - 3 所示。RCA 连接器的 V 接口连接复合视频信号 CVBS(Composite Video Burst Sync)，为黄色插口；L 接口连接左声道声音信号，为白色插口；R 接口连接右声道声音信号，为红色插口。

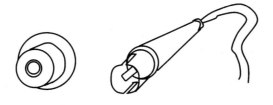

图 10 - 3　RCA 连接器

2. S 端信号接口

S 端信号接口常称为亮色分离接口、超级视频端子(Super Video)、S Video 或 S - VHS。S 端子使用专用的五芯连接线、结构独特的四针插头 MINI DIN(1，Y 回线；2，C 回线；3，Y；4，C)，如图 10 - 4 所示。由于 S 端子传输的视频信号保真度比 V 端子的更高，用 S 端子连接到的视频设备，其水平清晰度最高可达 400～480 线。

图 10 - 4　MINI DIN

3. 分量信号接口

分量信号接口常称为 Y、P_B、P_R 分量色差端子。分量色差端子使用三条电缆，亮度信号 Y、色差信号 R - Y 和 B - Y 采用 RCA 连接器(Y，绿色；P_R，红色；P_B，蓝色)。通过分量色差端子还原的图像水平清晰度比 S 端子更高。

4. 基色信号接口

基色信号接口常称为 R、G、B 三基色端子。R、G、B 三基色端子比分量色差端子效果更好。在视频播放机中将图像信号转化为独立的 R、G、B 三种基色，直接通过 R、G、B 端子输入电视机或显示器中作为显像管的激励信号。由于省去了许多转换、处理电路直接连接，可以得到比分量色差端子更高的保真度。接口采用 RCA 连接器(R，红色；G，绿色；B，蓝色)。

5. VGA 接口

VGA 接口常称为 VGA 端子或 SVGA 端子。VGA 是计算机系统中显示器的一种常用显示类型，其分辨力为 640×480，SVGA 端子的分辨力可以达到 1024×768。二者都使用标准的 15 针专用插口 D - Sub - 15(1，R；2，G；3，B；5，DDC 地；6，R 地；7，G 地；8，B 地；10，逻辑地；12，SDA；13，行同步；14，场同步；15，SCL)，如图 10 - 5 所示，只是传输的信号规格不一样。具有 VGA 输入端子的平板显示器，可用作计算机的显示器。

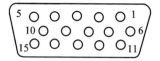

图 10 - 5　D - Sub - 15

10.2.2　低摆幅差分信号 LVDS 接口

LVDS(Low Voltage Differential Signaling，低电压差分信号)是一种低摆幅差分信号技术，驱动器有一个差分对管驱动的输出为 3.5 mA 的电流源。接收端直流输入阻抗很高，驱动电流通过 100 Ω 接电阻在接收器输入端产生约 350 mV 的电压。当驱动部分切换时，通过电阻的电流方向改变，从而改变逻辑状态。图 10 - 6 是 LVDS 驱动和接收器示意图。

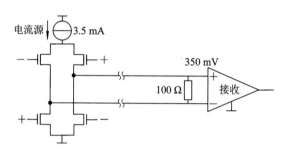

图 10 - 6　LVDS 驱动和接收器示意图

线驱动器的电源电压为 3.3 V，最大输出阻抗为 100 Ω，输出共模电压为 1.125～1.375 V，输出差分信号幅度为 250～450 mV。当驱动器具有 100 Ω 负载且在 20%～80% 峰值间测量时，上升和下降时间小于 $T/7$，上升与下降时间差不超过 $T/20$，T 为时钟周期。

线接收器输入阻抗为 90～132 Ω，最大输入信号的峰峰电压为 2.0 V，最小输入信号的峰峰电压为 100 mV。差分传输有共模抑制功能，电流驱动不易产生振铃现象和切换尖峰信号，进一步降低了噪声，能用低的信号电压摆幅，可以提高数据传输率和降低功耗。LVDS 允许数据以每秒数百兆位的速率传输，DVB 的 SPI(Synchronous Parallel Interface，同步并行接口)也采用 LVDS。

美国国家半导体公司(National Semiconductor，NS)推出的 Open LDI(LVDS Display Interface，LVDS 显示接口)标准在笔记本电脑中得到了广泛的应用。绝大多数笔记本电脑的 LCD 显示屏与主机板之间的连接接口都采用了 Open LDI 标准。Open LDI 标准具有高效率、低功耗、高速、低成本、低噪波干扰、可支持较高分辨力等优点。LCD 组件接口也采用 Open LDI 标准。

LCD 组件接口第 1 通道有四对数据 A_0、A_1、A_2、A_3 和一对时钟 CLK_1，第 2 通道有四对数据 A_4、A_5、A_6、A_7 和一对时钟 CLK_2。图 10 - 7 是 LDI LVDS 信号与显示数据的映射关系，第 1 通道传送的 RGB 数据的第 1 个下标为 1，为奇像素数据；第 2 通道传送的 RGB 数据的第 1 个下标为 2，为偶像素数据。H_S 为水平同步，V_S 为垂直同步，DE 为数据允许，RES(Reserved)为保留。

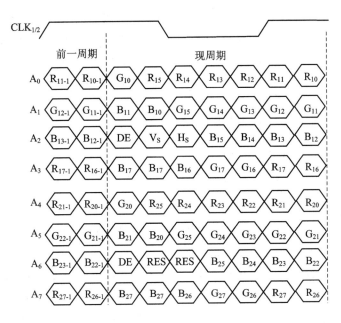

图 10 - 7 LDI LVDS 信号与显示数据的映射关系

10.2.3 数字显示接口(DVI)和 HDCP

1. DVI

DVI 是由 Silicon Image、Intel、Compaq、IBM、HP、NEC、Fujitsu 等公司共同组成的 DDWG(Digital Display Working Group，数字显示工作组)推出的标准，采用 TMDS (Transition Minimized Differential Signaling，瞬变最少化差分信号)作为基本电气连接，这里瞬变是指信号从"0"变成"1"或从"1"变成"0"。瞬变最少使得电磁干扰最少。

DVI 常用在信源管理主机与显示器之间传送显示信息，是显示器的主要输入接口。DVI 中显示信息通过 3 个数据信道(DATA0～DATA2)输出，同时还有一个信道用来传送同步时钟信号。每一个信道中数据以差分信号方式传输，电源电压 $U_{DD}=3.3$ V，输出差分电压为 150～1560 mV，输出共模电压为 $U_{DD}-0.3$ V～$U_{DD}-0.037$ V，输出电压的上升和下降时间为 1.9 ns。由于数据接收中识别的都是差分信号，传输电缆长度对信号影响较小，可以实现较远距离的数据传输。在 DVI 标准中对接口的物理方式、电气指标、时钟方式、编码方式、传输方式、数据格式等进行了严格的定义和规范。

DVI 标准采用 D 型 24 针连接器，引脚定义如下：1, TMDS DATA2－；2, TMDS DATA2＋；3、11、15、19、22，地；4、5、8、12、13、16、20、21，未定义；6, DDC CLOCK；7, DDC DATA；9, TMDS DATA1－；10, TMDS DATA 1＋；14，＋5 V DC；17，TMDS DATA 0－；18, TMDS DATA 0＋；23, TMDS CLOCK－；24, TMDS CLOCK ＋。其中 DDC (Display Data Channel，显示数据通道)是 VESA(Video Electronics Standards Association，视频电子标准协会)定义的显示器与图形主机通信的通道，主机可以利用 DDC 通道从液晶显示器只读存储器中获取显示器分辨力参数，根据参数调整其输出信号。DDC 通道所使用的通信协议遵循 VESA 制定的 EDID(Extended Display Identification Data，扩展显示识别数据)规范，DDC 通道是低速双向通信 I^2C 总线，这个 I^2C 总线接口称

为 I^2C 从接口；还有一个 I^2C 主接口，是芯片与存储密码的 EEPROM 之间的通信接口。表 10-1 是 TMDS 通道传送的像素数据映射表，在 DE=1 的有效显示时间内 3 个通道传送像素数据；在 DE=0 的消隐期间 3 个通道传送 H_S、V_S 和自定义信号 CTL(0~3)。

表 10-1　TMDS 通道传送的像素数据映射表

像素数据 (DE=1)	TMDS 通道	平板显示器数据	控制数据 (DE=0)	TMDS 通道	平板显示器信号
R(7~0)	2	QE(23~16)，QO(23~16)	CTL(3~2)	2	CTL(3~2)
G(7~0)	1	QE(15~8)，QO(15~8)	CTL(1~0)	1	CTL(1~0)
B(7~0)	0	QE(7~0)，QO(7~0)	H_S，V_S	0	H_S，V_S

当像素显示数据超过 3×8 位或最高像素频率超过单通道 DVI 传输能力(165 MHz)时可采用双通道 DVI。双通道 DVI 增加 3 个数据信道(DATA3~DATA5)，仍采用 D 型 24 针连接器，引脚定义如下：1，TMDS DATA 2－；2，TMDS DATA 2＋；3，信道 2/4 屏蔽；4，TMDS DATA 4－；5，TMDS DATA 4＋；6，DDC CLOCK；7，DDC DATA；8，模拟 V_S；9，TMDS DATA 1－；10，TMDS DATA1＋；11，信道 1/3 屏蔽；12，TMDS DATA3－；13，TMDS DATA3＋；14，＋5V DC；15，地；16，热插拔检测；17，TMDS DATA0－；18，TMDS DATA0＋；19，信道 0/5 屏蔽；20，TMDS DATA5－；21，TMDS DATA5＋；22，CLOCK 屏蔽；23，TMDS CLOCK－；24，TMDS CLOCK＋。

DVI 规范不仅允许传送同步信号和数字视频信号，还可传送模拟 RGB 信号，在某些情况下可以省去需要准备的另一条连接线。这时，DVI 连接器除了平时的 24 针连接之外，还要增加一个接地端 C5，其四周还有 C1~C4 针脚，如图 10-8 所示。配有 C1~C5 针脚 (C1，R；C2，G；C3，B；C4，HS；C5，地)的 DVI 称为 DVI-I，没有这些连接的则称为 DVI-D。

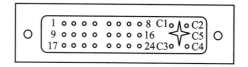

图 10-8　DVI-I 连接器示意图

DVI 具有分辨力自动识别和缩放功能。由于平板电视机大多采用数字寻址，数字输入信号激励，逐行、逐点显示方式，不同分辨力的图像信号都需要先将其变换到与平板电视机物理分辨力相同的状态，才能正常显示。例如，一台物理分辨力为 1366×768 的液晶电视机显示格式，当输入图像格式为 1920×1080 时，必须先将其变换为 1366×768 的信号格式再进行显示；如果输入信号格式为 852×480，则需要先将其信号格式变换到 1366×768 显示格式，才能进行显示。DVI 规范能对图像信号的分辨力进行识别和准确的缩放，以满足平板显示器的显示格式。只要该平板电视机兼容 DVI 规范，就可以不用担心信号分辨力与显示器分辨力之间的差别。DVI 能以缩放方法来进行输入信号的缩放处理，使最终显示的图像能恰到好处地布满整个屏幕，并具有本显示屏最佳清晰度。

DVI 的主要缺点有：体积大，不适用于便携式设备；只能传输数字 R、G、B 基色信号，不支持分量信号 Y、P_R、P_B 传输；不能传输数字音频信号。

2. HDCP

DVI 支持 HDCP（High-bandwidth Digital Content Protection，宽带数字内容保护）。HDCP 对 DVI 传送的内容进行加密，防止 DVI 传送的内容被复制或非法使用。数据的加密在 DVI 发送的输入端进行，数据的解密在 DVI 接收的输出端进行，如图 10-9 所示。所以 DVI 链路的带宽不受 HDCP 影响。

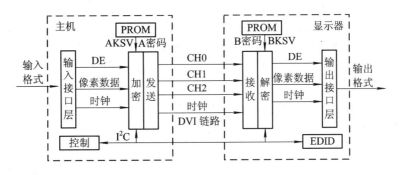

图 10-9　HDCP 与 DVI 链路

HDCP 能保护知识产权，得到好莱坞演播室、卫星电视节目供应商、有线电视节目供应商的广泛支持。

HDCP 的基本原理是首先给接收设备授权，并提供一个密钥，用来打开传送来的保密盒，盒内装有需要保护的数字信号内容。如果接收设备没有被授权，就无法打开装有需要保护的数字信号内容。这样一来，不支持 HDCP 协议的显示器无法正常播放有版权保护的高清晰度电视节目，有版权保护的高清晰度电视节目只能在被授权的、支持 HDCP 协议的设备上正常播放。未被授权的、不支持 HDCP 协议的设备上，只能看到黑屏显示或低画质显示，清晰度只有正常显示的 1/4，失去了高清晰度电视节目的价值。

在计算机平台上受到 HDCP 技术保护的数据内容输出时，先由操作系统中的 COPP 驱动（认证输出保护协议）首先验证显卡，只有合法的显卡才能实现内容输出，随后要认证显示设备的密钥，只有符合 HDCP 要求的设备才可以最终显示显卡传送来的内容。HDCP 传输过程中，发送端和接收端都存储一个可用密钥集，这些密钥都是秘密存储的，发送端和接收端都根据密钥进行加密解密运算，这样的运算中还要加入一个特别值 KSV（Key Selection Vector，密钥选择矢量）。同时 HDCP 的每个设备会有一个唯一的 KSV 序列号，发送端和接收端的密码处理单元会核对对方的 KSV 值，以确保连接是合法的。

HDCP 的加密过程会对每个像素进行处理，使得画面变得毫无规律、无法识别，只有确认同步后的发送端和接收端才可能进行逆向处理，完成数据的还原。在解密过程中，HDCP 系统会每 2 s 进行一次连接确认，同时每 128 帧画面进行一次发送端和接收端同步识别，确保连接的同步。为了应对密钥泄漏的情况，HDCP 特别建立了"撤销密钥"机制。每个设备的密钥集 KSV 值都是唯一的，HDCP 系统会在收到 KSV 值后在撤销列表中进行比较和查找，出现在撤销列表中的 KSV 将被认作非法，导致认证过程的失败。这里的撤销密钥列表将包含在 HDCP 对应的多媒体数据中，并将自动更新。

可见，要想在计算机和数字电视接收机上播放有版权保护的高清节目，不论是高清晰度电视(HDTV)节目、蓝光 DVD，还是 HDDVD 碟片，都要求显示器和显卡支持 HDCP 协议。由于高清晰度电视节目会逐渐普及，为防止盗版，保护节目制作者的合法利益，HDCP 的大量应用已成定局，因此支持 HDCP 协议的显示设备也会越来越多。当然，HDCP 不是开放标准，必须交纳版权费及专利费才可使用，即嵌入 HDCP 并通过认证都是要花成本的。

要支持 HDCP 协议，必须使用 DVI、HDMI 等数字视频接口，传统的 VGA、RGB 等模拟信号接口无法支持 HDCP 协议。当使用 VGA、RGB 等模拟信号接口时，画面就会下降为低画质，或者提示无法播放，从而也会失去高清晰度电视节目的意义。通常在 HDMI 内都嵌入了 HDCP 协议，即有 HDMI 的显示器都支持 HDCP 协议。但并不是带 DVI 的显示器都支持 HDCP 协议，必须经过相应的硬件芯片，通过认证的带 DVI 的显示器才支持 HDCP 协议。

当我们用 DVI 连接主机和平板显示器时，通常传送 24 位 RGB 数据，用 DVI 连接高分辨力的消费类产品时，常常要传送数字分量数据 YUV，这种 DVI 通常称为 DVI - HDTV，DVI - HDTV 也支持 HDCP。

10.2.4 高清晰度多媒体接口(HDMI)

HDMI 是在 DVI 基础上发展起来的用于消费类产品的新的数字显示接口，得到Silicon Image、日立、英特尔、松下、飞利浦、索尼、汤姆逊、东芝等厂商支持，也得到 20 世纪福克斯、华纳兄弟等影片公司的支持。DVI 只传送图像信息(视频信号与同步信号)，HDMI 增加了传送多声道压缩或未压缩的数字音频信号的能力，增加了传送基本的控制数据。HDMI 可以传输杜比数码等经过压缩的多声道数字音频信号，也可以传输未经压缩的数字音频信号。HDMI 支持 8 个未经压缩的数字音频声道，量化精度可达 24 位，采样频率高达 192 kHz。这些性能指标在进行高清晰度视频节目传送时也能达到。HDMI 是利用视频信号的消隐期间进行音频数据传输的，因此不会占用可用视频传输带宽。

HDMI 可支持的计算机显示格式有 SXGA 1280×1024/85 Hz 和 UXGA 1600×1200/60 Hz。HDMI 可支持的数字电视显示格式有 480i、480p、576i、576p 和 720p、1080i、1080p。HDMI 可支持的数字音频格式有 CD：16 位 32 kHz、44.1kHz、48 kHz 和 DVD：8 声道数字音频。

对于控制数据的传输，HDMI 利用一条双向数据总线，将处在一条通路上的所有符合 HDMI 规范的设备连接起来，遵循消费电子产品控制协议(Consumer Electronics Control，CEC)。

作为一个消费类产品接口，HDMI 采用比 DVI 更小的连接器，图 10 - 10 是 HDMI 连接器的外形与尺寸。HDMI 连接器的引脚定义如下：1，TMDS DATA 2＋；2，TMDS DATA 2 屏蔽层；3，TMDS DATA 2－；4，TMDS DATA 1＋；5，TMDS DATA 1 屏蔽层；6，TMDS DATA 1－；7，TMDS DATA 0＋；8，TMDS DATA0 屏蔽层；9，TMDS DATA0 －；10，TMDS 时钟＋；11，TMDS 时钟屏蔽层；12，TMDS 时钟－；13，CEC；14，保留；15，SCL；16，SDA；17，DDC/CEC 地；18，＋5 V 电源；19，Hot Plug Detect。除了支持 DVI - HDTV 外，HDMI 还支持高分辨力数字分量格式，支持 HDCP。DVI 推荐的最大传送距离为 8 m，HDMI 因为改进了芯片和连接器，最大传送距离超过 15 m。

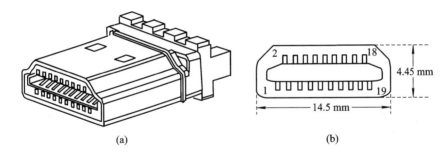

图 10 - 10　HDMI 连接器

（a）外形；（b）尺寸

HDMI 与 DVI 后向兼容，HDMI 产品与 DVI 产品能够用简单的无源适配器连接在一起，当然也会失去 HDMI 产品传送多声道音频和控制数据的新功能。

Silicon Image 公司有专用的 HDMI 发送芯片 Sil9030 和 HDMI 接收芯片 Sil9031、Sil9021。飞利浦公司有 HDMI 接收芯片 TDA9975A。

HDMI1.3 版将其单连接带宽提高到 340 MHz(10.2 Gb/s)，支持 30 位、36 位、48 位的 R、G、B 基色信号和 Y、P_R、P_B 色差信号的量化精度，用于数字电视中心节目的交换；新增了对"xvYCC"彩色标准的支持；加入了自动音、视频同步功能。

HDMI 1.4 版数据线将增加一条数据通道，支持高速双向通信，允许两个 HDMI 设备之间共享数据；音频回传通道(Audio Return Channel)能让高清电视通过 HDMI 线把音频直接传送到 A/V 功放机上；3D 支持双通道 1080p 分辨力的视频流；支持 Micro HDMI 微型接口，外形足足小了一半，但其功能特性与标准大小的 HDMI 无异。

2010 年 3 月发行的 HDMI1.4a 版本又规定了多种 3D 视频格式，不降低分辨力的格式有帧包装(Frame Packing)、场交替(Field Alternative)、行交替(Line Alternative)、全分辨力的左右格式(Side by Side Full)等，进行下转换(下取样)的半分辨力的格式有半分辨力的左右格式(Side by Side Half)、上下(Top and Bottom)格式等。其下取样方式也增加了梅花形下取样(Quincunx Sub-sampling)的取样方法。HDMI1.4a 支持左视加深度(L+depth)、左视加深度加图形加图形深度(L+depth+Graphics+Graphics-depth)的数据形式。

2013 年 9 月提出 HDMI 2.0，新增 2160p@50、2160p@60（4K 分辨力），支持 21：9 宽高比，32 声道，4 组音频流，传输带宽 18 Gb/s，线材兼容 HDMI 1.4（没有定义新的数据线和接头），支持 CEC 扩展、双画面、动态自动声画同步。

10.2.5　DP

DP(Display Port，显示器接口)标准为开放式标准，功能强大，兼容性好，免费使用。如用 HDCP 进行内容保护，则要根据有关内容保护的规定收取费用，费用与 HDCP 的相当。

DP 标准主要有以下特点：

（1）抗干扰能力较强。DP 采用交流耦合的差分信号传输方式，对共模干扰信号有较高的共模干扰抑制比，同时传输信号时的控制信息在每帧的垂直消隐期间都会发送一次。当 2 条或 4 条线同时传输时，每条线上的控制信息在时间上是错开的，其中的 M 值每次传送

4 次，可以通过检查 M 值来判断信息是否遭到破坏，再通过舍弃被破坏的信息来提高信号传输的准确性。

（2）数据传输路径较长，符合 DP1.0 版标准的器件可传输 15 m 长的距离。

（3）支持较高分辨力。由于 DP 是一种比较灵活的协议，只要不超过信号通道带宽，就可以传输更高的分辨力。在 4 条线传输时，数据带宽可达 10.8 GHz。

（4）支持双向数据传输。DP 的数据通道由主通道和辅助通道组成。主通道是高速单向的数据总线；辅助通道是高速双向传输线。

（5）支持热插拔。

（6）应用范围广泛，可以应用于外部连接和内部连接的各种场合，例如电视机顶盒与显示器的连接、计算机与监视器的连接、电视机顶盒内部连接和笔记本电脑主板与面板连接等。

DP 有两种接口插座。第一种外部接口接头引脚数为 20，标准型外形类似于 USB、HDMI 接口；低矮型主要针对连接面积有限的场合应用，例如超薄笔记本电脑。第二种内部用接口接头引脚数为 26，仅有 26.3 mm 宽、1.1 mm 高，体积小，传输速率高。

DP 由主通道、辅助通道及热插拔检测（Hot Plug Detect，HPD）线组成。主通道是单向、高带宽和低延迟通道，用于传输同步流，如非压缩音、视频数据流；辅助通道是半双工、双向通道，用于连接管理和设备控制；热插拔检测线接收来自接收设备中的中断请求。另外，用于盒与盒之间的 DP 外部连接头有一个电源引脚，可供 DP 中断设备或 DP 到传统接口的转换器使用。

① 主通道：由一个、两个或四个通信线对（Lane，AC-Coupled，Doubly-terminated Differential Pair，交流耦合双终端差分线对）构成。交流耦合特性允许 DP 发送端与接收端用不同的通用模式电压。这使 DP 在支持 0.35 μm CMOS 处理流程的同时（目前仍通用于 LCD 面板的时序控制器），也易于采用更高级的硅工艺（如 65 nm CMOS 处理流程）。

线对支持两种传输速率：2.7 Gb/s 或 1.62 Gb/s。具体使用哪种传输速率，取决于发送与接收设备的能力及通信信道的质量。

主通道的线对数可以是一对、两对或四对。所有线对均传送数据，没有专用的时钟通道，根据数据流的编码特性，时钟信息可以从数据流中直接读出。

发送设备和接收设备可以根据它们的需要选择激活最少的线对数。支持两线对的设备必须同时支持一线对和两线对，同样支持 4 线对的设备必须同时支持一线对、两线对和四线对。可由终端用户插拔的外部电缆要求支持 4 线对，以保证发送设备和接收设备的互操作性。当激活的线对数少于 4 对时，必须首先使用数字较小的线对（由 0 号线对开始）。

② 辅助通道：由一个交流耦合双终端差分线对组成。通道编码使用 Menchester II 编码方法。与主通道一样，时钟信息从数据流中解出。

辅助通道是半双工双向通道，源设备为主设备，接收设备为从设备，所有辅助通道上的会话都是由源设备发起的。虽然如此，接收设备仍然能通过在热插拔检测线上发送中断请求，来提示源设备开始一次对话。这种中断请求特性使得 DP 易于支持 CEA - 931 - B 标准中定义的远程控制命令。

辅助通道提供 1 Mb/s 的数据传输率，每次会话的时间不得超过 500 ms，最大突发数据包不得大于 16 B，以免一个辅助通道应用阻塞其它应用。辅助通道会话的语法定义使得

它可以无缝转换到 I^2C 会话语法。

DP 版本 1.2 传输速度升级到单线对 5.4 Gb/s，四线对达到 21.6 Gb/s，可以传输分辨力为 3840×2160 四倍超高清的视频，同时也可以传输 3D 数字信号。版本支持多台显示器同时输出，包括同时传输两组分辨力为 2560×1600 的显示信号或者四组分辨力为 1920×1200 的显示信号，其辅助通道也实现高速化，支持 USB 数据和耳麦数据传输。此外，DP 版本提供了与之相应的 MINI DP1.2 接口。

10.2.6　数字音/视频交互接口(DiiVA)

DiiVA(Digital Interactive Interface for Video & Audio，数字音/视频交互接口)是由中国数字家庭产业联盟推广的标准，主要推广者有海信、TCL、创维、长虹、康佳、海尔、上广电、熊猫、凌旭等 9 家企业。

(1) DiiVA 采用菊花链的连接方式和 Any to Any 的数据传输方式，简而言之，就是任何一个在 DiiVA 网络中的设备都可以互相访问，包括非压缩的音/视频数据流、以太网数据包和 USB 数据包。

(2) DiiVA 采用高级的电源管理技术 POD(Power on DiiVA)，由 DiiVA 的线缆提供 5V/1A 的 Standby 电源，通过 POD 的技术可以远程打开或关闭连接在 DiiVA 网络中的任何一个设备，即使级联网络中的某一个设备关闭了，也不影响下一级的设备与整个网络的互联，功耗不大的设备比如摄像头、游戏遥控设备就完全不需要电源。

(3) 在 DiiVA 链路中除了 Video Link 进行视频传输外，还有专门用于数据/音频/命令进行传输的 Hybrid Link(混合链路或称为 Data Channel)，对数据内容没有限制，只要按照协议进行封包解包即可。

(4) DiiVA 支持高色域、高刷新率和高分辨率，采用 4 对 6 类双绞线，其中 3 对 6 类双绞线用来传输非压缩视频，每线对可以支持高达 4.5 Gb/s 的带宽速率，单向总计 13.5 Gb/s 带宽速率。同时将剩余的一对双绞线定义为一条 2 Gb/s 带宽的混合信道用于双向数据传输和音频传输。DiiVA 的 Any to Any 的传输方式可使总的网络连接成本大大降低。

(5) DiiVA 采用 8 b/10 b 的编码技术。

DiiVA 是具有中国自主知识产权的数字电视高清互动接口，它的出现将大大增强中国彩电企业在视频接口标准方面的话语权。

10.2.7　USB 接口

USB (Universal Serial Bus，通用串行总线，简称通串线)是一个外部总线标准，用于规范电脑与外部设备的连接和通信。

USB1.1 的理论传输速率为 12 Mb/s(1.5 MB/s)，USB2.0 的是 480 Mb/s (60 MB/s)，而 USB3.0 则高达 5 Gb/s (625 MB/s)，与 HDMI 相当，满足高清视频传输的需要。

标准的 USB 插头有两种：长方形的 A 型和缺两个角的方形的 B 型。除此之外，还有更小的 MINI－USB 插头。无论哪种插头，里面都有四条连接线：红线，+5 V；白线，数据信号负极；绿线，数据信号正极；黑线，地。

电脑上常常有多个 USB 接口，常接 USB 硬盘、USB 鼠标、USB 打印机和 USB 扫描仪。

很多显示器、电视机和机顶盒都配有 USB 接口，通过 USB 接口连接存储设备，能实现的功能却不太相同。有的电视机只支持播放 USB 存储设备中的图片，有的可以播放音乐文件和一些特定格式的视频。

例如，"小米 电视 2 代"电视机 USB 媒体播放视频编码格式支持 H.264、H.265 支持到 4k@30F/s、MPEG1/2/4、real 7/8/9 最大至 1080@30F/s，视频格式支持 RM、FLV、MOV、AVI、MKV、TS、MP4。

10.2.8 网络接口

显示器往往会内置网卡（常集成在主芯片中），并配置有 RJ‑45 网络接口，以便执行网络功能。RJ‑45 接口是用来连接双绞线的端口，是一种只能沿固定方向插入并自动防止脱落的塑料接头，俗称"水晶头"。

RJ‑45 端口又可分为 10Base‑T 网的 RJ‑45 端口和 100Base‑TX 网的 RJ‑45 端口两类。其中 10Base‑T 网的 RJ‑45 端口在路由器中通常标识为"ETH"，而 100Base‑TX 网的 RJ‑45 端口则通常标识为"10/100bTX"。

显示器也可以内置无线网卡，通过无线路由器连接网络。

例如，"乐视 TV 超级电视 S40 Air 全配版"电视机具有 10/100 Mb/s 自适应以太网端口，内置 2.4 GHz/5 GHz 双频 WiFi。

上面介绍了显示器的常用接口，作为计算机的显示终端最普通的显示器只有 VGA（分辨力为 640×480）接口，SVGA 最大分辨力可以达到 1024×768；档次高的显示器除了 VGA 接口，还带有 DVI、HDMI 等数字接口，用来显示各种数字音、视频源。多媒体显示器则具有多种模拟和数字接口，以适应各种视频源，如飞利浦 BDL4225E 型多媒体高清显示器有输入口 VGA、DVI‑D、HDMI、分量（5 BNC：R 或 P_r、G 或 Y、B 或 P_b、H、V）、复合 CVBS（BNC）、A/V 端子、S 端子，有输出口 VGA、复合 CVBS（BNC）音频（2RCA L、R）。

图 10‑11　BNC 连接器

BNC（Bayonet Neill‑Concelman，Connector Used with Coaxial Cable）是一种同轴电缆连接器。图 10‑11 是 BNC 连接器示意图。

10.3　液　晶　显　示

10.3.1　液晶显示基础

1. 液晶

有一类有机化合物，加热至温度 T_1，会熔化为具有光学各向异性而混浊黏稠的液体；继续加热到温度 T_2，则变成光学各向同性而透明的液体。温度在 $T_1 \sim T_2$ 之间，呈现出液体的流动性和晶体的光学各向异性，所以这类物质称为液晶。它们既不同于不能流动的晶体，也有别于各向同性的液体。

液晶由棒状分子组成。这些分子以各种液晶特有的规则排列，但共同点是各分子的长轴平行，指向某一方向。由于液晶分子有指向性的排列，所以其物理参数在分子长轴方向及其垂直方向取不同值。这种表征液晶物理特性的参数随方向而异的性质，称为液晶的各向异性。液晶的各向异性及其分子排列易受外加电场、磁场、应力、温度等的控制，从而得到了多种应用。

在外加电场作用下，由于液晶分子排列的变化而引起液晶光学性质改变的现象，称为液晶的电光效应。液晶显示器正是利用液晶的电光效应实现光被电信号调制的。

2. 液晶显示器原理

液晶显示器(LCD)是基于液晶电光效应的显示器件。最常用的是扭曲向列型(Twisted Nematic，TN)LCD。图 10 - 12 是扭曲向列型液晶显示器的工作原理。TN LCD 在涂有透明导电层的两片玻璃基板间填充 10 μm 厚的液晶，液晶分子在基板间排列成多层，在同一层内，液晶分子的位置虽不规则，但长轴取向都平行于基板，在不同层间，液晶分子的长轴沿基板平行平面连续扭转 90°，正是因为液晶分子呈这种扭曲排列，故称之为扭曲向列型液晶显示器。然后上下各加一片偏振片，入射光侧的偏振片称为起偏器，出射光侧的偏振片称为检偏器。起偏器的偏光方向与该侧表面的液晶分子轴方向一致，检偏器的偏光方向与起偏器的偏光方向相互垂直。当与起偏器的偏光方向一致的直线偏振光垂直射向无外加电场的 TN LCD 时(如图 10 - 12(a)所示)，由于液晶折射率的各向异性，入射光将因其偏振方向随分子轴的扭曲而旋转射出。若对液晶层施加适当的电场，且外加电压高于阈值电压，则液晶分子轴变为与电场方向平行，如图 10 - 12(b)所示。此时，液晶不再能旋光，检偏器把光遮断。这种平常光线能通过，液晶层加电场时光线不能通过的情况称为常亮(Normally White，NW)模式。若两片偏振片的偏振光方向相平行，则透光、遮光的发生条件相反，称为常暗(Normally Black，NB)模式，常暗模式遮光、透光如图 10 - 12(c)、(d)所示。

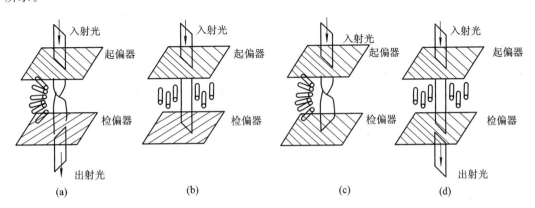

图 10 - 12　扭曲向列型液晶显示器的工作原理
(a) 常亮模式透光；(b) 常亮模式遮光；(c) 常暗模式遮光；(d) 常暗模式透光

液晶显示器用的液晶材料，在常温下即处于液晶状态。当液晶两端的外加电压升高时，电场强度 E 随之升高，使液晶分子排列方向与电场垂直改变为与电场平行时的电压称为阈值电压 U_{TH}。一般扭曲向列型液晶的 U_{TH} 约为 $2\sim3$ V。

超扭曲向列(Super TN，STN)型液晶与 TN 型液晶结构大体相同，只不过液晶分子不是扭曲 $90°$ 而是扭曲 $180°$，还可以扭曲 $210°$ 或 $270°$ 等，其特点是电光响应曲线更好，可以适应更多的行列驱动，但响应时间较长。TFT - LCD(Thin Film Transistor LCD，薄膜晶体管液晶显示器)具有分辨力高、色彩丰富、屏幕反应速度较快、屏幕可视角度大、容易实现大面积显示等优点，是液晶显示技术进入高质量、真彩色的重要技术保证，也是运用最广泛的平面显示器(FPD)。

薄膜晶体管(Thin Film Transistor，TFT)通常是指用半导体薄膜材料制成的绝缘栅场效应晶体管。根据其使用的半导体材料可以分为非晶硅、多晶硅和化合物半导体等。利用非晶硅材料制成的非晶硅(Amorphous Silicon)薄膜晶体管(A - Si TFT)具有制作容易，基板玻璃成本低，能够满足有源矩阵液晶驱动的要求，开/关态电流比大，可靠性高和容易大面积制作等优点而被广泛应用，成为了 TFT - LCD 中的主流技术。

透明导电玻璃基板是一种表面极其平整的薄玻璃片，表面涂有 ITO(Indium Tin Oxide，掺锡氧化铟)膜，ITO 膜常温下具有良好的导电性能，对可见光具有良好的透过率，经光刻加工成透明电极图形。这些图形由像素图形和外引线图形组成，因此外引线不能用传统的锡焊，必须通过导电橡胶带进行连接。

3. 液晶显示器的特点

液晶显示器利用液晶的电光效应，使信号电压改变液晶的光学特性，造成对入射光的调制。液晶显示器具有以下特点：

(1) 液晶显示器件本身不发光，它必须有外来光源。这种光源可以是高照度的荧光灯、太阳光、环境光等。

(2) 液晶材料的电阻率高，流过液晶的电流很微小，所以液晶显示器电源电压低，一般为 $3\sim5$ V；驱动功率小，一般为 $\mu W/cm^2$ 级；能用 MOS 集成电路驱动。

(3) 液晶的光学特性对信号电压响应速度慢(TN 型液晶的响应时间为 80 ms，薄膜晶体管有源矩阵的响应时间为 50 ms)，但大屏幕液晶显示模块的响应时间已达到 $8\sim25$ ms。

(4) 直流电压驱动液晶屏会引起液晶分子的电化学反应，缩短液晶寿命。为避免这种电化学反应，必须使用交流电压驱动液晶屏，交流驱动电压波形应无平均直流成分。

(5) 电视台广播的电视信号针对显像管的非线性作了非线性预先校正，而液晶显示屏的电光转换特性近似线性。为使接收到的电视信号在液晶屏上显示为无灰度畸变的电视图像，应将接收到的电视信号经过非线性校正，再送到液晶屏上显示。

显像管的非线性系数 $\gamma=2.2$，为使电视系统总的 $\gamma=1$，在摄像机的前置放大级，加了一个 $1/\gamma=1/2.2$ 的预校正电路。所以液晶电视机的视频放大级应有一个 $\gamma=2.2$ 的非线性校正电路。

(6) 液晶显示器件是由两层透明电极板之间夹一层液晶组成的，与电容器的结构相似，形成平行板电容器，称为 CLC(Capacitor of Liquid Crystal，液晶电容)。它的大小约为 0.1 pF，这个电容无法将电压保持到下一帧(当 60 帧/s 时，需要保持约 16 ms)，因此在面板的设计上，会再加一个储存电容 C_s(大约为 0.5 pF)，使电容上的充电电压能维持到下一次更新画面的时候。对于驱动信号源来说，液晶显示器件是容性负载。

10.3.2　液晶显示驱动

液晶电视接收机均采用矩阵驱动方式。矩阵驱动方式分为简单矩阵方式和有源矩阵方式，目前多采用有源矩阵驱动方式。

有源矩阵液晶屏在扫描电极和信号电极的交叉处，将透明的薄膜晶体管开关与液晶像素串联，使液晶电极之间的交叉效应减少，液晶像素的阈值特性变陡。

图 10-13 为薄膜场效应晶体管驱动的有源矩阵液晶的一个像素的示意图。图中：x_i 为第 i 个扫描电极；y_j 为第 j 个信号电极；BK 为背电极；T_{ij} 为 x_i 和 y_j 交叉处的开关晶体管；$C_{ij} =$ CLC+C_s 为液晶像素电容，用来储存模拟信号的一个像素；R_{ij} 为液晶像素的绝缘电阻，其阻值很大，可以视为开路。

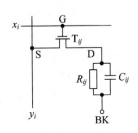

图 10-13　薄膜场效应晶体管驱动的有源矩阵液晶的一个像素

每一个像素配置一个开关晶体管，晶体管导通、截止状态接近理想开关，因此各个像素之间的寻址完全独立，从而消除了液晶像素之间的交叉串扰，大大改善了液晶显示图像的对比度和清晰度。

图 10-14 是有源矩阵驱动的面阵电路结构。当与 TFT 栅极相连的行线 X_i 加高电平脉冲时，连接在 X_i 上的 TFT 全部被选通，图像信号经缓冲、同步电路加在与 TFT 源极相连的引线 $Y_1 \sim Y_m$ 上，经选通的 TFT 将信号电荷加在液晶像素上。X_i 每帧被选通一次，$Y_1 \sim Y_m$ 每行都要被选通。通常液晶像素可以等效为一电容，其一端与 TFT 的漏极相连，另一端与制备有彩色滤色膜的上基板上的公共电极相连。当 TFT 栅极被扫描选通时，栅

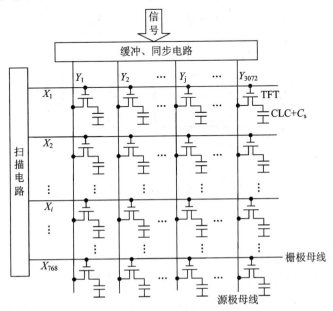

图 10-14　有源矩阵驱动的面阵电路结构

极上加一正高压脉冲 U_G，TFT 导通，若此时源极有信号 U_{LD} 输入，则导通的 TFT 提供开态电流 I_{ON}，对液晶像素电容充电，液晶像素电容即加上了信号电压 U_{LD}，该电压的大小对应于所显示的内容。同时为了增加信号的存储时间，正高压脉冲 U_G 过后 X_i 上为 0 或低电平，像素电容上的电荷将保持一帧的时间，直至下一帧再次被选通后新的 U_{LD} 到来，像素电容上的电荷才改变。由此，逐行选通 TFT，使 X_i 依次加正的高电平脉冲，这样逐行重复便可显示出一帧图像。由于扫描信号互不交叠，在任一时刻，有且只有一行的 TFT 被扫描选通而开启，其他行的 TFT 都处于关态，所显示的图像信号只会影响该行的显示内容，不会影响其它行，从而消除了串扰。

一个基本的显示单元需要三个 TFT 来分别代表 R、G、B 三基色。对于 1024×768 分辨力的 TFT LCD，共需要 1024×768×3 个这样的点组合而成。然后再用 U_G 脉冲，依序将每一行的 TFT 打开，使整个面阵的各点充电到各自所需的电压，以显示不同的灰度。以一个 1024×768(XGA) 分辨力的液晶显示器来说，总共会有 768 根栅极母线，有源极母线 1024×3＝3072 根。对 60 帧/s 的液晶显示器来说，每帧的显示时间约为 1/60 s＝16.67 ms。每根栅极母线的开关时间约为 16.67 ms/768＝21.7 μs。所以栅极电压(即行扫描电压)U_G 的波形(如图 10-15 所示)为一个接着一个宽度为 21.7 μs 的脉冲，依次序打开每一行的 TFT。在这个 21.7 μs 的时间内，由 3072 根源极母线将 3072 个显示点充电到所需的电压，以显示出相对应的灰度。

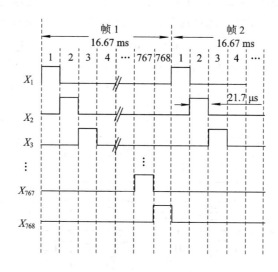

图 10-15 $X_1 \sim X_{768}$ 行的 U_G 波形

10.3.3 LCD 组件

1. 彩色液晶显示屏的结构

彩色液晶显示屏通过着色工艺将 R、G、B 三种色素沉积在玻璃基板内表面，形成纵向排列三基色滤色片或嵌镶式三角形排列三基色滤色片，如图 10-16 所示。

图 10-17 是彩色液晶显示屏的横剖面示意图。起偏振片和检偏振片的偏振方向相同，TN 液晶阀中掺有黑色染料分子，有利于关闭滤色片，使其不透光。不加电场时，液晶分子

与上、下基片表面平行，但 TN 液晶分子在上、下基片之间连续扭转 90°，使入射液晶的直线偏振光的偏振方向通过液晶层时，沿液晶分子扭转 90°，因而出射光的偏振方向垂直于检偏振片的偏振方向，结果出射光被遮断。

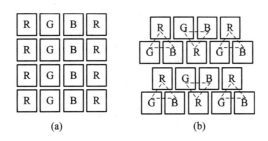

(a)　　　　　　　　(b)

图 10-16　三基色滤色片

(a) 纵向排列；(b) 嵌镶式三角形排列

当透明的 Y 电极与 X 电极之间加的电压大于液晶的阈值电压时，外加电场改变 TN 液晶分子的排列方向，液晶分子轴与电场方向平行，液晶的 90°旋光性消失，如图 10-17 左边第一个 R 滤色单元，入射白光经 R 滤色单元透过检偏振片，出射 R 色光，结果在出射端能看到红基色光。当一组 R、G、B 三基色滤色单元之中有 1~3 个滤色单元能使入射白光被其滤色而透过检偏振片时，在出射端就能看到 1~3 种基色光的相加混色。这里 TN 型液晶对基色光起控制阀门的作用。

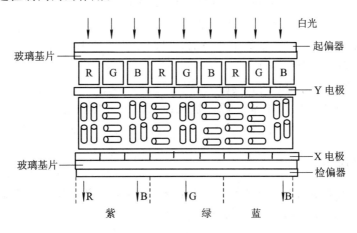

图 10-17　彩色液晶显示屏的横剖面示意图

2. LCD 组件简介

彩色液晶显示屏的引线很多，要将这些引线从玻璃基板上引到驱动系统的 PCB 板上，这种工艺不是普通用户能掌握的，彩色液晶显示屏的制造商对产品进一步开发，制作出了相应的控制和驱动 PCB 板及压框，然后用压框和导电橡胶条将 LCD 固定在 PCB 板上。PCB 板上包含了数据接口电路、控制电路、扫描电路、驱动电路和电源，加上背光源就构成了彩色液晶显示屏组件，或称为 LCD 组件。图 10-18 是 LCD 组件的组成方框图，外部只要输入显示数据和电源，LCD 组件就能显示。

显示数据接口有 CMOS 和 LVDS 两种接口方式。CMOS 接口多用于早期的低分辨力液晶显示组件，高分辨力液晶显示组件普遍采用 LVDS 接口。

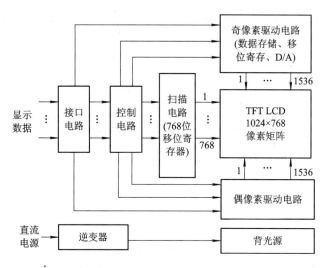

图 10-18 彩色液晶显示屏组件方框图

组件中，若每一种基色 R、G、B 都是 8 位数据，则有 2^8 种分档排列的强弱变化，即从 00000000 到 11111111，00000000 表示该基色光无输出，11111111 表示该基色光输出最大。三种基色光均有 2^8 种排列，其组合后可得到 2^{24} 种色彩。

在扫描电路中，由 768 位移位寄存器产生逐行扫描信号，经缓冲器加到每行 TFT 的栅极。驱动电路分为奇像素驱动电路和偶像素驱动电路，各驱动 512 个像素。驱动电路中有数据存储器、移位寄存器和 D/A 转换器。

TFT-LCD 组件是采用背光来发亮的，以前采用 CCFL（Cold Cathode Fluorescent tube，冷阴极荧光灯），寿命 5 万小时，交流供电，有发光效率低、放电电压高、低温下放电特性差、加热达到稳定辉度时间长的缺点。

现在大多用 OLED 和 LED 背光源，寿命 10 万小时，有色纯度高、色再现率高、亮度高、不怕低温、适应性强、可靠性好、无汞污染等优点。

10.3.4 面板技术

液晶面板决定了颜色数、可视角度、对比度、响应时间和分辨力等重要参数指标。液晶面板主要有 TN、VA 和 IPS 三大类型。

1. TN 面板

TN 面板是低档产品，有可视角小、开口率（Aperture Ratio，光线能透过的有效区域比例，可决定亮度）低、最大色彩数少等缺点。但是由于 TN 面板输出灰度级数较少，液晶分子偏转速度快，因此其具有响应时间短的优点。

TN＋薄膜（TN＋film）面板是 TN 面板的改良型，薄膜称为补偿膜、相差膜或者视角拓宽膜。补偿膜贴在液晶盒的两侧，可以有效提高可视角。

补偿膜对各种液晶显示器均起关键性作用。事实上，不同类型的液晶显示器都会因为液晶分子的状态不同而衍生出不同的光学畸变，要实现完美的视角特性，光学补偿膜必不可少。

2. VA 面板

VA（Vertical Alignment，垂直取向）面板是高档的面板类型，其特点是具有 16.7 M 种色彩和大可视角。

　　TN 面板视角狭窄的主要原因是液晶分子在运动时长轴指向变化太大,让观众看到的分子长轴在屏幕的"投影"长短有明显差距,在某些角度看到的是液晶长轴,某些角度则看到短轴。

　　MVA(Multi-domain Vertical Alignment,多畴垂直取向)面板的液晶层中包含一种凸出物供液晶分子附着。在不施加电压的状态下,MVA 面板看起来同传统技术没什么两样,液晶分子垂直于屏幕。而一旦在电压的作用下,液晶分子就会依附在凸出物上偏转,形成垂直于凸出物表面的状态。此时,它与屏幕表面也会产生偏转效应,提高了透光率,形成画面输出。这种方式有效改善了 LCD 的响应时间和可视角。

　　PVA(Patterned Vertical Alignment,垂直取向构型)面板用透明的 ITO 电极代替 MVA 中的液晶层凸出物,可获得更高的开口率和背光源的利用率,换言之,就是可以获得优于 MVA 的亮度和对比度。

　　改良型的 S-PVA 和 P-MVA 提供的可视角可达 170°,响应时间被控制在 20 μs 以内,而对比度可轻易超过 700 : 1。

　　CPA(Continuous Pinwheel Alignment,连续焰火状排列)技术严格来说也属于 VA 阵营的一员。在未加电压状态下,液晶分子和 VA 模式一样都是分子长轴垂直于面板方向互相平行排列。CPA 模式的每个像素都具有多个方形圆角的次像素电极,当电压加到液晶层次像素电极和另一面的电极上时,形成一个对角的电场驱使液晶向中心电极方向倾斜。各液晶分子朝着中心电极呈放射的焰火状排列。由于像素电极上的电场是连续变化的,因而称为"连续焰火状排列(CPA)"模式。在性能上,CPA 模式与 MVA 基本相当,而且 CPA 也属于 NB(常黑)模式液晶,在未加电压情况下屏幕为黑色,在生产导致 TFT 损坏时也同样不易产生"亮点"。因为 CPA 模式在各个方向均有相应的液晶分子作补偿,所以在视角表现上除了水平和垂直两方向外在其他倾斜角也有不错的表现。

　　夏普的 ASV(Advance Super View 或 Axial Symmetric View)技术通过缩小液晶面板上颗粒之间的间距,整体调整液晶颗粒的排列来降低液晶电视的反射,增加亮度、可视角和对比度。夏普的 ASV 面板是使用了 ASV 技术的 CPA 液晶面板。

3. IPS 面板

　　IPS(In-Plane Switching,平面开关)面板技术是日立于 2001 年推出的,也称为超级 TFT(Super TFT)。IPS 面板液晶分子的旋转属于平面内的旋转(X-Y 轴),不管在何种状态下液晶分子始终都与屏幕平行,只是在加电压或常规状态下分子的旋转方向会有所不同。IPS 面板对电极进行改良,将电极做到了同侧,形成平面电场。可视角问题得到了解决,但由于液晶分子转动角度大、面板开口率低,IPS 面板有响应时间长和对比度难以提高的缺点。

　　第二代 IPS 面板(S-IPS,Super-IPS)采用人字形电极,引入双畴模式,改善了 IPS 面板在某些特定角度的灰度逆转现象。第三代 IPS 面板(AS-IPS,Advanced Super-IPS)减小了液晶分子间的距离,提高了开口率,获得了更高的亮度。

　　应用 IPS 面板的液晶显示器在左上和右下角 45°会出现灰度逆转现象,这可以通过光学补偿膜改善。

　　IPS 面板的电极都在同一面上,对显示效果有负面影响:当把电压加到电极上后,靠近电极的液晶分子会获得较大的动力，迅速扭转 90°是没问题的，但是远离电极的液晶分子无法获得一样的动力，运动较慢。只有增加驱动电压才能让离电极较远的液晶分子也获得足够的动力。所以，IPS 的驱动电压会较高，一般需要 15 V。由于电极在同一平面会降低开口率，减小透光率，所以 IPS 应用在 LCDTV 上需要更多的背光灯。

FFS(Fringe Field Switching，边沿场开关)面板是 IPS 面板的改进，采用透明电极来增加透光率。第一代 FFS 技术主要解决 IPS 因固有的开口率低所造成的透光少的问题，并降低了功耗。第二代 FFS 技术(Ultra FFS)改善了 FFS 色偏现象，并缩短了响应时间。第三代 FFS 技术(Advanced FFS，AFFS)则在透光率、对比度、亮度、可视角、色差上均有明显提高。

FFS 一个致命的缺陷是由于电场的畸变导致灰度逆转，AFFS 通过修改楔状电极和黑矩阵解决了这一问题。AFFS 拥有极高的透光率，可以最大限度地利用背光源得到高亮显示。无论是水平还是垂直方向，AFFS 都能实现惊人的 180°视角。

由于 AFFS 具有自补偿特性，因此在不同视角下不会发生色差变化。采用透明电极和舍弃黑矩阵有利于提高开口率和清晰度。事实上，AFFS 除了响应时间稍逊之外，在其它方面它都代表着目前液晶显示器高画质和广视角兼得的最高水平。

10.4　OLED 显示

OLED(Organic Light Emitting Device，有机发光显示器件)是一种利用有机半导体材料在电流的驱动下产生的可逆变色来实现显示的技术。OLED 是夹层式的基本结构，发光层被两侧的电极像三明治一样夹在中间，一侧为透明电极以获得面发光。常见的 OLED 有三层器件和多层器件。

10.4.1　OLED 的结构

1. 三层器件结构

图 10-19 是 OLED 三层器件的结构示意图，在玻璃基板上溅射透明的 ITO(Indium Tin Oxide，氧化铟锡，一种 N 型半导体，常温下具有良好的导电性能，对可见光具有良好的透过率)膜作为阳极，在上面真空蒸镀三芳香胺(Triarylamine)系化合物形成空穴传输层(Hole Transporting Layer，HTL)，再上面是由有机物形成的发光层和由噁唑分子形成的电子传输层(Electron Transporting Layer，ETL)，制作的最后工序是在顶部淀积一层 MgAg 合金层作为阴极。

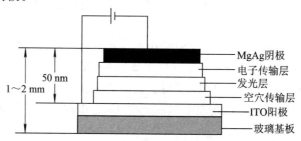

图 10-19　OLED 三层器件的结构示意图

2. 发光过程

如图 10 - 20 所示，OLED 的发光过程可以分为以下五步。

(1) 载流子注入：对器件施加适当的正向偏压，电子和空穴克服界面能垒后，经由阴极和阳极注入，电子由低功函数金属阴极(如 Mg、Ag)注入到电子传输层的 LUMO(Lowest Unoccupied Molecular Orbits，最低未占轨道)能级(类似于半导体中的导带)，空穴由宽带隙的透明 ITO 薄膜注入空穴传输层的 HOMO(Highest Occupied Molecular Orbits，最高已占轨道)能级(类似于半导体中的价带)。

(2) 载流子传输：在外部电场的驱动下，注入的电子和空穴在电子传输层和空穴传输层中向发光层迁移。

(3) 复合：电子和空穴在有发光特性的有机物质内互相复合，形成处于激发态的激子(exciton)。

(4) 激子迁移：激子将能量传递给有机发光分子，并激发有机发光分子的电子从基态跃迁到激发态。

(5) 电致发光：激发态电子辐射失活，产生光子，释放能量回到稳定的基态。

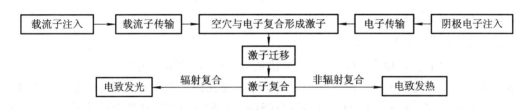

图 10 - 20　OLED 的发光过程示意图

辐射光可从 ITO 一侧观察到，MgAg 层阴极同时起着反射层的作用。

在有机电致发光器件中，电子和空穴分别从阴极和阳极注入，当电子与空穴在有机层中的某个分子上相遇后，由于库仑作用，两者就会束缚在一起，形成激子。此时形成激子的过程与光激发下形成的激子过程不同，而且结果也不同。光激发时，电子与空穴是同时产生的，而且相互束缚在一起，两者的自旋态保持了基态时的状态，是反平行的，因此形成的是单线态激子。而在电极注入的电子与空穴的自旋则是随机的，两者复合时，可能是反平行的，也可能是平行的，因此所形成的激子可能是单线态的，也可能是三线态的。在荧光材料中，只有单线态激子才对发光有贡献，因此在以荧光材料制备的电致发光器件中，发光效率受到限制，有效利用磷光材料和三线态激子可以大大提高发光效率。

激子不带电荷，不会在电场下进行定向移动，但是激子会发生扩散或漂移。激子在有机层中迁移到合适的位置后，就会发生复合，激子本身是一种激发态，所以激子复合一定要释放能量。激子的能量可以辐射形式或非辐射形式释放出来。以辐射形式释放出来的部分就是发光。在有机电致发光器件中，就是利用注入的载流子复合形成激子后，再复合发光的。

3. 多层器件结构

图 10 - 21 是 OLED 多层器件的结构示意图，是在三层结构的基础上，为了帮助电子

或空穴更有效地从电极注入有机层，又加入了电子注入层（Electron Injection Layer，EIL）和空穴注入层（Hole Injection Layer，HIL）。

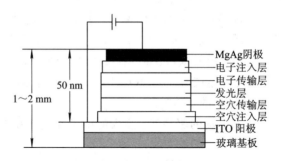

图 10-21 OLED 多层器件的结构示意图

10.4.2 OLED 的彩色化

OLED 可通过有机材料化学结构的变化很方便地选择发光色，比较容易解决蓝色发光问题，实现全彩色显示。常用的 OLED 彩色化技术有独立发光材料法、彩色滤光薄膜法、色转换法和微共振腔调色法等四种。

1. 独立发光材料法

独立发光材料法也称为 RGB 三色发光法或 RGB 分别蒸镀工艺方式。通过以红绿蓝三色为独立发光材料进行发光，是目前 OLED 彩色化常用的工艺方法。其制作方法是在蒸镀 R、G、B 其中一组有机材料时利用遮挡掩膜（Shadow Mask）将另外两个子像素遮蔽，然后利用高精度的对位系统移动遮挡掩膜或基板，再继续下一子像素的蒸镀。在制作高分辨率的面板时，由于像素及节距都变小，相对地遮挡掩膜的开口也变小，因此对位系统的精准度、遮挡掩膜开口尺寸的误差和遮挡掩膜开口阻塞及污染等问题是关键，目前量产机台的对位系统误差为 $\pm 5~\mu m$。另外，因遮挡掩膜热胀冷缩所导致的形变，也是影响对位精准度的因素。遮挡掩膜大多使用镍或不锈钢材料，日本 OPTNICS 精密公司开发了热膨胀系数只有普通镍或不锈钢 1/10 的 OLED 蒸镀遮挡掩膜。图 10-22 是 RGB 分别蒸镀工艺方式示意图。柯达公司取得了此方法的专利，柯达、先锋、东芝、Epson 和一些台湾厂商发展该技术。

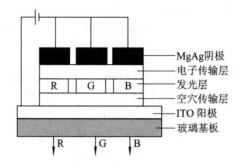

图 10-22 RGB 分别蒸镀工艺方式示意图

2. 彩色滤光薄膜法

彩色滤光薄膜法(white OLED with Color Filter Arrays)也称为白光法或白光＋CF 工艺方式。它是以白色发光层搭配彩色滤光片(Color Filter,CF)来达到全彩效果的。该方法的最大优点是可直接应用 LCD 彩色滤光片技术,由于采用了单一 OLED 光源,因此 R、G、B 三基色的亮度寿命相同,没有色彩失真现象,也不需要考虑遮挡掩膜对位问题,可增加画面精细度,应用在大尺寸面板上有更大的潜力。由于彩色滤光片会减弱约 2/3 的光强度,发展高效率且稳定的白光是其先决条件。应用在小尺寸面板上时,彩色滤光片带来的成本增加和生产效益降低是其缺点,在未来应用在高分辨率、大面积面板上时,是最佳方法之一。图 10 - 23 是白光＋CF 工艺方式示意图。TDK、三菱化学、三洋和丰田自动织机等厂商发展该技术。

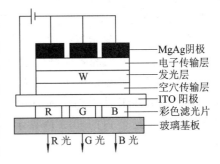

图 10 - 23　白光＋CF 工艺方式示意图

3. 色转换法

色转换法(Color Conversion Method,CCM)也称为色变换法或蓝光＋CCM(Color Changing Mediums,改变彩色介质)工艺方式。图 10 - 24 是蓝光＋CCM 工艺方式示意图。该方法是把 OLED 发出的蓝光利用染料吸光后再转换出红、绿、蓝三原色光。色转换法的好处是可以改善 RGB 三色发光法中的两个问题:第一,因为 R、G、B 三种元件效率不同,所以需要设计不同的驱动电路;第二,因为 R、G、B 元件寿命的不同会造成颜色不均,如果要以电路补偿则会增加

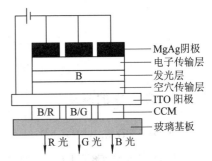

图 10 - 24　蓝光＋CCM 工艺方式示意图

其困难度。目前发展此技术的厂商以日本的出光兴产和富士电机为主。为了提高颜色转换效率,出光兴产将光源改成了具有长波长光谱成分的白色光源,颜色转换效率可提高 20% 以上,形成颜色转换层的底板是与大日本印刷共同开发的,由于能够使用与彩色滤光片相同的生产技术,因此与原有的 RGB 三色发光法相比,提高了密度(从而提高图像分辨率),也有望实现较高的成品率。但由于使用多波段光源,所以需加上一片彩色滤光片来增加像素的色纯度。除了色转换效率之外,如何增加光在多层介质(如 CCM、CF 和基板)的出光率与改善天蓝光 OLED 的稳定度及色转换层老化的问题也非常重要,当分辨率增加时,各像素的发光也会因为在介质中横向(1ateral)扩散而造成漏光或互相干扰的情形。

4. 微共振腔调色法

微共振腔效应是指器件内部的光学干扰效应,器件必须在出光处制作一半透明半反射的半镜(Half Mirror),例如(SiO$_2$/TiO$_2$)的布拉格镜面(Distributed Bragg Reflectors,DBR)多层膜。当光子从发光层发出后,会在反射阳极和半镜间互相干扰,造成建设性或破坏性的干涉,因此只有某特定波长的光被增强,有一部分则被削弱。图 10 - 25 是共振腔结构示意图。采用微共振腔效应的最大特征就是特定波长的光在某一方向会被增强,因此光

波的半高宽也会变窄，并且发光强度与可视角有关。微共振腔的发光特性可由微共振腔的光学长度(Optical Length)来决定，并和每层材料的厚度及折射率相关，因此可以加入一个光学长度控制层来调整。由于光学长度控制层的最佳厚度是随着 RGB 颜色的不同而变化的，因此制作难度增加。如果只用一种发光波长的 OLED 器件，想要利用微共振腔效应改变发光颜色成为 RGB 三原色，在量产上几乎是不可能的，而且发光强度和颜色随可视角的改变对于应用于显示器来说必须加以控制。在 2004 年 SID 年会上，索尼公司利用多波长的白光，由微共振腔效应制作出全彩主动式上发光面板，在反射阳极上依照不同的颜色需求制作出不同厚度的 ITO，由调整光学长度将原本多波长的白光变成 RGB 三原色，最后再由彩色滤光片法得到饱和的三原色，而彩色滤光片也可稍微改善可视角问题，并可增加对比度。索尼公司的 OLED 显示屏就是利用微共振腔效应制作的全彩主动式上发光面板。

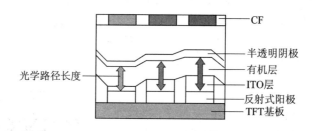

图 10-25 共振腔结构示意图

10.4.3 OLED 的驱动

1. PMOLED 和 AMOLED

按驱动方式分类，OLED 可分为无源 OLED(Passive Matrix OLED，PMOLED，基板需要外接驱动电路)和有源 OLED(Active Matrix OLED，AMOLED，驱动电路和显示阵列集成在同一基板上)两种。

在 PMOLED 中，ITO 和金属电极都是平行的电极条，二者相互正交，在交叉处形成 LED，LED 逐行点亮形成一帧可视图像。由于每一行的显示时间都非常短，要达到正常的图像亮度，每一行的 LED 的亮度都要足够高(例如一个 100 行的器件，每一行的亮度必须比平均亮度高 100 倍)，这需要很高的电流和电压，会增加功耗，降低显示效率。因此，PMOLED 在大面积显示中的应用受到限制。

AMOLED 中，采用的是薄膜晶体管阵列(即 TFT 阵列)。先在玻璃衬底上制作 CMOS 多晶硅 TFT，发光层制作在 TFT 之上。驱动电路完成两个功能：一是提供受控电流，以驱动 OLED；二是在寻址期之后继续提供电流，以保证各个像素连续发光。和 PMOLED 不同的是，AMOLED 的各个像素是同时发光的。这样单个像素的发光亮度的要求就降低了，电压也可相应地下降。这就意味着 AMOLED 的功耗比 PMOLED 要低很多。AMOLED 亮度高、分辨率高、效率高、集成度高、功耗低，易于彩色化和实现大面积显示。适合于大面积显示，将是今后 OLED 发展普遍采用的方式。

2. PMOLED 的驱动

香港晶门科技有限公司(SOLOMON SYSTECH)生产多种 OLED 显示驱动芯片，

SOLOMON 公司的 PMOLED 驱动芯片将显示 RAM、列驱动、行驱动集成在一起。图 10 - 26 是 SOLOMON 公司 SSD 系列 PMOLED 驱动芯片的功能方框图，表 10 - 2 是 SSD 系列 PMOLED 驱动芯片的主要性能。

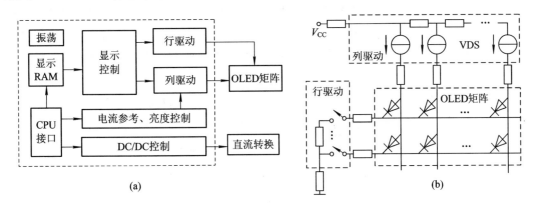

图 10 - 26　SSD 系列 OLED 驱动芯片的功能方框图

表 10 - 2　SSD 系列 PMOLED 驱动芯片的主要性能

型号	SSD1322	SSD1353	SSD1355
像素数	480×120	160×3×132	128×3×160
显示 RAM/bit	480×120×4	160×132×18	128×160×18
颜色	16 灰度黑白	262K	262K
行电流/μA	300	160	200
列电流/mA	80	60	80
电源/V	2.4～3.5	2.4～3.5	2.4～3.5
高压电源/V	10～20	10～21	10～21

3. AMOLED 的驱动

AMOLED 是一种矩阵选址的电路结构，其驱动技术分为像素驱动技术和外围驱动技术。像素驱动电路为 OLED 的持续点亮提供了实现条件，外围驱动电路则为 AMOLED 矩阵电路提供了正确的输入信号。如为有源矩阵电路提供逐行选通的扫描信号（行驱动信号），为选通行的各 OLED 像素提供带有显示信息的数据信号（列驱动信号），因此像素驱动电路和外围驱动电路相辅相成、紧密配合，共同完成驱动有源 OLED 显示屏的正常工作，是 OLED 显示技术中至关重要的一项内容。

1）像素驱动

AMOLED 中，亮度是由流过 OLED 自身的电流决定的，要求将不均匀性控制在约 ±1％的范围内，这意味着要求将 OLED 的电流控制在约 11％的范围内。由于大部分已有的 IC 电路都只传输电压信号，而不是电流信号，所以 AMOLED 像素要完成一个困难的任务，即将电压信号转变为电流信号，然后将这个转变结果在一帧的周期内储存在像素内。

AMOLED 像素按设计方案的作用原理可分为只起 U/I 变换的像素电路和具有补偿功能的像素电路。

（1）只起 U/I 变换的像素电路。只起 U/I 变换的像素电路也称变换器像素，如图 10-27 所示，其中图 10-27(a)用于 LTPS（Low Temperature Polycrystalline Silicon，低温多晶硅）TFT，图 10-27(b)用于 a-Si TFT，它们都有一个选址 TFT M1、一个驱动 TFT M2 和一个存储电容 C_{st}。当 M1 被扫描线选址时，M1 导通，U_{DATA} 被转移到 M2 的栅极上；当扫描线不选 M1 时，由于 C_{st} 的存在，U_{DATA} 将保持在 M2 的栅极上，一般称之为 2T-1C 电路。使用这种不带补偿的 2T-1C 像素电路 AM-OLED 亮度的不均匀性约为 50%，或者更大。

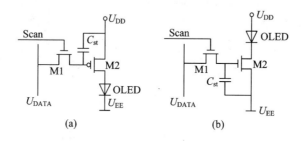

图 10-27　典型的 2T-1C 变换器像素电路

具有补偿功能的像素电路也称为补偿像素电路。补偿像素电路包括电压补偿和电流补偿。

（2）电压补偿（电压编程）。电压补偿方案只能消除 TFT 阵列中由于各驱动 TFT 阈值电压不同和电源线上 IR 压降引起的图像不均匀性，不能补偿由于 TFT 阵列中各 TFT 迁移率不同引起的图像不均匀性，所以这种补偿方案是不完善的。图 10-28 是一个用于 LTPS 的 4T-2C 的电压驱动像素补偿电路。其基本原理是先将驱动 TFT 截止，然后接成二极管，后者处于导通状态，对储存电容充电，直至驱动 TFT 的栅极电压达到 U_{th} 时截止，从而将 U_{th} 储存在 C_1 上。还出现过多种 4T~6T-1C~2C 的电压补偿电路，其基本原理都是相同的。从设计观点来说，在一个有限的像素面积里，控制线和电源线越少越好，此外还希望像素的运行方便。实验表明，在面板亮度为 15 cd/lm 的情况下，采用上述 4T 电路后，像素间亮度的标准偏差将由 2T 电路时的 16.1% 降低到 4.7%。

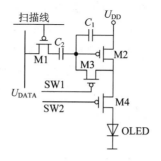

图 10-28　用于 LTPS 的 4T-2C 的电压驱动像素补偿电路

（3）电流补偿（电流编程）。因为 OLED 是电流驱动，它的亮度正比于驱动电流，给像素施加电流数据显然是合理的。电流驱动补偿方案能补偿各驱动 TFT 参数的变化，即能补偿各 TFT 阈值电压和迁移率的不同，但是这只在电流采样 TFT 的特性和驱动 TFT 的特性完全相同时才是正确的。电流驱动补偿方案还能补偿 U_{DD} 电源线上的 IR 压降引起的亮度不均匀性。

图 10 - 29 是一种用于 LTPS TFT 的 4T - 1C 电流镜像式像素电路，它的工作原理是：当所讨论行被选址时，扫描线的电平变成低电平，使 M1 导通，对 C_s 充电，同时使 M2 导通，将 M3 连接成二极管结构，以完成将 I_{DATA} 转换成储存在 C_s 上的 U_{DATA} 的过程。SW 是显示控制线，只有在显示时变成低电平，使 M4 导通。

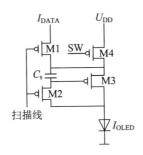

图 10 - 29　一种用于 LTPS 的 4T - 1C 电流镜像式像素补偿电路

2）外围驱动电路

AMOLED 显示屏采用逐行扫描的显示方式，因此外围驱动电路的目的是要在行、列扫描有效的同时，为每个像素送入相应的灰度数据。为了减少引线，可把行、列扫描驱动电路集成到 AMOLED 矩阵周边。此时，驱动电路只要产生行、列驱动移位脉冲和移位起始脉冲即可完成 AMOLED 的行、列扫描驱动。图 10 - 30 是 AMOLED 显示屏的系统结构示意图。

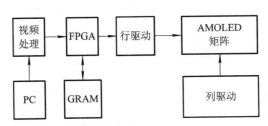

图 10 - 30　AMOLED 显示屏的系统结构示意图

显示数据来源于 PC，通过视频处理将模拟信号转化为数字信号再输入 FPGA。图形存储器 GRAM 的数据线也连接到 FPGA 芯片进行数据传输。

行驱动电路也称为扫描驱动电路，因为行输出大都接到像素电路 MOS 管的栅极，所以也称为栅极驱动电路（Gate Driver，GD）。它的功能是产生扫描信号，使每一行像素依次导通。

列驱动电路也称为数据驱动电路，因为列输出大都接到像素电路 MOS 管的源极，所以也称为源极驱动电路（Source Driver，SD）。它的功能是完成图像信号串行-并行的转换和提供适当的数据信号给数据线来实现显示。根据电路内部是否包含数/模转换器（DAC），可将源驱动电路分为数字驱动电路和模拟驱动电路。数字驱动电路中有 DAC，图像数据在数据锁存器内以数字信号形式存储，然后通过 DAC 转变成模拟信号，经输出缓冲电路送入显示屏，DAC 和输出缓冲电路性能的优劣直接决定输出信号的好坏。在模拟驱动电路中，图像数据以模拟信号形式存储在采样保持电路中，经输出缓冲电路送入显示屏，采样保持电路和输出缓冲电路性能的优劣直接决定输出信号的好坏,即显示图像的质量。

3) 单片外围驱动电路

为了提高集成度、减少引脚,AMOLED 矩阵中集成了栅极驱动电路,简称为带 GD 的 AMOLED 矩阵,如 LG 公司的 LH300WQ1、台湾奇晶光电(Chi Mei EL)的 P0430WQLC-T 等。针对这类带 GD 的 AMOLED 矩阵又设计了单片外围驱动电路,原来大量的栅极驱动输出引脚变为少量的栅控制脉冲引脚,解决了外围驱动电路与屏的连接问题,提高了成品率和可靠性。常用的单片外围驱动电路芯片有三星公司的 S6E63D6,LG 公司的 LGDP4251、LGDP4233 和 LGDP4234,台湾奇景光电(Himax)的 HX5116A。

图 10-31 是单片外围驱动电路与带 GD 的 AMOLED 矩阵的关系示意图。单片外围驱动电路主要包括列驱动器、图形随机存取存储器(GRAM)、RGB 接口和系统接口。列驱动器也称为源驱动器或数据驱动器,用于将 GRAM 中的显示数据进行数/模转换后输出。GRAM 是帧存储器,应有行数×列数×18(24)b 的存储容量,以便存储一帧图像数据。系统接口由外部 CPU 发出指令,设置外围驱动电路的状态和功能,写入静止图像显示数据。RGB 接口是动态图像显示外部接口,由外同步信号控制 GRAM 数据写入。

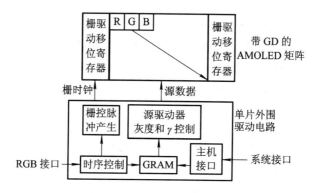

图 10-31 单片外围驱动电路与带 GD 的 AMOLED 矩阵的关系示意图

10.4.4 外围驱动电路与 AMOLED 基板的连接

1. TAB 连接技术

TAB(Tape Automated Bonding,载带自动键合)技术将带有驱动 IC 的软载带通过 ACF(Anisotropic Conductive Film,各向异性导电膜)与基板连接,减少了模块的体积。图 10-32 是 TAB 连接技术示意图。TAB 技术能适应显示器件朝高密度及薄型化发展的趋势,其应用领域相当广泛。

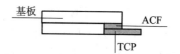

图 10-32 TAB 连接技术示意图

ACF 只提供两种接合物体垂直方向的电导通,对于水平方向则具有绝缘的效果。ACF 主要由黏合剂(Binder)与导电粒子组成。ACF 材料接合技术具备细线化、工艺简单、符合无铅环保要求及无 α 粒子等特性。

TCP(Tape Carrier Package，带载封装)是将含有金凸块的驱动 IC 与卷带式基板配线的内部端子(内引线)接合、封胶、测试，并留外引脚作为信号输入的一种封装方式。

TAB 连接时先用各向异性导电膜(ACF)预贴机将 ACF 预贴至 IC 上，然后用 TAB 绑定机在一定的压力、温度及时间状态下，将 IC 绑定到玻璃基板上，从而完成模块的组装。

TAB 的参数为：温度 280～300℃(设定温度)、压力 1.10～2.5BAR、时间 20～25 s。

2. COG 连接技术

COG(Chip On Glass，玻璃载芯片)技术将有金凸块的驱动 IC 与玻璃基板通过 ACF 直接连在一起，可以大大地减小模块体积。图 10-33 是 COG 连接技术示意图。COG 的成本低、体积小、重量轻，且可靠性比 TAB 更高。但 COG 设备昂贵，对电极制备的精密程度要求也高。

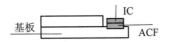

图 10-33　COG 连接技术示意图

COG 技术是将 IC 用 ACF、UV 胶或银胶直接黏着在玻璃基板上的电路上，虽然可以省去卷带的成本，但如果其中有一颗 IC 处理失当，整片基板将因此报废。目前厂商多利用重工(Rework，类似修理、重做)的技术以解决此问题，但仍有其风险存在，因此 COG 大多使用于 IC 使用量不多的小尺寸面板上。目前台湾的厂商积极发展大尺寸面板的 COG 技术，其中以友达光电最为积极。

3. COF 连接技术

COF(Chip On Film，薄膜载芯片)技术可将驱动 IC 及其它电子零件直接安放在薄膜(Film)上，省去传统的印刷电路板，达到更轻薄短小的目的，可运用于面积不大的产品上。

COF 和 TAB 的最大差异有以下两点：

(1) 材质不同。COF 的薄膜材质更软，除了布件区不可折外，其余部位皆可折；TAB 只有在固定的可折区才可折。

(2) 设计不同。COF 的薄膜上除了可绑定 IC 外，也可依据所需电路焊上其它零件，如电阻、电容等；而 TAB 上只有 IC，无法布其它零件。

COF 产品和 TAB、COG 产品一样轻薄短小，但因零件和 IC 布在同一薄膜上(即一体成型)，故可以缩小设计 IC 相关电路所占的空间。其结构简单，可自动生产，减少人工成本，相对降低模块成本，可靠性比 COG 还高(如冷热冲击、恒温、恒湿)。

10.5　3D　显　示

10.5.1　概述

当前电视技术领域内最引人瞩目的是 3D 立体显示，也是当前国际广播电视领域的热点研究课题。随着 3D 显示开发出越来越多的应用，对 3D 显示技术的研究也逐渐系统化。

3D 显示表现出良好的发展前景，但也应该看到 3D 显示在技术上还处于实验阶段。

1. 立体视觉机理

人感知立体信息的主要机理有双眼视差、辐辏、焦点调节、运动视差等。

1）双眼视差

双眼视差是形成立体视觉的重要因素。人类双眼大约相距 65 mm，左、右眼是从不同角度来观看物体的，物体在左、右眼视网膜上的图像并不相同，这种不同称为双眼视差。

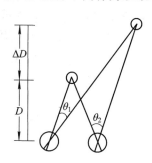

图 10 - 34 是双眼视差示意图。当人眼注视距离为 D 处的某个物体时，由于对视作用，所注视的对象在左、右眼的中央凹处成像；如在 $D+\Delta D$ 处还有一个物体，它分别在左眼与右眼视网膜上不同位置成像。两物点对左眼的转角为 θ_1，对右眼的转角为 θ_2，双眼视差 $\Delta\theta=\theta_1-\theta_2$。在视觉系统的信息处理中会把 $\Delta\theta$ 变换为反映纵深方向的位置信息，从而可以检测出所观察物体的前后关系。这种视差的检测能力具有与最小分辨能力同样的精度，即 $1'\sim1.5'$。

图 10 - 34　双眼视差示意图

2）辐辏

当用双眼观察物体时，为了使注视点在双眼的中央凹处形成像，双眼向内侧回转，眼球做旋转运动，这在生理学上称为辐辏。辐辏时的眼部肌肉张力感觉便成为立体视觉信息。两眼视线所形成的夹角 α 称为辐辏角，如图 10 - 35 所示。α 随眼睛到对象物的距离而变，产生深度感觉。利用 α 可检测的距离信息约为 20 m，因为距离远时，α 随距离变化的变化量较小。

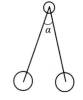

图 10 - 35　两眼的辐辏角

以上是利用双眼观察物体的信息构成的立体视觉。

3）焦点调节

人眼在观看距离不同的物体时，为了使物体能够在视网膜上成像，通过改变睫状肌的张弛程度来改变眼睛晶状体的曲率，从而使晶状体凸透镜的焦距产生变化，使固定的视网膜适应不同距离的注视目标，以便使被观看的远近不同的物体在视网膜上清晰成像。人眼的睫状肌张弛状态的变化称为焦点调节。焦点调节是一种生理过程，由单眼生理调节因素单独起作用时，距离在 5 m 内有效。

4）运动视差

当观看者运动或者被观看的对象运动时，由于视线方向的连续变化，单眼的视网膜成像也在不断地发生变化，借助时间顺序的比较便会形成立体视觉感受。用单眼观看，当对象运动较快时，利用观看者与对象的相对运动使空间物体的相对位置产生变化，从而判断出物体前后关系的效果接近于同时地从不同方向连续地观看物体，即与双眼观看物体相似，像双眼视差效应那样产生出深度感，这称为单眼运动视差。

2. 3D 显示系统的组成

图 10 - 36 是 3D 显示系统的组成方框图，系统由内容获取、编码、传输、解码/合成和显示五部分组成。其中，由内容获取子系统摄取三维场景，由编码子系统将获取的视频信号去除冗余信息后编码成便于传输的视频流，经网络传输后送入解码/合成器，按照显示端的要求重建视频信号后分别送至不同类型的显示器以显示双目立体图像、多视立体图像或二维平面图像。

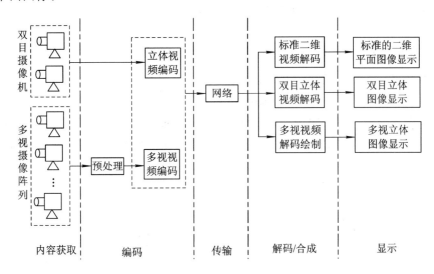

图 10 - 36 3D 显示系统的组成方框图

图 10 - 36 中包含了两个不同类型的三维系统。

1）基于双目的三维电视（3DTV）系统

图 10 - 36 的最上端是传统的双目立体视频系统，其三维场景的获取是通过光轴中心相距 65 mm 的相互平行的相同型号的摄像机得到的。左、右两路视频经立体视频编码压缩成视频流，其中的一路采用 H. 264 编码，另一路利用两路视频之间的视（每一路视频简称为一个视）间相关性或运动与视间的联合预测编码，可使两路视频编码后的总比特率约是单路视频的 1.25 倍。目前，双目立体视频编码已达到实时应用阶段。视频流经传输后解码复原成两路视频，再在显示器中构成与人的双眼视觉对应的稍有不同的两幅图，最后由大脑合成为有立体感的图像。

2）基于多视的 3DTV 系统

图 10 - 36 下部的多视 3DTV 系统由 N 个（$N > 3$）摄像机阵列获取三维场景。尽管 N 个摄像机型号相同，但其内外参数难以完全一致，且 N 个摄像机在空间的位置不同，各自的光照也略有差异，因此需进行摄像机几何参数校正和亮度/色度补偿等预处理，然后再将多路视频信号经多视视频编码后压缩成视频流。多视视频编码随着视数 N 的增加（目前用得较多的是 $N = 8 \sim 16$），对高效压缩的要求远比双目立体视频编码高，离实际的应用，尤其是实时应用尚有较大距离。由于解码后重构的 N 个视不一定适合某个观众在显示屏前所在位置的观看要求，且为提高显示质量，故解码后需通过选择合适的一些视经绘制合成为符合需要的两个视。多视 3DTV 系统的优点是，在显示屏前能看到立体效果的视角（简称立体视角）远比双目 3DTV 系统的大，且便于应用人眼跟踪技术使人在屏前移动时所

观看到的立体图像也随人的移动而变化，提高了真实感和临场感。

无论是双目的还是多视的三维系统都必须与二维视频系统兼容。目前所有的家庭几乎都已有了播放二维视频图像的电视机，若开播双目或多视立体视频，应使现有的遍及每个家庭的电视机也能接收到三维立体节目（尽管看到的仍是二维视频图像）。为实现此种后向兼容，在图 10-36 中，无论是在立体视频还是多视视频的编码中，基本视（双目视频或多视视频中作为参考视的 1 个视）应沿用二维视频的编码标准（如 H.264），这样就可以由图 10-36 中标准的二维视频解码器重建双目或多视视频中的基本视，提供给标准的二维视频显示器。

3. 3D 显示分类

由于双眼感知的立体视觉比单眼感知的立体视觉有立体分辨率精度高、立体感强等特点，因此目前立体显示器都是依据双眼感知立体信息机理来获得立体视觉的。目前普及的立体显示器需要佩戴特定的眼镜才能进行观看，虽然可以获得立体视觉，但是佩戴眼镜阻碍了人的自然视觉感受。近年来，无辅助工具观看的裸眼技术三维立体显示器取得了多元化的发展。

图 10-37 是立体显示器分类示意图。

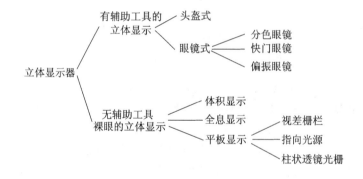

图 10-37　立体显示器分类示意图

1）有辅助工具观看的立体显示

这类立体显示观看者佩戴专门眼镜，可使双眼获得具有立体视差的两幅图像。根据立体眼镜的原理不同，这类立体显示又分为光分法、色分法、时分法和头盔显示，常用的辅助设备包括偏振眼镜、分色眼镜、LCD 快门眼镜和头盔显示器。

眼镜式立体显示器将在 10.5.2 节介绍。

头盔显示器（HMD）是沉浸式虚拟现实的常用装备，常用于军事战备仿真等场合。它由两个平面显示器组成，分别为左、右眼提供具有双目视差的不同图像，从而产生立体视觉。其原理是将小型平面显示器所产生的图像经过光学系统放大，将近处景象放大至远处观赏，达到所谓的全息视觉。头盔显示器将人对外界的视觉、听觉封闭起来，引导观看者产生身临其境的感觉，但是该方法只能让一个观看者观赏，立体视角小，影响观看自由度，而且价格昂贵，重量较重。

2）无辅助工具裸眼直接观看的立体显示

佩戴眼镜等辅助工具观看三维立体影像，既不方便又有不舒适感，因此人们逐渐追求一种裸眼就能观赏到三维视觉的三维显示系统。目前最有代表性的有体积显示、全息显示和自动立体显示。

（1）体积显示。体积显示是一种基于嵌入式系统的三维立体显示器，其主要利用屏幕的旋转或者光投影技术，将多幅二维图像合成为富有真实立体感的三维立体影像，与真实物体的视觉效果比较接近。体积显示目前尚处于实验阶段。

（2）全息显示。全息显示记录了物体的光波振幅和相位信息，通过物光波的再现实现不同视角三维物体显示。由于全息显示所用的显示设备比较复杂，且相对的显示图像范围比较小，所以目前主要应用于单色的小范围静态物体的三维显示，而对于自然场景的大屏幕显示比较难实现。

（3）基于视差的自动立体显示。基于双目视差原理成像的立体显示有多层显示、景深融合显示、扫描式背光、指向光源、视差栅栏以及柱面透镜光栅显示等；这将在 10.5.3 节介绍。

10.5.2　眼镜式 3D 显示

眼镜式 3D 主要应用在家用消费领域。眼镜式 3D 有色差（Anaglyph）式、主动快门（Active Shutter）式和偏光（Polarization）式三种主要类型，对应称为色分法、时分法和光分法。

1. 色差式 3D 技术

1）基本原理

色差式 3D 使用由两种互补色滤色片组成的眼镜，可以是红-蓝、红-绿或红-青滤色 3D眼镜，以红-蓝滤色眼镜为例，内容获取端用两部镜头前端加装红、蓝滤光镜的摄像机去拍摄同一场景图像，得到一路红图像信号和一路蓝图像信号，再把两路信号叠加成一路信号送到接收端显示器显示红、蓝图像。立体眼镜的左、右眼镜片分别是红色或蓝色滤光片，它使得戴红色滤光片的左眼只能看到红色图像，戴蓝色滤光片的右眼只能看到蓝色图像，经大脑融合形成立体视觉。这种立体电视成像技术兼容性好，在立体电视技术领域曾经风靡一时。但存在的问题也十分明显：由于通过滤光镜去观看电视图像，彩色信息损失极大；另一个问题是彩色电视机本身的"串色"现象会引起干扰；同时由于左、右眼的入射光谱不一致，易引起视觉疲劳。

2）ColorCode 3D 系统

丹麦 ColorCode 3D 公司的产品 ColorCode 3D 的原理是：人眼的水晶体相当于一块单片凸透镜，其对于蓝光的焦距总要比对于红光和绿光的焦距短一些。这种现象通常称为色差。ColorCode 系统与这种现象相适应，主要利用红色和绿色影像来抓住景物的细节。采用 ColorCode 3D 时，左眼看到一个含有景物细部的红、绿图像，右眼看到从合成影像中分离出带有深度信息线索的蓝色图像（由于右眼几乎看不到红、绿图像，因而可使蓝色图像对焦更精确）。从本质上看，色彩信息通过琥珀色（红＋绿）滤光片传递，而视差信息则通过蓝色滤光片传递。当不戴任何滤光片，用裸眼观看 ColorCode 3D 影像时，所看到的影像实质上与普通彩色影像相近，只是其反差略高，并且在远方及边缘明显的物体周边有模糊的金色及青色水平晕边出现。一戴上 ColorCode 眼镜则晕边自然消失，色彩平衡重新建立，所见影像立即变为彩色 3D 影像。

符合 ColorCode 3D 技术要求的节目可以用多种方法获得：可以用专用摄像装置拍摄；可以用普通摄像机拍摄后再进行处理；也可以把已有的左、右视图像数字化后再进行 ColorCode 编码处理。图 10 - 38 是专用摄像装置拍摄示意图。图 10 - 39 是 ColorCode 编码处理流程。

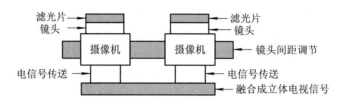

图 10 - 38　专用摄像装置拍摄示意图

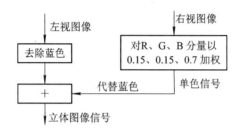

图 10 - 39　ColorCode 编码处理流程

2. 主动快门式 3D 技术

主动快门式 3D 使用液晶制成的快门眼镜，当加上一定电压时改变液晶分子的排列而控制开关状态，使得一个镜片阻挡光线时另一镜片光线可通过，从而使双眼分别观看左、右视图像。

内容获取端用两部摄像机去拍摄同一场景图像，把左边摄像机的图像信号（左视图像）作为奇场信号；把右边摄像机的图像信号（右视图像）作为偶场信号。在接收端红外（或蓝牙）信号发射器按场频来同步控制快门式 3D 眼镜的镜片开关（场交替），在显示奇场影像时，开启左眼而关闭右眼，在显示偶场影像时，开启右眼关闭左眼，如此反复。由于左右眼切换速度较快，因此大脑认为双眼同时观看影像，并将它们融合成一幅立体图像。这样处理的优点是现有的广播电视基础设施并不需要进行升级；缺点是图像的垂直分辨力减半，并且不能实现二维视频节目的后向兼容。

当然也可以按帧频来同步控制快门式 3D 眼镜的镜片开关（帧交替），把左边摄像机的图像信号作为奇数帧信号，把右边摄像机的图像信号作为偶数帧信号。这样处理现有的广播电视设施不需要升级，图像的垂直分辨力不变，但运动图像质量下降。

快门式眼镜带有电池和电路，价格较高。主动快门式 3D 电视屏幕刷新频率必须达到 120 Hz 以上，使左、右眼分别接收到频率为 60 Hz 的图像，才能保证用户看到连续而不闪烁的 3D 图像效果。

只要显示之间的延迟不超过 50 ms，人眼视觉系统就能融合不同步显示的两个视的图像。主动快门式（时分式）立体显示就利用了人眼的这个特性。当显示的物体运动时，左视图和右视图之间的延迟可能引起深度失真。已经发现，160 ms 或更长的延迟会产生可视的深度失真。

东芝移动显示公司(TMD)开发了 OCB(Optically Compensated Bend，光学补偿弯曲)液晶面板，专门用于制造主动式 3D 眼镜，有快速切换、低 3D 串扰率的特点；面板从打开到关闭的响应时间只有 0.1 ms，从关闭到打开则需要 1.8 ms；3D 串扰率小于 0.1%(30°视角内)，透光率为 33%。

东芝 Satellite A660 3D 笔记本电脑和三星 RF712 笔记本电脑采用主动快门式 3D 技术。索尼 VAIO F219 笔记本电脑采用的是主动快门式 3D 成像技术，屏幕刷新频率已经达到 240 Hz，也就是使左、右眼分别接收到频率为 120 Hz 的图像，完全能够保证用户观看到连续而不闪烁的 3D 图像效果。

3. 偏光式 3D 技术

1) 原理

偏光式 3D 技术也叫偏振式 3D 技术，偏振式立体眼镜是左、右眼分别使用极化方向相互垂直的偏振镜片，其中一个镜片用垂直偏振，另一个镜片用水平偏振。显示器投射相应的偏振光，从而使双眼分别观看左视和右视图像，并由大脑融合成立体图像。这种方式的缺点是观看者的头部倾斜时偏振镜片滤不掉与之正交的偏振光，一个视的图像漏到另一个视中，观看者会产生不舒适感。在液晶电视上，应用偏光式 3D 技术要求电视具备 240 Hz 以上的刷新率。

利用偏振眼镜获得三维立体视觉是应用较为广泛的一种技术。在现在的立体电影中，这种放映方式仍然被采用。偏振眼镜左、右眼分别使用极化方向相互垂直的偏振镜片，使双眼分别看到垂直偏振光和水平偏振光。而在投影端则是同时使用两台可以投射出垂直偏振光和水平偏振光的投影机，分别供双眼观赏。典型的偏光式 3D 有 RealD 3D、MasterImage 3D 和杜比 3D。

友达光电(AUO)偏光技术为了消除在头部旋转时造成左、右眼影像串扰(Cross-talk)现象，采用了具有相反旋转方向的圆偏振光，将所有的像素分成奇数行及偶数行，奇数行显示左视图像，偶数行显示右视图像(行交替)，这样垂直分辨力将减半；在显示器屏幕外奇数行位置涂左旋圆偏振膜，偶数行位置涂右旋圆偏振膜，观看者戴左眼左旋圆偏振、右眼右旋圆偏振的眼镜。

索尼公司也采用圆偏振光和左、右视图像行交替的格式。

LG Display 公司的不闪式(Film-type Patterned Retarder，FPR，图案隔离膜)技术也采用偏光式 3D 技术。

2) 3D 格式

普及眼镜式立体显示关键在于不改变现有的广播电视基础设施，快门式显示采用时间多路复用的方法传送左、右视图像(见图 10 - 40(a)、(b))，常用场交替和帧交替格式；偏光式显示采用空间多路复用的方法传送左、右视图像，常用的有左右并排(Side by Side，SbS)、上下相叠(Top and Bottom，TaB)、行交替(Line by Line，Line Interleaved)、列交替(Vertical Tripe)和棋盘格(Checker Board，Quincunx)等格式。图 10 - 40(c)～(g)是常用 3D 格式示意图。

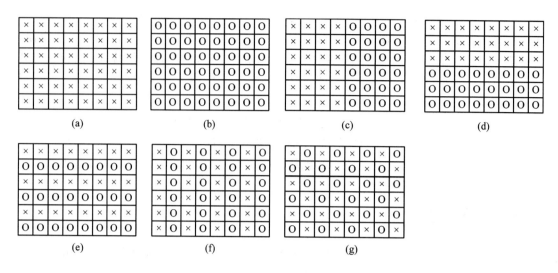

图 10-40　左、右视图像及常用 3D 格式示意图

(a) 左视图像；(b) 右视图像；(c) 左右并排格式；(d) 上下相叠格式

(e) 行交替格式；(f) 列交替格式；(g) 棋盘格格式

10.5.3　裸眼 3D 显示

裸眼 3D 显示也称为自动立体显示(Autostereoscopic)，不使用眼镜，主要用于商务场合和笔记本电脑、手机等便携设备。裸眼 3D 主要有视差照明、视差障栅、柱面透镜和头部跟踪显示等四种技术。

1. 视差照明技术

视差照明(Parallax Illumination)技术也称为线光源照明法，是在立体显示器 LCD 的像素层后使用一系列并排的线状光源给像素提供背光照明，线光源宽度极小且与显示器的像素列平行。背光照明使整个显示器的奇数列像素和偶数列像素传播路径分离，在可视区内保证观察者左眼接收到奇数列像素组成的图像，右眼接收到偶数列像素观察的图像。

图 10-41 是线光源照明法示意图，H 为照明层和像素层的距离，P 为显示器像素间距，L 为显示器到人眼的距离，E 为瞳孔距离(即 65 mm)，φ 为视场分离角(以照明光线为交点左右视线的交角)。线光源、相邻两列像素和眼睛的位置构成了两个相似三角形，各参数间有如下关系：

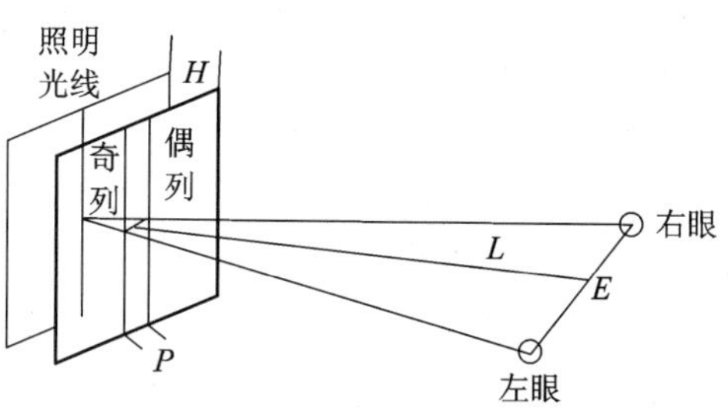

$$\frac{P}{E} = \frac{H}{H+L}, \qquad \varphi = 2\arctan\frac{E}{2(H+L)}$$

图 10-41　线光源照明法示意图

LCD 显示屏像素间距 P 为一常数，可通过改变线光源间距、像素与线光源偏移量和 L、H 等参数调节立体效果，经验值一般取 $H = 4P \sim 10P$。

根据此方法立体显示原理可知，左视图像显示在显示器的奇数列像素，右视图像显示在显示器的偶数列像素。因此，立体片源制作过程如图 10-42 所示：先将左视图像和右视图像分别进行下转换处理，然后进行重新排列组合。

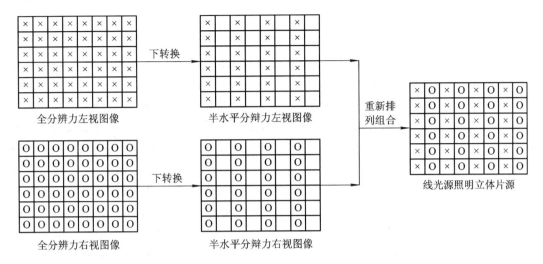

全分辨力左视图像　　　　半水平分辨力左视图像

全分辨力右视图像　　　　半水平分辨力右视图像

重新排列组合　　线光源照明立体片源

图 10 - 42　线光源照明法立体片源制作过程示意图

视差照明技术是美国 DTI(Dimension Technologies Inc)公司的专利，它是自动立体显示技术中研究得最早的一种技术之一。DTI 公司从 20 世纪 80 年代中期进行视差照明立体显示技术的研究，1997 年推出了第一款实用化的立体液晶显示器。

视差照明亮线的形成，即特制背光板的设计和加工是实现 DTI 的视差照明技术的关键。DTI 的视差照明技术有以下实现方法：运用多光源，再用透镜聚焦形成很细的亮线；运用单或双光源，再用光导(光导的形式有很多)传光、透镜汇聚形成很细的亮线；运用微加工技术制作旋光性不同的狭缝实现很细的亮线；运用液晶光阀的旋光性和偏振片配合形成很细的亮线。

具有实现 2D/3D 显示模式转换的功能也是 DTI 视差照明技术的特点。其中主要的实现方法有：光源用导轨或铰链连接，通过光源位置的改变使光线进入不同的介质；背光板位置的改变使透镜聚光或不聚光；漫反射板在施加电压时呈漫射状态，而在无电压时是透明的。这些方法中的一些只能实现整个显示面积的 2D/3D 转换，而另一些方法可以实现部分 2D/3D 的转换，即显示面积的任意部分用二维显示模式而其它部分用三维显示模式。

根据观看者位置的不同，显示不同视角的高分辨率图像，也是 DTI 显示技术的发展方向。实现这项功能的方法有超声波定位、红外定位等。此外，DTI 技术中提到了使用多套亮线与液晶屏的显示配合，利用人眼的视觉暂留原理实现全分辨率显示和多视区显示。这种方法要求液晶屏有很高的刷新频率和更加复杂的电路控制。

原理简单、视差显示效果不错和幻像少是 DTI 的视差照明技术的优点。但要想用这项技术实现多个观察者同时观看、多维和移动视差效果则存在技术难点。DTI 的视差照明技术作为当前最成熟的自动立体显示技术之一，已经很难在技术原理方面有所突破，关键的、能有所创新的是它的实现方法。随着加工技术和材料技术的发展及创新，利用视差照明实现的立体显示效果将不断完善。理想情况下要求照明亮线接近零宽度且精确定位，如果实现微米甚至纳米级的线光源，那么视差照明立体显示的结构将会简化，显示效果将会有很大提高。视差照明立体显示技术只能使用透射式的显示源，现在的液晶屏符合条件。

液晶屏的性能指标是对视差照明立体显示技术的限制。

2. 视差障栅技术

视差障栅(Parallax Barrier)技术的实现方法是使用一个开关液晶屏、一个偏振膜和一个高分子液晶层,利用一个液晶层和一层偏振膜产生出一系列的旋光方向成90°的垂直条纹。这些条纹宽几十微米,不透光的条纹就形成了垂直的细条障栅。在立体显示模式时,哪只眼睛能看到液晶显示屏上的哪些像素就由这些视差障栅来控制。左视图像显示在液晶屏上时,不透明的条纹会遮挡右眼;右视图像显示在液晶屏上时,不透明的条纹会遮挡左眼。如果把液晶开关关掉,显示器就成为普通的二维显示器。以前就有人把视差障栅的方法用在立体显示上,有人尝试把具有黑白线条的液晶屏和一个成像的液晶屏结合实现立体显示。但是,主要的难题是这样的合成不能使层与层之间充分地靠近,造成成像困难。夏普公司的突破是使狭缝视差障栅层与图像层的像素充分接近,大大地提高了图像的质量,并使观察者能更接近地观看立体图像,使显示器更加紧凑。SHARP 公司的视差障栅可以放在显示屏的前面或后面形成视觉障碍,如图 10-43 所示。在显示屏的后面形成视觉障碍的方法与 DTI 的视差照明有相似之处。

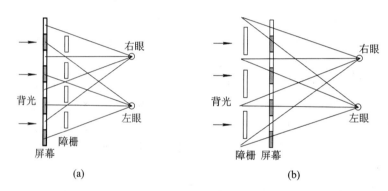

图 10-43 视差障栅技术示意图
(a) 障栅前置;(b)障栅后置

障栅板上透光的隙缝方向平行于像素列方向,从背光源发出的光线透过障栅板照亮了显示屏,当双目处于显示屏前的特定区域时,通过障栅板的遮光效应可使双眼分别看见奇、偶像素列所构成的图像。

视差障栅技术遮挡了光线的透射,图像的观看亮度减少,造成整体亮度降低。视差障栅还存在从某些角度观看时,会观看到明暗相间的竖直条纹。尽管视差障栅立体显示目前存在着上述缺陷,但其实现方法相对简单,不少进入市场的立体 LCD 显示器仍采用视差障栅技术。

3. 柱面透镜技术

柱面透镜(Lenticular lens)阵列也称为柱面透镜阵列,由一排垂直排列的柱面透镜组成,利用每个柱面透镜对光的折射作用,把两幅不同的视差图像分别透射到双眼分别对应的视域,使左视图像聚焦于观看者左眼,右视图像聚焦于观看者右眼,由此产生立体视觉,如图 10-44 所示。柱面透镜光栅立体显示产生的图像丰富真实,适合大屏幕显示,运用精密的成形手段,使每个透镜的截面精度达到微米级,能够支持更高的分辨率。借助先进的数字处理技术，可使色度、亮度干扰大为减少，提高立体显示图像的质量。柱面透镜光栅的优点是大幅度减少了光的损失，使显示屏的亮度几乎是视差障栅式的一倍。柱面透镜光栅也可实现 3D 显示与 2D 显示的兼容。例如，飞利浦的 3D 液晶显示器通过在柱面透镜内部注入液晶，利用电场控制柱面透镜的聚焦状态来实现二维与三维的转换。不通电时，液晶分子的高折射率轴垂直图像平面，当底部光线通过时，透镜起到折射作用；通电状态下，液晶分子的轴向平行于透镜的光轴，透镜的折射作用消失，光线通过时，仍然按原来方向照射。

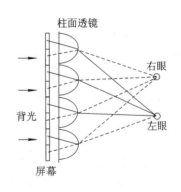

图 10 - 44　柱面透镜技术示意图

　　东芝裸眼型立体电视机采用柱面透镜技术，它的工作原理是：液晶面板上的 1 个像素由 9 个子像素构成，循纵向配置红、绿和蓝三基色子像素，循横向排列 9 个分别与观众席上 9 个视点(观看位置)相对应的子像素；在液晶显示屏的前方设置一个柱面透镜阵列，使液晶屏的像平面位于透镜的焦平面上，柱面透镜阵列与像素阵列构成某一夹角，光学影像中每组 9 个子像素中的每一个向 9 个视区中的相应一个投射；观众置身于屏幕正前方中线左、右各 20°视角范围以内，双眼从不同视角观看显像屏就能够看到不同的子像素；每一观看者的左、右两眼所看到的同一个子像素有视差，从而在视觉中枢内形成立体感。东芝 20 英寸产品的每帧像素数为 1280×720(约 829 万)，观看者感受到的清晰度与一幅 720p 高清电视画面的清晰度相当。

　　东芝 Qosmio F750 裸眼 3D 笔记本采用柱面透镜技术。

　　SuperD(深圳超多维光电子有限公司)的东芝裸眼 3D 笔记本解决方案包括 3D 光学及工艺设计授权和服务、3D 图形图像芯片授权和服务，以及 3D 软件授权和服务。SuperD 公司与友达光电在 3D 光学及工艺设计授权和服务上的合作，实现了东芝裸眼 3D 笔记本液晶面板的量产，为笔记本电脑产品提供了显示平台。与此同时，结合融入 3D 图形图像算法的芯片解决方案和 3D 显示及制作的软件解决方案，SuperD 公司成为拥有 3D 内容开发、后台 3D 数据处理及 3D 显示的整套笔记本电脑东芝裸眼 3D 笔记本解决方案的提供商。采用 SuperD 东芝裸眼 3D 笔记本解决方案的笔记本电脑，不仅可成为 3D 观看和体验工具，更可作为 3D 内容制作工具，制作出更多的 3D 内容及开发更丰富的 3D 应用，并借助互联网的传播力量，共同为消费者创造一个丰富多彩的 3D 世界。

　　湖南创图视维科技有限公司(原欧亚宝龙国际)、天津三维公司、友达光电(AUO)等都有采用柱面透镜技术的产品。

4. 头部跟踪显示技术

　　头部跟踪显示技术是定位观看者的头部位置，调整 3D 显示器的相关部件，使最佳观看区随观看者的移动而移动。

　　1) 单人头部跟踪的立体显示

　　头部跟踪器跟踪头部运动，并将信息反馈给计算模块，经过计算处理得到人眼的位置信息和此时应该看见的立体信息图像。将图像信息传递给显示模块显示相应的图像，将位置信息传递给控制单元控制液晶面板上附加的光学系统使图像移动到相应的位置，从而使左眼和右眼能够持续看见相应的图像。

2) 多人头部跟踪的立体显示

为使立体图像的可视区域跟随多个观看者移动,将背光源分割成多个 LED 阵列模块,LED 阵列可以单列控制,分区域点亮,利用人眼探测跟踪装置得到观看者人数和各人的眼睛位置等信息,同时用 LED 驱动芯片控制 LED 在相应的位置处点亮,以提供各用户对应的光源。

假设观看者处于 A 位置,通过头部跟踪器对观看者位置的探测,转换成 LED 阵列中需要点亮的位置,点亮 LED 阵列中这两个模块,则可以给处在 A 位置的观看者提供具有良好立体效果的可视区域;当观看者从 A 点移动到 B 点时,通过摄像头检测到这一动作,重新得到观看者在 B 处的坐标位置,控制 LED 光源在 A 处熄灭,在 B 处点亮,于是这一个立体的可视区域就从 A 处移动到了 B 处。也就是说,不论观看者如何移动,通过人眼位置检测和 LED 的驱动控制,这一个立体可视区域始终跟随观看者,使观看者不论在屏幕前的哪一个位置都能看到立体效果。如果 A 和 B 是两个处在不同位置的观看者,则可以将光源处的 A 和 B 同时点亮,这样就可以提供两个立体视域。由于两个观看者的窗口是由两组独立的光源提供的,所以它们之间互不影响。如果有新加入的或者已有的观看者离开,只需要同步点亮或熄灭对应位置处的光源即可,这样就可实现多用户的自动立体显示。

3) 几种头部位置跟踪方法

头部跟踪器需要正确检测出人的头部位置并将位置信息参数快速传给接收端的计算模块,以便能及时跟踪。战机或战车的头盔瞄准系统等军事观察者要佩戴头盔等辅助设备,使用舒适性较差;普通观看者排斥任何辅助设备,常用的跟踪方法可分为主动式和被动式两种类型。

(1) 主动式头部跟踪。主动式头部跟踪利用近红外光源投射在人眼上的光斑的特征,以光电传感器(如 CCD 等)捕获光斑并通过相应算法分析人眼的注视位置。常用的主动式头部跟踪方法有异色边缘组织跟踪技术,角膜反射追踪技术,瞳孔跟踪技术和瞳孔、角膜跟踪技术等四种技术。

异色边缘组织跟踪技术是使用光敏二极管探测虹膜和角膜边缘反射的近红外 LED 的光线,利用每个边缘区反射的光随眼睛水平移动而变化的特性来测量眼睛的水平位置,然后用一个相似的传感器装置和一个 LED 照射另一只眼睛眼帘边缘下部,利用反射率随眼帘移动且与眼睛垂直位成比例变化的特性测量眼睛的垂直位置。

角膜反射追踪技术一般是将角膜反射的红外 LED 的光线通过眼睛前面的光束分离设备和一些反射镜及透镜传输到人面前的摄像机中,角膜反射光线的位置通过摄像机屏幕上的图像及相应的一些算法来确定。

瞳孔跟踪技术同样是利用红外光照射眼睛,将图像成像在传感器阵列上,通过计算机读取图像信息来计算瞳孔的中心位置。

瞳孔、角膜跟踪技术则采用角膜反射原理,以近红外光源发出的光在用户眼睛角膜上形成的高亮度反射点作为参考点;当眼球转动注视屏幕上的不同位置时,由于眼球近似为球体,光斑不动,瞳孔相对光斑发生偏移;利用瞳孔中心和光斑的位置关系确定视线方向。

摄像机捕获的眼睛图像通过图像采集卡,送计算机进行图像处理,提取瞳孔、光斑信息,快速定位眼睛的位置。

（2）被动式头部跟踪。被动式头部跟踪一般以双摄像机系统为平台，该方法无需外加光源照射用户，以图像特征提取为基础，在画面中提取用户的头部区域，在头部区域内搜寻眼睛的位置，并以目标跟踪算法持续获取用户的头部及眼睛区域，进而结合立体视觉原理得到用户头部及眼睛的空间位置。

（3）SuperD 的跟踪定位技术。SuperD 的跟踪定位首先通过一个置于显示器面板中轴上方的摄像机来获取观看者的位置，并把这个位置转变为三维空间坐标，然后将坐标传递给像素排列算法，这个算法就会根据新的坐标计算出只符合这个位置的立体图像。目前只能跟踪定位个人。

SuperD 采用动态视差调整的技术，其目标是自动地根据显示屏的尺寸来决定如何调整已经被固定下来的视差，以符合当前显示屏下的最佳立体效果。

10.5.4　3D 图像数据压缩和传输

立体和多视图像具有较大的数据量。为有效利用传输带宽和存储空间，对立体图像进行压缩是非常必要的。立体图像除了图像序列在时间、空间的冗余性外，其左、右视图像间也有很强的相关性。通过除去冗余数据，可获得很高的压缩比。

1. MPEG-2 的多视类

MPEG-2 标准的多视类（Multi View Profile）中采用的方法是：编码器首先用单视视频编码算法压缩左视图像。对于右视图像中的每个图像块，根据预测误差最小的原则，在相同时间的不同视之间的视差补偿预测（Disparity Compensated Predication，DCP）与相同视的不同帧之间的运动补偿预测（Motion Compensation Prediction，MCP）之间进行切换。

用 MPEG-2 的时间可分级性（Temporal Scalability）把序列分成两个亚采样帧的集。基本层（比如，由偶帧组成）用单向 MCP 进行编码，其中参考帧是来自前面编码的偶帧。由剩余的奇帧组成的增强层用双向 MCP 进行编码，一个参考帧来自前面编码的奇帧，而另一个来自基本层中一个靠近的偶帧。图 10-45 说明了时间可分级性如何应用于一对立体视图像中。在这种情况下，左视图像被编码为基本层，而右视图像被编码为增强层。对于左视图像，用 I、B 或 P 模式进行编码。对于 B 和 P 图像，用于预测的参考帧只来自于左视图像。对于右视图像，用 P 或 B 模式进行编码，在 P 模式中，图像用左视图像中对应的帧作为参考帧进行预测编码。在 B 帧模式中，一个参考帧来自右视图像中前面的一帧，而另一参考帧是左视图像中对应的帧。后一种情况所用的运动矢量实际上是视差矢量，并且预测过程是视差补偿预测。

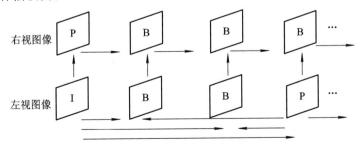

图 10-45　MPEG-2 的多视类

对于双向预测，根据哪一个提供最佳预测，使用来自参考帧的预测块或二者的平均。通常，同一视图内的相继帧之间的相似性高于左、右视图像中对应帧之间的相似性。基于块的视差模型的不足进一步限制了用 DCP 可获得的精度。由于这些因素，一般选择 MCP 而不选择 DCP，所以多视类的总体性能只稍微优于同时联播。在同时联播中，每个视图像是用 MPEG-2 主类单独编码的。

对于同时联播和 MPEG-2 多视类，一般一个视图像的编码质量大大低于另一个参考视图像的编码质量。这是因为立体图像的接收质量很大程度上是由一个具有较高质量的视决定的。在立体显示中，当一个视图像以足够的分辨率显示时，可以降低另一视图像的分辨率(直到一半)，不会引起清晰度主观印象的下降。在水平和垂直方向上把一个视图像的采样分辨率都减小一半，该视立即可以实现 4 倍的压缩。目前还不知道长时间这样观看时引起的视觉疲劳程度。

2. 采用"二维＋深度信息"编码

欧洲 ATTST 项目为 3D 电视开发了向后兼容(符合典型 DVB)的"二维＋深度信息"的压缩算法，它采用分层编码方法，将立体视频分为基础层和深度层。基础层采用 MPEG-2 对其进行编码，解码该编码视频流可以实现二维显示，实现向后兼容。对于深度层，其深度范围限定在 znea 和 zfa 之间，znea 和 zfa 用来表示摄像机相关 3D 点的最近和最远距离。深度范围被线性量化成 8 bit 的数值，即最近的点设为 255，最远的点设为 0，深度数据可以采用 MPEG-2/4/7 对其进行编码。编码彩色视频所用比特率的 10%～20% 就可以编码高品质的深度。立体解码器可以访问此层来解码深度码流，并利用二维视频和相应的深度信息创建生成一个具有立体感的图像。

2007 年年初 MPEG 制定 3DTV 基于二维＋深度信息的有关标准规定了一个相关的容器格式，称为"ISO/IEC23002-3 辅助视频和补充信息描述"，也被称为 MPEG-C 的第 3 部分视频加深度数据。传输被定义在一个单独的 MPEG 系统规范中，称为"ISO/IEC 13818-1:2003 辅助信息传输"。

在内容制作方面，飞利浦公司为用户提供了必要的技术和工具，可以将现有的二维节目源或新拍摄的三维节目源等制作成适合于飞利浦公司三维显示器播放的节目。

对于电脑图形三维节目内容，可采用飞利浦公司提供的插件将使用 3D Studio Max 或 Maya 软件制作的节目内容渲染输出成"二维＋深度信息"三维格式内容。

对于双镜头立体拍摄的三维节目源，BlueBox 和 RedBox 两种制作工具能将立体捕获的视频内容转换为"二维＋深度信息"格式的三维内容。其中，BlueBox 是离线(半自动)转换，适合于节目的后期制作，而 RedBox 是实时转换，适合于节目直播。

对于普通的二维节目源，可采用 BlueBox 进行离线(半自动)转换，制作成"二维＋深度信息"格式的三维内容。

3. 立体电视传输方法

立体电视传输方法主要有传输独立的左右视信号、传输时间交错的立体信号、传输空间交错的立体信号和传输二维＋数据信号。

1) 传输独立的左右视信号

这种方式采用两倍高清带宽同时传送两路独立编码却又同步的左右视信号，在接收端输出双路电视信号到拥有双电视解码器的显示器上，再通过佩戴眼镜的方式进行收看。这种方式可以兼容现有的二维电视机，看一路信号就是一个高清频道。这种方式无需对目前的广播电视基础设施做任何大的改动便可承载这种信号，但是传输所需的比特率也是二维高清电视信号的两倍。随着高清电视的发展，双倍高清电视信号同时传输对于当前的传输设备也是一个极大的挑战。

2）传输时间交错的立体信号

这种方式采用前面提到的运动补偿＋视差补偿的编码方法，编码后立体信号的比特率是二维高清电视信号的 1.7～1.9 倍，需要对当前的高清电视的基础设施进行升级才能传输这一信号，因此传输播放的成本将会加大，但能向后兼容二维显示。

为了实现在现有一路高清内对立体广播信号进行传输，提出了时间隔行扫描技术，但是传输的立体电视是半高清（Half HD）的图像质量，观看者通过快门眼镜进行观看，但不能实现向后兼容二维显示。实现的方法是将左眼图像与右眼图像分置于奇场和偶场。在显示端，使用场同步快门式立体眼镜与之相配合，将场垂直同步信号当做快门切换同步信号，显示奇场时，立体眼镜会遮住右眼，显示偶场时，切换遮住左眼，如此周而复始实现立体的观看效果。使用该方法图像垂直分辨力会减半。

3）传输空间交错的立体信号

这是利用空间多路复用在现有的一路高清通道内传输立体广播信号的方式，观看者通过偏光眼镜进行观看。这种方式的优点是实现方便简单，无需太大的投入，节省带宽；缺点是图像清晰度差，没有太大的发展空间，不利于今后的发展。尽管如此，该方式是现阶段国际上立体电视实现的重要传输方式之一。目前实现这种方式的方法有四种：左右（Side-by-Side）方法、上下（Top-and-Bottom）方法、隔行（Line Interleaved）方法和棋盘（Checkerboard）方法。

这种方式的另一不足之处是立体视频的传输格式与显示格式密不可分，也就是说特定的显示格式需要特定的传输格式来进行匹配。目前国际上开播的立体电视大都采用左右方法。

4）传输二维＋数据信号

这种传输方式有传输二维＋差异、二维＋深度、二维＋DOT（数据是指差异、深度和Dot）。

（1）传输二维＋差异。"二维＋差异"（或"二维＋Delta"）的方法，左视图像被选作二维视频，以常规方式编码，仅有二维解码器的观看者能够正常观看二维视频。立体解码器使用差异信号对二维视频进行修正，重新创建右视图像，从而实现全高清分辨力的立体信号。

差异信号可以采用如 MPEG – 4 Stereo High Profile 或其它数据压缩形式进行压缩，总比特率约为单个二维视频的 1.4～1.8 倍。

（2）传输二维＋深度信息。采用这种方式，仅有二维视频解码器的观众可以正常观看二维视频，实现了二维视频的后向兼容。如果拥有立体解码器，立体解码器则会利用二维视频和相应的深度信息创建立体视频的左右视图像，实现立体观看的效果。

除了后向兼容，这种方法最大的优点是十分利于传输和存储，只需要附加不多的信息量就可以实现立体观看的效果，有人估算，二维加深度信号需要的比特率是单独的二维高清信号的 1.2～1.6 倍。此外，观看者还能够根据自己的喜好调节深度感觉的程度，这样有助于缓解眼睛的疲劳。这种方法的不足之处是深度图很难获得并且精度不高，对于实时事件尤其如此，如何获取高精度的深度图是这种方式未来发展的关键。

（3）传输二维＋Dot。二维＋深度方法的延伸是"二维＋Dot"，即二维图像加深度、遮挡和透明度数据这些附加的信息能够支持承载多视图视频，即从各个不同角度而不只是从静态的左右眼的视角观看镜头的信息。因此，多视图数据集原则上可以让拥有合适的解码和显示装置的观看者获得更多真正的三维立体体验，当观看者转动头部改变视角时，镜头也会随之变化。

有效支持此类数据表现形式所需的压缩技术仍处于早期的发展阶段。假设技术发展成熟，所需的总比特率约为二维信号的 2 倍。数据压缩只是问题的一个方面，比简单的深度图更难的在于实时地创建准确的深度、遮挡和透明度数据。此外，能够支持立体及更多形式视图观看的显示器装置仍然需要一定的时间才能以消费者可接受的价格出现在市场上。

思考题和习题

10－1　A/V 端子的红、黄、白三个 RCA 插头各应接什么信号？

10－2　DVI 采用什么信号作为基本电气连接？采用什么连接器？是怎样防止传送的内容被复制或非法使用的？

10－3　与 DVI 相比，HDMI 有哪些新功能？

10－4　简述扭曲向列型显示器的工作原理。

10－5　为什么液晶电视机的视频放大级应有一个 $\gamma=2.2$ 的非线性校正电路？

10－6　OLED 器件有哪几层有机材料？

10－7　OLED 器件的颜色由什么决定？

10－8　眼镜式 3D 有哪三种主要的类型？

10－9　裸眼 3D 主要有哪四种技术？

10－10　柱面透镜光栅如何实现 3D 显示与 2D 显示的兼容？

附录 A　模拟电视基础

数字电视是在模拟电视的基础上发展起来的，要学习数字电视必须首先熟悉模拟电视的基本原理。附录 A 介绍色度学和模拟电视的基础知识，已经掌握这些知识的读者可以不看这些内容。

A.1　彩色与视觉特性

电视图像是一种光信号，在介绍彩色电视之前，应该了解光和色度学的基本知识。

A.1.1　光的性质

1. 可见光谱

光是一种电磁辐射。电磁辐射的波长范围很宽，按波长从长至短的顺序排列起来有无线电波、红外线、可见光、紫外线、X 射线和宇宙射线等。附图 A-1 是电磁波按波长的顺序排列的情况，称作电磁波谱。波长在 380～780 nm 范围内的电磁波能够使人眼产生颜色感觉，称为可见光。可见光在整个电磁波谱中只占极小一段。可见光谱的波长由 780 nm 向 380 nm 变化时，人眼产生的颜色感觉依次是红、橙、黄、绿、青、蓝、紫七色。一定波长的光谱呈现的颜色称为光谱色。太阳光包含全部可见光谱，给人以白色的感觉。

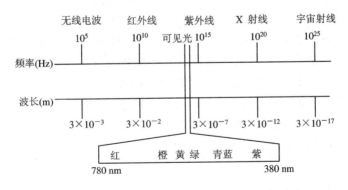

附图 A-1　电磁辐射波谱

对于光谱完全不同的光，人眼有时会有相同的色感。用波长 540 nm 的绿光和 700 nm 的红光按一定比例混合可以使人眼得到 580 nm 黄光的色感。这种由不同光谱混合出相同色光的现象叫同色异谱。

2. 物体的颜色

物体分为发光体与不发光体。发光体的颜色由它本身发出的光谱所确定。例如,白炽灯发黄、荧光灯发白就是因为它们有其特定的光谱色。

不发光体的颜色与照射光的光谱和不发光体对照射光的反射、透射特性有关。红旗反射太阳光中的红色光、吸收其它颜色的光而呈红色;绿叶反射绿色的光、吸收其它颜色的光而呈绿色;白纸反射全部太阳光而呈白色;黑板能吸收全部太阳光而呈黑色。绿叶拿到暗室的红光下观察时变成了黑色,是因为红光源中没有绿光成分,树叶吸收了全部红光而呈黑色。

3. 标准光源

物体的颜色也受光源的影响。在彩色电视系统中,用标准白光作为照明光源。

绝对黑体所辐射的光谱与它的温度密切相关。绝对黑体的温度越高,辐射的光谱中蓝色成分越多,红色成分越少。标准光源的可见光谱与某温度的绝对黑体辐射的可见光谱相同或相近时,绝对黑体的温度称为该光源的色温,单位以绝对温度开氏度(K)表示。

色温与光源的实际温度无关,彩色电视机荧光屏的实际温度为常温,而其白场色温是6500 K。

常用的标准白光有 A、B、C、D 和 E 共五种光源。A 光源是色温为 2854 K 的白光,光谱偏红,相当于充气钨丝白炽灯所产生的光;B 光源是色温为 4874 K 的白光,近似于中午直射的太阳光;C 光源是色温为 6774 K 的白光,相当于白天的自然光,是 NTSC 制彩色电视的白光标准光源;D 光源是色温为 6504 K 的白光,相当于白天的平均光照,是 PAL 制彩色电视的白光标准光源;E 光源是色温为 5500 K 的等能量白光(E 白),它是为简化色度学计算而采用的一种假想光源,实际并不存在。

电视演播室内的卤钨灯光源的色温为 3200 K,有体积小、亮度高、寿命长、色温稳定等优点。

A.1.2 人眼的视觉特性

1. 视觉灵敏度

人眼对不同波长光的灵敏度是不同的。经过对各种类型人的视觉灵敏度实验进行统计,国际照明委员会推荐标准视敏度曲线,也称相对视敏函数曲线,如附图 A-2 中的 $V(\lambda)$。该曲线表明了具有相等辐射能量、不同波长的光作用于人眼时,引起的亮度感觉是不一样的。人眼最敏感的光波长为 555 nm,颜色是草绿色,这一区域的颜色人眼看起来不易疲劳。在 555 nm 两侧,随着波长的增加或减少,亮度感觉逐渐降低。在可见光谱范围之外,辐射能量再大,人眼也是没有亮度感觉的。

2. 彩色视觉

人眼视网膜上有大量的光敏细胞,按形状分为杆状细胞和锥状细胞。杆状细胞灵敏度很高,但对彩色不敏感,人的夜间视觉主要靠它起作用,因此,在暗处只能看到黑白形象而无法辨别颜色。锥状细胞既可辨别光的强弱,又可辨别颜色,白天视觉主要由它来完成。关于彩色视觉,科学家曾做过大量实验并提出了视觉三色原理的假设,认为锥状细胞又可分成三类,分别称为红敏细胞、绿敏细胞和蓝敏细胞,它们各自的相对视敏函数曲线分别

为 $V_R(\lambda)$、$V_G(\lambda)$ 和 $V_B(\lambda)$，如附图 A-2 所示，其峰值分别在 580 nm、540 nm、440 nm 处。$V_B(\lambda)$ 曲线幅度很低，已将其放大 20 倍。三条曲线的总和等于相对视敏函数曲线 $V(\lambda)$。三条曲线是部分交叉重叠的，很多单色光同时处于两条曲线之下，例如，600 nm 的单色黄光就处在 $V_R(\lambda)$ 和 $V_G(\lambda)$ 曲线之下，所以 600 nm 的单色黄光既激励了红敏细胞，又激励了绿敏细胞，引起混合的感觉。当混合红绿光同时作用于视网膜时，分别使红敏细胞和绿敏细胞同时受激励，只要混合光的比例适当，所引起的彩色感觉可以与单色黄光引起的彩色感觉完全相同。

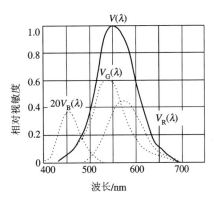

附图 A-2　标准视敏度曲线

不同波长的光对三种细胞的刺激量是不同的，产生的彩色视觉也各异，人眼因此能分辨出五光十色的颜色。在电视技术中利用了这一原理，在图像重现时，不是重现原来景物的光谱分布，而是利用三种相似于红、绿、蓝锥状细胞特性曲线的三种光源进行配色，使其在色感上得到相同的效果。

3. 分辨力

分辨力是指人眼在观看景物时对细节的分辨能力。对人眼进行分辨力测试的方法如附图 A-3 所示，在眼睛的正前方放一块白色的屏幕，屏幕上面有两个相距很近的小黑点，逐渐增加画面与眼睛之间的距离，当距离增加到一定长度时，人眼就分辨不出有两个黑点存在，感觉只有一个黑点，这说明眼睛分辨景物细节的能力有一个极限值，我们将这种分辨细节的能力称为人眼的分辨力或视觉锐度。分辨力的定义是：眼睛对被观察物上相邻两点之间能分辨的最小距离所对应的视角 θ 的倒数，即

$$分辨力 = \frac{1}{\theta} \tag{A-1}$$

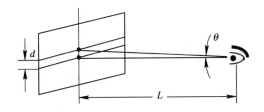

附图 A-3　人眼的分辨力

如附图 A-3 所示，用 L 表示眼睛与图像之间的距离，d 表示能分辨的两点间的最小距离，则有

$$\frac{d}{\theta} = \frac{2\pi L}{360 \times 60}$$

$$\theta = 3438 \frac{d}{L}（单位为 '） \tag{A-2}$$

人眼的最小视角取决于相邻的视敏细胞之间的距离。对于正常视力的人，在中等亮度情况下观看静止图像时，θ 为 $1'\sim1.5'$。分辨力在很大程度上取决于景物细节的亮度和对

比度，当亮度很低时，锥状细胞不起作用，视力很差；当亮度过大时，由于眩目现象，视力反而有所下降。细节对比度越小，分辨力越低。在观看运动物体时，分辨力更低。

人眼对彩色细节的分辨力比对黑白细节的分辨力低。例如，黑白相间的等宽条子，相隔一定距离观看时，刚能分辨出黑白差别，如果用红绿相间的同等宽度条子替换它们而其它条件不变，人眼会分辨不出红绿之间的差别，感觉是一片黄色。实验还证明，人眼对不同彩色的分辨力也各不相同。如果眼睛对黑白细节的分辨力定义为100%，则实验测得人眼对黑绿、黑红、黑蓝、红绿、红蓝、绿蓝细节的相对分辨力为94%、90%、26%、40%、23%、19%。

因为人眼对彩色细节分辨能力较差，所以在彩色电视系统中传送彩色图像时，只传送黑白图像细节，而不传送彩色细节，这样可减少色信号的带宽，这就是大面积着色原理的依据。

4. 视觉惰性

人眼的亮度感觉总是滞后于实际亮度的，这一特性称为视觉惰性或视觉暂留。

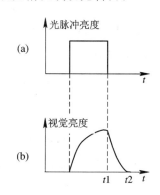

附图 A-4(a)表示作用于人眼的光脉冲亮度。附图 A-4(b)表示这个光脉冲造成的主观亮度感觉，它滞后于实际的光脉冲。光脉冲消失后，亮度感觉还要过一段时间才能消失。附图 A-4(b)中的 $t1 \sim t2$ 就是视觉暂留时间。在中等亮度的光刺激下，视力正常的人的视觉暂留时间约为 0.1 s。

人眼受到频率较低的周期性的光脉冲刺激时，会感到一亮一暗的闪烁现象。如果将重复频率提高到某个一定值以上，由于视觉惰性，眼睛就感觉不到闪烁了。不引起闪烁感觉的最低重复频率，称为临界闪烁频率。临界闪烁频率与很多因素有关，其中最重要的是光脉冲亮度，随着光脉冲亮度的提高，临界闪烁频率也将提高。临界闪烁频率还与亮度的变化幅度有关。亮度变化幅度越大，临界闪烁

附图 A-4　人眼的视觉惰性
(a) 作用于人眼的光脉冲亮度；
(b) 主观亮度感觉

频率越高。人眼的临界闪烁频率约为 46 Hz。对于重复频率在临界闪烁频率以上的光脉冲，人眼不再感觉到闪烁，这时主观感觉的亮度等于光脉冲亮度的平均值。

A.1.3　色度学

1. 彩色三要素

描述一种色彩时需要用到亮度、色调和饱和度三个基本参量，这三个参量称为彩色三要素。

亮度反映光的明亮程度。同色光辐射的功率越大，亮度越高。不发光物体的亮度取决于它所反射的光功率的大小。若照射物体的光强度不变，物体的反射性能越好，物体就越明亮。对于一定的物体，照射光越强，物体就越明亮。

色调反映彩色的类别，例如红、橙、黄、绿、青、蓝、紫等不同颜色。发光物体的色调由光的波长决定，不发光物体的色调由照明光源和该物体的反射或透射特性共同决定。

　　色饱和度反映彩色光的深浅程度。深红、粉红是两种不同饱和度的红色，深红色饱和度高，粉红色饱和度低。饱和度与彩色光中的白光比例有关，白光比例越大，饱和度越低。高饱和度的彩色光可加白光来冲淡成低饱和度的彩色光。饱和度最高的称为纯色或饱和色。谱色光就是纯色光，其饱和度为 100%。饱和度低于 100% 的彩色称为非饱和色。日常生活中所见到的大多数彩色是非饱和色。白光的饱和度为 0。

　　色饱和度和色调合称为色度，它表示彩色的种类和彩色的深浅程度。

2. 三基色原理

　　根据人眼的视觉特性，在电视机中重现图像时并不要求完全重现原景物反射或透射光的光谱成分，而只需获得与原景物相同的彩色感觉即可。因此，仿效人眼的三种锥状细胞可以任选三种基色，三种基色必须是相互独立的，即任一种基色都不能由其它两种基色混合得到，将它们按不同比例进行组合，可得到自然界中绝大多数的彩色。具有这种特性的三个单色光叫基色光，这三种颜色叫三基色。总结出的三基色原理是：自然界中绝大多数的彩色可以分解为三基色，三基色按一定比例混合，可得到自然界中绝大多数的彩色。混合色的色调和饱和度由三基色的混合比例决定，混合色的亮度等于三种基色亮度之和。

　　因为人眼的三种锥状细胞对红光、绿光和蓝光最敏感，所以在红色、绿色和蓝色光谱区中选择三个基色按适当比例混色可得到较多的彩色。在彩色电视中，选用了红、绿、蓝作为三基色，分别用 R、G、B 来表示。国际照明委员会(CIE)选定了红基色的波长为 700 nm，绿基色的波长为 546.1 nm，蓝基色的波长为 435.8 nm。

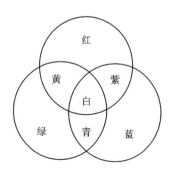

附图 A - 5　相加混色

　　三基色原理是彩色电视技术的基础。摄像机把图像分解成三基色信号，电视机又用三基色信号配出原图像的色彩，图像信息的传送变得容易实现。三基色光相混合得到的彩色光的亮度等于三种基色亮度之和，这种混色称为相加混色。将三束等强度(相同单位量)的红、绿、蓝圆形单色光同时投射到白色屏幕上时，呈现出的三基色圆图混合规律如附图 A - 5 所示，也可描述如下：

　　　　红色＋绿色＝黄色
　　　　绿色＋蓝色＝青色
　　　　蓝色＋红色＝紫色
　　　　红色＋绿色＋蓝色＝白色

适当改变三束光的强度，可以得到所有自然界中常见的彩色光。

通过实验还可得到：

　　　　红色＋青色＝白色
　　　　绿色＋紫色＝白色
　　　　蓝色＋黄色＝白色

当两种颜色混合得到白色时，这两种颜色称为互补色。红与青互为补色，绿与紫互为补色，蓝与黄互为补色。

　　在彩色电视技术中，常用以下两种简接相加混色法：

　　(1) 空间混色法：同时将三种基色光分别投射到同一表面上彼此相距很近的三点上，由于人眼的分辨力有限，能产生三种基色光混合的色彩感觉。空间混色法是同时制彩色电视的基础。

（2）时间混色法：将三种基色光轮流投射到同一表面上，只要轮换速度足够快，由于视觉惰性，就能得到相加混色的效果。时间混色法是顺序制彩色电视的基础。

3. 颜色的度量

1）配色实验

给定一种彩色光，可通过配色实验来确定其所含三基色的比例，配色实验装置如附图 A-6 所示。实验装置是由两块互成直角的理想白板将观察者的视场一分为二，在一块白板上投射待配色，在另一块白板上投射三基色。调节三基色光的强度，直至两块白板上的彩色光引起的视觉效果完全相同。记下三基色调节器上的光通量读数，便可写出配色方程：

$$F = R(R) + G(G) + B(B) \tag{A-3}$$

式中：F 为任意一个彩色光；(R)、(G)、(B) 为三基色单位量；R、G、B 为三色分布系数。要配出彩色量 F，必须将 R 单位的红基色、G 单位的绿基色和 B 单位的蓝基色加以混合，R、G、B 的比例关系确定了所配彩色光的色度（包含色调和饱和度），R、G、B 的数值确定了所配彩色光的光通量（亮度）。$R(R)$、$G(G)$、$B(B)$ 分别代表彩色量 F 中所含三基色的光通量成分，又称彩色分量。

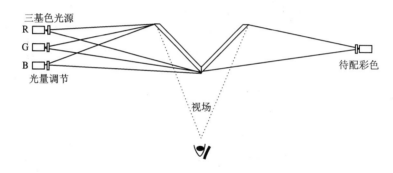

附图 A-6　配色实验

配成标准白光 $E_白$ 所需红、绿、蓝三基色的光通量比为 $1 : 4.5907 : 0.0601$。

为了简化计算，规定红基色光单位量的光通量为 1 lm，则绿基色光和蓝基色光单位量的光通量分别为 4.5907 lm 和 0.0601 lm。lm 即流明，是光通量的单位。

2）XYZ 制色度图

配色实验的物理意义很明确，但进行定量计算却比较复杂，实际使用很不方便，为此进行了坐标变换：

$$\begin{cases} (X) = 0.4185(R) - 0.0912(G) + 0.0009(B) \\ (Y) = -0.1587(R) + 0.2524(G) + 0.0025(B) \\ (Z) = -0.0828(R) + 0.0157(G) + 0.1786(B) \end{cases} \tag{A-4}$$

在 XYZ 计色制中，任何一种彩色的配色方程式可表示为

$$F = X(X) + Y(Y) + Z(Z) \tag{A-5}$$

式中：X、Y、Z 为标准三色系数；(X)、(Y)、(Z) 为标准三基色单位。

在 XYZ 计色制中标准三色系数均为正数，系数 Y 的数值等于合成彩色光的全部亮度，系数 X、Z 不包含亮度，合成彩色光色度仍由 X、Y、Z 的比值决定。当 $X = Y = Z$ 时，可配

出等能白光 $E_白$。

色度是由三色系数 X、Y、Z 的相对值确定的，与 X、Y、Z 的绝对值无关。如果仅考虑色度值，则可以用三色系数的相对值表示：

$$\begin{cases} m = X + Y + Z \\ x = \dfrac{x}{x+y+z} = \dfrac{x}{m} \\ y = \dfrac{y}{x+y+z} = \dfrac{y}{m} \\ z = \dfrac{z}{x+y+z} = \dfrac{z}{m} \end{cases} \tag{A-6}$$

式中：m 为色模，表示某彩色光所含标准三基色单位的总量，它与光通量有关，对颜色不发生影响；x、y、z 为相对色度系数，又叫色度坐标。

由式（A-6）可知：

$$x + y + z = 1 \tag{A-7}$$

式（A-7）表明，当某一彩色量 F 的相对色度系数 x、y 已知时，则 z 也为已知，即 z 是一个非独立的参量。这样就可将由配色实验得到的数据，换算成 x、y 坐标值，并画出其平面图形，即 $x-y$ 标准色度图，如附图 A-7 所示。

在 $x-y$ 色度图中，所有光谱色都在附图 A-7 所示的舌形曲线上。曲线上各点的单色光既可用一定的波长来标记，也可用色度坐标表示，该曲线亦称为光谱色曲线。

舌形曲线下面不是闭合的，用直线连接起来，则自然界中所有实际彩色都包含在这封闭的曲线之内。

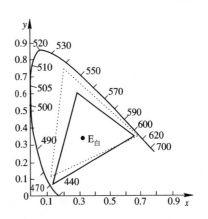

附图 A-7 标准色度图和显像三基色

$E_白$ 点的坐标为 $x=1/3$、$y=1/3$，谱色曲线上任意一点与 $E_白$ 点的连线称为等色调线。该线上所有的点都对应同一色调的彩色，线上的点离 $E_白$ 点越近，该点对应的彩色的饱和度就越小。

谱色曲线内任意两点表示了两种不同的彩色，这两种彩色的全部混色都在这两点的连线上。合成光的点离这两点的距离与这两种彩色在合成光中的强度成反比。

在谱色曲线内，任取三点所对应的彩色作基色混合而成的所有彩色都包含在以这三点为顶点的三角形内。三角形外的彩色不能由此三基色混合得到。因此，彩色电视选择的三基色应在色度图上有尽量大的三角形面积。

4. 显像三基色和亮度公式

1）显像三基色

彩色电视重现图像是靠彩色显像管屏幕上三种荧光粉在电子束轰击下发出的红、绿、蓝三种基色光混合而得到的，这三种基色称为显像三基色。我们希望选出的显像三基色在色度图上的三角形面积尽可能大些，这会使混合出来的色彩更丰富；同时还要求荧光粉的发光效率尽可能高。

不同彩色电视制式所选用的显像三基色是不同的，选用的标准白光也不一样。NTSC制和PAL制采用的显像三基色和标准白光的色度坐标如附表 A-1 所示，它们在色度图中的位置分别见附图 A-7 中的虚线三角形和实线三角形。

附表 A-1　显像三基色和标准白光的色度坐标

制　式		NTSC 制				PAL 制			
基色和标准白光		R_{e1}	G_{e1}	B_{e1}	$C_白$	R_{e2}	G_{e2}	B_{e2}	D_{65}
色度坐标	x	0.67	0.21	0.14	0.31	0.64	0.29	0.15	0.313
	y	0.33	0.71	0.08	0.316	0.33	0.6	0.06	0.329

2）亮度公式

由显像三基色和标准白光的色度坐标经线性矩阵变换可导出 NTSC 制中显像三基色 R_{e1}、G_{e1}、B_{e1} 和 X、Y、Z 之间的关系式：

$$\begin{cases} X = 0.607R_{e1} + 0.174G_{e1} + 0.200B_{e1} \\ Y = 0.299R_{e1} + 0.587G_{e1} + 0.114B_{e1} \\ Z = 0.000R_{e1} + 0.066G_{e1} + 1.116B_{e1} \end{cases} \quad (A-8)$$

Y 代表彩色的亮度，由显像三基色配出的任意彩色光的亮度为

$$Y = 0.299R_{e1} + 0.587G_{e1} + 0.114B_{e1} \quad (A-9)$$

通常简化为

$$Y = 0.3R + 0.59G + 0.11B \quad (A-10)$$

式（A-10）称为亮度公式。

由附表 A-1 可知，在 PAL 制彩色电视中，选用的显像三基色和标准白光的色度坐标与 NTSC 制不一样，因此导出的亮度公式的系数有所不同。但是二者差别不大，所以在 PAL 制中也采用式（A-10）作为亮度公式。

A.2　电视图像的传送原理

A.2.1　电视传像原理

电视广播用无线电波传送活动图像和伴音，传送伴音要把随时间变化的声能变成电信号传送出去，接收时接收机再把电信号转换为声音。图像的亮度信息与空间位置有关且随时间变化，要传送活动图像，在发送端要把亮度信息从空间、时间的多维函数变成时间的单维函数电信号。

人眼的分辨力是有限的，当图像上两个点构成的视角小于 1′时，眼睛已不能将这两点区分开来。根据这一视觉特性，我们可以将一幅空间上连续的黑白图像分解成许多小单元，这些小单元面积相等，分布均匀，明暗程度不同。大量的单元组成了电视图像，这些单元称为像素。报纸上的照片就是这样构成的，在近距离仔细观察时，可以看到画面由许多小黑点组成；当离开一定距离观看时，看到的是一幅完整的照片。单位面积上的像素数越

多，图像越清晰。一幅高质量的图像有几十万个像素，要用几十万个传输通道来同时传送图像信号是不可能的。由于人眼的视觉惰性，可以把图像上各像素的亮度信号按从左到右、从上到下的顺序一个一个地传送。电视接收机按发送端的顺序依次将电信号转换成相应亮度的像素，只要在视觉暂留的 0.1 s 时间里完成一幅图像所有像素的电光转换，那么人眼感觉到的就是一幅完整的图像。利用视觉惰性，我们同样可以把连续动作分解为一连串稍有差异的静止图像。

利用人眼的视觉惰性和有限分辨力，可将活动图像分解为一连串的静止图像，静止图像又可分解为像素，只要在(1/50) s 的时间里，发送端能依次对一幅图像所有像素的亮度信息进行光电转换，接收端依次重现相应亮度的像素，就可以完成活动图像的传输。这种将图像分解成像素后顺序传送的方法叫做顺序传送原理。

1. 逐行扫描

电视广播的原理是在电视发送端用摄像器件实现光电转换，在接收端用显像管实现电光转换。荧光粉在电子束的冲击下会发光，将其涂在玻璃屏上可构成电视显像管的荧光屏。荧光屏的发光强弱取决于冲击电子的数量与速度，只要用代表图像的电信号去控制电子束的强弱，再按规定的顺序扫描荧光屏，便能完成由电到光的转换，重现电视图像。显像管中的电子束扫描是通过偏转线圈实现的。

假定在水平偏转线圈里通过如附图 A-8(a)所示的锯齿形电流，当 $t1\sim t2$ 期间电流线性增大时，电子束在磁场的作用下从左向右作匀速扫描，这称为行扫描正程。当 $t2$ 时刻正程结束时，电子束扫到屏幕的最右边。在 $t2\sim t3$ 期间偏转电流快速线性减小，电子束从右向左迅速扫描，这称为行扫描逆程。当 $t3$ 时刻逆程结束时，电子束又回扫到屏幕的最左边。电子束在水平方向往返一次所需的时间为行扫描周期。行扫描周期 T_H 等于行正程时间 T_{HF} 和行逆程时间 T_{HR} 之和。行扫描周期的倒数就是行扫描频率 f_H。

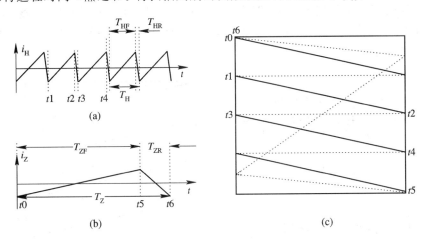

附图 A-8　逐行扫描电流和光栅
(a) 行扫描电流；(b) 帧扫描电流；(c) 扫描光栅

假定在垂直偏转线圈里通过如附图 A-8(b)所示的锯齿形电流，电子束在磁场的作用下将自上而下，再自下而上扫描，形成帧扫描的正程和逆程，帧扫描的周期 T_Z 等于帧正程时间 T_{ZF} 和帧逆程时间 T_{ZR} 之和。帧扫描周期的倒数就是帧扫描频率 f_Z。帧扫描频率 f_Z 远

低于行扫描频率 f_H。

如果把行偏转电流 i_H 和帧偏转电流 i_Z 同时分别输入水平和垂直偏转线圈里，则电子束同时沿水平方向和垂直方向扫描，在屏幕上显示出如附图 A-8(c) 所示的光栅。由于行扫描时间比帧扫描时间短得多，且整个屏幕高度有 600 多条扫描线，因此电视机的扫描线看起来是水平直线。这种电子束从图像上端开始，从左到右、从上到下以均匀速度依照顺序一行紧跟一行地扫完全帧画面的扫描方式，称为逐行扫描。

逆程扫描线会降低图像质量，故在行、帧逆程期间可用消隐脉冲截止扫描电子束，使逆程扫描线消失。为了提高效率，正程扫描时间应占整个扫描周期的大部分。电视标准规定了行逆程系数 α 和帧逆程系数 β：

$$\alpha = \frac{T_{HR}}{T_H} = 18\%$$

$$\beta = \frac{T_{ZR}}{T_Z} = 8\%$$

在逐行扫描中，所有帧的光栅都应相互重合，这就要求帧扫描周期 T_Z 是行扫描周期 T_H 的整数倍，也就是每帧的扫描行数 Z 为整数，$T_Z = Z T_H$，$f_H = Z f_Z$。

2. 隔行扫描

电视图像为了保证有足够的清晰度，扫描行数需在 600 左右；为了保证不产生闪烁感觉，帧扫描频率应在 48 Hz 以上。这就使图像信号的频带很宽，设备很复杂。隔行扫描在不增加带宽的前提下，保证有足够的清晰度又避免了闪烁现象。

隔行扫描就是把一帧图像分成两场来扫：第一场扫描 1、3、5 等奇数行；称为奇数场；第二场扫描 2、4、6 等偶数行，称为偶数场。每帧图像经过两场扫描后，所有像素全部被扫描完。偶数场扫描线正好嵌在奇数场扫描线的中间，如附图 A-9(c) 所示。我国电视标准规定，每秒传送 25 帧，每帧图像为 625 行，每场扫描 312.5 行，每秒扫描 50 场。场频为 50 Hz，不会有闪烁现象；一帧由两场复合而成，每帧画面仍为 625 行，图像清晰度没有降低，而频带却压缩一半。

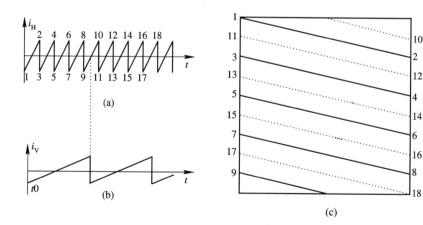

附图 A-9 隔行扫描电流和光栅

（a）行扫描电流；（b）场扫描电流；（c）扫描光栅

附图 A-9(a)是行扫描电流波形,附图 A-9(b)是场扫描电流波形。为了简化,图中未画出行、场扫描的逆程时间。一帧光栅由 9 行组成,附图 A-9(c)中奇数场光栅用实线表示,偶数场光栅用虚线表示。奇数场结束时正好扫完第 5 行的前半行,偶数场一开始扫描第 5 行的后半行,偶数场第一整行(第 6 行)起始时垂直方向正好扫过半行,插在第 1 行和第 2 行的中间,形成隔行扫描。由此可见,隔行扫描要将偶数场光栅嵌在奇数场光栅中间,每帧的扫描行数必须是奇数。

3. CCD 摄像机的光电转换

20 世纪 80 年代,CCD(Charge Coupled Devices,电荷耦合器件)制成的固体摄像机已经开始使用。固体摄像机的寿命很长,能够经受强烈的震动而不损坏,工作电压又很低,体积小、重量轻,而且均匀性好,几乎没有几何失真,这些突出的优点使 CCD 固体摄像机现在完全代替了真空摄像管摄像机。

1)势阱

附图 A-10 所示的是由 P 型半导体、二氧化硅绝缘层和金属电极组成的 MOS 结构。在电极上未加电压之前,如附图 A-10(a)所示,P 型半导体中的空穴均匀分布;当栅极 G 上加正电压 U_G 时,栅极下面的空穴受到排斥,从而形成一个耗尽层,见附图 A-10(b);当 U_G 数值高于某一临界值 U_{th} 时,在半导体内靠近绝缘层的界面处将有自由电子出现,形成一层很薄的反型层,反型层中电子密度很高,通常称为沟道,如附图 A-10(c)所示。这种 MOS 电极结构与 MOS 场效应管的不同之处是没有源极和漏极,因此即使栅极电压脉冲式突变到高于临界值 U_{th} 时,反型层也不能立即形成,这时,耗尽层将进一步向半导体深处延伸。

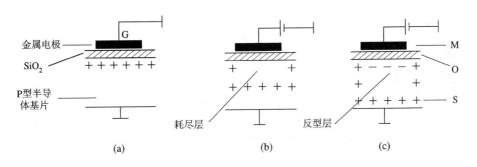

附图 A-10 MOS 结构与势阱

(a) $U_G=0$;(b) $U_G<U_{th}$;(c) $U_G>U_{th}$

耗尽层的深度可想象成势阱的概念。当注入电子形成反型层时,加在耗尽层上的电压将要下降,把耗尽层想象成一个容器(阱),这种下降可看成向阱内倒入液体,势阱中的电子不能装到边沿。

2)电荷的转移(耦合)

附图 A-11 是三个电荷包在四相时钟 Φ1~Φ4 驱动下向前转移的示意图。附图 A-11 上部是四相时钟 Φ1~Φ4 的波形,附图 A-11 下部第一行是电极,所有标志为 Φ1 的电极应全部连在一起接到 Φ1 波形的驱动线上,标志为 Φ2 的电极应全部连在一起接到 Φ2 波形的驱动线上,所有标志为 Φ3 的电极应全部连在一起接到 Φ3 波形的驱动线上,标志为 Φ4

的电极应全部连在一起接到 Φ4 波形的驱动线上。第二行是 $t1$ 时刻三个电荷包的位置，它们由四相时钟驱动，逐步向右移动。$t2\sim t6$ 各个时刻的电荷包位置如下面各行所示。CCD 中的电荷就这样在四相时钟的驱动下向前转移。

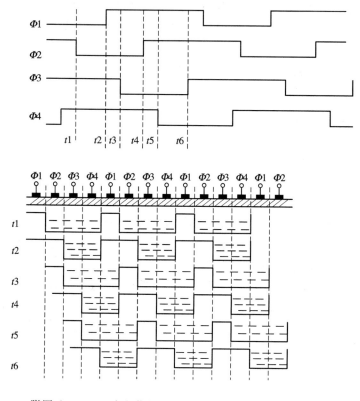

附图 A-11　三个电荷包在时钟 Φ1～Φ4 的驱动下向前转移

3）面阵 CCD 的三种基本类型

CCD 作为摄像机中的光电传感器，必须能接收一幅完整的光像，每个像素对应一个 CCD 光敏单元，所以 CCD 必须排列成二维阵列的形式，称为面阵 CCD。面阵 CCD 的每列都是一个如前所述的线阵 CCD 移位寄存器，而列之间有由扩散形成的阻挡信号电荷的势垒（叫做沟阻），可以防止电荷从与转移方向相垂直的方向流走。面阵 CCD 有下面三种基本类型：

（1）FT 型（Frame Transfer，帧转移型）。帧转移型面阵 CCD 如附图 A-12(a) 所示，摄像器件分为光敏成像区和存储区两部分。场正程期间，在光敏成像区每个单元积累信号电荷；在场消隐期间由垂直 CCD 移位寄存器把信号电荷全部高速传送到存储区，存储区的信号在每一行消稳期间向前推进一行；在行正程期由水平 CCD 移位寄存器逐像素读出。

帧转移型 CCD 在帧转移期间，全部电荷在成像区移动，一列中的每一个像素都被这列中后面的其它像素的光线照射过，因此景物中的亮点就会在图像上产生一条垂直亮带，这个现象称为拖尾。

（2）IT 型（Interline Transfer，行间转移型）。行间转移型面阵 CCD 如附图 A-12(b) 所示。摄像器件的光敏成像部分和存储部分以垂直列相间的形式组合。场正程期间在成像列积累信号电荷，场消隐期间一次转移到相应的存储列上。存储列的信号在每一行消隐期间沿垂直方向下移一个单元，在行正程期间由水平 CCD 移位寄存器逐像素读出信号。

　　行间转移型 CCD 的电荷包在存储列中每行时间移动一行距离，经过一场才能将全部电荷移出，虽然存储列采用光屏蔽，但斜射光和多次反射光仍会形成假信号而产生拖尾。

　　（3）FIT 型（帧行间转移型）。帧行间转移型面阵 CCD 如附图 A－12(c)所示。成像区与行间转移型 CCD 相似，成像区与存储区的关系与帧转移型 CCD 相似。电荷包从成像区向存储区转移是在场消隐期间进行的，而且是在光屏蔽的存储列中进行的，拖尾基本上不存在。

光敏区

存储区

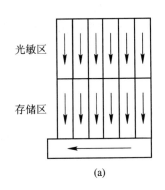　　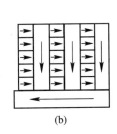　　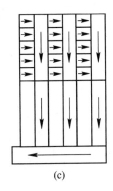

　　　　　(a)　　　　　　　　　　　(b)　　　　　　　　　　　(c)

附图 A－12　面阵 CCD 的三种基本类型

（a）帧转移型面阵 CCD；（b）行间转移型面阵 CCD；（c）帧行间转移型面阵 CCD

4. CMOS 摄像机的光电转换

　　与 CCD 相比，CMOS 传感器最明显的优势是器件结构简单、体积小、功耗低、性价比高、易于控制。由于 CMOS 传感器像素尺寸小，具有较高的集成度，可以将模/数转换和控制芯片集成在一起，图像数据不必在复杂的电路中传来送去，因此极大地提高了捕获信息的速度。

　　CMOS 图像传感器有 PPS(Passive Pixel Sensor，无源像素图像传感器)、APS(Active Pixel Sensor，有源像素图像传感器)和 DPS(Digital Pixel Sensor，数字像素图像传感器)三种基本类型。

　　1）PPS

　　无源像素图像传感器的像元结构简单，没有信号放大作用，是由一个反向偏置的光敏二极管和一个行选择开关管 Tx 构成的，附图 A－13 是无源像素传感器结构示意图。图中 PD(Photo Diode)是光电二极管。

附图 A－13　无源像素传感器结构示意图

　　光敏二极管将入射的光信号转换为电信号，开关管 Tx 的导通与否取决于器件像元阵列的控制电路。在每一曝光周期开始时，Tx 处于关断状态；直至光敏单元完成预定时间的光电积分过程，Tx 才转入导通状态。此时，光敏二极管与垂直的列线连通，光敏单元中积累的与光信号成正比的光生电荷被送往列线，由位于列线末端的电荷积分放大器转换为相应的电压量输出。当光敏二极管中存储的信号电荷被读出时，再由控制电路往列线加上一定的复位电压使光敏电源恢复初始状态，随即再将 Tx 关断以备进入下一个曝光周期。

PPS 像元结构简单，在给定的传感器面积下，可设计出最高的孔径系数（有效光敏单元面积与总面积之比）；在给定的孔径系数下，传感器面积可设计得最小。

但是这种结构存在着两方面的不足：第一，各像元中开关管的导通阈值难以完全一致，所以即使器件所接受的入射光线完全均匀，其输出信号仍会形成某种相对固定的特定图形，较大的固有模式噪声的存在是其致命的弱点；第二，光敏单元的驱动能量相对较弱，故列线不宜过长以减小其分布参数的影响。受多路传输线寄生电容及读出速率的限制，PPS 难以向大型阵列发展。

2）APS

有源像素图像传感器就是在每个光敏像元内引入至少一个（一般为几个）有源晶体管，它具有像元内信号放大和缓冲作用，改善了噪声性能。由于每个放大器仅在读出期间被激发，所以 CMOS 有源像素传感器的功耗比 CCD 图像传感器的还小。APS 像元结构复杂，与 PPS 孔径系数 60％～80％相比，其孔径系数较小，典型值为 30％～40％，与行间转移CCD 接近。

（1）光敏二极管型有源像素结构。附图 A - 14 是光敏二极管型有源像素结构示意图。图中每个像元包括三个晶体管和一个光敏二极管。在此结构中，输出信号由源跟随器予以缓冲以增强像元的驱动能力，其读出功能受与它相串联的行选晶体管（RS）控制。因源跟随器不再具备双向导通能力，故需另行配备独立的复位晶体管（RST）。不难理解，由于有源像元的驱动能力较强，列线分布参数的影响相对较小，因而有利于制作像元阵列较大的器件；利用独立的复位功能便于改变像元的光电积分时间，因此具有电子快门的效果；而像元本身具备的行选功能，对二维图像输出控制电路的简化颇有益处。CMOS 光敏二极管型APS 适宜于大多数中低性能成像产品的应用。

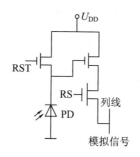

附图 A - 14　光敏二极管型有源像素结构示意图

（2）光栅型有源像素结构。由于有源像元中所含的晶体管数目较多，因而造成了一些新的问题：首先，晶体管的增多会使像元中光敏单元的面积相对减小，导致像元的孔径系数明显降低；另外，晶体管的增多会使前面提到过的晶体管的导通阈值不匹配问题更加严重，从而导致固有模式噪声指标的进一步恶化。

为了解决有源像元孔径系数低的问题，CMOS 器件往往借用 CCD 制造工艺中现有的"微透镜"技术，就是在器件芯片的常规制作工序完成后，再利用光刻技术在每个像元的表面直接制作一个微型光学透镜，借以对入射光进行会聚，使之集中投射于像元的光敏单元，从而可将有源像元的有效孔径系数提高 2～3 倍。附图 A-15 是微透镜技术原理示意图。

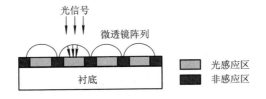

附图 A-15　微透镜技术原理示意图

3）DPS

CMOS 数字像素图像传感器不像 PPS 和 APS 的 A/D 转换是在像素单元外进行，DPS 将 A/D 转换集成在每一个像素单元里，每一个像元输出的都是数字信号，工作速度更快，功耗比 APS 更低。

美国 Pixim 公司是 DPS(Digital Pixel System，数字像素系统)技术的发明者。附图 A-16 是DPS 像素结构示意图。

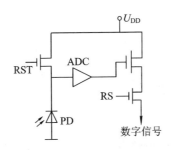

附图 A-16　DPS 像素结构示意图

附表 A-2 是 CCD 摄像机与 CMOS 摄像机性能比较表。

附表 A-2　CCD 摄像机与 CMOS 摄像机性能比较表

	生产线	成本	集成度	功耗	抗辐射	电路	灵敏度	信噪比	红外灵敏
CCD	专用	高	低	大	弱	复杂	高	高	低
CMOS	通用	低	高	小	强	简单	较高	较高	高

A.2.2　电视图像的基本参数

1. 图像宽高比

图像宽高比也称幅型比。人眼的视觉最清楚的范围是垂直视角为 $15°$、水平视角为 $20°$ 的一个矩形视野，因而确定电视接收机的屏幕是宽高比为 4∶3 的矩形。矩形屏幕的大小用对角线长度表示，并习惯用英寸作单位，一般家用电视机有 35 cm(14 英寸)、46 cm(18 英寸)、51 cm(20 英寸)、74 cm(29 英寸)等规格。为增强临场感与真实感，还可加大幅型比。高清晰度电视或大屏幕高质量电视要求水平视角加大，观看距离约为屏高的 3 倍，幅型比定为 16∶9。

2. 场频

选择场频时主要应考虑不能出现光栅闪烁现象。人眼的临界闪烁频率与屏幕亮度、图像内容、观看条件以及荧光粉的余辉时间等因素有关。为不引起人眼的闪烁感觉，场频应高于 48 Hz。在我国的电视标准中，场频选为 50 Hz。随着屏幕亮度的提高，屏幕尺寸的加大，观看距离变近，场频应相应提高。

3. 行数

设 Z 为每帧扫描行数，h 为屏幕高度，则两点间最小距离 $d=h/Z$，代入公式（A-2）得

$$Z = 3438 \frac{h}{\theta L}$$

取标准视距 L 为屏幕高度 h 的 $4\sim6$ 倍，并取 θ 为 $1'$，则可算得应该取的扫描行数为 $860\sim570$ 行。目前世界上采用的标准扫描行数有 625 行和 525 行。我国采用 625 行。

在 20 世纪 50 年代，电视机以 30 cm（12 英寸）和 35 cm（14 英寸）为主，所以行数选择了 625 行。随着目前大屏幕电视的发展，625 行的标准明显偏低。在高清晰度电视中，为了获得临场感和真实感，扫描行数已增加到 1200 行以上。

场频确定为 $f_V=50$ Hz，由于采用隔行扫描，则帧频 $f_Z=25$ Hz，也就是一帧扫描时间 $T_Z=40$ ms。

当扫描行数选定为 $Z=625$ 后，行扫描时间 $T_H=T_Z/Z=40$ ms$/625=64$ μs，行频 $f_H=f_Z\times Z=25$ Hz$\times625=15\,625$ Hz。

A.2.3 黑白全电视信号的组成

1. 图像信号

CCD 传感器的每个像素的输出波形只在一部分时间内是图像信号，其余时间内是复位电平和干扰。为了取出图像信号并消除干扰，要采用取样保持电路。每个像素信号被取样后，就用一个电容把信号保持下来，直到取样下一个像素信号。

图像信号电压的高低反映了实际景物的亮度。图像内容是随机的，相应的电压波形也是随机的。如果摄取一幅从白到黑有 10 个灰度等级的竖条图像，每行产生的图像信号电压波形就是从低到高 10 个阶梯。纯白对应的电平最低，全黑对应的电平最高。这种信号电平与图像亮度成反比的图像信号称为负极性图像信号。反之，信号电平与图像亮度成正比的图像信号称为正极性图像信号。

2. 消隐信号和同步信号

显像管电子束在行、场扫描正程期间重现图像信号，在行、场扫描逆程形成回扫线。所以摄像机在行、场扫描逆程发出消隐信号令电视接收机显像管电子束截止，消除显像管在行、场扫描逆程产生的回扫线。消隐信号分为行消隐信号和场消隐信号。行消隐信号的宽度为 12 μs，场消隐信号宽度为 $25T_H+12$ μs。行消隐信号和场消隐信号合在一起称为复合消隐信号。

电视接收机显像管要正确地重现摄像机摄取的图像，接收机与摄像机的扫描必须同步，即扫描的频率和相位要完全相同。摄像机每读出一行图像信号后，送出一个行同步信号，接收机利用这个行同步信号去控制本机的行扫描逆程起点，行同步脉冲的前沿表示上

一行结束、下一行开始。行同步信号的脉冲宽度为 4.7 μs，行同步脉冲前沿滞后行消隐脉冲前沿 1.5 μs，如附图 A-17(a) 所示。摄像机每读完一场图像信号后，送出一个场同步信号，接收机利用这个场同步信号去控制本机的场扫描逆程起点，场同步脉冲的前沿表示上一场结束、下一场开始。场同步信号的脉冲宽度为 2.5T_H，行、场同步信号合在一起称为复合同步信号。复合同步信号的波形如附图 A-17(b) 所示，奇数场的最后一个行同步脉冲的前沿与场同步脉冲的前沿相距 $T_\mathrm{H}/2$，而偶数场最后一个行同步脉冲的前沿与场同步的前沿间距为 T_H，所以行同步脉冲的位置在奇数场和偶数场中有半行之差，保证了隔行扫描的要求。

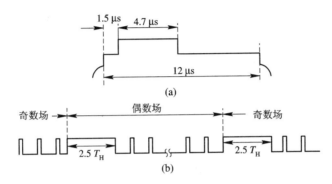

附图 A-17　行同步信号和复合同步信号
（a）行同步信号；（b）复合同步信号

3. 开槽脉冲和均衡脉冲

在场同步信号期间如果行同步信号中断，则容易造成行不同步，为了保持行同步信号的连续性，保证场同步期间行扫描稳定，在场同步信号内开了五个小凹槽，形成五个齿脉冲，利用凹槽的后沿作为行同步信号的前沿。凹槽叫做开槽脉冲，其宽度为 4.7 μs，其间隔等于 $T_\mathrm{H}/2$；齿脉冲宽度为 27.3 μs，如附图 A-18 所示。

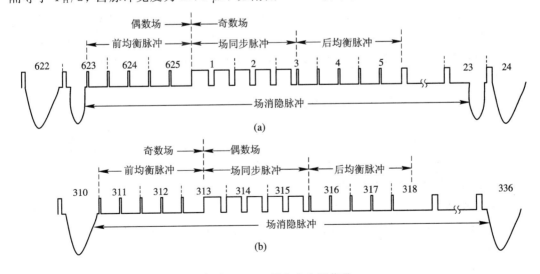

附图 A-18　黑白全电视信号
（a）奇数场信号；（b）偶数场信号

接收机中用积分电路从复合同步信号中取出场同步信号去控制场扫描发生器，由于奇数场和偶数场的场同步信号的前沿和前面一个行同步信号的间距分别为 T_H 和 $T_H/2$，因此通过积分电路后，奇、偶场同步信号的积分波形不一样，若用此波形的某一电平去同步场扫描电路，则两场的同步会出现时间误差，影响接收机隔行扫描的准确性。为了消除奇偶两场的时间误差，在场同步信号前后若干行内要将行同步脉冲的频率提高一倍。为了使频率提高后的行同步脉冲的平均电平不变，需将这些脉冲的宽度减少为原来的一半，在场同步信号的前后各有五个这样的脉冲，分别称为前均衡脉冲和后均衡脉冲。场同步内的开槽脉冲频率提高一倍是由于同样的原因，这样，在奇数场和偶数场的场同步期间及前后若干行的同步脉冲波形完全相同，结果使奇数场和偶数场积分波形完全相同。

4. 全电视信号

黑白全电视信号由图像信号、消隐信号和同步信号叠加而成，如附图 A - 14 所示。同步脉冲叠加在消隐脉冲之上，消隐脉冲的作用是关闭电子束，消除回扫线。消隐电平相当于图像信号的黑色电平，同步脉冲电平比消隐电平还高，不会在接收机屏幕上显示出来。因为同步脉冲电平高，所以可以把同步脉冲切割出来，去控制扫描振荡器。同步脉冲的前沿是扫描逆程开始的时间，消隐脉冲的前沿比同步脉冲提前一点可以确保逆程被完全消隐掉。

全电视信号的幅度比例按标准规定是以同步信号电平为 100%，黑电平与消隐电平为 75%，白电平为 $10\% \sim 12.5\%$。图像信号介于白电平和黑电平之间，统称为灰色电平。

A. 3 彩色电视信号的传输

A. 3. 1 彩色电视信号的兼容问题

彩色电视是在黑白电视的基础上发展起来的，彩色电视出现以前黑白电视已经相当普及。现在，仍有不少的黑白电视机还在使用。为了普及电视广播、减少国家和千千万万电视用户不必要的损失，彩色电视应该与黑白电视兼容。所谓兼容，就是黑白电视接收机能接收彩色电视信号，较好地重现黑白图像；彩色电视接收机也能接收黑白电视信号，较好地重现黑白图像。

要做到黑白、彩色电视互相兼容，必须满足下列基本要求：

（1）在彩色电视的图像信号中，要有代表图像亮度的亮度信号和代表图像色彩的色度信号。黑白电视机接收彩色节目时，只要将亮度信号取出，就可显示出黑白图像。彩色电视接收机应具有亮度通道和色度通道，当接收彩色节目时，亮度通道和色度通道都工作，重现彩色图像；当接收黑白节目时，色度通道自动关闭，亮度通道相当于黑白电视机，可显示出黑白图像。这样就做到了兼容。

（2）彩色电视应与黑白电视有相同的视频带宽和射频带宽、图像载频和伴音载频、行频和场频。

1. 信号选取

要做到兼容，必须对由 CCD 光电传感器输出的 R、G、B 三个基色信号进行处理。首先用一个编码矩阵电路根据 $Y=0.30R+0.59G+0.11B$ 的亮度公式编出一个亮度信号和 $R-Y$、$B-Y$ 两个色差信号：

$$R-Y = R-(0.30R+0.59G+0.11B)$$
$$= 0.70R-0.59G-0.11B \tag{A-11}$$
$$B-Y = B-(0.30R+0.59G+0.11B)$$
$$= -0.30R-0.59G+0.89B \tag{A-12}$$

用色差信号传送色度信号具有以下优点：

（1）可减少色度信号对亮度信号的干扰。当传送黑白图像时，$R=G=B$，两个色差信号 $R-Y$ 和 $B-Y$ 均为零，不会对亮度信号产生干扰。

（2）能够实现亮度恒定原理。即重现图像的亮度只由传送亮度信息的亮度信号决定。

（3）可节省色度信号的发射能量。在彩色图像中，大部分像素接近于白色或灰色，它们的色差信号为零，小部分彩色像素才有色差信号，因此，发射色差信号比发射 R、G、B 信号需要的发射能量小。

2. 频带压缩

人眼对彩色细节的分辨力差，在传送彩色图像时只要传送一幅粗线条大面积的彩色图像配上亮度细节就可以了，没有必要传送彩色细节，这称为大面积着色原理。我国电视标准规定，亮度信号带宽为 0～6 MHz，色度信号带宽为 0～1.3 MHz。

3. 频谱交错

彩色电视采用和黑白电视相同的带宽，用三基色信号形成亮度信号和两个色差信号后，都放在 0～6 MHz 的频带内用一个通道传送。在 0～6 MHz 频带内先选择一个频率，称为彩色副载波，用两个色差信号对彩色副载波进行调制，调制后的信号称为色度信号。将得到的色度信号与亮度信号、同步信号叠加为彩色全电视信号，再去调制图像载波，称为二次调制。二次调制后的射频信号经功率放大后发射出去。

由于相邻行图像信号的相关性很强和采用周期性扫描，因此黑白电视信号（亮度信号）的频谱结构是线状离散谱。亮度信号虽然占据了 0～6 MHz 的频带宽度，但并未占满整个 6 MHz 的带宽。亮度信号的能量只集中在行频 f_H 及其谐波 nf_H 附近很窄的范围内，且随谐波次数的升高，能量逐渐下降。在 $(n-1/2)f_H$ 附近没有亮度信号能量，留有较大的空隙，如附图 A-19(a) 所示。附图 A-19(b) 是将 nf_H 附近的一簇谱线放大，可以看出在行频主谱线两侧有以帧频、场频为间隔的副谱线。当图像活动加快时，各副谱线之间的空隙被填满，但在 $(n-1/2)f_H$ 附近仍有较大的空隙，可以将色度信号的频谱插在亮度信号的频谱空隙中间，再用一个 6 MHz 带宽的通道同时传送亮度信号和色度信号，这种方法称为频谱交错或频谱间置。

色差信号有与亮度信号相同的频谱结构，压缩后占据较窄的频带，如附图 A-20(a) 所示，它也是以行频为间隔的谱线群结构。副载波经平衡调幅形成色度信号后发生了频谱迁移，各谱线群出现在 $f_{SC}\pm nf_H$ 处，如附图 A-20(b) 所示。只要选用副载频为半行频的奇数倍，即 $f_{SC}=(n-1/2)f_H$，就能将色度信号正好插在亮度信号频谱的空隙间，如附图 A-20(c) 所示。

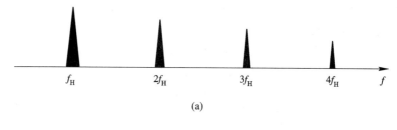

(a)

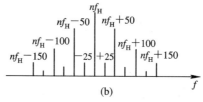

(b)

附图 A - 19　亮度信号频谱图

（a）以行频为间隔的谱线群；（b）每一谱线群结构

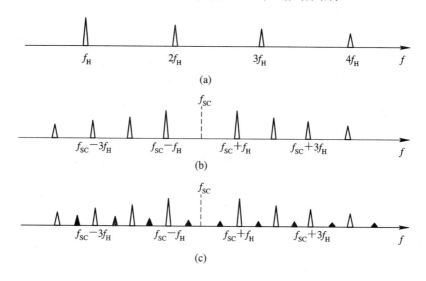

附图 A - 20　频谱交错

（a）色差信号频谱；（b）色度信号频谱；（c）频谱交错

A.3.2　NTSC 制

彩色电视广播发展最早的国家是美国，它从 1954 年 1 月 1 日开始用 NTSC（National Television Systems Committee，国家电视制式委员会）制播送彩色电视。采用 NTSC 制的还有日本、加拿大、墨西哥等国家。NTSC 制色度信号采用了正交平衡调幅调制方式，因此又称为正交平衡调幅制。

1. 正交平衡调幅

平衡调幅又称为抑制载波调幅。抑制载波调幅可以抑制色度信号对亮度信号的干扰并节省发射功率。

　　设用调制信号 $v_\Omega = U_\Omega \cos\Omega t$ 对载波 $v_{SC} = V_{SC} \cos\omega_{SC} t$ 进行调幅，则调幅后信号的数学表达式为

$$v_{AM} = V_{SC}\left[\cos\omega_{SC} t + \frac{m}{2}\cos(\omega_{SC} - \Omega)t + \frac{m}{2}\cos(\omega_{SC} + \Omega)t\right] \qquad (A-13)$$

式中，$m = U_\Omega / V_{SC}$。

　　式(A-13)表明调幅波包含了三个频率：载波频率 ω_{SC} 和两个边频频率 $\omega_{SC} \pm \Omega$。因为载频 ω_{SC} 上不带任何信息，所以可以把载频抑制掉以节省发射功率。载频抑制后成为平衡调幅波，它的数学表达式为

$$\begin{aligned} v_{BM} &= V_{SC}\left[\frac{m}{2}\cos(\omega_{SC} - \Omega)t + \frac{m}{2}\cos(\omega_{SC} + \Omega)t\right] \\ &= mV_{SC}\cos\Omega t \cdot \cos\omega_{SC} t \\ &= U_\Omega \cos\Omega t \cdot \cos\omega_{SC} t \end{aligned} \qquad (A-14)$$

　　式(A-14)表明用一个乘法器将调制信号与载波相乘就可以得到平衡调幅波，当调制信号为 $B-Y$，载波为 $\sin\omega_{SC}$ 时，平衡调幅波如附图 A-21 所示。

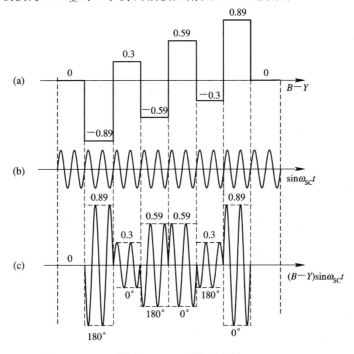

附图 A-21　平衡调幅波

(a) 色差信号(调制信号)；(b) 副载波信号；(c) 平衡调幅波

平衡调幅波有如下特点：

(1) 平衡调幅波不含载波分量。

(2) 平衡调幅波的极性由调制信号和载波的极性共同决定，如两者之一反相，则平衡调幅波的极性反相；当色差信号(调制信号)通过 0 值点时，平衡调幅波极性反相 $180°$。

(3) 平衡调幅波的振幅只与调制信号的振幅成正比，与载波振幅无关。当传送图像的色差信号为零时，平衡调幅波的值也为零，可节省发射功率，减少了色度信号对亮度信号的干扰。

(4) 平衡调幅波的包络不是调制信号波形，不能用包络检波方法解调，采用同步检波

器在原载波的正峰点上对平衡调幅波取样，才能得到调制信号。

为了在同一频带内传送两个色差信号 $R-Y$ 和 $B-Y$，需将两个色差信号进行正交平衡调幅，就是用两个色差信号 $R-Y$ 和 $B-Y$ 分别对频率相同、相位相差 90°的两个色副载波 $\cos\omega_{SC}t$ 和 $\sin\omega_{SC}t$ 进行平衡调幅，然后相加成色度信号。

附图 A-18(a)是正交平衡调幅器方框图，它由两个平衡调幅器、一个副载波 90°移相器和一个线性相加器组成。

设副载波的幅值为 1，色差信号 $B-Y$ 与副载波 $\sin\omega_{SC}t$ 在平衡调幅器中相乘后得到平衡调幅信号 $(B-Y)\sin\omega_{SC}t$。副载波 $\sin\omega_{SC}t$ 经 90°移相器后，变成 $\cos\omega_{SC}t$，与色差信号 $R-Y$ 在平衡调幅器相乘后得到平衡调幅信号 $(R-Y)\cos\omega_{SC}t$，然后在线性相加器中相加，就得到色度信号 F：

$$F = (B-Y)\sin\omega_{SC}t + (R-Y)\cos\omega_{SC}t$$
$$= \sqrt{(B-Y)^2 + (R-Y)^2}\,\sin(\omega_{SC}t + \varphi)$$
$$= F_m\sin(\omega_{SC}t + \varphi) \qquad (A-15)$$

式中：

$$F_m = \sqrt{(B-Y)^2 + (R-Y)^2} \qquad (A-16)$$

$$\varphi = \arctan\frac{R-Y}{B-Y} \qquad (A-17)$$

色度信号的振幅和相角之中包含彩色图像的全部色度信息，振幅 F_m 取决于色差信号的幅值，决定了所传送彩色的饱和度；而相角 φ 取决于色差信号的相对比值，决定了彩色的色调。也就是说，色度信号是一个既调幅又调相的波形，其幅值传送了图像的色饱和度，其相位传送了图像的色调。

附图 A-22(b)画出了色度信号的矢量图，图中对角线的长度代表色度信号的幅值，而 φ 是 F 的相角。

将色度信号 F 和亮度信号 Y 以及同步、消隐等信号混合，就得到彩色全电视信号。

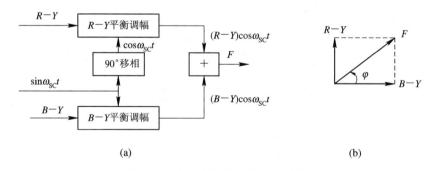

(a)   (b)

附图 A-22　正交平衡调幅器方框图

(a) 正交平衡调幅器；(b) 色度信号矢量图

2. 彩条信号及色度信号

标准彩条信号是一种彩色电视中常用的测试信号，由彩色电视信号发生器产生，用来对彩色电视系统进行测试与调整。标准彩条信号由三种基色及其补色加上黑与白共八种颜色的等宽竖条组成，自左至右按亮度递减的顺序排列，依次为白、黄、青、绿、紫、红、蓝、黑。标准彩条信号常用 4 个数码命名，第 1 个和第 2 个数字分别表示组成白条和黑条的基色信号的最大值和最小值，第 3 个和第 4 个数字分别表示各彩色条的相应基色信号的最大值和最小值，如 100 - 0 - 100 - 0。附图 A - 19(a)是标准彩条信号的基色信号和色差信号波形图。

3. 色度信号幅度压缩

因为 100 - 0 - 100 - 0 标准彩条信号的电平范围大大超过了黑白电视所规定的范围，所以要将两个色差信号分别乘上一个系数进行压缩后再传送。压缩后的色差信号 $R-Y$ 用 V 表示，$B-Y$ 用 U 表示：

$$V = 0.877(R-Y) \tag{A-18}$$
$$U = 0.493(B-Y) \tag{A-19}$$

用 U、V 信号去调制副载波，这样，彩色电视色度信号的表示式为

$$F = F_U + F_V = U \sin\omega_{SC}t + V \cos\omega_{SC}t$$
$$= \sqrt{U^2 + V^2}\ \sin(\omega_{SC}t + \varphi) = F_m \sin(\omega_{SC}t + \varphi) \tag{A-20}$$
$$\varphi = \arctan\frac{V}{U} \tag{A-21}$$

压缩后的标准彩条信号各色调的色差信号 U、V 和色度信号的振幅 F_m、相角 φ 列于附表 A - 3。由此可画出压缩后彩条的色度信号波形和全电视信号波形，如附图 A - 23(b)所示。

附表 A - 3 压缩后的 100 - 0 - 100 - 0 彩条信号值

色调	Y	U	V	F_m	φ	$Y+F_m$	$Y-F_m$
白	1.000	0.000	0.000	0.000		1.00	1.00
黄	0.886	−0.437	0.100	0.448	167	1.33	0.44
青	0.701	0.147	−0.615	0.632	283	1.33	0.07
绿	0.587	−0.289	−0.515	0.591	241	1.18	0.00
紫	0.413	0.289	0.515	0.591	61	1.00	−0.18
红	0.299	−0.147	0.615	0.623	103	0.93	−0.33
蓝	0.114	0.437	−0.100	0.448	347	0.56	−0.33
黑	0.000	0.000	0.000	0.000		0.00	0.00

在彩色电视标准中规定，负极性亮度信号以同步电平为最高，为 100%，黑色电平(即消隐电平)为 76%，白色电平最低，为 20%，以增大色度信号不失真的动态范围。

根据附表 A - 2 的数据可以画出标准彩条的色度矢量图，如附图 A - 24 所示。图中给出了基色及其补色的色度矢量的位置，矢量长度表示该彩色的饱和度，相角表示该彩色的色调。彩色矢量图的横轴称为副载波相位基轴，它的正方向 $\varphi=0$，有关副载波或色度信号的相位都是相对于相位基轴而言的。

4. 副载波的半行频间置

亮度信号和色度信号在同一个频带内传送容易产生相互串扰。精确选择副载波频率可以减少相互串扰现象。

如 A.3.1 节所述，亮度信号在 $(n-1/2)f_H$ 附近有较大的空隙，因此 NTSC 制副载波频率选择为半行频的倍数，通常称为半行频间置。选择副载波频率时还应考虑如下原则：

(1) 副载波频率应尽量选择在视频频带的高端，因为亮度信号的高频能量少，相对空隙多。

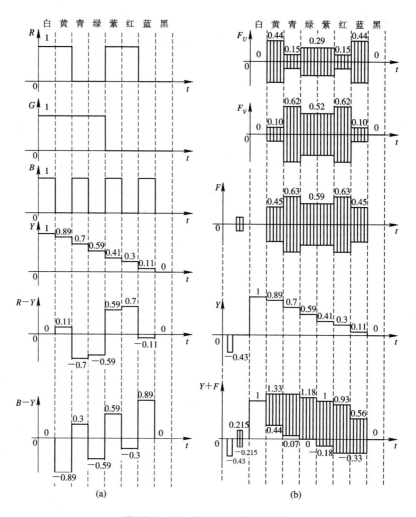

附图 A-23 标准彩色信号波形

（a）色差信号（调制信号）；（b）压缩后的色度信号

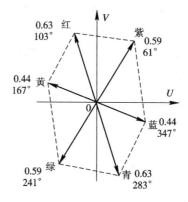

附图 A-24 彩条色度矢量图

（2）色度信号的频带宽度为 $f_{SC}\pm1.3\,\mathrm{MHz}$，它的上边带不应超过视频信号的 6 MHz 带宽范围。

对于 625 行、50 场/秒的 NTSC 制，$f_H = 15\ 625$ Hz，副载波频率选择为

$$f_{SC} = \left(284 - \frac{1}{2}\right)f_H = 567 \times \frac{f_H}{2} = 4.429\ 687\ 5\ \text{MHz} \qquad (A-22)$$

对于 525 行、60 场/秒的 NTSC 制，$f_H = 15\ 734.264$ Hz，副载波频率选择为

$$f_{SC} = \left(228 - \frac{1}{2}\right)f_H = 3.579\ 545\ 06\ \text{MHz}(3.58\ \text{MHz}) \qquad (A-23)$$

NTSC 制采用半行频间置，色度信号的频谱正好插在亮度信号频谱的中间，如附图 A-25 所示，可将色度信号对亮度信号的干扰降到很小。

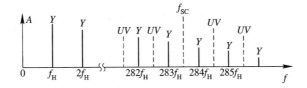

附图 A-25　NTSC 制的半行频间置

5. 色同步信号

因为色度信号采用了抑制副载波的平衡调幅，所以接收机解调色度信号时要用同步检波器恢复被抑制掉的副载波。为了保证恢复的副载波与发送端被抑制掉的副载波同频、同相位，需由发射台发送色同步信号作为接收机恢复副载波的频率和相位基准。色同步信号是 9 个周期左右的、振幅和相位都恒定不变的副载频群，放在行消隐后肩上，如附图 A-26 所示，距行同步前沿 5.6 μs，幅度为 0.30 V±9 mV，宽度为 2.25 μs±230 ns，由 9±1 个副载波频率的正弦波组成，其相位与 U 轴反相。

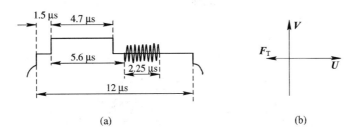

附图 A-26　NTSC 制色同步信号及其矢量

（a）色同步信号；（b）矢量

6. I、Q 信号

美国、日本等国家采用每帧扫描为 525 行，视频带宽为 4.2 MHz 的制式，亮度、色度信号的频带重叠过宽，相互干扰将很严重。因此要进一步压缩色度信号的频带。

对人眼视觉特性的研究表明，人眼分辨红、黄之间颜色变化的能力最强，而分辨蓝、紫之间颜色变化的能力最弱。实践证明，I 轴（与 V 轴夹角 33°）是人眼最敏感的色轴，可用 0~1.3 MHz 较宽的频带传送；与 I 轴正交的 Q 轴（与 U 轴夹角 33°）是人眼最不敏感的色轴，可用 0~0.5 MHz 较窄的频带传送。定量地说，Q、I 正交轴与 U、V 正交轴有 33°夹角的关系，如附图 A-27 所示。这样，任意一个色度信号可用 U、V 表示，也可用 Q、I 表示。

通过几何关系可导出二者的关系表达式为

$$\begin{bmatrix} Q \\ I \end{bmatrix} = \begin{bmatrix} \cos 33° & \sin 33° \\ -\sin 33° & \cos 33° \end{bmatrix} \begin{bmatrix} U \\ V \end{bmatrix} \qquad (A-24)$$

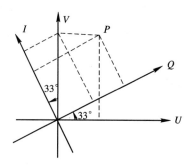

附图 A-27 Q、I 轴和 U、V 轴的关系

利用亮度公式和式(A-18)、式(A-19)和式(A-24)可求出 Q、I 与 R、G、B 的关系，由此可写出线性方程组：

$$\begin{bmatrix} Y \\ Q \\ I \end{bmatrix} = \begin{bmatrix} 0.299 & 0.587 & 0.114 \\ 0.211 & -0.523 & 0.312 \\ 0.596 & -0.275 & -0.322 \end{bmatrix} \begin{bmatrix} R \\ G \\ B \end{bmatrix} \qquad (A-25)$$

由 U 和 V 的不同线性组合可以构成各种不同的色差信号组，Q、I 只是其中具有特殊性质的一组而已，通过对人眼视觉特性的研究可知，Q 信号的带宽用 0.5 MHz、I 信号带宽用 1.5 MHz 来传送，就可满足人眼视觉特性的要求了。而且 I 信号还可以用不对称边带方式来传送，如附图 A-28 所示。这样既压缩了色度信号的带宽，又不会造成串色，因为边带不对称部分只有一个分量。

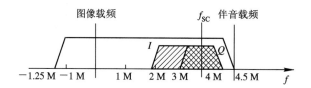

附图 A-28 525 行 NTSC 制的频带分配

NTSC 制色度信号的组成方式最简单，解码电路也最简单，容易集成化，容易降低成本，便于接收机生产。NTSC 制的亮度信号与色度信号频谱以最大间距错开，兼容性能好，亮度串色少，容易实现亮度信号和色度信号的分离，为制造高质量的接收机和电视信号数字化提供方便。

NTSC 制有对相位失真比较敏感的缺点，容易产生色调畸变。

A.3.3 PAL 制

为了克服 NTSC 制的相位敏感性，1966 年西德开始用 PAL 制播出彩色电视。PAL 是"Phase Alternation Line(逐行倒相)"的缩写。从色度信号的处理特点来看，PAL 制又称逐行倒相正交平衡调幅制。

采用 PAL 制的还有英国、荷兰、瑞士和中国等国家。

1. 逐行倒相

PAL 制又称逐行倒相制。所谓逐行倒相，是指将色度信号中 F_V 分量进行逐行倒相。PAL 制色度信号的数学表达式为

$$F = F_U \pm F_V = U \sin\omega_{SC}t \pm V \cos\omega_{SC}t = \sqrt{U^2 + V^2}\,\sin(\omega_{SC}t \pm \varphi)$$

$$= F_m \sin(\omega_{SC}t \pm \varphi) \tag{A-26}$$

$$\varphi = \arctan\frac{V}{U} \tag{A-27}$$

式(A-26)中的 ± 号表示：第 n 行(因为这一行与 NTSC 制一样，又称 NTSC 行)取正号，通常用矢量 F_n 表示；第 $n+1$ 行(又称 PAL 行)取负号，通常用矢量 F_{n+1} 表示。

假设第 n 行和第 $n+1$ 行彩色相同，如彩条信号，因为 F_n 和 F_{n+1} 的 F_U 分量是相同的，仅 F_V 分量倒了相，所以 F_{n+1} 应是 F_n 以 U 轴为基准的一个镜像。附图 A-29(a)以紫色为例画出了这种情况。附图 A-29(b)则是整个彩条矢量图逐行倒相的情况，其中实线表示 NTSC 行，虚线表示 PAL 行。

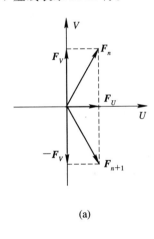

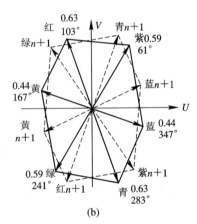

(a)　　　　　　　　　　　　　　　(b)

附图 A-29　PAL 制色度矢量

(a)紫色信号；(b)彩条信号

接收机为了按色度信号原来的相位正确地重现色调，必须将倒相的 PAL 行色度信号 F_{n+1} 再重新倒回到 F_n 的位置上来。

2. 相位失真的互补

PAL 制中将色度信号的 F_V 分量逐行倒相，可以使相邻两行的相位失真互补，减少色调畸变。假设第 n 行和第 $n+1$ 行彩色相同，如彩条信号，某位置是紫色，其矢量为 F，如附图 A-30 所示，设第 n 行(NTSC 行)传送的是 F_n 矢量，它在第一象限，相角 $\varphi=61°$；第 $n+1$ 行(PAL 行)由于 F_V 分量倒了相，因此所传送的 F_{n+1} 矢量便到了第四象限，相角 $\varphi=-61°$；再下一行传送的色度矢量又回到第一

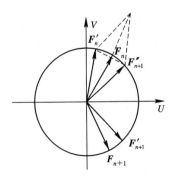

附图 A-30　相邻两行相位失真互补

象限 F_n 的位置，就这样色度矢量在第一、四象限来回变动。

在接收机中，PAL 开关要将倒了相的 F_{n+1} 重新倒回到 F_n 的位置。当传输通道中不产生相位失真时，F_n 和 F_{n+1} 矢量的位置不变，所以在接收机的荧光屏上最终显示出原紫色；当传输通道中存在微分相位失真时，第 n 行的矢量 F_n 产生了一个正的相移 $\Delta\varphi$，即变成了 F_n' 矢量，则 F_n' 不再是紫色，而是紫偏红。第 $n+1$ 行为倒相行，由于 $n+1$ 行和 n 行的色度信号是在同一通道中传送的，因而具有相同的相移，因此 F_{n+1} 矢量也产生一个正的相移 $\Delta\varphi$，变成了 F_{n+1}' 矢量。F_{n+1}' 矢量经接收机中 PAL 开关倒回到第一象限为 F_{n+1}'' 矢量，F_{n+1}' 矢量比 F_n 矢量的相角滞后 $\Delta\varphi$，它的颜色为紫偏蓝。接收机最终获得的色度信号是第 n 行为 F_n' 矢量（紫偏红），第 $n+1$ 行为 F_{n+1}'' 矢量（紫偏蓝）。接收机中再采用一行延时线把前一行的色度信号延迟后与本行的色度信号相加，即将矢量 F_n' 和 F_{n+1}'' 合成并平均，就能使相邻两行有相反方向色调畸变的色度信号相互补偿，得到的是无色调畸变的紫色。

从附图 A-26 可以看出，矢量 F_n' 和 F_{n+1}'' 正好对称地位于 F_n 矢量的两侧，所以合成矢量仍在矢量 F_n 的方向上，色调将准确地重现原色调，只是合成矢量的长度比 F_n 矢量的长度略短，表现为色饱和度略有下降，称为"退饱和度"效应。相位失真越大，退饱和度效应就越大。但由于人眼对饱和度的改变不敏感，因此觉察不到退饱和度效应。

PAL 制没有减小相位失真，它采用逐行倒相的方法使相邻两行相位失真产生两种方向相反的色调畸变，经相加互相补偿而抵消。

3. 副载波频率的选择

色度信号的频谱结构由于 F_V 分量逐行倒相而发生了变化。

色度信号的 F_U 分量没有倒相，它的谱线群以行频 f_H 为间距，对称地排列在副载波 f_{SC} 两旁，如附图 A-31 实线所示。为简单起见，用主谱线代表谱线群。F_U 分量的主谱线位置在 $f_{SC} \pm n f_H$ 处，其中 n 是不为零的整数。F_V 分量如果不逐行倒相，主谱线也应占有这些位置，逐行倒相后，主谱线位置发生了变化。

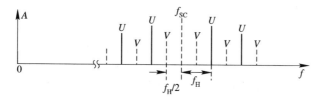

附图 A-31　PAL 色度信号频谱

逐行倒相是用半行频方波对 F_V 分量进行平衡调幅的，平衡调幅器叫做 PAL 开关。半行频方波是开关信号，因为半行频方波电压的极性一行为正，一行为负，而平衡调幅又是一个相乘器，所以调幅结果使相邻两行的相位逐行倒转而不改变原来的波形，这就达到了逐行倒相的目的。

半行频方波是以原点对称的，它的频谱是由半行频的奇数倍频率组成的，即 $f_H/2$、$3f_H/2$、$5f_H/2$、$\cdots$、$(2n-1)f_H/2$。半行频方波对 F_V 平衡调幅后，F_V 主谱线分布在 $f_{SC} \pm (2n-1)f_H/2$ 处。所以 F_V 的主谱线刚好与 F_U 的主谱线错开了半行频，如附图 A-27 中虚线所示。

因为主谱线 U 和 V 相互错开 $f_H/2$，所以为了减小干扰，在实行频谱交错时，亮度信

号的谱线最好是插在 U、V 谱线的正中间，即副载频应采用四分之一行频间置，即

$$f_{SC} = \left(n - \frac{1}{4}\right) f_H \tag{A-28}$$

为了使所选择的 PAL 制副载波频率容易变换成 NTSC 制，取 $n=284$，这样有

$$f_{SC} = 283.75 f_H \tag{A-29}$$

$$T_H = 283.75 T_{SC} \tag{A-30}$$

此时，已调副载波 F_U、F_V 的频谱线都要向高端移动 $f_H/4$，即 F_U 谱线比亮度信号低 $f_H/4$，而 F_V 的谱线比亮度信号谱线高 $f_H/4$，使得亮度信号、F_U、F_V 的谱线都相互错开了，如附图 A-32 所示。为了消除副载波光点干扰，将副载波频率在式（A-29）的基础上再加一个帧频（25 Hz），叫做 25 Hz 偏置。所以 PAL 制最后精确选定的副载波频率为

$$f_{SC} = 283.75 f_H + 25\ \text{Hz} = 4.433\ 618\ 75\ \text{MHz} \tag{A-31}$$

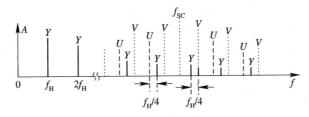

附图 A-32　四分之一行频间置后的信号频谱

4. 色同步信号

PAL 制的色同步信号有两个功能：一是给接收机恢复副载波提供一个基准频率和相位；二是给接收机提供一个极性切换信息，识别哪一行是 $+F_V$（NTSC 行），哪一行是 $-F_V$（PAL 行）。

PAL 制色同步信号和 NTSC 制色同步信号的波形相同，它们插入到视频信号中的位置也相同。它们之间的最大区别在于：PAL 制色同步信号中副载波是逐行倒相的，即 NTSC 行为 $+135°$，PAL 行为 $-135°$（$225°$）；而 NTSC 制色同步信号中副载波相位为 $-180°$。

5. PAL 编码器

PAL 编码器在摄像机中将三个基色信号编码成彩色全电视信号。附图 A-33 是 PAL 编码器的方框图，它所需的副载波信号 f_{SC}、P 脉冲、K 脉冲、复合同步和复合消隐信号由同步芯片提供，常用同步芯片有 HD44007 和 SAA1101 等。

光电传感器送来的三基色信号 R、G、B，通过矩阵电路产生亮度信号 Y 和压缩了的色差信号 U 和 V。为了压缩色差信号带宽，让 U、V 信号通过低通滤波器，滤除 1.3 MHz 以上的高频信号，然后分别混入不同极性的 K 脉冲（脉冲前沿滞后于行同步前沿 $5.6 \pm 0.1\ \mu s$，脉冲的宽度为 $2.26 \pm 0.23\ \mu s$），以便在彩色全电视信号中产生色同步信号。

带有 K 脉冲的带宽为 1.3 MHz 的 U、V 信号送入 U 和 V 平衡调幅器，对零相位的副载波和 $\pm 90°$ 的副载波进行平衡调幅，输出的 F_U 和 $\pm F_V$ 分量在线性相加器叠加得到有色同步信号的色度信号 F。

为了减少色度信号对亮度信号的干扰，将 Y 信号通过一个中心频率为 f_{SC}、带宽为

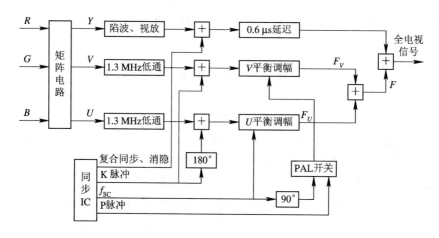

附图 A - 33　PAL 编码器方框图

400 kHz 的－6 dB 陷波器。然后,在亮度信号中混入复合同步和复合消隐信号。

　　亮度通道的带宽为 6 MHz,色度通道的带宽为 1.3 MHz,由于通道延迟时间与带宽成反比,亮度信号延迟小于色差信号延迟,色度信号落后于亮度信号 0.6 μs,造成彩色镶边,因此将亮度信号延时 0.6 μs 使亮度信号和色度信号在时间上一致。色度信号 F 与亮度信号 Y 在线性相加器叠加输出彩色全电视信号。

6. PAL 解码器

　　解码是编码的逆过程。在彩色电视机的解码器中,彩色全电视信号经过五步信号处理还原成三基色信号,附图 A - 34 是 PAL 解码器的方框图。

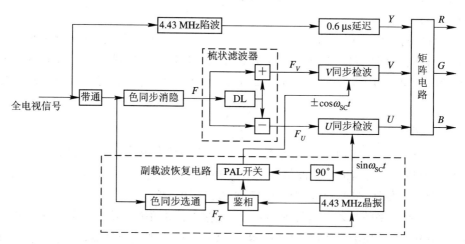

附图 A - 34　PAL 解码器的方框图

　　(1)亮度信号和色度信号的分离。

　　中、小屏幕彩色电视机用频带分离法把彩色全电视信号分离为亮度信号和色度信号。彩色全电视信号经 4.43 MHz 陷波器滤去色度信号,得到亮度信号;彩色全电视信号用一个中心频率为 4.43 MHz、带宽为 2.6 MHz 的带通滤波器选出色度信号。频带分离法简单、成本低,但亮度和色度信号分离不干净,图像质量受影响。大屏幕彩色电视机改用频谱分离法,用梳状滤波器实现亮、色分离。

(2) 色同步信号和色度信号的分离。

可以用时间分离法分开色同步信号和色度信号。将行同步脉冲前沿延迟 $5.6\,\mu s$ 后产生宽度为 $2.26\,\mu s$ 的门控脉冲,在时间上正好对齐色同步信号;用两个门电路在门控脉冲控制下交替导通来实现时间分离。门控脉冲无效时,色同步消隐门导通,得到色度信号;门控脉冲有效时,色同步消隐门关断,阻止色同步信号串入色度信号,色同步选通门导通,选出色同步信号。

(3) 色度信号的两个分量 F_U、F_V 的分离。

色度信号的两个分量 F_U、F_V 是用频谱分离法分离的。由于 F_V 是逐行倒相的,因而主谱线和 F_U 的主谱线正好错开半个行频,可以用梳状滤波器进行频率分离。梳状滤波器由一行延迟线、加法器和减法器组成,如附图 A - 30 所示。当色度信号加到梳状滤波器的输入端后,信号分成两路:一路直接送到加法器和减法器,称为直通信号;另一路通过延时线延迟 $63.943\,\mu s$ 后送到加法器和减法器,称为延时信号,延时信号比直通信号延迟 283.5 个副载波周期,相位滞后 $180°$。当直通信号为 NTSC 行时,是 F_U+F_V,延时信号为 PAL 行,是 $-(F_U-F_V)$,负号是因相位滞后 $180°$ 而加的,加法器输出为 $2F_V$,减法器输出为 $2F_U$。当直通信号为 PAL 行时,是 F_U-F_V,延时信号为 NTSC 行,是 $-(F_U+F_V)$,加法器输出为 $-2F_V$,减法器输出为 $2F_U$。所以色度信号一行一行地送到梳状滤波器的输入端,从加法器输出逐行倒相的 F_V 分量,从减法器输出 F_U 分量。

(4) 同步检波将 F_U、F_V 分量解调为 U、V 信号。

由于发送端已将副载波抑制,因而接收机中要利用色同步信号恢复副载波。同步检波通常用模拟乘法器和低通滤波器实现。将 F_U 和 $\sin\omega_{SC}t$ 送入模拟乘法器,输出信号为高频成分:

$$F_U\sin\omega_{SC}t = U\sin\omega_{SC}t \times \sin\omega_{SC}t = U(1-\cos2\omega_{SC}t) \qquad (A-32)$$

经低通滤波器滤除高频成分 $\cos2\omega_{SC}t$ 后得到 U 信号。

将 $\pm F_V$ 和 $\pm\cos\omega_{SC}t$ 送入模拟乘法器,输出信号为

$$\begin{aligned}\pm F_V \times (\pm\cos\omega_{SC}t) &= \pm V\cos\omega_{SC}t \times (\pm\cos\omega_{SC}t)\\ &= V(1+\cos2\omega_{SC}t)\end{aligned} \qquad (A-33)$$

经低通滤波器滤除高频成分 $\cos2\omega_{SC}t$ 后得到 V 信号。

(5) 解码矩阵将 Y、U、V 信号还原为三基色信号。

解码矩阵首先将 U 和 V 信号去压缩,恢复为原色差信号 $R-Y$ 和 $B-Y$,然后将 $R-Y$ 和 $B-Y$ 组合得到 $G-Y$,最后将三个色差信号 $R-Y$、$B-Y$、$G-Y$ 和亮度信号 Y 还原为三基色信号 R、G、B。

PAL 制的主要优点是对相位失真不敏感;PAL 制的主要缺点是梳状滤波器中的相延时误差极易引起大面积行蠕动现象,PAL 制设备比 NTSC 制复杂,彩色清晰度比 NTSC 制低。

A.3.4 SECAM 制

SECAM 制是法国工程师亨利·弗朗斯于 1956 年提出的,也是为了克服 NTSC 制的相位敏感性而研制的。SECAM 制根据时分原则,采用逐行顺序传送两个色差信号的办法,在传输通道中无论什么时间只传送一个色差信号,彻底地解决了两个色度分量相互串扰的

问题。

　　SECAM 制的亮度信号每行都传送，两个色差信号逐行顺序传送，每一行是亮度信号与一个色差信号同时传送，是一种同时－顺序制。

　　在 SECAM 制中，色度信号的传送采用调频方式，两个色差信号分别对两个不同频率的副载波进行频率调制，传输中引入的微分相位失真的影响较小。在接收机中，调频信号在鉴频前先进行限幅，所以幅度失真的影响也很小。由于对色差信号可以直接进行鉴频，不像 PAL 制需要恢复色副载波，因此 SECAM 制的色同步信号是一个行顺序识别信号，在场消隐期间后均衡脉冲之后 9 行内传送。

　　SECAM 制编码对色度信号有两次预加重处理：第一次对视频色差信号进行视频预加重，第二次对已调制的副载波进行高频预加重。视频预加重使幅度较小的高频分量得到较多的提升，能提高高频分量的信噪比。高频预加重使传送多数浅色图像时副载波幅度较小，从而降低干扰光点的可见度；传送特别亮的彩色时使色度信号幅度大，从而有较好的抗亮度串扰性能。在接收机中则进行两次去加重。

　　在接收端需要将 Y、$R-Y$、$B-Y$ 三个信号同时加到解码矩阵，解出 R、G、B 三个基色信号。SECAM 制采取存储复用的办法，将上一行的色差信号用延时线存储一行时间，与这一行的亮度信号和色差信号一起进行解码；而这一行的色差信号也被存储一行时间，与下一行的亮度信号和色差信号一起进行解码。每一行的色差信号通过存储均被使用了两次，所以称为存储复用。按照色度信号处理的特点，SECAM 制又被称为顺序传送与存储复用调频制。

　　SECAM 制接收机比 NTSC 制的复杂，比 PAL 制的简单；兼容性比 NTSC 制和 PAL 制的都差（因为色差信号为零时仍有副载波，对亮度信号产生干扰）；在正确传送彩色信号方面，SECAM 制比 NTSC 制和 PAL 制都好。

　　法国、前苏联地区和东欧一些国家均采用 SECAM 制。

A.4　模拟电视广播

A.4.1　地面广播

　　广播电视按传送方式分为地面广播、卫星广播和有线电视。地面广播是相对于卫星广播而言的，地面广播的发射天线常置于广播区域的制高点上，例如山顶或高楼顶上，以扩大电视广播的覆盖区域。

　　附图 A-35 是地面广播示意图，多台摄像机的全电视信号送到中心控制室进行切换，选取其中某一台摄像机的信号，经编辑处理，将某一台摄像机的一段图像信号与另外的摄像机的一段图像信号连结并叠加字符等内容。处理后的彩色全电视信号送到电视图像发射机，对高频载波进行调幅，形成调幅信号。电视的伴音也同时经过话筒变为相应的音频信号，经过伴音控制台中的增音机放大和处理后，送到电视伴音发射机，对高频载波进行调频，形成伴音的调频信号。电视图像的调幅信号和电视伴音的调频信号分别进行功率放大后通过双工器，一起送到电视发射天线，向外发送带有电视信号的无线电波。电视机从天线接收到无线电波后解调为全电视信号和伴音信号，再从全电视信号中分离出同步信号去控制电视机显像管的扫描，并用图像信号控制显像管进行电光转换，在荧光屏上显示图像，伴音信号经放大后推动扬声器放音。

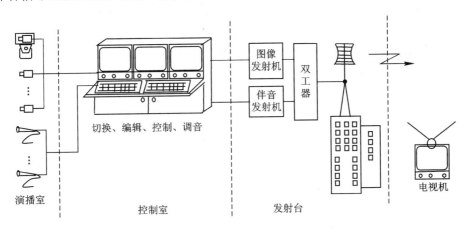

附图 A-35 地面广播示意图

1. 射频电视信号

图像信号和伴音信号频率比较低，不能直接向远距离传送，必须将它们分别调制在频率较高的载频上，然后通过天线发射出去。图像信号采用调幅方式，伴音信号采用调频方式，调制后的图像信号和伴音信号统称为射频电视信号。

1）负极性调制

用负极性的图像信号对载频进行调制，称为负极性调制；用正极性图像信号对载频进行调制，称为正极性调制。电视信号的调制极性如附图 A-36 所示。

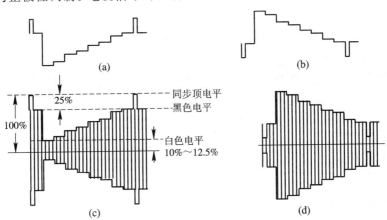

附图 A-36 电视信号的调制极性
（a）负极性图像信号；（b）正极性图像信号；
（c）负极性调幅信号；（d）正极性调幅信号

我国电视标准规定，图像信号采用负极性调幅。同步脉冲顶为100％载波峰值，消隐电平为72.5％～77.5％载波峰值，黑电平与消隐电平的差为0％～5％载波峰值，峰值白电平为10％～12.5％载波峰值。

2）残留边带发射

图像信号的最高频率为6 MHz，调幅波频谱宽度为12 MHz，如附图A‐37所示。频带越宽，电视设备越复杂，在固定频段内的电视频道数目越少，所以必须压缩频带宽度。由于载频不含信息，上、下边带携带的信息相等，因此，可以考虑单边带发送，但为了便于图像传输，地面广播采用残留边带发送方式，即对0～0.75 MHz图像信号采用双边带发送，对0.75～6 MHz图像信号采用单边带发送。

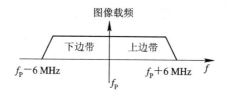

附图A‐37　调幅波频谱

在发送端是用残留边带滤波器来实现残留边带发送的，接收机中的幅频特性必须与之相对应。接收机是由中频放大器的特殊形状的频率特性曲线来保证图像不失真的。

采用残留边带发射后，射频电视信号的带宽压缩为8 MHz，如附图A‐38所示。0.75～1.25 MHz是发射机残留边带滤波器的衰减特性造成的。

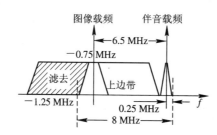

附图A‐38　残留边带信号频谱

3）伴音调频

电视伴音采用调频制。调频信号可以用限幅来去掉叠加在调制信号上的干扰，以获得较高的音质；伴音采用调频制还可以减小伴音对图像的干扰。调频波的频谱比较复杂，频带也宽得多。伴音调频信号的频带宽度BW_{FM}可用下式近似计算：

$$BW_{FM} = 2(\Delta f_{max} + F_{max}) \qquad (A‐34)$$

式中，Δf_{max}为最大频偏，F_{max}为伴音信号最高频率。我国电视标准规定，$\Delta f_{max}=50$ kHz，若$F_{max}=15$ kHz，则$BW_{FM}=2(50+15)=130$ kHz。

2. 电视频道的划分

我国电视频道在甚高频（VHF）段共有12个频道，在特高频（UHF）段共有56个频道，如附表A‐4所示。

附表 A-4　我国电视频道表

波段	频道	频率范围 /MHz	图像载频 /MHz	波段	频道	频率范围 /MHz	图像载频 /MHz
VHF L	DS1	48.5~56.5	49.75		DS35	686~694	687.25
	DS2	56.5~64.5	57.75		DS36	694~702	695.25
	DS3	64.5~72.5	65.75		DS37	702~710	703.25
	DS4	76~84	77.25		DS38	710~718	711.25
	DS5	84~92	85.25		DS39	718~726	719.25
VHF H	DS6	167~175	168.25		DS40	726~734	727.25
	DS7	175~183	176.25		DS41	734~742	735.25
	DS8	183~191	184.25		DS42	742~750	743.25
	DS9	191~199	192.25		DS43	750~758	751.25
	DS10	199~207	200.25		DS44	758~766	759.25
	DS11	207~215	208.25		DS45	766~774	767.25
	DS12	215~223	216.25		DS46	774~782	775.25
UHF	DS13	470~478	471.25		DS47	782~790	783.25
	DS14	478~486	479.25		DS48	790~798	791.25
	DS15	486~494	487.25		DS49	798~806	799.25
	DS16	494~502	495.25		DS50	806~814	807.25
	DS17	502~510	503.25	UHF	DS51	814~822	815.25
	DS18	510~518	511.25		DS52	822~830	823.25
	DS19	518~526	519.25		DS53	830~838	831.25
	DS20	526~534	527.25		DS54	838~846	839.25
	DS21	534~542	535.25		DS55	846~854	847.25
	DS22	542~550	543.25		DS56	854~862	855.25
	DS23	550~558	551.25		DS57	862~870	863.25
	DS24	558~566	559.25		DS58	870~878	871.25
UHF	DS25	606~614	607.25		DS59	878~886	879.25
	DS26	614~622	615.25		DS60	886~894	887.25
	DS27	622~630	623.25		DS61	894~902	895.25
	DS28	630~638	631.25		DS62	902~910	903.25
	DS29	638~646	639.25		DS63	910~918	911.25
	DS30	646~654	647.25		DS64	918~926	919.25
	DS31	654~662	655.25		DS65	926~934	927.25
	DS32	662~670	663.25		DS66	934~942	935.25
	DS33	670~678	671.25		DS67	942~950	943.25
	DS34	678~686	679.25		DS68	950~958	951.25

3. 地面广播电视接收机

　　附图 A-39 是彩色电视接收机的方框图，主要包括高频调谐器、中放与检波、伴音通道、PAL 解码器、同步与扫描电路及遥控系统等六部分。

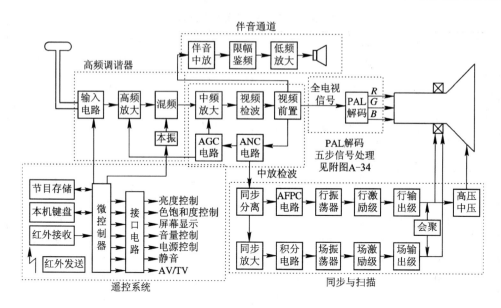

附图 A-39　PAL 彩色电视接收机的方框图

1）高频调谐器

高频调谐器又称高频头，有选择频道、放大信号、变换频率的功能。天线和输入电路的作用是选择所要接收频道的微弱电视信号，由高频放大器进行有选择性的放大，再与本振输出的频率较高的正弦波混频得到中频信号。高频调谐器有良好的选择性，可以抑制镜像干扰、中频干扰和其它干扰信号，隔离混频器与天线的耦合，以避免本振信号通过天线辐射出去而干扰其它接收机。混频器把接收下来的不同频道的射频电视信号变换成固定频率的中频信号。我国规定图像中频为 38 MHz，第一伴音中频为 31.5 MHz，后面的中频放大器因频率固定而能获得良好的选择性及较高的增益。一般高频调谐器的总增益约为 20 dB。

2）中放与检波

中频放大器将高频调谐器送来的图像中频信号和第一伴音中频信号进行放大，其主要任务是放大图像中频信号，对伴音中频信号的放大倍数很小。因此，中频放大器也称为图像中放，要求其增益在 60 dB 以上。

为适应残留边带发送和为了抑制干扰，中放特性曲线是特殊形状的，这是由声表面波滤波器（Surface Acoustic Wave Filter，SAWF）一次形成的。

视频检波器的第一项任务是从中频图像信号中检出视频图像信号，一般用大信号检波即包络检波。视频检波器的第二项任务是利用二极管的非线性，由图像中频和伴音中频差拍产生 6.5 MHz 第二伴音中频信号。

检波器的输出信号要提供给 PAL 编码器、同步分离电路、自动增益控制（Automatic Gain Control，AGC）电路和伴音中放电路，所以应先进行视频前置放大，以增强其负载能力。从天线到视频预置放大称为（图像和伴音的）公共通道。

自动噪波抑制（Automatic Noice Constrain，ANC）电路的功能是自动抑制干扰脉冲，以免影响同步分离电路的正常工作。常用方法是把干扰脉冲分割出来，倒相后再叠加到原信号上去，从而抵消干扰脉冲。

自动增益控制电路的功能是检出一个随输入信号电平变化而变化的直流电压,去控制中频放大器和高频放大器的增益,以保持视频检波输出幅度基本不变。

3) 伴音通道

从视频前置放大取出的 6.5 MHz 第二伴音中频信号送到伴音中频放大器,经放大、限幅后送至鉴频器进行频率检波,检出音频信号,再进行低放,最后输入扬声器得到电视伴音。

4) PAL 解码器

PAL 解码器详见 A.3.3 小节。PAL 解码器如附图 A-34 所示。

5) 同步与扫描电路

视频图像信号经 ANC 电路消除干扰脉冲后被送到同步分离电路,分离出复合同步信号;复合同步信号放大后经积分电路分离出场同步信号;场同步信号控制场振荡器产生锯齿波信号与发送端同步;场锯齿波信号经场推动级和场输出级的放大,在场偏转线圈中产生场扫描电流。

为了提高行扫描电路的抗干扰性,现代电视接收机都采用自动频率相位控制(Automatic Frequency Phase Control,AFPC)电路。复合同步信号直接加入 AFPC 电路的鉴相器,与行振荡信号比较。如果两者的频率和相位存在差别,则输出与误差成比例的电压来控制行振荡器的频率和相位,使之与发端同步。由于 AFPC 电路中低通滤波器的作用,行同步的抗干扰性能增强。

与发端同步的行振荡信号经行推动级和行输出级放大,在行偏转线圈中产生行偏转电流。行扫描逆程脉冲经升压与整流得到显像管需要的高压、中压以及视频放大电路(与 PAL 解码器基色矩阵合在一起)需要的电压。

彩色显像管的附属电路包括会聚、几何畸变校正、白平衡调整、色纯调整和消磁等电路。

6) 遥控系统

遥控系统由本机键盘、节目存储器、红外遥控发射器、红外接收器、微控制器和接口电路等组成。

本机键盘位于电视机面板上,用户通过本机键盘的操作,完成对电视机的选台、预置或各种功能控制。红外遥控发射器上键盘的作用,基本上和本机键盘相似,所不同的是它可以远离电视机,通过红外光指令信号控制电视机。当按下红外遥控器的某个键时,遥控器内的编码器输出一组相应的二进制代码,并调制在 38 kHz 载波上,再去调制红外发光二极管,变成红外遥控指令信号发射出去。安装在电视机面板后面的红外接收器中的红外光敏二极管接收到红外遥控指令信号后,经放大、检波、整形后得到指令的二进制代码,送至微控制器进行译码,识别出控制的种类和内容,据此发出相应信号,通过接口电路去调整电视机。

节目存储器采用电可擦可编程只读存储器(EEPROM)存储若干个频道的调谐电压数据和各种功能控制参数等,也存储最后收看的电视节目信息,包括频道号、TV/AV 状态、音量、亮度、对比度、色饱和度等。

微控制器是遥控系统的核心,由 8 b 的算术和逻辑运算器、各种寄存器、电压或频率综合器、RAM(数据存储器)、ROM(固化了全部选台、预置和各种功能控制程序)、I/O 端口、指令译码器、总线、主时钟等组成，它与外围电路一起执行用户的遥控指令，如选台、预置、音量、亮度等各种功能控制。

接口电路将微控制器送来的各种功能控制指令码，经过译码和 D/A 转换为 PWM (Pulse Width Modulation，脉宽调制)电压，再滤波为模拟控制电压，去控制音量、亮度、色饱和度、电源等。

4. 地面广播接收天线

射频电视信号的载波频率高，跨越障得物的能力弱，主要靠空间波传播，衰减较大，信号覆盖的范围有限。距离电视台较远的地区可借助于电视接收天线获得较好的收看效果。利用天线较强的方向性，可提高电视接收机的抗干扰能力，减少电视图像的重影。

1) 半波振子和折合振子

电视接收天线最基本的形式有两种：一种是半波振子天线，如附图 A－40 所示；另一种是折合振子天线，如附图 A－41 所示。它们均由直径在 10 mm 以上的金属导体(如铜管、铝管、铝合金管等)制成。

附图 A－40　半波振子天线　　　　　　附图 A－41　折合振子天线

这两种天线都是谐振式天线，当接收天线的长度 L 等于接收电视频道载波波长 λ_0 的一半，即 $L=\lambda_0/2$ 时，天线呈谐振状态，阻抗为纯电阻，此时的输出功率最大，故这种天线称为半波振子天线。折合振子天线只要长度等于 $\lambda_0/2$，也会具有上述特性。

2) 引向反射天线

离电视发射台较近、信号较强的地区只要用室内天线就可以了。羊角天线用于接收 VHF 频段的电视节目。羊角天线的两臂水平放置时就是半波振子天线，适当调节两臂间的张角、长度和方向可以获得最佳的收看效果。环形天线用于接收 UHF 频段的电视节目，一般用拉杆天线作支架，其接收方向可任意调节。市场上有带高频放大器的室内天线适于较远距离的接收，信号较强的地区使用会增加图像噪波。

在离电视台较远或接收环境较差、干扰较强的地区要安装引向反射天线。引向反射天线的主振子常用折合振子，在主振子前面 $\lambda_0/4$ 的间隔处加了一根稍短于 $\lambda_0/2$ 的金属杆作无源振子，由于主振子的感应，在其上面产生感应电流，两者产生的场在空间叠加和干涉，结果使主振子前方的能量增强，相当于这个无源振子把能量引向前方，所以把它叫做引向器。在主振子的后方 $\lambda_0/4$ 处加了一根略长于 $\lambda_0/2$ 的金属杆作无源振子，也会由于感应和干涉，使主振子前方能量增强，相当于把能量反射到前方，所以把它叫做反射器。通常把由一个引向器、一个主振子、一个反射器组成的天线叫三单元引向反射天线。为了进一步提高天线的接收能力，可增加引向器的数量，组成 n 单元引向反射天线。

注意，室外天线不能高于避雷针的保护范围，离避雷针的距离应大于 5 m。

3) 天线阻抗与馈线

在高频电磁场的作用下，天线两端的感应电压与感应电流之比，称为天线的输入阻抗。在谐振情况下，半波振子天线的输入阻抗为 $75\ \Omega$，折合振子天线的输入阻抗为 $300\ \Omega$。

馈线是天线和电视机输入回路的连接线，要求馈线与天线之间阻抗匹配，否则会使接收到的高频电视信号再次辐射到空中，这样除了会减小电视机的有效输入外，还会干扰其它电视机的正常接收。

馈线与天线之间阻抗匹配，一是指馈线的特性阻抗要与天线的输入阻抗一致，二是其对称性要相符合。常用的馈线有对称的 $300\ \Omega$ 扁平行馈线和不对称的 $75\ \Omega$ 同轴电缆。常用的天线有对称的 $300\ \Omega$ 折合振子、对称的 $75\ \Omega$ 半波振子和羊角天线以及不对称的 $75\ \Omega$ 单鞭拉杆天线。只有 $300\ \Omega$ 的折合振子天线与 $300\ \Omega$ 的扁平行馈线能直接连接，不对称的 $75\ \Omega$ 单鞭拉杆天线与不对称的 $75\ \Omega$ 同轴电缆能直接连接，其它连接都要经过阻抗匹配器。

在 UHF 频段能用微带线实现阻抗匹配和对称－不对称转换。在 VHF 频段能用双孔磁芯匹配器同时实现阻抗匹配和对称－不对称转换。

A.4.2 卫星广播

卫星电视利用位于赤道上空 35 800 km 的同步卫星作为电视广播站，对地面居高临下，不受地理条件限制，一颗卫星就能覆盖全国，传送的图像质量高，没有重影。

卫星传输的缺点是有星蚀与日凌。卫星除了绕地球运转外，还随地球一起绕太阳运转。每年在春分及秋分前后各 23 天中，每天当卫星的星下点(指卫星与地心连线同地球表面的交点)进入当地时间午夜前后，卫星、地球和太阳处于同一直线上，地球挡住了阳光，卫星处于地球的阴影区，这种现象称为星蚀；卫星星下点进入当地时间中午前后的一段时间里，卫星处于太阳和地球之间，称为日凌。星蚀与日凌示意图如附图 A-42 所示。

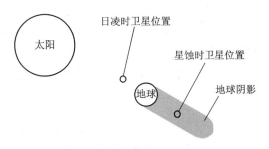

附图 A-42 星蚀与日凌示意图

在星蚀期间，卫星上的太阳能电池不能正常工作，卫星所需的全部能源由星载蓄电池供给。为了减轻蓄电池的负荷，可以通过卫星在轨道上定点位置的设计，使星蚀发生在服务区通信业务量最低的时间里。

在日凌期间，地球站天线对准卫星的同时对准太阳，大量的太阳噪声进入地球接收设备，严重时将导致信号中断，这种现象称为日凌中断。每年在春分和秋分时总有数日会发生日凌中断，每日持续约几分钟，这与地球站的纬度及天线口径等因素有关。

在太阳活动期间，太阳风暴会影响到地球的电离层，卫星通信有可能暂时中断。

国际电信联盟对卫星广播业务使用的频率进行了分配，规定我国使用 11.7～12.2 GHz 的 Ku 频段。Ku 频段卫星电视频道划分见附表 A-5。每个频道所占带宽为 27 MHz，频道间隔为 19.18 MHz，共分 24 个频道。从第 1 到第 15 的奇数频道分配给中国和日本。实际使用的 Ku 频段的频道不止 24 个。因为卫星电视广播原先是借用通信卫星进行的，通信卫星采用 C 频段，上行为 6 GHz，下行为 4 GHz。C 频段卫星电视频道划分见附表 A - 6。

附表 A - 5　Ku 频段卫星电视频道划分

频道	中心频率/MHz	频道	中心频率/MHz	频道	中心频率/MHz	频道	中心频率/MHz
1	11 727.48	7	11 842.56	13	11 957.64	19	12 072.72
2	11 746.66	8	11 861.74	14	11 976.82	20	12 091.90
3	11 765.84	9	11 880.92	15	11 996.00	21	12 111.08
4	11 785.02	10	11 900.10	16	12 015.18	22	12 130.26
5	11 804.20	11	11 919.28	17	12 034.36	23	12 149.44
6	11 823.38	12	11 938.46	18	12 053.54	24	12 168.62

附表 A - 6　C 频段卫星电视频道划分

频道	中心频率/MHz	频道	中心频率/MHz	频道	中心频率/MHz	频道	中心频率/MHz
1	3727.48	7	3842.56	13	3957.64	19	4072.72
2	3746.66	8	3861.74	14	3976.82	20	4191.90
3	3765.84	9	3880.92	15	3996.00	21	4111.08
4	3785.02	10	3900.10	16	4015.18	22	4130.26
5	3804.20	11	3919.28	17	4034.36	23	4149.44
6	3823.38	12	3938.46	18	4053.54	24	4163.62

1. 卫星电视广播系统的组成

卫星电视广播系统主要由上行站、卫星、接收站和遥测遥控跟踪站组成，如附图 A - 43 所示。

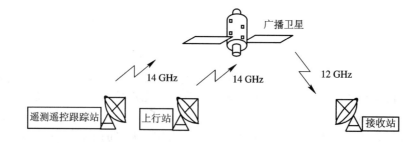

附图 A - 43　卫星广播电视系统方框图

电视台要广播的节目信号，经光纤线路或微波中继线路传送到上行发射站，节目信号经放大和频率调制后，变成 14 GHz 的载波发射给卫星，卫星上的转发器接收到上行波束后，将其放大并转换成 12 GHz 的载波信号，再通过卫星上的天线转变成覆盖一定地区的下行波束。卫星地面接收站收到 12 GHz 的载波信号后，从中解调出节目信号，经当地转播台或有线电视台播出，供用户接收。也可利用卫星广播电视接收机直接接收卫星上的广播电视节目信号。遥测遥控跟踪站测量卫星的姿态和轨道运行，测量卫星的各种工程参数和环境参数,对卫星进行控制和实施各种功能状态的切换,以保证卫星的正常运转。

在广播电视的地面广播、卫星广播和有线电视三种传送方式中,最易实现数字电视广播的是卫星电视。我国卫星电视正在由 C 波段向 Ku 波段发展,绝大部分是数字卫星电视,模拟卫星电视已很少见了。

2. 卫星电视接收系统

卫星电视接收系统由接收天线(包括馈源)、高频头(低噪声下变频器,Low Noise Block Down Converter,LNB)和卫星电视接收机三部分组成。高频头也常称为室外单元,卫星电视接收机则称为室内单元。

1)卫星接收天线

卫星接收天线直接关系到卫星广播电视节目的收视质量,它将卫星传送到地面的微弱电波信号捕获。

附图 A-44 是一种前馈式旋转抛物面天线的结构,它由旋转抛物面反射体、馈源及其支撑杆、天线支架和仰角及方位角调整机构组成。前馈天线将天线部件馈源放置在旋转抛物面的前方焦点处。馈源的主要作用是收集卫星电视信号并馈送到高频头,且经常与高频头做成一体。天线支架分为上支架和下支架两部分。上支架的主要作用是支撑旋转抛物面,下支架用于把天线安装在地面或建筑物上。仰角和方位角调整机构用于卫星天线的方向选择,以对准轨道上的卫星。前馈式天线安装、拆装高频头不便,因此适合于小于 5 m 的天线。

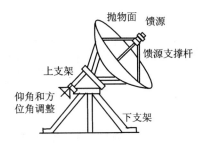

附图 A-44 前馈式抛物面天线的结构

卡塞格伦天线也称后馈式天线,是在旋转抛物面天线的基础上发展起来的。后馈式天线有两个反射面(如附图 A-45 所示),主反射面为旋转抛物面,副反射面为旋转双曲面,旋转双曲面的虚焦点与主反射抛物面的焦点重合,它的实焦点与馈源中心重合,它将旋转抛物面反射的电波再反射到抛物面后的馈源上。卡塞格伦天线效率高,方向性强,噪声低,增益高,性能比抛物面天线好。大多数的收发双工地面通信兼电视接收站都采用卡塞格伦天线。

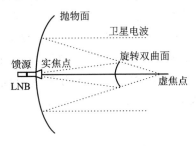

附图 A-45 卡塞格伦天线的结构

偏馈式天线是由旋转抛物面的一部分截面构成的，其馈源中心与抛物面焦点重合（如附图 A‒46 所示），但与反射面位置错开一段距离，即所谓偏馈，这样，馈源就不会遮挡反射面接收电波了，因而天线效率可得到提高。偏馈式天线适于 Ku 波段口径小于 2 m 的卫星电视接收天线。

卫星接收天线有板状天线和网状天线，网状天线效率较低，但有结构简单、成本低、安装运输方便、抗风力强等优点。

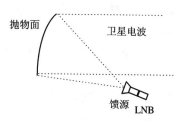

附图 A‒46　偏馈式天线的结构

2）高频头

高频头在馈源后部，与馈源做成一体化结构，附图 A‒47 是高频头的组成方框图。来自馈源的微弱信号，经过宽频带低噪声放大后，送到混频级，与本振信号混频后，输出宽频带的第一中频信号，其频率为 0.95～2.150 GHz。高频头要接收卫星电视信号的全部频道，例如，C 波段的频率范围为 3.7～4.2 GHz，有 500 MHz 带宽，有 24 个频道，高频头需要对 24 个频道都能进行放大和进行频率变换。高频头对 C 波段采用高本振，本振频率为 5.17 GHz 或者 5.15 GHz，变频后的频道与下行频道高低顺序是倒置的。Ku 波段的频率范围为 11.7～12.75 GHz，有 1.05 GHz 带宽，高频头需要对整个带宽都能进行放大和进行频率变换。高频头对 Ku 波段采用低本振，本振频率为 10.75 GHz，变频后的频道与下行频道高低顺序相同。

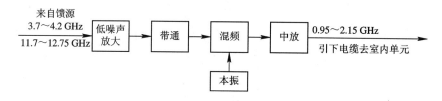

附图 A‒47　高频头的组成方框图

目前，卫星电视接收机大多采用数字卫星电视接收机，详见 9.2 节。

A.4.3　有线电视广播

城市中的高层建筑物引起射频电视信号的反射和折射，电视机会接收到同一频道的有时间差的多路射频电视信号，造成严重的重影现象。加上城市工业噪声等干扰的影响，导致地面广播电视图像质量下降。为了改善收看质量，可把室外天线收到的电视信号经放大处理后用电缆分配到各户，形成电视接收、传输、分配系统，称为公用天线电视系统（Community Antenna Television System，CATV）。公用天线电视逐步发展成为目前电视频道多达几十个的、在整个城市联网的电视系统，既可收转当地、邻近城市电视台和卫星电视节目，又可制作、播放自办节目，这种电视系统称为有线电视系统。由于用电缆进行输送，因此也称为电缆电视系统（Cable Television System，CATV）。

1. 有线电视系统的组成

有线电视系统通常由前端设备、传输系统和信号分配网络三部分组成。

1）前端设备

附图 A-48 是有线电视系统组成方框图。混合器左边的设备都属于前端设备。

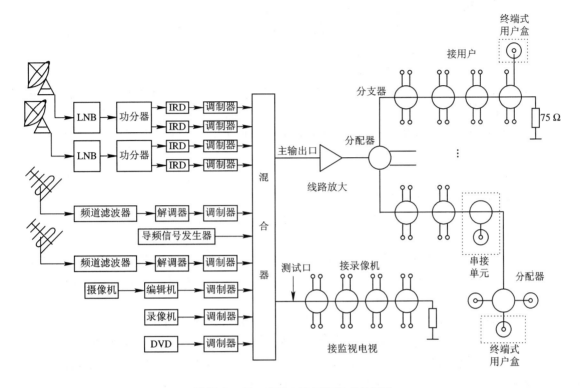

附图 A-48 有线电视系统组成方框图

卫星天线接收的信号经馈源和高频头送到功分器，将输入信号功率分成相等的几路信号功率输出。每一输出可接一台卫星电视接收机。每台卫星电视接收机分别接收一套节目，各自用调制器调制到有线电视的一个频道上。

邻近城市电视台的距离不等、方向不同，为了减少其它频道的干扰，每个台专用一副天线来接收。为进一步抑制频道外的干扰，串接了频道滤波器。接收到的射频信号先解调为视频和音频信号，再调制到有线电视的一个频道上。

导频信号发生器为线路放大器提供自动增益控制和自动斜率控制的参考电平，由于导频信号和有用信号同时通过同一电缆传送，因而当电缆因温度变化而衰耗改变时，导频电平的变化可作为放大器自动调节的依据。

自办节目用摄像机摄取图像信号，用话筒获取声音信号送到编辑机处理后，用调制器调制到有线电视的一个频道上。

从各种途径得到的视频信号与伴音信号，都要经过调制器调制到有线电视的某一个频道上。调制器有射频直接调制器、中频调制器、频道捷变调制器等几种。

最后，各路信号输出的射频信号都送入混合器，输出一个宽带复合信号，再送入有线电视系统的干线传输网。混合器大多是宽带变压器式的，可以进行任意频道的混合，具有较大的隔离度，缺点是插入损耗大。在上述无源混合器的基础上如果增加宽带放大器，则可成为有源混合器。

2）传输系统

传输系统是一个干线网，它可以用电缆、光缆来实现。目前我国绝大部分有线电视系统都用同轴电缆向用户传输。干线电缆一般选比较粗的同轴电缆，以降低因干线长而引起的损耗。由于电缆对高、低频率衰减不同，因此要用均衡器进行补偿。当温度变化时，传输损耗也不同，冬夏之间会引起放大器的状态变化，因此隔一段距离要用带自动增益和自动斜率补偿的放大器来补偿电平的起伏。

有线电视常用的同轴电缆按绝缘介质分类有纵孔电缆和物理高发泡电缆。SYKV 型纵孔电缆也称藕芯电缆，其高频损耗小，但防潮、防水性能差，只能在室内使用；在 SYWV (Y)型物理高发泡电缆的绝缘介质中，空气占 80%，因此其高频衰减低，每台放大器能带更多的用户，生产工艺先进，特性阻抗均匀，质量稳定。

光缆传输有容量大，衰减小，不受电磁感应影响，安全可靠等优点；缺点是造价高，建设难度大，适合于长距离系统干线使用。

3）信号分配网络

信号分配网络由分配器、分支器、串接单元、终端盒以及电缆等组成。

分配器是由高频铁氧体磁芯做成的宽带传输线变压器，它将输入射频信号的功率均等地分配给各路输出。分配器有二分配、三分配和四分配等，分配器的接入有一定的插入损耗，其损耗大小与分配端数有关。

分支器也是一种宽带变压器，它可以隔离用户电视机之间的相互影响。它有一个主输入端、一个主输出端和若干个分支输出端。分支器有一分支、二分支、三分支和四分支。

分支器从主输入端到主输出端的电平损耗，称为插入损耗；从主输入到分支输出端的电平损耗，称分支衰减。插入损耗和分支衰减有密切关系，它们从两个方面说明同一个内容。通常，插入损耗越小，分支衰减越大，表示分支输出端从干线耦合的能量越少；插入损耗越大，分支衰减越小，表示分支输出端从干线耦合的能量越多。在分支损失相同的情况下，插入损耗与分支数有关，分支数多，则插入损耗就大。

一分支器分支输出带有电视机插座的串接单元，也称用户盒，装在用户住房内，供连接电视机用。还有一种终端式用户盒，接在分配器或多分支器输出上。

2. 增补频道

射频信号在同轴电缆中传送，其损耗与信号频率的平方根成正比。为了减少损耗，增大传输距离，充分利用网络的传输带宽，在地面广播电视没有使用的频段中，增设了增补频道。

从附表 A-3 的电视频道表中可以看出，在 DS5 频道和 DS6 频道之间以及 DS12 频道和 DS13 频道之间有相当宽的一段频率没有分配给地面广播电视使用。有线电视充分利用这一空隙，增设了 37 个增补频道 $z1\sim z37$，如附表 A-7 所示。

有线电视系统的频带宽度一般分为 450 MHz、550 MHz、750 MHz 等几种，在设计方案决定了频带宽度后，应选用相应档次的设备和传输系统；要提高系统的频带宽度，必须更换设备和电缆。450 MHz 系统包括 DS1~DS12 的 12 个频道及 $z1\sim z35$ 的 35 个频道，一共 47 个频道。550 MHz 系统包括 DS1~DS22 的 22 个频道及 $z1\sim z37$ 的 37 个频道，一共 59 个频道。750 MHz 系统包括 DS1~DS43 的 43 个频道及 $z1\sim z37$ 的 37 个频道，一共 80 个频道。

附表 A-7 37 个增补频道

频道	频率范围/MHz	图像载频/MHz	频道	频率范围/MHz	图像载频/MHz
z1	111~119	112.25	z20	319~327	320.25
z2	119~127	120.25	z21	327~335	328.25
z3	127~135	128.25	z22	335~343	336.25
z4	135~143	136.25	z23	343~351	344.25
z5	143~151	144.25	z24	351~359	352.25
z6	151~159	152.25	z25	359~367	360.25
z7	159~167	160.25	z26	367~375	368.25
z8	223~231	224.25	z27	375~383	376.25
z9	231~239	232.25	z28	383~391	384.25
z10	239~247	240.25	z29	391~399	392.25
z11	247~255	248.25	z30	399~407	400.25
z12	255~263	256.25	z31	407~415	408.25
z13	263~271	264.25	z32	415~423	416.25
z14	271~279	272.25	z33	423~431	424.25
z15	279~287	280.25	z34	431~439	432.25
z16	287~295	288.25	z35	439~447	440.25
z17	295~303	296.25	z36	447~455	448.25
z18	303~311	304.25	z37	455~463	456.25
z19	311~319	312.25			

附录 B 缩略词与名词索引

4 K：常指 3840×2160 的分辩力。

8 K：常指 7680×4320 的分辩力。

AAC：Advanced Audio Coding，高级音频编码技术。

AACS：Advanced Access Content System，高级访问内容系统。一种内容和数字版权管理标准。

ABS‑S：Advanced Broadcasting System‑Satellite，先进卫星广播系统，我国直播星标准。

ACE：Active Constellation Extension，动态星座图扩展技术。

ACF：Anisotropic Conductive Film，各向异性导电膜。

ACM：Adaptive Coding and Modulation，自适应编码调制。

ADSL：Asymmetrical Digital Subscriber Line，不对称数字用户线路。

AFPC：Automatic Frequency Phase Control，自动频率相位控制。

AGC：Automatic Gain Control，自动增益控制。

AMOLED：Active Matrix OLED，有源 OLED。

ANC：Automatic Noise Constrain，自动噪波抑制。

Android：安卓，一种基于 Linux 的自由及开放源代码的操作系统，用于智能手机和平板电脑，由 Google 公司和开放手机联盟领导及开发。

ANSI：American National Standards Institute，美国国家标准协会。

AP error：Active Picture error，有效图像误码。

APS：Analog Protection System，模拟防拷贝技术。

APS：Active Pixel Sensor，有源像素图像传感器。

APSK：Amplitude Phase Shift Keying，振幅相移键控。

ARC：American Radio Corporation，美国无线电公司。

ARM：Advanced RISC Machines，(比 RISC 更高档的)先进精简指令集计算机。

ARQ：Automatic Repeat Request，检错重发。

ASC：Asynchronous Serial Controller，异步串行控制器。

ASI：Asynchronous Serial Interface，异步串行接口。

ASK：Amplitude Shift Keying，幅移键控。

ASPEC：Adaptive Spectral Perceptual Entropy Coding of High Quality Music Signals，高质量音频自适应频域感知熵编码算法。

ASV：Advance Super View，Axial Symmetric View，夏普的一种面板。

Asynchronous Data Stream：异步数据流。

ATA：Advanced Technology Attachment，高级技术附加装置，一种接口，也称 IDE 接口。

ATAPI：ATA Packet Interface，ATA 分组接口，增强 IDE(EIDE)接口。

ATFT：Adaptive Time Frequency Tiling，自适应时频分块。

ATM：Asynchronous Transfer Mode，异步转移模式。

ATSC：Advanced Television Systems Committee，先进电视制式委员会。美国数字电视国家标准。

AVI：Audio Video Interleaved，音频视频交错格式。

AVS：Audio Video coding Standard，中国数字音/视频编解码国家标准。

AWGN：Additive White Gaussian Noise，加性高斯白噪声。

Baseband Shaping：基带成形。

Basic Access：基本接入。

BAT：Bouquet Association Table，业务群关联表。

BCH：根据 3 个发明人 Bose、Chaudhuri 和 Hocquenghem 命名的一种编码。

BD：Blue ray Disc，蓝光光盘。

BDA：Blue ray Disc Association，蓝光光盘协会。

BER：Bit Error Rate，误码率。

BGA：Ball Grid Array，球栅阵列，一种 IC 封装方式。

Bidirectionally Predicted Picture：双向预测编码图像帧。

Bi‑Partite Graph：二分图，Tanner 图。

B‑ISDN：Broad‑band ISDN，宽带综合业务数字网。

BMA：Block Matching Algorithm，块匹配算法。

BNC：Bayonet Neill‑Concelman，Connector Used with Coaxial Cable，一种同轴电缆连接器。

BPC：Block Product Code，分组乘积码。

BS：Broadcast Service，广播服务。

Bs：Boundary strength，边界强度。

bslbf：bit string, left bit first，比特串，左位在先。

BSS：Broadcast Satellite Services，卫星广播业务。

CABAC：Context‑based Adaptive Binary Arithmetic Coding，基于上下文的自适应二进制算术编码。

Call Signaling：呼叫信令。

Camera on Chip：片上成像系统。

CAS：Conditional Access System，条件接收系统。

CAT：Conditional Access Table，条件接收表。

CATV：Cable Television System，电缆电视系统。

CAVLC：Context‑based Adaptive Variable Length Coding，基于上下文的自适应变长编码。

CBHD：China Blue High Definition Disc，中国蓝光高清光盘。

CBR：Constant Bit‑Rate，固定数码率。

CC：Control Code，控制码。

CCD：Charge Coupled Devices，电荷耦合器件。

CCFL：Cold Cathode Fluorescent tube，冷阴极荧光灯。

CCIR：Consultative Committee for International Radio，国际无线电咨询委员会。

CCM：Constant Coding and Modulation，固定编码调制。

CCM：Color Conversion Method，色转换法。

CD：Compact Disc Digital Audio，数字激光唱机。

CDDA：Compact Disc Digital Audio，一种音频编码格式。

CDF：Calendar Day Frame，日帧。

CDN：Content Delivery Network，内容递送网络。

CDS：Correlated Double Sampling，相关双取样电路。

CEC：Consumer Electronics Control，消费电子产品控制（协议）。

CF 卡：Compact Flash 卡。

CGMS：Serial Copy Generation Management System，拷贝生成管理系统，一种视频编码格式。

Checker Board：棋盘格，空间多路复用的方法传送左、右视图像。

CI：Common Interface，公共接口。

CIF：Common Intermediate Format，公共中间格式。

CIRC：Cross Interleave Reed Solomon Code，交叉交织里德—所罗门码。

CLC：Capacitor of Liquid Crystal，液晶电容。

CLCH：Control Logic Channel，控制逻辑信道。

CMMB：China Mobile Multimedia Broadcasting，中国移动多媒体广播。

CMT：Course‐grained Multithreading，过程消除多线程。

CMT：CA Message Table，条件接收信息表。

COF：Chip On Film，薄膜载芯片。

COFDM：Coded OFDM，编码正交频分复用。

COG：Chip On Glass，玻璃载芯片。

Constraint Length：约束长度。

Convolutional Coding：卷积码。

Cortex：ARM 公司在处理器 ARM11 以后的产品改用 Cortex 命名，分成 A、R 和 M 三类，旨在为各种不同的市场提供服务。

Cost Functions：代价函数。

CP：Continual Pilot，连续导频。

CPA：Continuous Pinwheel Alignment，连续焰火状排列，一种 LCD 面板。

CP‐OFDM：Cyclic Prefix Orthogonal Frequency Division Multiplexing，循环前缀 OFDM。

CPS：Content Provider System，内容提供系统。

CPU：Central Processing Unit，中央处理器。

CRC：Cyclic Redundancy Check，循环冗余校验。

CS – ACELP：Conjugate Structure Algebraic Code Excited Linear Prediction，共轭结构代数码激励线性预测。

CRT：Cathode Ray Tube，阴极射线管（显示器）。

CSC：Color Space Conversion，彩色空间转换。

CSS：Content Scrambling System，内容扰乱系统，一种防止直接从盘片上复制文件的数据加密方案。

CT：Computed Tomography，计算机断层成像。

CTI：Color Transient Improvement，色度瞬态改善。

CVBS：Composite Video Blanking Synchronization，复合视频信号。

CW：Control Word，控制字。

DAA：Direct Access Arrangement，由 Silicon Labs 公司提出的可编程线接口。

Data Carousel：数据循环。

Data Piping：数据管道。

DBS：Direct Broadcasting Satellite，直播卫星。

DC Coded Picture：直流编码帧。

D Cache：Data Cache，数据高速缓存器。

DCO：Digital Controlled Oscillator，数控振荡器。

DCP：Disparity Compensated Predication，视差补偿预测。

DCT：Discrete Cosine Transform，离散余弦变换。

DDC：Display Data Channel，显示数据通道。

DDWG：Digital Display Working Group，数字显示工作组。

Debug：查错。

DEMUX：Demultiplex，解复用；多路信号分离。

DENC：Digital Encoder，数字视频编码器。

Derotator：解相位旋转器。

Descriptor：描述符（子）。

Differential Code：差分编码。

DiiVA：Digital Interactive Interface for Video & Audio，数字音视频交互接口。

DIP：Direct Intra Prediction，直接帧内预测模式。

DiSEqC：Digital Satellite Equipment Control，数字卫星设备控制。

DIT：Discontinuity Information Table，间断信息表。

DMIPS：Dhrystone Million Instructions executed Per Second，Dhrystone 是一种整数运算测试程序，每秒百万条指令。

DOCSIS：Data Over Cable Service Interface Specification，有线电视数据业务接口规范。

DP：Display Port，显示器接口。

DPCM：Differential Pulse Code Modulation，差值脉冲编码调制。

DPLL：Digital Phase Lock Loop，数字锁相环。

DPS：Digital Pixel Sensor，数字像素图像传感器。

DRA ：Dynamic Resolution Adaptation，动态分辨率自适应，我国音频编解码标准，多声道数字音频编解码技术规范。

DRM：Digital Rights Management，数字版权管理。

DSCQS：Double Stimulus Continuous Quality Scale Method，双刺激连续质量标度法。

DSM‑CC：Digital Storage Media Command and Control，数字存储媒体命令和控制扩展协议。

DSNG：Digital Satellite News Gathering，卫星新闻采集。

DTCP：Digital Transmission Content Protection，数字传输内容保护。

DTH：Direct To Home，直接到户。

DTS：Decode Time Stamp，解码时间印记，解码时间戳。

DTS：Digital Theater System，数字影院系统，一种 5.1 声道数码环绕声系统。

DVB：Digital Video Broadcasting，欧洲的数字电视广播标准。

DVD：Digital Video Disc，数字电视光盘。

DVI：Digital Video Interface，数字视频接口。

DVI：Digital Visual Interface，数字显示接口。

DVR：Digital Video Recorder，数字视频记录。

EAV：End of Active Video，有效视频结束。

ECC：Error Checking and Correction，错误检查修正，一种中断方式。

ECM：Entitlement Control Message，授权控制信息，权限控制信息。

EDH：Error Detecting and Handling，误码检测和处理。

EDID：Extended Display Identification Data，扩展显示识别数据。

EFM：Eight to Fourteen Modulation，8‑14 比特变换调制。

EFM PLUS：8‑16 比特变换调制。

EIL：Electron Injection Layer，电子注入层。

EIRP：Effective Isotropic Radiated Power，等效全向辐射功率。

EIS：Event Info Scheduler，事件信息调度器。

EIT：Event Information Table，事件信息表。

EMI：External Memory Interface，外部存储器接口。

EMM：Entitlement Management Message，授权管理信息，权限管理信息。

EMMC：Embedded Multi Media Card，嵌入式多媒体卡。

EMML：EMM Loader，EMM 包加载器。

EMMS：EMM Sender，EMM 包发送器。

Encryption：加密。

Energy Dispersal：能量扩散。

Entropy Coding：熵编码。

EOB：End of Block，块结束。

EPG：Electronic Program Guide，电子节目指南。

EPON：Ethernet over Passive Optical Network，以太网无源光网络。

Errored Seconds：误码秒。

error Floors：差错平底特性。

ES：Elementary Stream，基本流。

ESG：Electric Service Guide，电子业务指南。

Es/No：Energy per symbol / Noise power spectral density，每个符号能量与噪声功率谱密度之比。

ETL：Electron Transporting Layer，电子传输层。

ETQFP：Exposed Thin Quad Flat Pack，裸露焊盘方形扁平封装。

ETSI：European Telecommunications Standards Institute，欧洲电信标准学会。

EVD：Enhanced Versatile Disc，增强型多能光盘。

FADE：Fully Adaptive Demodulation and Equalization，自适应解调和均衡。

FC：Fibre Channel，光纤通道。

FC－AL：Fibre Channel Arbitrated Loop，光纤通道仲裁环。

FCS：Frame Closing Symbol，帧结束符号。

FD：Frequency Detector，频差检测器。

FDDI：Fiber Distributed Data Interface，光纤分布式数据接口。

FEC：Forward Error Correction，前向纠错。

FEF：Future Extension Frame，未来扩展帧。

FF error：Full Field error，全场误码。

FFS：Fringe Field Switching，边沿场开关，一种 LCD 面板。

FFT：Fast Fourier Transformation，快速傅立叶变换。

FIFO：First In First Out，先进先出（移位寄存器）。

Fire Wire：火线接口，IEEE1394 接口。

FIT：Frame Interline Transfer，帧行间转移。

FLV：FLASH VIDEO，随着 Flash MX 的推出发展而来的视频流媒体格式。

FPR：Film－type Patterned Retarder，图案隔离膜。

FPU：Float Point Unit，浮点运算单元，是专用于浮点运算的处理器。

Frequency Derotate：频率解旋转。

Frequency Domain Masking Effect：频域掩蔽效应。

Frequency Recovery Loop：频率恢复环路。

FSAA：Full Scene Anti－Aliasing，全景抗锯齿。

FSK：Frequency Shift Keying，频移键控。

FSS：Fixed Satellite Service，固定卫星业务。

FT：Frame Transfer，帧转移。

FTA：Free－To－Air，免费频道。

Galois Field：伽罗华域。

GD：Gate Driver，栅极驱动电路。

GEM：Globally Executable MHP，全球可实行 MHP。

GK：Gate Keeper，网闸。

GMII：Gigabit Media Independent Interface，吉比特媒体独立接口。

GOB：Group of Blocks，块组。

GOV：Group of VOP，视频对象平面组。

GPIO：General – Purpose Input/Output，一种通用接口。

GPS：Global Positioning System，全球定位系统。

GPU：Graphic Processing Unit，图形处理器。

GUI：Graphical User Interface，图形用户接口。

GW：Gateway，网关。

H14L：High-1440 Level，高 1440 级。

H-8PSK：Hierarchical Eight Phase Shift Keying，分等级的八相移键控。

HDB3：High Density Bipolar 3 Zeros，3 阶高密度双极性码。

HDCP：High – bandwidth Digital Content Protection，宽带数字内容保护。

HDMI：High Definition Multimedia Interface，高分辨率多媒体接口。

HDTV：High Definition Television，高清晰度电视。

HD – VD：High Definition Video Disk，高清晰度视盘。

HEC：Hybrid Error Correction，混合纠错。

HFC：Hybrid Fiber Coaxial，光纤同轴电缆有线电视混合网。

HIL：Hole Injection Layer，空穴注入层。

HIPPI：High Performance Parallel Interface，高性能并行接口。

HL：High Level，高级。

HMD：Head Mounted Display，头盔显示器。

HOMO：Highest Occupied Molecular Orbits，最高已占轨道。

HP：High Profile，高类。

HPD：Hot Plug Detect，热插拔检测。

HRI：Hyperhigh Resolution Imaging，超高清晰度成像。

HTL ：Hole transporting layer，空穴传输层。

HTML：HyperText Markup Language，超文本标记语言。

HVQFN：Heatsink Verythin Quad Flatpack No-leads，散热极薄无引脚方形扁平封装。

Hybrid Scalability：混合可分级性。

i：Interlacing，隔行(扫描)。

I Cache：Instruction Cache，指令高速缓存器。

ICT：Integer Cosine Transform，整数余弦变换。

IDE：Integrated Drive Electronics，集成驱动器电子设备，一种接口，也称 ATA 接口。

IEC：International Electrotechnical Committee，国际电工技术委员会。

Interlacing：隔行(扫描)。

Interleaving：交织；隔行(扫描)。

Intra-coded picture：帧内编码图像帧。

Intranet：企业网。

IPS：In-Plane Switching，平面开关，一种 LCD 面板。

IRD：Integrated Receiver Decoder，综合接收解码器。

IRT：Internet Relay Chat，因特网中继聊天。

I^{2}S：Inter-IC Sound，飞利浦公司数字音频数据传输标准。

IS：Interactive Service，交互式服务。

ISCSI：Internet Small Computer System Interface，因特网小型计算机系统接口。

ISDB：Integrated Services Digital Broadcasting，综合业务数字广播。日本数字电视广播标准。

ISDN：Integrated Services Digital Network，综合业务数字网。

ISI：Intersymbol Interference，符号间干扰。

ISO：International Standardization Organization，国际标准化组织。

IT：Interline Transfer，行间转移。

ITO：Indium Tin Oxide，掺锡氧化铟。

ITU－R：International Telecommunications Union－Radio Communications Sector，国际电联无线电通信部门。

ITV：Interactive Television，交互式电视。

JDI：Japan Display Inc，日本显示公司，致力于小尺寸显示屏的生产和研发。

JND：Just Noticed Difference，刚辨差。

JPEG：Joint Photographic Experts Group，联合图片专家小组；静止数字图像的压缩标准。

JTAG：Joint Test Action Group，联合测试工作组。

JVT：Joint Video Team，联合视频小组。

Key：密钥。

LAN：Local Area Network，局域网。

Lane：AC-Coupled，doubly-terminated differential pair，交流耦合双终端差分线对。

LC：Low Complexity Profile，低复杂度类。

LCD：Liquid Crystal Display，液晶显示。

LDI：LVDS Display Interface，LVDS 显示接口。

LDPC：Low Density Parity Check，低密度奇偶校验，一种也称为 Gallager 码的编码。

Least Connection Scheduling：最少连接调度。

Lenticular Lens：柱面透镜，一种裸眼 3D 显示方法。

LFE：Low Frequency Enhancement，低频增强。

LFSR：Linear Feedback Shift Register，线性反馈移位寄存器。

Line By Line：行交替，空间多路复用的方法传送左、右视图像。

Line Interleaved：行交替。

LL：Low Level，低级。

LNB：Low Noise Block Down Converter，低噪声下变频器。

LNBF：Low Noise Block Feed，馈源一体化的低噪声放大下变频器。

Loop Filter：环路滤波器。

LQFP：Low Profile Quad Flat Package，低断面（薄型）方形扁平封装。

LSB，Least Significant Bit，最低有效位。

LSF：Low Sampling Frequency，低取样频率。

LTI：Luminance Transient Improvement，亮度瞬态改善。

LTPS：Low Temperature Polycrystalline Silicon，低温多晶硅。

LUMO：Lowest Unoccupied Molecular Orbits，最低未占轨道。

LVDS：Low Voltage Differential Signaling，低电压差分信号。

MAFE：Modem Analog Front End，调制解调器模拟前端。

Mali：属于高端 GPU，API 包括 Khronos™ OpenVG® 1.1、OpenGL® ES 1.1 和 2.0、OpenCL™以及 Microsoft® DirectX®。

MAP：Maximum Aposterriori Probability，最大后验概率。

Matched filter：匹配滤波器。

MB：Macro Block，宏块。

MBBMS：Mobile Broadcast Business Management System，广播式手机电视业务管理系统。

MC：Multichannel，多通道。

MCNS：Multimedia Cable Network System，多媒体电缆网络系统。美国有线电视经营商合作组织。

MCP：Motion Compensation Prediction，运动补偿预测。

MCPC：Multiple Channel Per Carrier，多路单载波。

MCU：Multi-point Control Unit，多点控制设备。

MDCT：Modified Discrete Cosine Transform，修正离散余弦变换。

MemoryStick：记忆棒。

MHP：Media Home Platform，媒体家庭平台，中间件标准。

Middleware：中间件。

MII：Media Independent Interface，媒体独立接口。

Min Sum Algorithm：最小和算法。

MIPS：Microprocessor without Interlocked Pipeline Stages，没有互锁流水线阶段的微处理器，一种 CPU 结构体系。

MIPS：MIPS Technologies Inc，美普思科技公司。

MISO：Multiple Input Single Output，多输入单输出，一种智能天线技术。

MIU：Memory Interface Unit，存储接口单元。

MK：Management Key，管理密钥。

MKV：Matroska 的一种媒体文件，Matroska 是一种新的多媒体封装格式，也称多媒体容器（Multimedia Container）。

ML：Main Level，主级。

MLC：Multi-Level Cell，多层(存储)单元，特点是容量大、成本低、速度慢。

MMC 卡：MultiMedia Card。

MMDS：Multichannel Multipoint Distribution Service，多信道多点分配服务；Microwave Multichannel Distribution System，微波多路分配系统。

MMU：Memory Management Unit，内存管理单元。

MoCA：Multimedia over Coax Alliance，同轴电缆多媒体联盟。

MOPLL：Mixer、Oscillator Phase Lock Loop，混频器振荡器锁相环。

MOV：Apple 公司开发的一种音频、视频文件格式，用于存储常用数字媒体类型，即 Quick Time 影片格式。

MP：Main Profile，主类。

MP3：MPEG Audio Layer Ⅲ，一种音频编码格式。

MPE：Multiprotocol Encapsulation，多协议封装。

MPEG：Moving Pictures Experts Group，活动图像专家组，或其制定的压缩标准。

MRI：Magnetic Resonance Imaging，核磁共振成像。

MSB：Most Significant Bit，最高有效位。

MSF：Multiplex Sub Frame，复用子帧。

Multicast：多播。

Multicrypt：多密。

MUSICAM：Masking Pattern Adapted Universal Subband Integrated Coding And Multiplexing，掩蔽型自适应通用子频带综合编码与复用。

MUX：Multiplex，多路复用。

MVA：Multi-domain Vertical Alignment，多畴垂直取向，一种 LCD 面板。

NAL：Network Abstraction Layer，网络抽象层。

NAND：NOT AND，与非，由与非组成的闪存。

NAS：Network Attached Storage，网络连接存储。

NB：Normally Black，常暗(模式)。

NCO：Number-Controlled Oscillator，数控振荡器。

NEON：Cortex-A 系列处理器的一种 128 位 SIMD 扩展结构，是多媒体应用领域中最为优越的处理器。

NFCT：Next Frame Composition Table，下一帧成分表。

NFS：Network Files System，网络文件系统。

NGI：Next Generation Internet，下一代因特网。

NIT：Network Information Table，网络信息表。

NOR：NOT OR，或非，由或非组成的闪存。

NRZI：Non Return to Zero Invert，倒相的不归零码。

NTSC：National Television Systems Committee，国家电视制式委员会。美国彩色电视制式国家标准。

NW：Normally White，常亮(模式)。

Object Carousel：对象循环。

OCB：Optically Compensated Bend，光学补偿弯曲。

OFDM：Orthogonal Frequency Division Multiplexing，正交频分复用。

OLED：Organic Light Emitting Device，有机发光显示器件。

Open：Open Silicon Inc.，是一家领先的半导体公司。

OSD：On Screen Display，屏幕显示。

OSI：Open System Interconnection，开放系统互连。

OTA：Over The Air Loader Technology，空中下载技术。

OTP：One Time Password，一次性密码。

OTT：Over The Top，互联网企业利用电信运营商的宽带网络发展各种视频和数据服务业务，将电信运营商的基础设施当做一种传输管道来传输自己的服务。

OTT TV：互联网电视。

p：Progressive，逐行(扫描)。

P2P：Peer to Peer，对等连接。

P4P：Proactive network Provider Participation for P2P，P2P 技术的升级版。

PAL：Phase Alternation Line，逐行倒相。我国彩色电视制式国家标准。

Parallax Barrier：视差障栅，一种裸眼 3D 显示方法。

Parallax Illumination：视差照明，一种裸眼 3D 显示方法。

PAT：Program Association Table，节目关联表。

PCCC：Parallelly Concatenated Convolutional Codes，并行级联卷积码，Turbo 码。

PCBC：Parallelly Concatenated Block Code，并行级联分组码。

PCI：Peripheral Component Interconnect，外围部件互连。

PCIe：PCI express，高速 PCI，高速外围部件互连。

PCM：Pulse Coding Modulation，脉冲编码调制。

PCMCIA：Personal Computer Memory Card International Association，个人计算机存储器卡国际协会。接口名。

PCR：Program Clock Reference，节目时钟参考，节目时钟基准。

PD：Phase Detector，相位差检测器；Photo Diode，光电二极管。

PDG：Private Data Generator，专用数据发生器。

PDK：Personal Distribution Key，个人分配密钥。

PDM：Pulse Delta Modulator，脉冲增量调制器。

PDP：Plasma Display Panel，等离子平板显示器。

PER：Packet Error Rate，误包率。

PES：Packetized ES，分组基本码流。

Phase Derotate：相位解旋转。

Phase Trace Loop：相位跟踪环路。

PID：Packet Identifier，包标识，包指示符。

pilot frequency：导频。

PIN：Personal Identification Number，私人口令。

PIT：Pre-scaled Integer Transform，带预缩放的整数余弦变换。

PLL：Phase Lock Loop，锁相环。

PLP：Physical Layer Pipe，物理层管道。

PMOLED：Passive Matrix OLED，无源 OLED。

PMP：Portable Media Player，移动媒体播放器。

PMS：Packetized Multiplexing Stream，打包的复用流。

PMT：Program Map Table，节目映射表。

PN：Pseudorandom Number，伪随机数。

POD：Point of deployment，配置接口，美国 CA 接口。

PPS：Passive Pixel Sensor，无源像素图像传感器。

PQR：Picture Quality Rating，图像质量等级。

PRBS：Pseudo Random Binary Sequence，伪随机二进制序列。

PRBSG：Pseudo Random Binary Sequence Generator，伪随机二进制序列发生器。

Predictive-coded Picture：预测编码图像帧。

Primary Access：基群接入。

Progressive：逐行(扫描)。

PS：Professional Service，专业服务。

PS：Program Stream，节目流。

PSI：Program Specific Information，节目特定信息。

PSK：Phase Shift Keying，相移键控。

PSTN：Public Switched Telephone Network，公用电话交换网。

PTS：Presentation Time Stamp，时间表示印记，展现时间戳。

Punctured Convolutional Codes：收缩卷积码。删余卷积码。

PVR：Personal Video Recorder，私人视频记录。

PWM：Pulse Width Modulation，脉宽调制器。

QAM：Quadrature Amplitude Modulation，正交幅度调制。

QCIF：Quarter CIF，四分之一公共中间格式。

QFP：Quad Flat Package，方形扁平封装。

QoS：Quality of Service，服务质量。

QP：Quantization Parameter，量化参数。

QPSK：Quaternary Phase Shift Keying，四相相移键控。

QSS：Quasi Split Sound，准分离式，一种中频放大电路的形式。

Quad Ricorrelator：四重相关器。

Quincunx：棋盘格，空间多路复用的方法传送左、右视图像。

RAC：Real Application Clusters，真正应用集群。

RAS：Registration、Administration and Status，注册、允许和状态。

RC PLL：Reduced Constellations PLL，减星锁相环。

Reed – Solomon：里德-所罗门，以发明人命名的一种编码。

Remultiplex：再复用。

Retina：一种具备超高像素密度的液晶屏，将 960×640 图像显示在 3.5 英寸的显示屏内。

RGMII：Reduced Gigabit Media Independent Interface，简化吉比特媒体独立接口。

RISC：Reduced Instruction Set Computer，精简指令集计算机。

RLC：Run Length Coding，游程编码。

RM：Real Networks 公司开发的一种流媒体视频文件格式，根据网络数据传输的不同速率制定不同的压缩比率，实现低速率的 Internet 上进行视频文件的实时传送和播放。

RMII：Reduced Media Independent Interface，简化媒体独立接口。

RMVB：一种视频文件格式，RMVB 中的 VB 指 VBR(Variable Bit Rate，可变比特率)。

Round Robin Scheduling：轮转调度。

rpchof：remainder of polynomial coefficients, highest order first，多项式除法的余数，高阶在先。

RRC：Root Raised Cosine，平方根升余弦；Roll off Raised Cosine，滚降升余弦。

RSA：以三个发明者 Rivest、Shamir、Adleman 名字命名的一种非对称密码系统。

RSC：Recursive Systematic Convolutional，递归系统卷积码。

RS－PC：Reed－Solomon Product Code，里德-所罗门乘积码。

RSSI：Receive Signal Strength Indicator，接收信号强度指示器。

RST：Running Status Table，运行状态表。

RSVP：Resource Reservation Protocol，资源预留协议。

RTCP：Real-time Transport Control Protocol，实时传输控制协议。

RTOS：Real Time Operation System，实时操作系统。

RTP：Real-time Transport Protocol，实时传输协议。

SAN：Storage Area Network，存储区域网络。

SAS：Subscriber Authorized System，用户授权系统。

SATA：Serial ATA，一种接口。

SAV：Start of Active Video，有效视频开始。

SAWF：Surface Acoustic Wave Filter，声表面波滤波器。

SbS：Side by Side，左右并排，空间多路复用的方法传送左、右视图像。

SCART：Syndicat des Constructeursd' Appareils Radiorécepteurs et Téléviseurs，一种专用的音视频接口。

SCBC：Serially Concatenated Block Code，串行级联分组码。

SCCC：Serially Concatenated Convolutional Codes，串行级联卷积码。

SCF：Scale Factor，比例因子。

SCFSI：Scale factor Selection Information，比例因子选择信息。

SCL：Serial Clock，I^2C 接口时钟线。

SCPC：Single Channel Per Carrier，单路单载波。

Scrambling：加扰。

SCS：Service Consumer System，业务消费系统。

SCS：Simulcrypt Synchroniser，同密同步器。

SCSI：Small Computer System Interface，小型计算机系统接口。

SD：Source Driver，源极驱动电路。

SDA：Serial Data，I^2C 接口数据线。

SDH：Synchronous Digital Hierarchy，同步数字系列。

SDHC 卡：High Capacity SD Memory Card 高容量 SD 卡。

SDI：Serial Digital Interface，串行数字接口。

SDI Check Field：SDI 检测场。

SDIO：Secure Digital Input and Output Card，安全数字输入/输出卡。

SDMMC：Secure Digital Multimedia Card，安全数字多媒体卡。

SDRAM：Synchronous DRAM，同步动态 RAM。

SDT：Service Description Table，业务描述表。

SDTV：Standard Definition Television，标准清晰度电视。

SD 卡：Secure Digital Memory Card，安全数码记忆卡。

SECAM：法国彩色电视制式国家标准。

SED：Surface – conduction Electron Emitter Display，表面传导电子发射显示器。

SFN：Single Frequency Network，单频网。

SI：Service Information，业务信息。

SIMD：Single Instruction Multiple Data，单指令多数据。

Simulcrypt：同密。

SIP：System In Package，系统级封装。

SIT：Selection Information Table，选择信息表。

SK：Service Key，业务密钥。

SLC：Single Layer Cell，单层(存储)单元，特点是成本高、容量小、速度快。

SLCH：Service Logic Channel，业务逻辑信道。

Slice：像条。

Smart Card：智能卡。

SMI：Shared Memory Interface，共享存储器接口。

SMPTE：Society of Motion Picture and Television Engineers，美国电影与电视工程师协会。

SMR：Signal to Mask Ratio，信号掩蔽比。

SMS：Subscriber Management System，用户管理系统。

SM 卡：SmartMedia 卡，聪明卡。

Solid State Floppy Disk Card，固态软盘卡。

SNMP：Simple Network Management Protocol，简单网关管理协议。

SNR：Signal to Noise Ratio，信噪比。

SNRP：SNR Scalable Profile，信噪比可分级类。

SP：Scattered Pilot，散布导频。

SP：Simple Profile，简单类。

SPA：Sum – Product Algorithm，和积算法，BP(Belief – Propagation)算法。

SPDIF：Sony/Philips Digital Interface，索尼、飞利浦数字音频接口。

SPI：Synchronous Parallel Interface，同步并行接口。

SPI：Serial Peripheral Interface，串行外围接口。

SPS：Service Provider System，业务提供系统。

SRRC：Square Root Raised Cosine，平方根升余弦。

SSC：Synchronous Serial Controller，同步串行控制器。

SSCQE：Single Stimulus Continuous Quality Evaluation，单刺激连续质量评价法。

SSI：Synchronous Serial Interface，同步串行口。

SSP：Spatially Scalable Profile，空间可分级类。

SSR：Scalable Sampling Rate Profile，取样率可分级类。

ST：Stuffing Table，填充表。

STB：Set Top Box，机顶盒。

S－TiMi：Satellite ＆ Terrestrial interactive Multimedia infrastructure，卫星与地面交互式多媒体结构。

STM：Synchronous Transfer Mode，同步转移模式。

Stuffing Bits：填充码。

Super Frame：超帧。

SVCD：Super VCD，超级 VCD。

SVGA：Super Video Graphics Array，超级视频图形阵列，分辨力为 800×600。

SXGA：Super Extended Graphics Array，超级扩展图形阵列，分辨力为 1280×1024。

Synchronized Data Stream：被同步数据流。

Synchronous Data Stream：同步数据流。

TAB：Tape Automated Bonding，载带自动键合。

TaB：Top and Bottom，上下相叠，空间多路复用的方法传送左、右视图像。

TCM：Trellis Code Modulation，网格编码调制。

TCP：Tape Carrier Package，带载封装。

TCP/IP：Transmission Control Protocol/Internet Protocol，传送控制协议/因特网协议。

TDAC：Time Domain Aliasing Cancellation，时域重叠对消。

TDM：Time Division Multiplexing，时分复用。

TD－SCDMA：Time Division－Synchronous Code Division Multiple Access，时分同步码分多址。

TDS－OFDM：Time Domain Synchronous－Orthogonal Frequency Division Multiplexing，时域同步正交频分复用。

TDT：Time and Date Table，时间日期表。

TED：Timing Error Detector，定时误差检测器。

Temporal Masking Effect：时间掩蔽效应。

TFT LCD：Thin Film Transistor Liquid Crystal Display，薄膜晶体管液晶显示。

Time－Slicing：时间分片。

TMDS：Transition Minimized Differential Signaling，瞬变最少化差分信号。

TMII：Turbo Media Independent Internet，媒体独立加速接口。

TN LCD：Twisted Nematic LCD，扭曲向列型 LCD。

TOT：Time Offset Table，时间偏移表。

TPS：Transmission Parameter Signaling，传输参数信令。

TQFP：Thin Quad Flat Package，方形扁平封装。

Trellis Code：网格编码。

TS：Transport Stream，传送流。

TSDT：Transport Stream Description Table，传送流描述表。

TSS：Three Step Search，三步搜索算法。

TSSOP：Plastic Thin Shrink Small Outline Package，一种芯片封装形式。

Turbo 码：PCCC，Parallelly Concatenated Convolutional Codes，并行级联卷积码。

TWSI：Two Way Simultaneous Interaction，双向同时交互作用。

TXT：Teletext，图文电视。

UAM：User Authentication Module，用户认证模块。

UART：Universal Asynchronous Receiver Transmitter，通用异步接收器发送器。

UDP：User Datagram Protocol，用户数据报协议。

uimsbf：unsigned integer，most significant bit first，无符号整数，高位在先。

UMA：Unified Memory Architecture，高速存储总线。

Unicast：单播。

Unvoiced Sound：清音。

USB：Universal Serial Bus，通用串行总线。

UTP：Unshielded Twisted Pair，非屏蔽双绞线。

UVLC：Universal Variable Length Coding，通用的变字长编码。

UW：Unique Word，唯一字。

UXGA：Ultra Extended Graphics Array，特级扩展图形阵列，分辨力为 1600×1200。

VA：Vertical Alignment，垂直取向，一种 LCD 面板。

VBID：Vertical Blanking Interval Data，场消隐期数据。

VBR：Variable Bit - Rate，可变数码率。

VBV：Video Buffer Verifier，视频缓冲校对器。

VC - 1：Video Codec One，视频编解码器标准 1。

VCD：Video CD，能放电视的 CD 机。

VCEG：Video Coding Experts Group，视频编码专家组。

VCL：Video Coding Layer，视频编码层。

VCM：Variable Coding and Modulation，可变编码调制。

VCO：Voltage Controlled Oscillator，压控振荡器。

VCR：Video Cassette Recorder，录像机。

Vertical Tripe：列交替，空间多路复用的方法传送左、右视图像。

VESA：Video Electronics Standards Association，视频电子标准协会。

Video Conference：会议电视。

Video Telephony：可视电话。

Viterbi：维特比，卷积码的译码方法。

VLC：Variable Length Coding，可变字长编码。

VLD：Variable Length Decoding，可变字长解码。

VLUT：Video Look Up Table，视频查找表。

VO：Video Object，视频对象。

VOD：Video On Demand，视频点播。

Voiced Sound：浊音。

VOL：Video Object Layer，视频对象层。

VOP：Video Object Plane，视频对象平面。

VPN：Virtual Private Network，虚拟专用网络。

VPS：Video Program System，视频节目系统。

VQM：Video Quality Metric，视频质量度量。

VS：Video Sequence，视频序列。

VSB：Vestigial Side–Band，残留边带。

WAN：Wide Area Network，广域网。

Weighted Least Connection Scheduling：加权最少连接调度。

Weighted Round Robin Scheduling：加权轮转调度。

WiFi：Wireless Fidelity，无线相容性认证。

WMV9：Windows Media Video 9，微软视频媒体 9，一种视频编码格式。

WSS：Wide Screen Signaling，宽屏幕信令。

XGA：Extended Graphics Array，扩展图形阵列，分辨力为 1024×768。

XviD：国外最常用的视频编解码器（codec），是第一个真正开放源代码的，通过 GPL 协议发布，是目前最优秀、最全能的 codec 之一。

xvYCC：Extended–gamut YCC color space for video applications，面向视频应用的扩展色域 YCC 彩色空间。

参 考 文 献

[1]　GB/T14857—1993 演播室数字电视编码参数规范[S]

[2]　GB/T17191—1997 信息技术. 具有 1.5 Mb/s 数据传输率的数字存储媒体运动图像及其伴音的编码[S]

[3]　GB/T17975—2000 信息技术. 运动图像及其伴音信息的通用编码[S]

[4]　GB/T17700—1999 卫星数字电视广播信道编码和调制[S]

[5]　GY/Z170—2001 有线数字电视广播信道编码与调制规范[S]

[6]　GY/Z174—2001 数字电视广播业务信息规范[S]

[7]　GY/Z175—2001 数字电视广播条件接收系统规范[S]

[8]　GB20600—2006 数字电视地面广播传输系统帧结构、信道编码和调制[S]

[9]　GD/JN01—2009 先进广播系统—卫星传输系统帧结构、信道编码及调制：安全模式[S]

[10]　GYT220.1—2006 移动多媒体广播 第 1 部分：广播信道帧结构、信道编码和调制[S]

[11]　GYT220.2—2006 移动多媒体广播 第 2 部分：复用[S]

[12]　GYT220.4—2007 移动多媒体广播 第 4 部分：紧急广播[S]

[13]　GYT220.6—2007 移动多媒体广播 第 6 部分：条件接收[S]

[14]　GYT220.7—2007 移动多媒体广播 第 7 部分：接收解码终端技术要求[S]

[15]　GYT155—2000 高清晰度电视节目制作及交换用视频数值[S]

[16]　SJT11368—2006 多声道数字音频编解码技术规范[S]

[17]　三网融合平移型高清互动机顶盒解决方案 Hi3716MV300

[18]　赵公义，刘丙周. 数字电视智能机顶盒的发展以及对我国广播电视产业的影响[J]. 广播与电视技术，2013(8)：100 - 106

[19]　格兰研究. 智能机顶盒助力数字家庭[J]. 电视技术，2013，37(12)：6 - 7.

[20]　耿束建，储原林. DVB - C2 标准简介[J]. 电视技术，2010 (3)：7 - 8

[21]　颜然，郑善贤. DVB - S2 标准的调谐器芯片研究[J]. 电视技术，2007 (2)：26 - 28

[22]　冯龙. 双向 CAS：互动电视统一安全认证中心[J]. 中国数字电视，2008 (6)：64 - 65

[23]　王文军，许晨敏. 数字电视省网整合的分布式 CAS 解决方案[J]. 广播电视信息，2009 (3)：92 - 94

[24]　侯正信，等. RS 码的时域编码和频域译码技术[J]. 电视技术，2002 (1)：32 - 34

[25]　杨尧生，等. 数字视频广播卫星传送标准中的 RS 码[J]. 电视技术，1999(1)：22 - 25

[26]　刘章庆，等. RS 码编译码器中的对偶基比特并行乘法器[J]. 电视技术，1997(10)：63 - 68

[27]　周晓，等. DVB - T2 标准的技术进展[J]. 电视技术，2009(5)：20 - 24

[28]　蔡骏，等. VOD 系统中视频服务器的存储体系与服务策略[J]. 电视技术，2002 (11)：42 - 46

[29]　冯景锋. 数字电视地面传输系统中的 OFDM/COFDM 技术[J]. 电视技术，2002

(6)：23 - 25

[30] 毕笃彦，等. 数字视频广播系统级复用器的设计与实现[J]. 电视技术，2002 (2)：23 - 25

[31] 赵海武，等. 数字电视中的条件接收技术[J]. 电视技术，2002 (3) 4 - 6

[32] 陈敏，等. Turbo 编译码器中交织器的选择[J]. 无线电工程，1999，V29：34 - 37

[33] 张端，等. 数字电视中间件系统的技术标准及产品开发[J]. 电视技术，2004 (1)：4 - 6

[34] 施玉海，余方毅. LDPC 在 DVB - S2 中的应用[J]. 电视技术，2006 年(5)：81 - 84

[35] 刘伟栋，等. 基于 DVB - S 标准的低信噪比数字解调器[J]. 电视技术，2004(11)：55 - 60

[36] 陈伟群，等. 正交幅度调制（QAM）信号的解调技术与实现[J]. 电视技术，2001 (3)：11 - 14

[37] 林银芳. DVB - C 中载波同步的算法研究及其芯片实现[D]. 浙江大学硕士学位论文，2004 年 2 月

[38] 周立丰. DVB - S 信道接收芯片载波恢复的研究及 ASIC 实现[D]. 浙江大学硕士学位论文，2005 年 2 月

[39] 刘修文. 数字电视有线传输技术[M]. 北京：电子工业出版社，2002

[40] 余兆明，等. 数字电视传输与组网[M]. 北京：人民邮电出版社，2003

[41] 刘长年，等. 数字广播电视技术基础[M]. 北京：中国广播电视出版社，2003

[42] 中国电子视像行业协会. 解读数字电视 [M]. 北京：人民邮电出版社，2008

[43] 姜秀华，等. 数字电视原理与应用[M]. 北京：人民邮电出版社，2003

[44] 廖洪涛，徐征. 数字电视业务支撑系统[M]. 北京：电子工业出版社，2007

[45] 卢官明，等. IPTV 技术及应用[M]. 北京：人民邮电出版社，2007

[46] 黄孝建，等. IPTV 关键技术详解[M]. 北京：北京邮电大学出版社，2009

[47] 余兆明，等. 移动数字电视技术[M]. 北京：人民邮电出版社，2007

[48] 杨知行，等. 地面数字电视传输技术与系统[M]，北京：人民邮电出版社，2009

[49] Zarlink Semiconductor Inc. ZL10036 Digital Satellite Tuner with RF Bypass Data Sheet

[50] Zarlink Semiconductor Inc. ZL10312 Satellite Channel Decoder Data Sheet

[51] Zarlink Semiconductor Inc. SL1925 Satellite Zero IF QPSK Tuner IC Preliminary Information

[52] Zarlink Semiconductor Inc. SP5769 3GHz I^2C Bus Synthesiser

[53] STMicroelectronics GROUP OF COMPANIES. STV0299B QPSK/BPSK LINK IC DATA SHEET

[54] STMicroelectronics GROUP OF COMPANIES. STi5518 SINGLE - CHIP SET - TOP BOX DECODER WITH MP3 AND HARD DISK DRIVE SUPPORT DATA SHEET

[55] STMicroelectronics GROUP OF COMPANIES. STV0297J Universal digital cable demodulator DATA SHEET

［56］　STMicroelectronics GROUP OF COMPANIES. STB6000 QPSK DVB/DIRECTV TM direct conversion tuner IC DATA BRIEF

［57］　Philips Semiconductors. TDA827× Silicon Tuner Family

［58］　Philips Semiconductors. TDA10023HT DVB－C / MCNS channel receiver

［59］　Marvell ARMADA 1500 PRO High definition Media Processor System－on－chip with Quad－core CPU 88DE3114

［60］　Advanced HD application processor with 3D graphics acceleration and ARM Cortex －A9 SMP CPU STiH416

［61］　胡凤林. 信产部家庭网络协议规范的研究及改进［D］. 汕头大学学位论文，2007

［62］　廖永雄. HW 公司智能电视机顶盒产品营销调研［D］. 华南理工大学学位论文，2012

［63］　殷勤. 互联网电视技术及市场发展前景分析［D］. 上海交通大学学位论文，2012

［64］　罗蒙. 三网融合视域下网络电视对传统电视的影响［D］. 湖南师范大学学位论文，2013

［65］　高彦斌. Android 4.0 系统的网络机顶盒硬件设计［D］. 中国海洋大学学位论文，2013

［66］　崔斌，等. 智能电视关键技术分析［J］. 电信网技术，2013(1)：36－40

［67］　丁森华，李学伟，张乃光，等. 数字家庭标准综述与应用分析［J］. 电视技术，2012，36(14)：28－32

［68］　施唯佳，等. OTT TV 和 IPTV 的技术比较分析［J］. 电信科学，2014(5)：15－19

［69］　夏勇. 互联网电视系统结构及终端关键技术分析［J］. 电视技术，2012，36 (S1)：49－52

［70］　Gardner F M. Interpolation in Digital Modems— Part Ⅰ：Fundamentals［J］. IEEE Trans. Commun，1991,41(3)：502－508

［71］　Gardner Lars F M. Interpolation in Digital Modems—PartII：Implementation and Performance［J］. IEEE Trans. Commum，1993，41(6)：998－1008

［72］　Gardner F M. A BPSK/QPSK timing－error detector for sampled receivers［J］. IEEE Trans. Commum，1986，34(5)：423－429

［73］　Farrow C W. A continuously variable digital delay element［J］. in Proc. IEEE Int. Symp. Circuits & Syst. , Espoo, Finland，1988 June 6－9：2641－2645

［74］　STMicroelectronics GROUP OF COMPANIES. STV0900 Multistandard advanced dual demodulator for Satellite Digital TV and Data services set－top boxes Data Brief

［75］　STMicroelectronics GROUP OF COMPANIES. STB6100 8PSK/QPSK direct con-version tuner IC Data Brief

［76］　NXP Semiconductors DVB－S2 demodulator and FEC decoder CX24116

［77］　NXP Semiconductors Advanced Modulation Digital Satellite Tuner CX24118A Product data sheet

［78］　BROADCOM CORPORATION BCM4501 DUAL ADVANCED MODULATION

SATELLITE RECEIVER Product Brief

[79] NXP Semiconductors DVB – S2 demodulator and FEC decoder TDA10071

[80] Infineon Technologies TUA6034，TUA6036 3-Band Digital TV/Set-Top-Box Tuner IC TAIFUN

[81] STMicroelectronics GROUP OF COMPANIES. STi7710 Single-chip，low-cost high definition set-top box decoder Data Brief

[82] STMicroelectronics GROUP OF COMPANIES. STi7106 Advanced HD decoder Data Brief

[83] BROADCOM CORPORATION BCM7405 MULTI-FORMAT HD DIGITAL VIDEO/AUDIO SOC FOR SATELLITE，IP，AND CABLE DVR SET-TOP BOX，WITH WATCH-AND-RECORD DVR

[84] Conexant Systems Inc. CX2417× Digital Broadcast High – Definition TV Decoder with PVR Support

[85] Sigma Designs，Inc. SMP8650 Series Secure Media Processors

[86] Trident Microsystems，Inc. HiDTV? Pro – SX Integrated Advanced HDTV System-on-a-Chip Solution

[87] http://www. nationalchip. com（国芯）

[88] http://www. tridentmicro. com（泰鼎）

[89] http://www. hisilicon. com（海思）

[90] http://www. maxscend. com（卓胜）

[91] http://www. hdigroup. net（上海高清）

[92] http://www. availink. com. cn（中天联科）

[93] http://www. innofidei. com（创毅讯联）

[94] http://www. telepath. com. cn（泰合志恒）

[95] http://www. siano – ms. com（思亚诺）

[96] http://www. montage – tech. com（澜起）

[97] http://www. spreadtrum. com（展讯）

[98] http://www. tsinghuadtv. com（凌讯）

[99] http://www. sumavision. com（数码视讯）

[100] http://www. novel – supertv. com（永新视博）